祁连山生态系统保护修复
理论与技术

冯 起 等 著

科学出版社
北 京

内 容 简 介

本书以祁连山河源山地为核心研究区,在前人大量工作和研究的基础上,结合多年实地调查和观测,进行了大量统计、分析和论证,阐述了祁连山从山区至山前脆弱带的水源涵养功能监测与增贮潜力评估的方法、理论、模型与技术,以及祁连山北坡的木本植物群落分类及空间分布,并且通过对祁连山地高山、中山带植物功能性状和群落结构对坡向响应的研究,开展祁连山水源涵养林生态系统保育工程示范、山区天然草地生态系统恢复与保护技术集成示范及生态效益评估。本书旨在为加快祁连山绿色屏障中脆弱性生态系统恢复与维护提供理论和技术指导、推介相关的模式与示范。

本书可供祁连山绿屏生态保护、祁连山水源涵养林、天然草地和山前脆弱带退化生态系统修复与维护、生态水文、资源、环境、生态等专业领域的科研人员,高等院校师生以及生产、管理及决策部门工作人员使用和参考。

图书在版编目(CIP)数据

祁连山生态系统保护修复理论与技术 / 冯起等著. —北京:科学出版社,2019.8

  ISBN 978-7-03-060014-1

  Ⅰ.①祁… Ⅱ.①冯… Ⅲ.祁连山-生态环境-环境保护-研究
  Ⅳ.①X321.244

中国版本图书馆 CIP 数据核字(2018)第 284641 号

责任编辑:杨向萍 亢列梅 徐世钊 / 责任校对:郭瑞芝
责任印制:师艳茹/ 封面设计:迷底书装

科 学 出 版 社 出版

北京东黄城根北街 16 号
邮政编码:100717
http://www.sciencep.com

北京画中画印刷有限公司 印刷
科学出版社发行 各地新华书店经销

*

2019 年 8 月第 一 版 开本:787×1092 1/16
2019 年 8 月第一次印刷 印张:25 插页:10
字数:593 000

定价:238.00 元
(如有印装质量问题,我社负责调换)

前　言

祁连山在我国生态文明建设中具有重要战略地位，是我国极其重要的冰冻圈水源涵养生态功能区和生态安全的绿色屏障，是丝绸之路经济带生态环境建设的重要区域，不仅保障着区域生态安全，还在维护区域生态平衡、保障河径流补给、维持区域可持续发展等方面发挥着十分重要的作用。祁连山及包括高山冰雪带在内的河源山地的生态保护和治理，直接关系着我国西部经济社会的可持续发展，对促进西部地区民族团结、边疆稳固和繁荣发展尤为重要。祁连山生态环境具有生态系统单一性、高敏感性、高脆弱性、难恢复性等特征。近几十年，受全球气候环境变化和人类活动的影响，山地生态环境已发生严重退化：高寒山区冰川物质亏损，退缩加剧，多年冻土持续退化，活动层不断增厚，地下冰剧烈消融；中高山区森林生态系统脆弱，林分质量下降，草场超载严重，草地退化，水土流失加剧；前山带人类活动增多，荒漠化、沙化呈蔓延趋势；整个河源山区水资源涵养调蓄能力减弱，减洪滞洪功能下降。区域生态景观格局总体呈现出农田向草地推进、牧区向森林推进、雪线向山峰推进的态势。这种生态环境的退化趋势直接导致区域生态系统恶性循环，而且随着区域人口的进一步增长和经济社会的不断发展，人类活动对生态环境的扰动将会愈加剧烈，如不及时对祁连山生态环境加以修复和保护，未来的退化局势将难以遏制。

因此，本书以祁连山河源山地绿色屏障为核心研究区，针对高寒至中低山区存在的生态环境保护问题，衔接国家实施生态综合治理重大工程项目中迫切需要解决的关键技术难题，开展山地退化的水源涵养林、草地和山前脆弱带生态治理技术研究与示范，建设试验示范基地，提出祁连山绿色屏障生态恢复与治理的技术与模式，为有效遏制生态环境退化，提高水源涵养区生态系统的稳定，确保区域水资源和生态安全提供科技支撑，也为实现"丝绸之路经济带"生态改善、经济发展、以人为本的和谐社会建设的综合目标，提供重要的科技保障。

全书分 8 章。第 1 章系统回顾国内外山地水源涵养功能研究进展、生态系统恢复技术研究进展和祁连山地区生态环境治理工程与技术进展，确定了全书聚焦的主要科学技术问题。第 2 章针对祁连山山区特殊的地理区位和关键的生态功能，系统评估了生态系统的动态变化过程及相应的水源涵养功能的时空变异，研发了水源涵养功能的天地一体化监测技术、评价指标体系，建立了水源涵养功能监测与评估的技术体系。第 3 章以祁连山乔木群落和灌木群落为研究对象，确定了影响植物群落物种组成和丰富度变异的解释变量，阐明了研究区不同植物群落空间分布格局的驱动机制。第 4 章通过运用生态化学计量学方法，探讨了祁连山植物适应不同环境的性状和生存策略差异性，认识了山地坡向梯度下植物群落结构及叶片功能性状特征。第 5 章探究了祁连山水源涵养林土壤特性及降水入渗机制，开展了水源涵养林植被空间结构优化，提出了山区水源涵养林生态保育模式。

第 6 章针对祁连山山区水源涵养区退化草地植被恢复和草地生态畜牧业发展中存在的关键技术进行重点示范研究，提出了适应祁连山的退化草地修复技术模式。第 7 章通过对祁连山浅山区小流域水量平衡研究和生态系统水分平衡规律认知，开展浅山区造林、林草结构优化和水土保持等技术试验示范，提出了水土保持综合防御模式，为山前脆弱生态系统保护提供了技术支撑。第 8 章对生态恢复理论和实践指导下集成的祁连山生态系统保护修复技术做了简单归纳和总结。

本书由冯起、常宗强、席海洋等编写提纲，冯起、高前兆负责全书统稿工作，冯起、司建华负责最后定稿。具体分工为：前言（冯起、李宗省），第 1 章（吕一河、刘贤德、冯起），第 2 章（吕一河、刘贤德），第 3 章（霍红、苏永红、冯起），第 4 章（秦燕燕、冯起、曹建军），第 5 章（徐先英、贺访印、赵明、刘贤德、李广宇），第 6 章（马玉寿），第 7 章（冯起、常宗强、席海洋），第 8 章（冯起、高前兆）。同时，参与本书文字和图表整理工作的人员还有：朱猛、张成琦、司建华、刘文、刘蔚、李若麟、李宝锋、贾冰、郭瑞。

本书是在国家科技支撑计划项目"祁连山地区生态治理技术研究及示范"（2012BAC08B00）、国家重点研发计划项目"西北内陆区水资源安全保障技术集成与应用"（2017YFC0404300）、祁连山生态环境研究中心、甘肃省重大专项"祁连山涵养水源生态系统与水文过程相互作用及其对气候变化的适应研究"（18JR4RA002）、甘肃省重点项目"黑河流域土地沙漠化与生态修复跨境研究"（17YF1WA168）的共同资助下完成的，对这些项目的资助表示感谢！

本书是在系统总结几十年来有关祁连山生态保护的技术与原理的基础上，结合作者多年来在祁连山生态屏障方面的研究实践凝练而成的专著，旨在寻求综合性、多层面开展保护和建设的途径，全方位探索祁连山生态环境恢复和保护的可持续发展示范模式。

本书聚焦祁连山生态系统修复问题，对已有祁连山退化生态系统恢复技术的成功组合与创新熟化，具有良好的推广应用前景，也具有较高的社会价值。希望本书有助于祁连山绿色生态屏障生态保护与建设，并以此探索脆弱的山地生态奥秘。

本书综合性强、涉及学科多、覆盖面广，有许多科学和技术问题需要进一步研究和探讨。限于时间及作者水平，书中疏漏之处在所难免，恳请读者批评指正。

目　录

第1章 山地生态研究现状与发展趋势

1.1 水源涵养功能研究进展

我国是一个水资源相对短缺的国家，因而针对水源涵养功能的研究在国内一直颇受重视。当前，国内对于水源涵养功能的研究可以大体概括成几大类：①针对具体生态系统类型或其重要组分的水源涵养功能监测与评估。例如，对大兴安岭樟子松天然林土壤水分物理性质及水源涵养功能的研究、祁连山水源涵养林枯枝落叶层的生态水文功能的监测与评估等。②对大型植被系统（如森林）水源涵养功能从概念界定到静态和动态评估方法的研究。③对重要水源涵养功能区水源涵养功能的系统评估。例如，对我国东北东部山区、长江上游、东部森林样带、西北山地（六盘山、大青山）等水源涵养功能的单项或综合评估。

国际上没有水源涵养的概念，而是关注具体的生态水文功能，如储水量（water storage 或 water retention capacity）、产水量（water yield）、水文调节（water regulation）等。例如，安第斯山河源区小流域尺度上土地利用和土壤水文调节作用的研究、地中海山区径流过程的时空变异研究、美国弗吉尼亚州两个森林小流域地表水和其中硫酸盐滞留时间和流量过程的对比研究、美国爱达荷州山区融雪环境下土壤储水量对河流产流量影响的监测与模拟、欧洲当前和未来冰川容量变化对中尺度流域径流影响的情景分析与模拟、阿巴拉契亚南部山区硬木混交林商业采伐对流域水文和水质的长期影响评估、波兰南部自然和人文因子对喀尔巴阡山脉低山丘陵区水循环的影响、委内瑞拉圣多明戈流域土地利用与储水量关系的研究等。

综合国内外水源生态与储水涵养功能的相关研究可以看出：①从空间尺度上看，当前的研究仍然以生态系统到小流域等小尺度的监测与评价为主；②方法上注重定位观测和野外调查与实验；③区域尺度的研究开始关注气候变化、土地利用和经济社会因素的影响，综合模拟也有了一定发展；④跨尺度、多种方法和手段综合集成的研究还很薄弱，是未来研究的重要突破方向。

1.2 生态系统管理研究进展

生态系统管理作为一种新的管理资源环境的整体论方法，通过调节生态系统内部结构与功能及系统内外的输入与输出，发展与保护生态并举，目的是实现一个地区（或生态系统）的长期可持续性，即生态系统健康。恢复生态学研究生态系统退化的原因、退化生态系统恢复与重建的技术与方法、生态学过程与机理，其目的也是通过一定的生物或工程措施，对生态系统施加一定的影响，实现生态系统的可持续发展。可以看出，生态系统管理与生态恢复概念既有一致性，也有差异性。一致性是都要对生态系统进行不同程度的调控，目的都是生态系统的健康与可持续发展。差异性在于二者的着重点不同，生态系统管理着重于对生态系统的管理，范围较为宽泛，包含演化、退化、恢复等生态系统过程和结构、功能的调控；而生态恢复仅针对退化生态系统，在把握退化机理的基础上，通过生物、工程的措施，使生态系统演化由退化状态向健康状态演替。1975年，在美国召开了"受损生态系统的恢复"国际研讨会，强调要开展生态恢复技术措施研究。1980 年，Cairns 主编的《受损生态系统的恢复过程》一书阐述了受损生态修复过程中主要生态学理论和应用问题。1985 年成立的国际恢复生态学会，标志着恢复生态学学科的形成。1997 年，著名刊物 *Science* 连续刊载了 7 篇关于生态恢复的论文。2001 年召开的国际恢复生态学大会，其主题是"跨越边界的生态恢复"。近几十年来，世界各国对退化生态与环境修复技术进行了大量的研究和实践，涉及草场恢复，矿山、水体和水土流失等环境恢复和治理工程，水体恢复等研究和示范。我国从 20 世纪 50 年代开始进行山地退化生态系统的长期定位观测试验和综合整治研究，在实践上已形成大批小流域生态恢复的成功案例。我国关于退化生态系统恢复与重建的研究侧重于退化生态系统形成原因、解决对策、恢复与重建技术方法、物种筛选及恢复与重建过程中的生态效应等方面，形成了以生态演替理论和生物多样性恢复为核心，注重生态过程的恢复生态学研究特色。

1.3　我国生态系统恢复技术研究进展

我国是世界上生态系统退化类型最多、退化最严重的国家之一，早在 20 世纪 50 年代就开始了退化环境的长期定位观测试验和综合整治工作。50 年代末，华南地区退化坡地开展了荒山绿化、植被恢复；70 年代，"三北"地区实施了防护林工程建设；80 年代，开展了长江中上游地区（包括岷江上游）的防护林工程建设、水土流失工程治理等一系列生态恢复工程；80 年代末，在农牧交错区、风蚀水蚀交错区、干旱荒漠区、丘陵山地、干热河谷和湿地等进行了大量退化或脆弱生态环境及其恢复重建方面的工作；90 年代，开始沿海防护建设研究，提出了许多切实可行的生态恢复与重建技术与模式，先后发表和出版了大量有关生态系统退化和人工恢复重建的论文和论著。而高寒地区的水文过程和水源涵养能力、潜力的定量化评估、科学合理恢复措施和保持等方面的研究相对薄弱。

退化生态系统恢复最主要的内容是植被恢复。目前，我国已在退化生态系统类型、退化原因、程度、机理、诊断，以及退化生态系统恢复重建的机理、模式和技术上做了大量研究。在生态系统层次上有森林、草地、农田、水体、湿地等方面的研究和实践，也有如干旱、半干旱、荒漠化及水土流失等地带性退化生态系统及恢复的工程、技术、机理研究。特别是土地退化及恢复研究，其包括土地沙漠化及整治、水土流失治理、盐渍化土地改良、采矿废弃地复垦等。经过 60 多年的研究实践和积累，取得了丰富的经验，创造了许多先进、实用技术。河西走廊的旱生乔、灌、草植物相结合的综合生态恢复技术，新疆的窄林带小网格农田防护林营造技术等都处于国际领先水平。科学家正致力于探索西北干旱区生物综合治理的新模式，利用草、灌、乔木相配合的新方法营造结构优良、增肥效果好的防护生态系统，形成了一大批新技术与模式。例如，农牧交错带农业综合发展和生态恢复重建技术体系与模式，半干旱黄土丘陵区退化生态系统恢复模式与技术体系，三江源区退化草地生态系统恢复与生态畜牧业发展技术，石羊河上游山地退化生态系统恢复重建技术，准噶尔盆地南缘荒漠化生态系统恢复与重建技术，科尔沁沙地退化草地植被恢复重建技术，草原合理利用和草原畜牧业合理发展技术，荒漠河岸林、退化荒漠草场等的更新与恢复技术，绿洲高效节水农业开发技术，河源区天然植被的保护、恢复和利用技术，干旱区有重要经济价值的资源植物经营技术及其产业化开发技术（如沙地柏、沙棘、沙柳、甘草、肉苁蓉、麻黄、沙冬青、苦豆子等的人工种植与药用开发），西北地区家用经济实用太阳能、风能高效开发利用技术，城市工程建设所形成的各种裸地植被恢复技术等。

1.4　生态系统恢复工程研究进展

退化生态系统恢复与重建，决非单一控制就能达到目的，必须从生态系统整体出发，采取综合性措施才可能实现。退化生态系统类型多样，引起退化的干扰体系各不相同，退化程度各异。恢复与重建工作首先要消除或控制引起退化的干扰体，在国家或大区域尺度上做到这一点显然很困难。山地是一个整体系统，系统内森林、草地、农田等系统相互联系、相互制约。历史的教训和当前人地矛盾的现实表明一个道理，人工植物群落重建必须同时考虑生态学和经济学原则，以及人类经济发展的愿望和环境治理的现实，兼顾生态和经济效益。从国内正反两方面的经验可以得出，符合我国的恢复与重建目标应该是生态与经济结合且达到具有一定的结构、功能相互协调的良性循环、高效和谐的山地生态系统。生态系统既能改善环境，扭转系统退化，提高系统整体功能，又能使生态经济持续发展，同步解决山地环境的治理与区域社会经济发展中存在的问题。

20 世纪 80 年代初期开始，德国、瑞士、奥地利等国开展"近自然河流治理"项目，30 多年来取得了斐然成效，积累了丰富经验。这些国家制定的生态治理方案，既注重发挥生态系统的整体功能，又注重在三维空间内植物分布、动物迁徙和生态过程中相互制约与相互影响的作用及作为生态景观和基因库的作用。同一时期，科学家和工程师对生态恢复工程开展了一些科学示范工程研究，较为著名的有英国的戈尔（Gole）河和思凯姆（Skeme）河等科学示范工程。以流域为单元的整体生态恢复，是 90 年代提出的命题。美国已经按照这种思路进行了部分河流恢复规划，未来 20 年美国将恢复 60 万平方公里的河流或溪流流域，已经按流域整体性开展的大型河流生态恢复工程实例有上密西西比河、伊利诺伊河和凯斯密河。

我国先后实施的长白山生物多样性保护与自然生态恢复技术试验示范、粤东南低山丘陵区植被快速恢复与生态农业技术集成与示范、黄河三角洲退化湿地生态恢复技术与模式研究等生态系统保护和生态恢复技术集成研究，在生物多样性保护和健全自然生态恢复技术体系方面取得了显著成效，也为内陆河山区生态系统保护和生态恢复技术提供了范例。

1.5 内陆河上游山地生态环境治理工程与技术进展

内陆河上游山地的研究始于 20 世纪 30 年代，集中于地理学、植物学和动物学等领域，延伸至地质地貌、土壤、气象等方面，代表成果以陈宗器《西北之地理环境与科学考察》（1930）、刘慎谔《中国北部及西部植物地理概论》（1934）、周映昌《中国西部天然林初步研究》（1930）、《中国和蒙古的哺乳动物》（1940）、郝景盛《甘肃西南之森林》（1942）等为主，对促进和推动中国植物生态学和动物学研究及祁连山科学研究起到积极的作用。1949 年后，党和政府十分重视祁连山林业的发展，先后对西北地区的自然地理、地质地貌、水文、气象、土壤、野生动物、植被等开展了大规模的科学考察和研究；50～60 年代中期，中国科学院兰州冰川冻土研究所、中国科学院青海甘肃综合考察队等对祁连山野生动物、植物及其生态、自然地理、地质地貌、水文、土壤、气象等自然科学领域展开了较深入系统的研究，主要成果有《甘肃疏勒河下游植被概况》（1957）、《河西走廊的自然景观》（1958）、《柴达木盆地托拉海河西地区的自然景观》（1963）、《祁连山国营托勒牧场植被的分布与演替》（1963）、《祁连山的气压系统》（1963）、《河西走廊综合自然区划》（1964）、《试论甘肃省河西地区的草场类型及其利用问题》（1965）和《甘肃祁连山东段一些高山植物形态、生态特征的观察》（1966）等，考察和研究内容更为广阔，取得了大量的基础性成果。70 年代末，甘肃省祁连山水源涵养林研究所成立，林业科学研究有计划、有步骤地全面开展；在许多大专院校、科研院所的积极参与下，以寒温性针叶林为主要对象、森林水文效益和造林为主要内容的科学研究取得丰硕成果，并积累了森林气象、水文、土壤和生物生产力等方面的资料，为祁连山林区的森林经营管理和林业的发展提供了科学依据和实践经验。90 年代以来，《青海云杉》《甘肃脊椎动物志》《甘肃河西地区维管植物检索表》《祁连山药用植物志》等著作相继出版，为祁连山山区生物多样性研究奠定了坚实的基础。

围绕祁连山水源涵养保护与生态环境综合治理，20 世纪 80 年代初期至 90 年代中期，由中国科学院兰州冰川冻土研究所组织兰州大学、兰州沙漠研究所、甘肃省水利水电工程局等 200 多人，开展对祁连山冰川变化及冰雪水源利用调查，编写了《祁连山冰川变化及其利用》（1985）；中国科学院西北生态环境资源研究院集成水资源的开发利用与生态环境保护的综合技术体系，完成了《河西地区水土资源及其合理开发利用》的报告，编写了《石羊河流域水资源及其合理利用、环境变化及整治途径》的报告；20 世纪 90 年代，进行了"河西走廊经济发展与环境整治的综合研究"，出版了《中国西北干旱区冰雪水资源与出山径流》。2000 年以来，中国科学院实施知识创新重大工程项目"黑河流域水-生态-经济系统综合管理试验示范研究"，形成了流域生态恢复和重建试验-示范-推广体系。

在国家层面上启动的 973 项目、科技攻关计划、国家自然科学基金项目和中国科学院知识创新工程等数十项项目，涉及山地水源涵养保护与生态综合治理方面的科技计划，包括"祁连山水源涵养林恢复技术研究""祁连山空中云水资源开发利用研究""祁连山水源涵养技术试验示范""森林火灾生态环境监测分析系统及应用技术引进""恢复和保护祁连山生态环境基础设施建设项目"及"中国西部环境和生态科学重大研究计划"等项目，为开展山区水源涵养保护与生态综合治理积累了大量的资料和技术成果。

围绕祁连山区生态保护和生态环境综合治理，开展了"祁连山自然保护区天保工程封山育林工程建设""黑河流域近期治理规划""石羊河流域重点治理规划"等工程建设项目。青海省完成了"高寒草地退化生态系统综合整治技术研究""青海湖流域生态和环境治理技术集成与试验示范""三江源区适宜性草-畜产业发展关键技术集成与示范""青藏高原生态系统对环境变化的响应""我国关键地区全球变化的生态安全机制与调控""青海湖地区社会经济总体发展战略研究""青海省山川秀美科技行动战略研究""青海湖环境规划研究""江河源主要生态区生态恢复研究与示范""江河源区的生态环境变化及其综合保护研究""三江源区生态补偿""黑河上游高寒草甸水土保持型生态建设试验示范"等国家与地方重大科技项目，为祁连山水源涵养生态系统的恢复与重建提供重要的技术支撑。

有关生态修复的弹性理论认为，陆地生态系统对环境变化有一种忍耐性即为弹性，像弹簧一样，当受损仍在可以复原的限度内，只要解除压力即可恢复到原位。祁连山生态系统在这方面的研究不多。祁连山的生态系统基本属于天然降水满足植被生长的水源涵养林或草地，比较稳定，但受过度放牧、砍伐、开矿、修路等影响较大或地表植被人为破坏严重是主要压力，再遭遇气候变化暖干扰的不利组合，退化加快，生态系统某些方面受损，有的还很严峻。例如，有些草地出现沙化，毁林开垦地表裸露。但是，祁连山的植被生态系统退化仍是可以恢复的。恢复生态学的理论基础是生态演替，其实质是群落演替，首先排除干扰，顺应自然规律，即使退化为严重等级，只要解除干扰或保护起来，仍可以复原。但自然状态恢复较缓慢，需要改善环境系统，若加以人工辅助或科技促进，恢复可加快，并可更新或优化；一旦毁坏原生系统，就需要重建，并遵循植被演替规律，才能达到修复和更新的目标。

由于从高山向浅山人类活动压力和干扰影响逐步加大，系统受损也随之加重，生态系统恢复也需要区别考虑。①减压：生态系统恢复的减压应有所侧重，从高寒区禁止人类活动，至中高山封育保护，辅以补植管护保育、逐步恢复，中低山重点修复，逐步加重辅助措施，借助科技手段或局部重新建植，保持生态平衡；②涵养：山地植被的水源涵养功能是河流上游生态系统的基本功能特性，也是为人类提供的重要生态服务，中下游对其有很大需求，可为中下游区域提供绿色和水资源等公共产品，也是生态恢复要达到的主要目标；③添绿：增加绿色植被是主题，从寒漠至林草带，再到山前脆弱带，植被结构层次要合理，而且植物种类适合、抗性强，维护生物多样性；④固土：土壤是植被的根基，植被根系可以固土、促进土壤发育、涵养水分与土壤营养物质，防治水土流失、防御洪水灾害，也为生态系统、微生物和动植物提供生存条件；⑤维稳：维护植被生态系统稳定，不仅可以抵御自然灾害、应对气候变化及抵御自然界各种干扰，而且可为高山冰川积雪庇护提供屏障，成为生态安全、水塔安全的保障；当然植被生态系统还可以发挥储碳、固氮、解毒、释放新鲜氧气等多种功能。

第 2 章　河源山区水源涵养功能监测与增贮潜力评估

2.1　水源涵养与水文调节的概念与评估方法

2.1.1　水源涵养与水文调节的概念

随着联合国千年生态系统评估（Millennium Ecosystem Assessment，MA）成果的发布[1-5]，生态系统服务成为 21 世纪生态学研究的一大热点领域[6]。MA 将生态系统服务分为四大类，包括支持服务、调节服务、产品提供服务和文化服务。而生态系统的水文服务大致隶属于调节服务（如水量、水质调节）和产品提供服务（如淡水供给）。在人口增长、城市化和经济发展对水资源需求不断提高及气候变化影响的背景下，生态系统的水文服务对于人类社会发展和维持生态安全的作用日益显现，甚至变成稀缺资源而必须加以重点保护和管理。当前国内外研究主要集中在生态系统水量调节服务相关的概念，即水源涵养和水文调节。祁连山良性的山地生态系统，位于河流上游，可以维持其水文过程、维护降水与温度、储蓄和保持水分、生成与维护土壤过程、发挥储碳固氮释氧抑毒等生态功能。以此可持续地为人类提供水文调节、涵养水源与供水、绿色生物、水土保持、气候调节、大气干扰与系统环境波动等抑制、营养物质循环等服务；为我国西北提供抗御自然灾害、繁荣丝路文明的服务，为人类提供永恒的绿色屏障、稳定水源、物质生产、生物多样性、高山冰雪、山水景观和天然氧吧等丰富多样的休闲游憩场所。

现代汉语中通常对涵养有两种解释：其一为能控制情绪的修养功夫，其二为蓄积并保持。生态系统的水源涵养（water retention 或 water storage）可以表述为：在一定时间和空间范围内，生态系统保持水分的过程和能力。水源涵养概念蕴含了几个关键要素，包括时空尺度、形成机理和定量表达。那么，要清晰刻画生态系统的水源涵养就需要进一步明确生态系统的类型和空间范围（包括水平的和垂直边界），核算的时间（瞬时、分钟、小时、天、旬、月、季、年等），水源涵养的形成过程及定量评估方法。因此，水源涵养是生态系统在一定的时空范围和条件下，将水分保持在系统内的过程和能力，在多种因素的作用下（如生态系统类型、地形、海拔、土壤、气象等）具有复杂性和动态性特征。

生态系统的水文调节（water regulation）服务可理解为：生态系统对自然界中水的各种运动变化所发挥的作用，表现为通过生态系统对水的利用、过滤等影响和作用以后，水在时间、空间、数量等方面发生变化的现象和过程。因此，生态系统的水文调节服务就是生态系统对水的运动变化施加这些影响和作用的过程和能力，具体可以通过水在时间、空间、数量等方面发生变化的幅度来表征。可见，水文调节与水源涵养相比，所表达的内容更广泛，是生态系统对水循环的各种影响和作用的总称，从这个意义上说，水源涵养应该是生态系统水文调节服务的一部分。

在垂直方向上，水源涵养层包括植被层、地被层、土壤层，那么生态系统发生水源涵养和水文调节作用的功能性边界应该是植被冠层顶部和植物根系能够影响到的土壤层（甚至母质）底部，如建立的式（2-1）。因此，要评估生态系统的水源涵养和水文调节服务，就必须对上述空间层次中水的存量和流量形成的机理和过程进行定量研究。

$$P = Q_e + ET + O \tag{2-1}$$

式中，P 为大气降水量，仅指供给绿色植被生长的天然降水量；Q_e 为生态系统内的水分存量（水源涵养）；ET 为生态系统水分蒸散消耗量；O 为生态系统的水分输出量。若进一步细化，Q_e 可以拆解为几部分存量和流量的综合，ET 也可以拆解为土壤和地表覆盖被物蒸发量、植被蒸腾量。

2.1.2　水源涵养与水文调节评估方法

根据 2.1.1 小节的概念和原理，结合当前水源涵养评估的研究进展，不管是小尺度监测还是大尺度评估，通过储水量法来求取部分或全部 Q_e 都是较为严谨和明确的方法[7-12]。比较理想的方法是同时考虑生态系统的所有储水层次，即综合储水量法[12-14]。但是，究其细节，各个储水分量还值得进一步研究。植被截留降水的观测或评估，基本上是一定监测或评估时段的平均概念，甚至简单认为就是多年平均的概念；无论是枯落物还是土壤的蓄水，通常监测的都是最大值，也就是其持水能力，而不是现实的自然蓄水量，因此也就不能深入了解降水、截留、拦蓄等动态过程信息，从而不利于揭示生态系统水源涵养的动态过程和科学机理。以土壤水分为例，实际上土壤水分在降水随机脉冲过程驱动下表现出来的是相应的脉冲-衰减等阶段构成的非线性动态过程[15]。并且，土壤的蓄水能力也存在一系列的阈值特征[16]，主要包括凋萎含水量、田间持水量、饱和含水量等，小于凋萎含水量的部分对植物生长无效，而大于田间持水量的部分不稳定性增强，在重力作用下向外输出，形成对地下水或径流的补给。因此，瞬时观测到的蓄水量与长期稳定的蓄水量会存在很大差异，在研究和评估水源涵养问题时，必须关注时间动态性及相关影响因素的作用，才有助于更好地揭示科学机理，提高评估的可靠性。

从概念和式（2-1）可知，生态系统对降水-径流过程的所有影响都可以称为水文调节，如降水-径流关系、径流过程的延迟、流域蓄渗能力等[17]。事实上，当前的研究主要是基于水量平衡原理来定量分析和评估生态系统的水文调节作用，最常见的一类方法就是通过降水量减去蒸散量来推求栅格和区域尺度地表最大潜在可利用水量的水文调节能力评估方法[18-22]。另外一类主要方法是基于模型来模拟和预测不同尺度上生态系统水文调节的各个分量，其中最常见的为 SWAT（soil and water assessment tool）模型。例如，Notter 等[23]采用 SWAT 模型并在校准和不确定性评价中辅以连续不确定性拟合模型（sequential uncertainty fitting：SUFI-2），定量评估坦桑尼亚和肯尼亚潘加尼河流域的生态系统水资源供给服务，结果表明流域的总体供水能力比较低，并且具有很高的空间变异性。Glavan 等[24]基于 SWAT 模型模拟和评估了 1787～2009 年斯洛文尼亚地中海地区两个流域（Reka

和 Dragonja）土地利用对绿水（降水入渗并存储在土壤根层中的水量，通过蒸散支持植物的初级生产）、蓝水（超过土壤入渗和存储能力的降水对地表水或地下水形成补给的水量）流量及为人类供水储量的影响，结果表明土地利用变化对总水量和绿水量没有显著影响，而对季节的流量分配影响显著。SWAT 模型实际上是一个综合性的半分布式模型，可以加深对整个流域水文过程及其影响因素（植被、土壤、地下水状况等）的理解，从而达到对径流、基流、土壤水、蒸散等水文过程参量的高精度模拟和预测[25, 26]。

2.1.3 水源涵养与水文调节协同关系

水在不同尺度生态系统中运移、转换的过程中会产生多种生态系统服务效应，它们之间有着复杂的相互作用关系。从水源涵养和水文调节来说，最大水源涵养量中可能会有一部分向径流和地下水转换，从而可以为下游提供淡水供给、径流调节等服务；稳定水源涵养量（如小于等于田间持水量的部分）主要用于植物生长发育的消耗，从而发挥固碳释氧、小气候调节、生物多样性维持、生物质生产、甚至文化服务等效应，但是无法直接形成对人类社会有意义的水资源供给服务。因此，水源涵养与水文调节在形式上表现为先后隶属关系，而在生态系统服务提供上，则表现为权衡与协同并存的关系。所谓权衡，即生态系统在增加某种服务供给时，相应地削弱其他生态系统服务提供能力的现象[27]；协同就是生态系统在增加某种服务供给时，同时增加对其他服务的供给。

可见，生态系统水源涵养能力强，其水文调节作用相应提高，但并不意味着生态系统对人类的淡水供给能力增强，反而可能会降低生态系统对下游的淡水供给能力。全球范围内，这种现象已经得到大量研究的支持。对六盘山的研究表明，森林恢复和重建会减少径流，而且土层厚度在 70 cm 以内，随着土层增厚，减流效应增加[28]。印度的一项研究也一定程度上证实了"入渗-蒸散权衡假说"，通过对热带天然常绿林、稀树草原、外来树种种植园三种覆盖类型的集水区对比观测分析，表明不同覆盖类型的降水入渗能力在权衡关系中居主导地位，决定着对地下水补给、枯水流量和干季流量[29]。新西兰研究表明，新建森林能够减少 30%～50%的径流，从而在流域尺度上抵消固碳和土壤保持增加的效益[30]；然而，健康的草原与其他生态系统类型相比产水量最大，22 年的对比流域实验显示人工森林恢复流域（1982 年在 310 hm² 流域的 67%栽植松树）与天然草原为主的流域（218 hm²）相比可以减少年径流的 41%，两个流域产水量差异随恢复时间延长而增大。在降水量 1200 mm 的南非，相关研究也得出类似的趋势[31]。巴西地区研究结果显示，宏观尺度上需要考虑气象气候条件的限制，人工林的生长主要取决于水资源条件，因此树种选择及相应管理对于节水非常重要；中观尺度上天然林的比例在减少和调控水资源利用上发挥着重要作用[32]。美国的流域尺度水文分解模型（hydrological partitioning）可以区分降水中潜在和实际被植被利用部分的比例，能够体现植被水分限制和能量限制下的生态水文过程及植被对干旱响应的差异性，从而对小尺度观测结果向较宏观尺度的扩展，以及量化生态水文过程对植被和气候变化的响应有重要意义[33]。

2.2　水源涵养功能系统观测与分析

理论上明晰水源涵养相关概念的内涵及其复杂关系，有助于推动对水源涵养功能的科学评估，而开展系统、深入的水源涵养功能监测与评估，有助于客观认识祁连山生态系统的水源涵养相关服务提供能力的空间格局和时间变化。通过对山区系统群落的生态水文过程、土壤水热动态、小流域径流过程观测，将群落类型、结构、海拔梯度变异等进行关联，可以获取有关水源涵养功能的系统性观测数据。依托遥感动态观测和模型模拟的方法，整合地面观测资料，以在流域和区域水平上定量评估水源涵养相关生态参量的时空变异规律，解析水源涵养相关生态系统水文服务变化的驱动机制，评估变化环境下祁连山生态系统水文服务的可能变化趋势，从而为生态系统管理提供决策支持。

为了回答以上问题，选择内陆河上游山区的典型地区——祁连山为研究区。选择祁连山典型水源涵养林生态系统区排露沟流域、大野口小流域及莺落峡以上的祁连山高寒山区为主要研究区。开展不同生态系统类型生态参量的遥感动态评估与模拟小流域尺度的生态水文观测，以全方位地了解水源涵养的小尺度机理和时空变异规律，发展相关的技术与方法。

大野口流域是祁连山北坡比较典型的中山至中低山气候区域（100°13′～100°16′E，38°16′～38°33′N），发源于肃南县境内的野牛山，是典型的闭合流域。试验区海拔 2400～4000 m，属山地干旱半干旱气候，温度-12.5～19.6℃；年降水量为 300～500 mm，年水面蒸发量约为 1488 mm。区域植被类型海拔由低到高依次为山地荒漠植被、山地草原植被、山地森林草原植被、亚高山草甸植被、高山冰雪植被；土壤类型依次为山地灰钙土、山地栗钙土、山地灰褐土、亚高山灌丛草甸土、高山寒漠土。建群种青海云杉呈斑块状或条状分布在试验区海拔 2400～3300 m 的阴坡和半阴坡地带，与阳坡草地交错分布；祁连圆柏呈小块状分布于阳坡、半阳坡；灌木优势种有金露梅（*Potentilla fruticosa* L.）、鬼箭锦鸡儿［*Caragana jubata*（Pall.）Poir］、吉拉柳（*Salix gilashanica* C. Wang et P. Y. Fu）等；草本主要有珠芽蓼（*Polygonum viviparum* L.）、异穗薹草（*Carex heterostachya* Bge.）和针茅（*Stipa capillata* L.）等。

排露沟流域是大野口流域的一个小支流（100°17′～100°18′E、38°32′～38°33′N），海拔 2640～3796 m，属高寒山地森林草原气候。年降水量为 289.7～416.4 mm，多年水面蒸发量平均约 1048.6 mm。排露沟土壤主要类型为山地森林灰褐土、山地栗钙土、亚高山灌丛草甸土，土层薄、质地粗，以粉沙块为主；成土母质主要是泥炭岩、砾岩、紫红色沙页岩等。

2.2.1　河川径流变化分析

利用 Spss17.0 和 Excel 等软件进行生态水文特征统计、方差分析及相关系数分析等，研究气象因子、冻土冻融、积雪消融、河川径流之间的相互关系，苔藓枯落物、土壤特性、土壤水热、土壤蒸发等之间的相互关系，以及林分结构、林冠截留、土壤水热等之间的相互关系。通过耦合生态系统与水文过程，系统分析祁连山区生态系统水源涵养功能。

2.2.1.1　降水与其他气象因子分析

1. 降水与其他气象因子年际变化特征分析

祁连山大野口流域 1994～2011 年的降水量、气温、相对湿度、气压、风速、日照时数、水面蒸发量平均值（μ）分别为 374.06 mm、1.62 ℃、60.91%、745.27 hPa、2.52 m/s、1633.14 h、995.64 mm，根据标准差（σ）统计分析，降水量、气温、相对湿度、气压、风速、日照时数、水面蒸发量分别为 307.43～440.69 mm、1.16～2.08 ℃、58.60%～63.22%、742.76～747.78 hPa、2.34～2.69 m/s、1472.73～1793.55 h、903.32～1087.96 mm，区间波动的概率占 68%（表 2-1）。根据变异系数（C_v）的统计分析，年际变化程度依次为气温＞降水量＞日照时数＞水面蒸发量＞风速＞相对湿度和气压，也就是说，从每年变化的总体来看，气温和降水量年际差别较大，湿度和气压年际差别较小。

表 2-1　祁连山大野口流域降水与其他气象因子年际变化特征（1994～2011 年）

气象因子	平均值（μ）	标准差（σ）	变异系数（C_v）
降水量/mm	374.06	66.63	0.180
气温/℃	1.62	0.46	0.290
相对湿度/%	60.91	2.31	0.038
气压/hPa	745.27	2.51	0.003
风速/（m/s）	2.52	0.17	0.069
日照时数/h	1633.14	160.41	0.098
水面蒸发量/mm	995.64	92.32	0.093

2. 降水与其他气象因子相关性分析

在研究水源涵养功能与机理的过程中，首先要考虑降水规律及特点，揭示降水规律及特点是研究水源涵养林生态与水文相互关系的基础和前提。太阳与地球位置关系的交替改变，引起日照时数季节性变化，日照时数又与气温相关，相关系数为 0.819（表 2-2）。也就是说，在气象因子中，气温、日照时数是降水量季节变化的主因，由于受其影响，降水有降雨和降雪两种形式。对陆面系统来说，降水又会引起气压、湿度、气温、蒸发量等变化，气温的变化引起空气运动而形成风。总之，降水量与其他气象因子相互影响和相互作用。

表 2-2　祁连山大野口流域降水量与其他气象因子相关系数（1994～2011 年）

气象因子	降水量	气温	相对湿度	气压	风速	日照时数	水面蒸发量
降水量	1.000						
气温	0.940	1.000					
相对湿度	0.597	0.450	1.000				
气压	-0.016	-0.016	0.534	1.000			
风速	-0.598	-0.604	-0.457	-0.140	1.000		

续表

气象因子	降水量	气温	相对湿度	气压	风速	日照时数	水面蒸发量
日照时数	0.686	0.819	-0.110	-0.337	-0.429	1.000	
水面蒸发量	0.847	0.933	0.133	-0.236	-0.530	0.952	1.00

祁连山水源涵养林区降水时空变化特征：确定空间上降水随海拔、坡向及植被类型的变化特征，时间上降水随季节、时间上的形态和数量及强弱的变化规律，并探讨影响降水时空分布的主要因素及降水的时空分布动态规律，为尺度转换提供依据。

2.2.1.2　气温、降水与河川径流的关系分析

1. 气温、降水量和流域河川径流量的年际变化

气温、降水量和河川径流量年际变化特征值：从表 2-3 可以看出，根据平均值（μ）的统计分析，祁连山大野口流域年均气温、年降水量和年河川径流量多年平均值分别为 1.62 ℃、374.06 mm 和 166.73 mm，其中，大气降水的 44.57%形成了出山口径流，出山口断面径流量占降水量的比重不足 50%。根据标准差（σ）统计分析，该研究区年均气温、年降水量和年河川径流量分别在 1.16～2.08 ℃、307.43～440.69 mm、129.04～204.42 mm 内变动的年份占 68%。1994～2011 年，有 12 年的年均气温、年降水量和年河川径流量都分别在该区间内波动。根据变异系数（C_v）的统计分析，气温变异最大，河川径流量次之，降水量最小。总之，祁连山大野口流域 1994～2011 年极端气温、大暴雨和洪水发生的概率还是较小。分析表明，河川径流量与降水量显著正相关（相关系数大于 0.78），与气温呈现弱正相关（相关系数小于 0.44），表明降水量对河川径流量的变化有着显著的影响，因此在研究河川径流的影响因素中，首先要考虑降水量的影响，其次是气温。

表 2-3　祁连山大野口流域气温、降水量和河川径流量年际变化特征（1994～2011 年）

气象因子	平均值（μ）	标准差（σ）	变异系数（C_v）
年均气温/℃	1.62	0.46	0.29
年降水量/mm	374.06	66.63	0.18
年河川径流量/mm	166.73	37.69	0.23

通过综合 R^2 检验、F 检验和 t 检验，河川径流量与气温、降水量之间的回归效果非常显著，可建立回归模型方程

$$r = 25.82t + 0.41P - 29.72，\quad R^2 = 0.713 \tag{2-2}$$

式中，r 为年河川径流量（mm）；t 为年均气温（℃）；P 为年降水量（mm）。

经方程（2-2）分析计算后，从图 2-1 和图 2-2 可以看出，气温与径流、降水与径流关系的预测值与实测值趋势相似，说明该回归模型高度可信。

2. 降水与气温的时间变化规律

1994～2011 年，年均气温在 0.7～2.62 ℃，呈波动性上升趋势（图 2-3），平均趋势变化率约为 0.23 ℃/10a。降水和径流高峰同时发生在 2007 年，降水量为 550.9 mm，径流量为 256.6 mm；降水和径流的低谷同时出现在 2001 年，降水量为 278.1 mm，径流量

为 106 mm，降水和流域出山口径流呈现波动性上升趋势（图 2-3），且二者平均趋势变化率均为 18 mm/10a 左右。

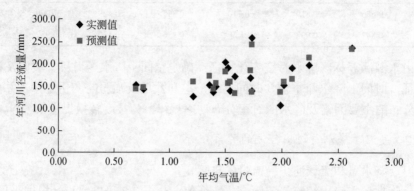

图 2-1　大野口基于气温与径流关系的径流实测与预测值比较

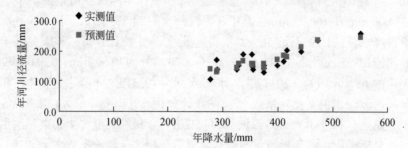

图 2-2　大野口基于降水与径流关系的径流实测与预测值比较

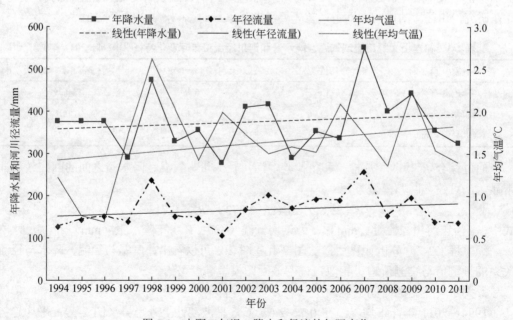

图 2-3　大野口气温、降水和径流的年际变化

联合国政府间气候变化专门委员会（Intergovernmenttal Panel on Climate Change，IPCC）第 4 次评估报告指出：1906～2005 年全球地表温度的线性趋势为（0.74±0.18）℃，与 2001 年第 3 次评估报告给出的 100 年（1901～2000 年）上升 0.6℃相比，有所上升。自 1850 年以来最暖的 12 个年份中有 11 年出现在 1995～2006 年（1996 年除外），过去 50 年升温率几乎是过去 100 年的 2 倍。近 100 年来，我国（未统计港、澳、台）地表年平均气温增加 0.5～0.8 ℃，年降水量呈现出明显的年际和年代际震荡。1994～2011 年大野口站气温变暖，且升温率提高相对较大，试验流域多年平均气温为 1.6℃，平均降水量为 354.3 mm，年流域出山口径流量为 118.2 mm。与大野口流域相比，排露沟多年平均气温仅高出 0.02 ℃，但降水量和径流量相差略明显，其多年平均降水量高出约 20 mm，多年平均流域径流量高出 48.5 mm。说明祁连山北坡不同区域气温相差不明显，但降水量和径流量相差明显。总体来看，气温、降水和出山口径流在波动趋势上基本保持一致，气温较高的年份，降水量和径流量一般较高，气温较低的年份，降水量和径流量一般较低。

3. 气温、降水和流域河川径流年内变化

由图 2-4 知，年内气温、降水量和出山口径流量变化步调基本一致，1 月气温最低，平均值为-11.91 ℃，降水量和出山口径流量相应也最低，平均值分别为 2.74 mm 和 0.32 mm，2 月径流量也较低。随着气温的逐渐升高，降水量和径流量也随之攀升。直到 7 月，气温、降水量和径流量都增至最大，此时平均值分别为 14.38 ℃、82.48 mm、37.48 mm，其中，降水量和径流量分别占全年的 22.05%和 22.48%。从 7 月开始，气温、降水量和径流量逐渐减小，直到翌年 1 月，气温、降水量和径流量都减至最小。

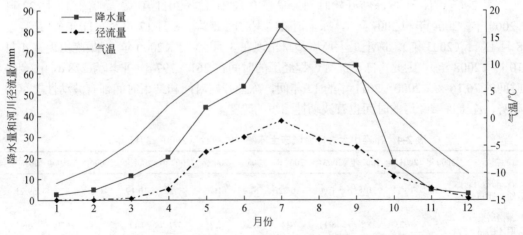

图 2-4　大野口气温、降水量和径流量的年内变化

2.2.1.3　土壤温度、冻土冻融与河川径流的关系分析

1. 土壤温度变化特征

土壤温度和土壤水分是形成冻土的决定性因子。根据 2002～2011 年的地面气象站监测数据，大野口流域 0 cm 土壤年均温度为 3.3 ℃，5～15 cm 深处土壤年均温度为 2.3 ℃、

20～40 cm 深处土壤年均温度为 2.4 ℃，各土壤深处温度的季节变化动态如图 2-5 所示，月均 0～40 cm 土层土壤温度与月份关系拟合模型为

$$T_s = 0.0551x^3 + 0.2738x^2 + 5.197x - 18.183，\quad R^2 = 0.9619 \tag{2-3}$$

式中，T_s 为土壤温度（℃）；x 为月份，取值 1～12。

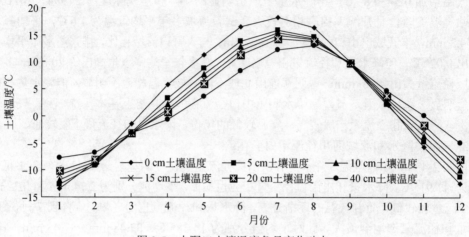

图 2-5　大野口土壤温度各月变化动态

2. 冻土冻融变化过程特征

表 2-4 表明，土壤冻结开始时间最早在 9 月 21 日（2011 年），最晚在 10 月 22 日（2000 年、2004 年和 2007 年）。冻土消融结束时间最早在 6 月 17 日（2011 年），最晚在 8 月 11 日（2003 年）。冻土最大厚度最早出现在 3 月 23 日（2000 年），最晚出现在 4 月 10 日（2008 年）。因此，冻土冻融过程经历的时间在 261～297 d，平均为 278 d，占全年时间的 76.16 %。2000～2011 年的 12 年间，冻土开始时间和结束时间都有波动性提早的趋势，冻土冻融经历的时间也有波动性缩短的趋势。

表 2-4　祁连山大野口流域冻土冻融时间统计（2000～2011 年）

指标	2000年	2001年	2002年	2003年	2004年	2005年	2006年	2007年	2008年	2009年	2010年	2011年
冻结开始日期（月/日）	10/22	10/21	10/18	10/6	10/22	10/9	10/9	10/22	10/19	10/8	9/26	9/21
消融结束日期（月/日）	7/5	7/23	8/6	8/11	7/11	7/25	7/25	7/7	7/11	7/18	6/25	6/17
最大厚度日期（月/日）	3/23	4/5	3/31	3/31	4/1	4/6	4/7	3/31	4/10	4/6	4/2	3/28

3. 降水与出山口径流的关系

祁连山试验区森林降水和出山口径流监测结果（图 2-6）显示，2002～2011 年 1～7 月，降水量呈增加趋势，从 2.96 mm 增加到 70.42 mm；8～12 月，降水量呈递减趋势，从 65.88 mm 递减到 4.13 mm；年均降水量为 360.1 mm。1～9 月，出山口径流呈递增趋势，

径流深从 0.32 mm 增加到 23.20 mm；10～12 月，出山口径流呈递减趋势，径流深从 19.52 mm 递减到 4.13 mm；年均出山口径流为 83.45 mm。在一年的周期中，出山口径流量占降水量的 23.17%。

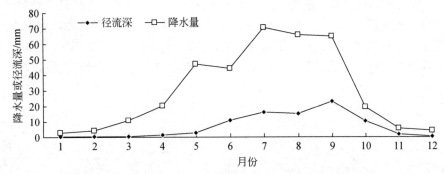

图 2-6　大野口流域降水与径流年内动态（2002～2011 年平均）

经回归分析，出山口径流量与降水量相关系数 r 为 0.862，显著正相关（图 2-6），回归方程为

$$S = 2.936P + 9.587 \tag{2-4}$$

式中，S 为出山口径流量（mm）；P 为降水量（mm）。

4. 冻土冻融与河川径流之间的关系

经回归分析，出山口径流量与冻土冻融厚度相关系数 r 为-0.8377，属显著负相关（图 2-7），回归模型为：$S=-10.361F_d+1388.498$（$R^2=0.7017$）。式中，S 为出山口径流量（mm）；F_d 为冻土冻融厚度（cm）。气温、地温是出山口径流变化的主要驱动力，气温通过降水（降雨和降雪）来调节出山口径流，地温通过冻土冻融和积雪消融来调节出山口径流，而日照时数又影响着气温和地温的变化。如图 2-8 所示，祁连山大野口流域气温、土壤温度从 7 月开始逐渐降低，日照时数从 6 月开始逐渐递减，到 10 月平均气温降至 1.6 ℃，土壤温度降至 3.2 ℃，日照时数降至 116 h；该区在 10 月 11 日前后土壤开

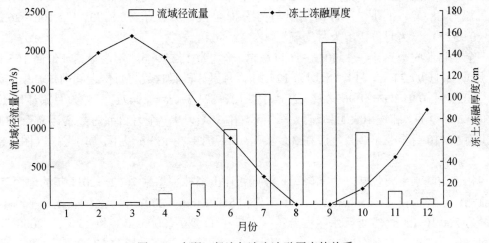

图 2-7　大野口径流与冻土冻融厚度的关系

始结冻，此时，出山口径流速率降至 0.002 m³/s，随着冻土厚度逐渐增大，出山口径流逐渐减小，且出山口径流波动幅度趋于稳定。直到翌年 1 月，气温降至最低-11.8 ℃，土壤温度降至最低-11.1 ℃，日照时数降至 97.7 h，出山口径流主要为地下径流。从 1 月底开始，气温、土壤温度和日照时数逐渐增大，直到 3 月 20 日左右，冻土增厚的速率减到最小，但冻土的厚度增加到最大。此后，土壤开始解冻，直到 7 月 18 日左右，土壤冻融结束，气温、土壤温度和日照时数增至最大，气温增至最大为 14.4 ℃，土壤温度增至最大为 15.2 ℃，日照时数降至 157.8 h，出山口径流波动最大，而且增加很快，达到全年的最高峰。

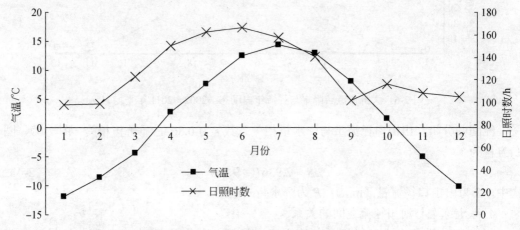

图 2-8　大野口气温与日照动态（2002～2011 年）

2.2.1.4　气温、积雪消融与河川径流的关系分析

1. 气温和日照季节变化特征

气温和日照是影响冻土冻融的重要因子，同时也影响着降水形态及出山口径流组成。祁连山森林生态站 2002～2011 年的地面气象站监测显示，祁连山大野口流域年均气温 1.4～2.2 ℃，波动趋势平稳，平均为 1.7 ℃。年内月均最高气温 14.4 ℃（7 月），月均最低气温-11.8 ℃（1 月）。月均气温与月份拟合模型为：A_t=-0.8173x^2+11.106x-26.248（R^2=0.9321），x 为月份，A_t 为月均气温（℃）。

全年日照时数累计在 1430.2～1644.6 h，平均为 1525.0 h。年内月累计最高 166.1 h（6 月），最低 97.7 h（1 月），平均为 127.1 h。月累计日照时数与月份之间的拟合模型为：S_t=-0.0250x^5+0.9171x^4-11.965x^3+65.25x^2-127.12x+171.5（R^2=0.9471），S_t 为月累计日照时数（h）。5～9 月，祁连山大野口流域平均气温在 3 ℃以上，全月日照时数累计高于 133h，属于雨季；10 月至翌年 4 月气温在 3℃以下，日照时数在 133 h 以下，属于雪季（图 2-8）。

2. 降雨与降雪季节变化动态

祁连山降水主要包括降雨和降雪。根据祁连山森林生态站 2002～2011 年的地面气象站监测，年降水量在 325.4 mm（2011 年）和 550.9 mm（2007 年）之间变化，平均年降水量为 360.10 mm。雪季降水量占全年降水量在 11.2%（2005 年）和 25.6%（2008 年）之间变化，年降雪量平均为 70.06 mm（图 2-9），占全年总降水量的 17.69%；大野口流域积雪密度为 0.16 g/cm³，据此可推算出积雪平均厚度为 40.65 cm，2002～2011 年雪季降水呈波动性增加趋势，每年约增 1.52 mm（图 2-9）。

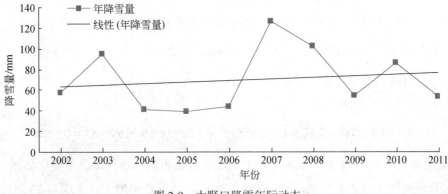

图 2-9　大野口降雪年际动态

3. 不同林分积雪消融对比分析

根据积雪消融对照监测点长期定位监测，积雪量在 22.1 mm 和 29.7 mm 之间变化，平均积雪量为 25.63 mm（图 2-10）。乔木林内积雪占灌丛林的 84.54%；阴坡积雪比阳坡高 8.36%。

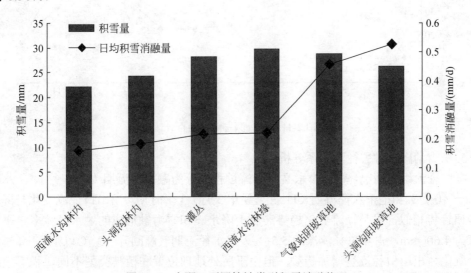

图 2-10　大野口不同植被类型积雪消融状况

不同森林生态系统中的积雪消融量不同（图 2-10）。积雪消融量在 0.184 mm/d 和 0.526 mm/d 之间变化。乔木林积雪消融占灌丛林的 78.72%，占阴坡草地的 37.66%，占阳坡草地的 32.61%；灌丛林积雪消融量占阴坡草地的 47.45%，占阳坡草地的 41.09%。阴坡积雪消融量占阳坡的 34.98%，即阴坡积雪时间比阳坡长 63.12%。

4. 流域降水与径流季节变化动态

根据祁连山森林生态站 2002～2011 年的降水和径流监测，降水与月份拟合模型为

$$P = 0.0227x^5 - 0.6497x^4 + 6.1985x^3 - 23.195x^2 + 39.539x - 19.833, \quad R^2 = 0.9451 \quad (2\text{-}5)$$

式中，x 为月份；P 为月累计降水量（mm）。

年径流最大值出现在 9 月，径流深为 23.19 mm，年径流最小值出现在 2 月，径流深为 0.28 mm，年平均径流深为 83.45 mm。径流深与月份拟合模型为

$$R_H = 0.0092x^5 - 0.2884x^4 + 3.146x^3 - 14.135x^2 + 26.14x - 15.022, \quad R^2 = 0.9188 \quad (2\text{-}6)$$

式中，x 为月份；R_H 为月累计径流深（mm）。

径流深占降水比例模型为

$$R_p = 0.0327x^4 + 0.6028x^3 - 2.6585x^2 + 2.2295x + 9.519, \quad R^2 = 0.8581 \quad (2\text{-}7)$$

式中，x 为月份；R_p 为径流占降水百分比（%）。径流占降水比例随季节变化如图 2-11 所示，12 月至翌年 5 月比例最低，平均为 8.70%；6~8 月逐渐增大，平均为 23.25%；9 月达到最大，为 53.07%；9~11 月平均为 40.24%。

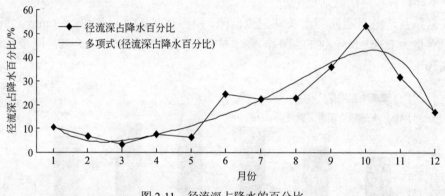

图 2-11　径流深占降水的百分比

5. 积雪消融与融雪径流关系分析

根据径流组成情况，将一个水文年径流过程划分为融水径流期（4~5 月）、降水径流期（6~10 月）和地下水径流期（11 月至翌年 3 月）3 个时期。出山口径流变化与降水变化步调趋势相似，只是径流变化趋势滞后于降水。积雪消融形成的融水径流多年平均径流深为 4.60 mm，占年总径流深的 5.51%。融水径流期气温回升（3 ℃以上），冬季积雪结冰融化，出山口径流呈增加趋势。但由于所处地理位置和植被类型不同，积雪消融有一定差异。4 月，山区积雪由中山带向高山带融化，河冰溯源解冻，但由于融化不稳定，夜间低温使融水在雪层附近就地冻结，大量融水被雪层吸收，受地形影响，难以形成流域径流；5 月中下旬，融化作用稳定并逐渐增强，地表积雪大量融化，加之土壤融化层较浅，融水入渗弱，产流量大，流速快，出现融雪洪峰，甚至在高海拔地区出现年内最大洪峰。径流成分有地下径流、冰雪融水径流和少量降水产流。融水径流随气温高低涨落，14:00~17:00 出现洪峰，洪峰一般滞后于最高气温出现的时间，不会形成山洪。在融水径流期，气温较低，季节性冻土存在，融水作用明显，加之河冰和积雪融化大量补充河川，径流递增率接近和高于降水递增率，河冰和积雪融化补充下游水量，有力地缓解了下游

春旱。

2.2.2　苔藓枯落物与土壤水热、特性及蒸发分析

2.2.2.1　苔藓枯落物与土壤水热特征的关系分析

1. 苔藓枯落物生态特征统计分析

青海云杉林内苔藓枯落物分布与组成存在明显差异（表 2-5），49 块样地平均厚度为（6.0±0.3）cm，厚度最大达 11.4 cm，最薄为 0.1 cm，相差 11.3 cm；苔藓枯落物平均含水率为（101.9±6.3）%，最大 235.7%，最小 30.0%，相差 205.7%。

表 2-5　祁连山大野口流域青海云杉林内苔藓枯落物及土壤水热统计（2013 年）

项目	苔藓枯落物厚度/cm	苔藓枯落物含水率/%	土壤各层次平均含水率/%	土壤各层次平均温度/℃
平均	6.0	101.9	57.6	4.8
标准误差	0.3	6.3	3.2	0.2
中位数	6.1	110.3	56.6	4.8
标准差	2.1	44.2	22.3	1.6
方差	4.5	1949.4	499.4	2.6
峰度	1.3	0.1	-0.5	-0.7
偏度	0.1	0.3	0.5	-0.2
区域	11.4	205.7	87.2	6.4
最小值	0.1	30.0	25.1	1.1
最大值	11.4	235.7	112.3	7.6
观测数	49	49	49	49
置信度（95.0%）	0.61	12.68	6.42	0.47

2. 土壤水热条件统计分析

大野口地区表土层和心土层都较薄（一般 40 cm 左右），选择性采样，最大采样深度为 80 cm。各土层 0～10 cm、10～20 cm、20～40 cm、40～60 cm 和 60～80 cm 的土壤含水量平均值分别为 66.24%、57.62%、48.44%、42.81%和 25.89%，而土壤温度均值分别为 7.2 ℃、5.2 ℃、2.8 ℃、2.0 ℃和 1.6 ℃（表 2-6）。可见，青海云杉林区土壤含水量和温度在垂直结构上较大。

表 2-6　祁连山大野口流域青海云杉林各层土壤水热条件统计（2013 年）

项目	土壤含水量/%					土壤温度/℃				
	0～10 cm	10～20 cm	20～40 cm	40～60 cm	60～80 cm	0～10 cm	10～20 cm	20～40 cm	40～60 cm	60～80 cm
平均	66.24	57.62	48.44	42.81	25.89	7.2	5.2	2.8	2.0	1.6
标准误差	4.22	3.23	3.21	6.48		0.26	0.27	0.29	0.61	0.95

项目	土壤含水量/%					土壤温度/℃				
	0~ 10 cm	10~ 20 cm	20~ 40 cm	40~ 60 cm	60~ 80 cm	0~ 10 cm	10~ 20 cm	20~ 40 cm	40~ 60 cm	60~ 80 cm
中位数	65.37	58.84	42.98	37.00	25.89	7.3	5.0	3.0	1.8	2.4
标准差	29.53	22.63	22.22	18.34	—	1.84	1.89	2.01	2.02	1.65
方差	871.94	511.99	493.52	336.20	—	3.40	3.59	4.03	4.08	2.73
峰度	0.72	-0.94	-0.24	5.81	—	0.92	-0.34	-0.50	-1.64	—
偏度	0.63	0.24	0.67	2.31	—	-0.16	0.13	0.28	0.21	-1.67
区域	138.94	85.79	92.15	58.92	—	8.9	8.9	8.3	5.1	3.0
最小值	18.60	21.03	16.34	27.00	25.89	2.5	1.1	-0.3	-0.2	-0.3
最大值	157.54	106.82	108.49	85.92	25.89	11.4	10.0	8.0	4.9	2.7
求和	3245.61	2823.40	2325.17	342.47	25.89	351.3	256.2	137.6	22.5	4.8
观测数	49	49	48	8	1	49	49	49	11	3
置信度 （95.0%）	8.48	6.50	6.45	15.33	—	0.53	0.54	0.58	1.36	4.10

3. 苔藓枯落物及土壤水热特征相关分析

一般地，相关系数$|r|>0.95$，存在显著性相关；$|r| \geqslant 0.8$ 高度相关；$0.5 \leqslant |r| < 0.8$ 中度相关；$0.3 \leqslant |r| < 0.5$ 低度相关；$|r| < 0.3$ 关系极弱，认为不相关。从表 2-7 可以看出，苔藓枯落物厚度与海拔、坡向、坡度、胸径、树高、冠长、冠幅、郁闭度均表现为弱相关关系。苔藓枯落物含水率与郁闭度表现为弱负相关，与海拔表现为正相关（$p < 0.05$），与树高表现为弱正相关，与坡度、坡向、胸径、冠长、冠幅表现为不相关。总之，苔藓枯落物含水率只与海拔正相关，与其他生态环境因子相关性较差。在祁连山地生态研究中，海拔是一个重要的环境因子。已有研究表明，祁连山北坡海拔每升高 100 m，年均气温降低约 0.52 ℃，在海拔 1700~3300 m，年均降水量增加约 17.41 mm，在海拔 3300~3800 m，年均降水量减少约 30.21 mm，年均土温降低约 0.8 ℃，生长季节土壤含水量递增约 5.13%。由于随着海拔的递增而降水量增加和气温降低等因素影响，苔藓枯落物含水率也随之增加，表现为中度正相关。

表 2-7　大野口流域青海云杉林内苔藓枯落物及生态环境因子相关系数

项目	枯落物 厚度	枯落物 含水率	海拔	坡向	坡度	郁闭度	胸径	树高	冠长	冠幅
枯落物厚度	1.00									
枯落物含水率	0.02	1.00								
海拔	-0.05	0.54	1.00							
坡向	-0.23	0.13	0.21	1.00						
坡度	0.12	0.26	0.36	-0.13	1.00					

续表

项目	枯落物厚度	枯落物含水率	海拔	坡向	坡度	郁闭度	胸径	树高	冠长	冠幅
郁闭度	0.11	−0.30	−0.26	0.12	−0.17	1.00				
胸径	0.05	0.03	0.10	0.01	0.19	−0.18	1.00			
树高	−0.19	0.44	0.50	0.33	0.20	−0.48	0.16	1.00		
冠长	−0.16	0.22	0.37	0.34	0.24	−0.43	0.13	0.73	1.00	
冠幅	−0.22	0.18	0.20	0.40	0.16	0.33	0.09	0.58	0.89	1.00

从表 2-8 可以看出，苔藓枯落物厚度与各层土壤含水量相关性均极差，但其含水率与 40～60 cm 土壤含水量存在显著相关，线性回归函数关系式为

$$w_{\rm m} = 2.16w_{\rm s}, \quad R^2 = 0.7621, \quad p < 0.05 \tag{2-8}$$

式中，$w_{\rm m}$ 为苔藓枯落物含水率（%）；$w_{\rm s}$ 为 40～60 cm 土壤含水量（%）。也就是说，苔藓枯落物含水率大约是 40～60 cm 土壤含水量的 2 倍。

表 2-8　祁连山大野口流域苔藓枯落物及土壤含水量相关分析

项目	0～10 cm 土壤含水量	10～20 cm 土壤含水量	20～40 cm 土壤含水量	40～60 cm 土壤含水量	枯落物厚度	枯落物含水率
0～10 cm 土壤含水量	1.00					
10～20 cm 土壤含水量	0.77	1.00				
20～40 cm 土壤含水量	0.59	0.78	1.00			
40～60 cm 土壤含水量	0.46	0.86	0.36	1.00		
枯落物厚度	0.00	0.03	0.00	0.15	1.00	
枯落物含水率	0.38	0.40	0.26	0.96	−0.05	1.00

4. 苔藓枯落物及土壤温度相关分析

从表 2-9 可以看出，苔藓枯落物厚度与各层土壤温度均表现为极弱相关，苔藓枯落物含水率与 40～60 cm 土壤温度表现为负相关，与其他各层土壤温度弱相关。因此，祁连山大野口流域青海云杉郁闭度、冠长和冠幅对 40～60 cm 土壤温度影响也最大。

表 2-9　祁连山大野口流域苔藓枯落物及土壤温度相关分析

项目	枯落物厚度	枯落物含水率	0～10 cm 土壤温度	10～20 cm 土壤温度	20～40 cm 土壤温度	40～60 cm 土壤温度
枯落物厚度	1.00					
枯落物含水率	−0.05	1.00				
0～10 cm 土壤温度	−0.20	−0.32	1.00			
10～20 cm 土壤温度	−0.20	−0.33	0.88	1.00		
20～40 cm 土壤温度	−0.23	−0.30	0.74	0.91	1.00	
40～60 cm 土壤温度	−0.12	−0.59	0.70	0.92	0.94	1.00

2.2.2.2　土壤特性与土壤蒸发的相关分析

1. 林草地土壤蒸发季节变化对比分析

2004~2006 年祁连山大野口流域海拔 2700 m 处林草地土壤监测结果（图 2-12）显示，从 12 月到翌年 1 月和 2 月，林地比草地土壤蒸发量分别高出 13.15%、22.96% 和 34.93%，平均高出 23.68%；从 3 月到 11 月，林地比草地土壤蒸发量分别低出 137.39%、57.43%、92.77%、216.28%、65.23%、33.43%、122.35%、57.30%、6.97%，平均低出 87.68%。但总体看来，林草地土壤蒸发量都在 7 月最大，2 月最小。林地和草地土壤蒸发量年均分别为 176.99 mm 和 320.33 mm，林地比草地土壤年蒸发量低 80.99%，林地土壤年蒸发量占降水量的 54.16%，而草地占 98.02%。

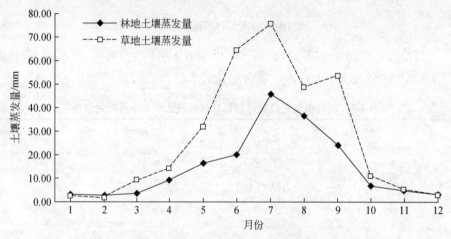

图 2-12　大野口林草地土壤蒸发年内变化特征

根据植物生长季节动态的生长期和休眠期及降水季节动态的丰水期和枯水期的划分，土壤蒸发季节动态变化也可划分为两个时期：蒸发旺盛期（5~9 月）和蒸发平稳期（10 月至翌年 4 月）。土壤蒸发旺盛期是气温较高、降水较多、植物生长和微生物等生命活动旺盛的时期，蒸发量呈明显的增加趋势，林地和草地土壤蒸发量分别占全年的 80.87% 和 85.47%；土壤蒸发平稳期林地和草地蒸发量分别占全年的 19.13% 和 14.53%。土壤蒸发季节动态变化与气温、降水等气象因子、土壤特性、植物生长、微生物活动等有紧密的联系。

2. 林草地土壤蒸发与气象因子相关性分析

从表 2-10 可见，林草地平均土壤蒸发与水气压、降水、气温高度相关，与水面蒸发量、日照时数、风速中度相关，与相对湿度不相关。林地和草地土壤蒸发量与气象因子的相关程度对比也有差异，与水气压的相关性比，林地比草地高出 2.2%；与日照时数、风速、水面蒸发量、气温、降水的相关性比，林地比草地分别低 24.21%、14.90%、13.33%、5.66%、4.05%；与气象各因子相关性平均化比较，林地比草地在相关性上总体低 3.15%。也就是说，气象因子对林地土壤蒸发量的影响程度要比草地显得弱些。

表 2-10　祁连山大野口流域林草地土壤蒸发量与气象因子相关性对比

相关因子	气温	相对湿度	水气压	降水量	水面蒸发量	风速	日照时数
林地土壤蒸发量	0.8704	0.1914	0.9592	0.9096	0.7276	-0.474	0.6468
草地土壤蒸发量	0.9197	0.1189	0.9381	0.9464	0.8246	-0.545	0.8034
林草地平均蒸发量	0.8951	0.1552	0.9487	0.9280	0.7761	-0.509	0.7251

3. 林草地土壤特性与土壤蒸发对比分析

表 2-11 可见，随土层深度增加林地孔隙度呈现高-低-高变化趋势，草地孔隙度呈现低-高-低变化趋势。从总孔隙度看，在 0~10 cm、20~40 cm 深度的土层上，草地比林地分别低 20.73%、3.57%，在 10~20 cm 深度的土层上，草地比林地反而高 4.09%，草地比林地各土层平均低 7.31%；从毛管孔隙度看，在 0~10 cm、10~20 cm、20~40 cm 深度的土层上，草地比林地分别低 12.73%、2.46%、7.90%，各土层平均低 7.63%；从非毛管孔隙度来看，在 0~10 cm 深度的土层上，草地比林地低 55.84%，在 10~20 cm、20~40 cm 深度的土层上，草地比林地反而分别高出 227.03%、61.18%，土层平均值草地比林地低 4.29%；从土壤容重来看，在 0~10 cm、20~40 cm 深度的土层上，草地比林地分别高出 186.22%、11.91%，在 10~20 cm 深度的土层上，草地比林地反而低 6.86%，草地比林地各土层平均高出 39.91%。总体来看，在 0~10 cm 土层深度上，总孔隙度、毛管孔隙度和非毛管孔隙度草地比林地平均低出 6.41%，平均值林地比草地也都较大，土壤容重则相反。这说明林地比草地土壤通气性能、透水性性能和持水能力都强。

表 2-11　祁连山大野口流域林草地土壤特性对比

土壤特性	青海云杉林				阳坡草地			
	0~10 cm	10~20 cm	20~40 cm	平均	0~10 cm	10~20 cm	20~40 cm	平均
总孔隙度/%	73.80	64.85	67.15	68.60	58.50	67.50	64.75	63.58
毛管孔隙度/%	60.10	63.00	62.90	62.00	52.45	61.45	57.90	57.27
非毛管孔隙度/%	13.70	1.85	4.25	6.60	6.05	6.05	6.85	6.32
土壤容重/ (g/cm^3)	0.39	0.79	0.72	0.64	1.12	0.74	0.81	0.89

土壤蒸发量的大小不仅与气象因子密切相关，而且与土壤特性有一定的关系。林地土壤孔隙度比草地高出 7.31%、毛管孔隙度高出 7.63%，因此林地毛管作用相应较高；水分在地表汽化、扩散程度与林草地的土壤特性相关性不显著，而与气象因子密切相关。从土壤蒸发的过程来看，虽然林地比草地土壤特性更有利于土壤蒸发，但由于林地和草地所形成的小气候环境的影响，林地年均土壤蒸发量比草地反而低出 80.99%。

2.2.3　林冠截留与土壤水热的关系分析

2.2.3.1　青海云杉林分结构分析

1. 青海云杉群落特征统计

青海云杉群落结构组成为乔木、灌木、草本和苔藓层的垂直结构。针叶林生境条件严酷，乔木层主要为阴性树种青海云杉，多样性较低，但密度较小，为 920.49 株/hm²（表 2-12），层次明显。由于乔木层郁闭度较大，林下光照不足，灌木物种多样性较低，主要由蔷薇科植物金露梅（*Potentilla fruticosa* L.）和银露梅（*Potentilla glabra* L.）等落叶灌木组成，平均高度为 46 cm。灌木层密度较小，为 16.41 株/100m²，盖度为 0.76%。草本层密度和盖度较大，分别为 232.50 株/100m² 和 8.84%（表 2-12），主要有薹草属（*Carex* Linn.）、珠芽蓼（*Polyonum viviparum* L.）、马先蒿属（*Pedicularis* L.）等典型高山草甸植物，物种多样性较为丰富。苔藓层发育良好，盖度达到 90%以上，高度约 12 cm，主要由山羽藓（*Abietinella abietina*）、柏状灰藓（*Hypnum coupressiforme*）、提灯藓（*Mnium cuspidatum*）等组成。

表 2-12　祁连山大野口流域青海云杉群落结构特征统计

层次	优势种	密度/（株/100m²）	胸径/cm	高度/cm	郁闭度或盖度/%
乔木层	青海云杉	920.49±2.77	18.37±0.18	1197±11.0	0.62±0.02
灌木层	金露梅、银露梅	16.41±8.24	—	46.0±16.0	0.76±0.06
草本层	薹草、珠芽蓼、马先蒿	232.50±39.98	—	6.56±0.99	8.84±0.61
苔藓层	山羽藓、柏状灰藓、提灯藓		—	12.34±0.57	92.21±9.96

利用建群种树木高度与四周相邻木的表现关系，确定树木在林分的群落地位，将其划分为优势木（Ⅰ）、次优势木（Ⅱ）、亚优势木（Ⅲ）、被压木（Ⅳ）、濒死木（Ⅴ），共计 5 级，统计如表 2-13 所示。

表 2-13　祁连山大野口流域青海云杉群落地位统计（2013 年）

林木分级	Ⅰ	Ⅱ	Ⅲ	Ⅳ	Ⅴ	小计
株数/株	1299	94	269	902	255	2819
占比/%	46.08	3.33	9.54	32.00	9.05	100

在祁连山优势种青海云杉群落中，树冠上部超出一般林冠层的林木（优势木）占 46.08%；次优势木占 3.33%；亚优势木占 9.54%；被压木占 32.00%；濒死木占 9.05%（表 2-13）。这说明祁连山大野口流域青海云杉群落中，优势种之间竞争性较弱，优势木和被压木共 78.08%，在水源涵养功能中占主导地位。

2. 青海云杉林分结构特征

青海云杉是祁连山的主要建群种，虽然云杉林在个体数量上不一定占绝对优势，但主导着群落内部的结构和特殊环境条件。从表 2-14 可以看出，统计分析青海云杉的结构特征参数，结果是青海云杉胸径、树高、冠长、冠幅、胸径断面、冠幅面积、树龄分别为（18.37±0.18）cm、（11.97±0.11）m、（7.76±0.09）m、（3.54±0.02）m、（0.03±0.00）m²、（2.78±0.02）m²、（63.84±2.17）年；青海云杉胸径、树高、冠长、冠幅、冠幅面积呈现平缓的正态分布，树龄、胸径断面的分布呈现变化较大的正态分布，其中树龄分布峰度为 3.17；从水平结构来看，青海云杉胸径断面和冠幅面积与占地面积比值为 0.31% 和 25.58%，从垂直结构来看，单位面积上青海云杉群落树高、冠长分别为 1.10 m/m² 和 0.71 m/m²，这 4 个指标对降水的林冠截留和树干径流影响十分强烈，也是评估祁连山森林水源涵养功能的重要指标。

表 2-14　祁连山大野口流域青海云杉林分结构特征统计（2013 年）

项目	胸径/cm	树高/m	冠长/m	冠幅/m	胸径断面/m²	冠幅面积/m²	树龄/年
平均	18.37	11.97	7.76	3.54	0.03	2.78	63.84
标准误差	0.18	0.11	0.09	0.02	0.00	0.02	2.17
中位数	18.20	12.80	7.60	3.55	0.03	2.79	58.00
众数	9.90	16.90	8.50	3.80	0.01	2.98	38.00
标准差	9.66	5.63	4.63	1.32	0.03	1.04	26.31
方差	93.28	31.72	21.41	1.75	0.00	1.08	691.97
峰度	-0.49	-1.02	-0.57	-0.43	3.35	-0.43	3.17
偏度	0.36	-0.12	0.36	0.22	1.49	0.22	1.37
区域	55.60	26.80	24.80	7.75	0.26	6.08	170.00
最小值	2.00	1.80	0.10	0.45	0.00	0.35	17.00
最大值	57.60	28.60	24.90	8.20	0.26	6.44	187.00
总和	51795.8	33744.1	21862.0	9979.7	95.3	7834.0	9384.0
置信度（95.0%）	0.36	0.21	0.17	0.05	0.00	0.04	4.29

青海云杉结构多度分析，以 5 cm 等级排列时，径级与多度符合三次多项式关系：$y=0.1273x^3-2.5109x^2+12.388x$ [$R^2=0.9752$，$p<0.05$，图 2-13（a）]。径级从 1~5 cm 到 26~30 cm，青海云杉株数为（420±27.95）株，变化区间为 304~482 株；径级从 31~35 cm 到 36~40 cm，青海云杉株数急剧下降，从 183 株降到 90 株，径级在 41~45 cm 或者大于 46 cm 时分别数量更少，分别为 16 株和 10 株。这说明青海云杉径级从 1~10 cm 到 21~30 cm 时，多度出现水平分布趋势，占 89.4%；而径级≥31 cm 的青海云杉多度仅占 10.6%。青海云杉不同高度情景下多度分析结果如图 2-13（b）所示，高度级小于 2 m 的青海云杉多度仅为 0.46%，高度级从 14~16 m 到 16~18 m 的多度最大，分别占 14.97%、14.76%，总计占 29.73%；高度级从 2~4 m 到 12~14 m 以及 18~20 m，多度出现水平分布趋势，平均占 9.23%，总计占 64.63%；高度级从 20~22 m 到 28~30 m，多度较小，仅占 5.64%。青海云杉冠长级与多度分析，以 2 cm 等级排列，冠长级与多度符合三次多项式关系：$y=0.0399x^3-1.0682x^2+7.1165x$ [$R^2=0.9344$，$p<0.05$，图 2-13（c）]，冠长级从 0.1~1 m 到 2~4 m，青海云杉多度较小，从 2.87% 到 8.87%；冠长级从 2~4 m 到 12~14 m，多度为 12.97% 左右，变化区域为 4.47%；冠长级从 14~16 m 到 22~24 m，多度急剧下降，从 6.67% 下降到 0.07%，青海云杉株数从 188 株和 64 株下降为 11 株和 4 株，冠长级 22~24 m 的仅有 2 株。青海云杉冠幅级与多度分析结果如图 2-13（d）所示，冠幅级 2~4 m 的青海云杉多度 48.49%，约占一半，冠幅级 4~6 m 的青海云杉多度 34.2%，约占三分之一；冠幅级 1~-2 m 的青海云杉多度占 13.69%，其他冠幅级仅占 3.62%。

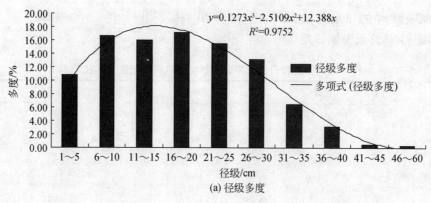

(a) 径级多度

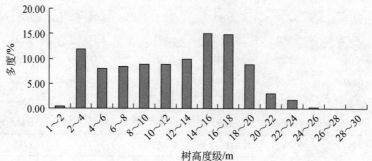

(b) 树高度级多度

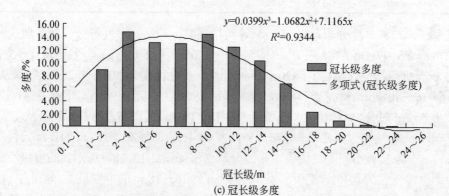

(c) 冠长级多度

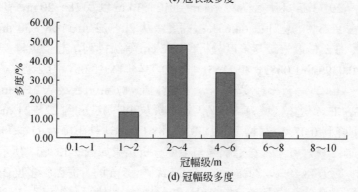

(d) 冠幅级多度

图 2-13　祁连山大野口流域青海云杉林分结构多度分析

由表 2-15 看出，青海云杉胸径与林分结构因子的相关性从大到小依次为树高、冠幅、冠长、树龄，均呈现中低度正相关。对青海云杉进行结构回归分析，胸径（Φ，cm）与树高（H，m）、冠幅（D，m）、冠长（L，m）、树龄（Y，a）之间的回归方程为：$\Phi=0.651H+0.15L+1.77D+0.053Y-0.362$（$R^2=0.6688$，$p<0.05$）（标准误差 $\varepsilon_i=3.44$，自由度 $F=71.679$）。

表 2-15　祁连山大野口流域青海云杉林分结构因子相关系数分析

项目	树龄	胸径	树高	冠长	冠幅
树龄	1.000				
胸径	0.579	1.000			
树高	0.443	0.723	1.000		
冠长	0.380	0.610	0.714	1.000	
冠幅	0.435	0.619	0.472	0.467	1.000

2.2.3.2　青海云杉林分结构与林冠截留的关系分析

1. 林冠截留率多度统计分析

2006 年发生降水事件 85 次，降水量为 394.2 mm。对降水出现频率分析表明，0~1 mm 的雨量级降水频率最高达 27 次，而大雨或暴雨（次降雨量>30mm）事件相对较少，只占总降水量的 8.79%[图 2-14（a）]。林冠截留总量和平均截留率分别为 139.1 mm 和 35.28%。当林外降水量低于 0.80 mm 时，截留率高达 100%；雨量级在 0~1 mm、1~2 mm 时，截留率均高达 60.90% 以上；当雨量级在 2~10 mm 时，随降水增加截留量增加，但截留率降低；当雨量级在 10~30 mm 时，随雨量级增加，截留量和截留率趋于稳定，截留率在 20.7%~27.3%；从整个雨量级来看，冠层截留率随雨量级增加呈现下降趋势[图 2-14（b）]。

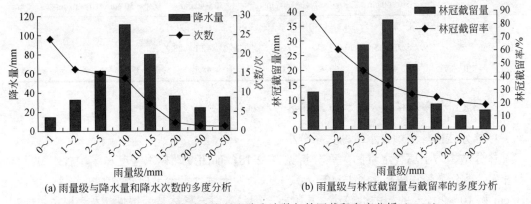

(a) 雨量级与降水量和降水次数的多度分析　　　(b) 雨量级与林冠截留量与截留率的多度分析

图 2-14　大野口流域降水量和降水次数与林冠截留多度分析（2006）

2. 林分空间结构及林冠截留率相关分析

林分空间结构及生态环境因子相关分析如表 2-16 所示，大野口流域 2733~3123 m 的海拔梯度范围内，海拔与树高呈现中度正相关，与冠长呈现较低相关关系。在阴坡或半阴坡的青海云杉，坡向与冠幅、冠长、树高呈现较低相关性，与冠幅呈现较大的相关性，而坡度对青海云杉空间结构影响很小。

表 2-16　祁连山大野口流域林分空间结构与生态环境因子相关系数分析

项目	海拔	坡向	坡度	胸径	树高	冠长	冠幅	郁闭度	密度
海拔	1.000								
坡向	0.206	1.000							
坡度	0.364	-0.127	1.000						
胸径	0.096	0.010	0.190	1.000					
树高	0.502	0.331	0.203	0.161	1.000				
冠长	0.373	0.339	0.244	0.132	0.727	1.000			
冠幅	0.198	0.400	0.164	0.090	0.579	0.888	1.000		
郁闭度	-0.259	-0.118	-0.174	-0.181	-0.477	-0.425	-0.334	1.000	
密度	-0.182	-0.026	-0.240	-0.746	-0.191	-0.266	-0.156	0.233	1.000

　　林分的胸径、冠幅空间结构因子与林冠截留率的相互关系见表 2-17，径级 40～50 cm 的单株青海云杉，其林冠截留率最大，平均为 64.0%；径级 20～30 cm 的最小，平均为 37.2%；径级 50～60 cm 的单株青海云杉虽然冠幅和冠长都较大，但冠缘较疏松，林冠截留率极低，仅为 20.0%，因此整体单株的平均林冠截留比径级 40～50 cm 的小。从树干到林冠边缘林冠截留率依次减小，径级 30～60 cm 的单株青海云杉离树干 1.0 m 范围内，平均林冠截留率达 75% 以上。

表 2-17　祁连山大野口流域林分空间结构与林冠截留率相关分析

项目	径级 50～60 cm				径级 40～50 cm			径级 30～40 cm			径级 20～30 cm	径级 10～20 cm	径级 <10 cm
冠幅级/m	0～1	1～2	2～3	3～4	0～1	1～2	2～3	0～1	1～2	2～3	0～1	<1	<1
林冠截留率/%	77.9	62.0	35.0	20.0	81.9	57.8	52.4	75.2	42.1	28.7			
截留率平均值/%	48.7				64.0			48.7			37.2	42.3	45.3

2.2.3.3　青海云杉林分结构与土壤水热特征关系分析

1. 林分结构与土壤含水量的关系分析

　　林分结构与土壤含水量的关系分析见表 2-18，郁闭度、林木密度与土壤含水量呈现负相关。林分胸径和树高生长与 40～60 cm 深处的土壤含水量呈现较大的相关性，与 0～10 cm 和 10～20 cm 的相关性较小，其主要原因是青海云杉林是浅根性树种，根系主要集中在土壤的 40～60 cm 区域范围内。冠长、冠幅生长与各层土壤含水量相关性呈现相似的趋势，其主要原因是青海云杉冠长和冠幅生长主要由林分的郁闭度和密度决定，也影响林冠截留率。

表 2-18　祁连山大野口流域林分结构与土壤含水量相关分析

项目	0～10 cm 土壤含水量	10～20 cm 土壤含水量	20～40 cm 土壤含水量	40～60 cm 土壤含水量	胸径	树高	冠长	冠幅	郁闭度	密度
0～10 cm 土壤含水量	1.000									
10～20 cm 土壤含水量	0.775	1.000								
20～40 cm 土壤含水量	0.592	0.778	1.000							
40～60 cm 土壤含水量	0.464	0.858	0.359	1.000						
胸径	0.026	0.050	0.154	0.359	1.000					
树高	0.238	0.288	0.220	0.598	0.157	1.000				
冠长	0.241	0.301	0.265	0.220	0.131	0.727	1.000			
冠幅	0.080	0.149	0.167	0.091	0.090	0.574	0.887	1.000		
郁闭度	-0.399	-0.383	-0.257	-0.499	-0.178	-0.477	-0.430	-0.334	1.000	
密度	-0.175	-0.231	-0.286	-0.249	-0.746	-0.189	-0.266	-0.160	0.232	1.000

2. 林分结构与土壤温度特征关系分析

林分结构与土壤温度特征关系如表 2-19 所示，可以看出郁闭度、冠长和冠幅与 40～60 cm 深处的土壤温度呈现很高的正相关性，主要原因是这些结构因子与太阳辐射对土壤温度的影响成反比，土层越深，其影响越小。林分胸径和树高生长与土壤温度呈负相关，因此加强森林资源的保护和建设，是减缓土壤变暖的有效途径。

表 2-19　祁连山大野口流域林分结构与土壤温度相关分析

项目	0～10 cm 土壤含水量	10～20 cm 土壤含水量	20～40 cm 土壤含水量	40～60 cm 土壤含水量	胸径	树高	冠长	冠幅	郁闭度	密度
0～10 cm 土壤含水量	1.000									
10～20 cm 土壤含水量	0.877	1.000								
20～40 cm 土壤含水量	0.740	0.911	1.000							
40～60 cm 土壤含水量	0.705	0.925	0.937	1.000						
胸径	-0.096	-0.299	-0.354	-0.014	1.000					
树高	-0.194	-0.118	-0.135	-0.156	0.157	1.000				
冠长	0.039	-0.032	-0.061	0.515	0.131	0.727	1.000			
冠幅	0.132	0.058	0.069	0.319	0.090	0.574	0.887	1.00		
郁闭度	0.163	0.198	0.190	0.439	-0.178	-0.477	-0.430	-0.334	1.00	
密度	-0.053	0.196	0.274	0.067	-0.746	-0.189	-0.266	-0.160	0.232	1.00

2.2.4　植被与土壤水和径流的关系

2.2.4.1　次降雨事件和连续降雨期尺度植被对土壤水文过程的影响

由于植被的存在，林冠截留、枯落物持水及入渗等过程使得绝大多数大气降水并不能立即转化为地表径流,而是经历大气降水-土壤水-径流的过程,而不同植被类型对于大气降水-土壤水系统作用不同,从而导致次降雨事件在流域径流产水时产生时空差异。

　　高寒灌丛草地土层厚度为 10～30 cm,其下为典型土石混合结构,冠层截留也比青海云山林少,加之高海拔大气降水频繁和量多,雨季长时间内土壤水分均处于近饱和状态,与低海拔云杉林地和灌丛地土壤水分差异较大,存在次降雨事件尺度的土壤水分波动规律。分析云杉林地、草地和低海拔灌丛土壤水分对降雨的响应变化状况,如图 2-15(a)所示,各监测样地(高海拔灌丛除外)土壤水分开始上升的时间差异很大,这个差异既体现在土地覆盖类型间,又体现在土壤深度上,灌丛 2900 m 和云杉 3100 m(灌丛云杉)样地对降水事件的反应是最快的,各深度层之间差异也比较小,而草地和低海拔云杉 2700 m 样地对降雨事件的反应最滞后,各深度层之间差异也比较大;土壤水分到达最大

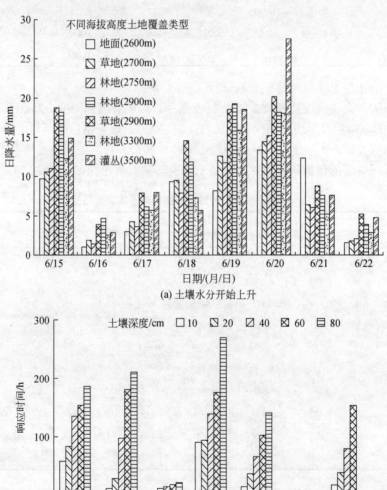

(a) 土壤水分开始上升

(b) 土壤水分上升至最大值

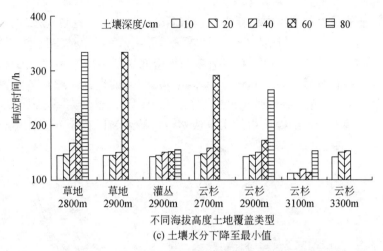

(c) 土壤水分下降至最小值

图 2-15   6 月 15 日～6 月 22 日连续降雨期降雨事件

值的差异在植被类型间的差异则主要体现在深层[图 2-15（b）]，草地和低海拔云杉 2700 m、2900 m 的深层土壤水分到达最大值的时间明显滞后；土壤水分回落到最小值的时间节点，在各植被类型间和各深度层之间的差异则并不显著 [图 2-15（c）]。总体而言，不同土地类型对于大气降水-土壤水的转化传输特征在次降雨时间尺度上差异较大（图 2-16），进而可以将小流域划分为高海拔产水区（高海拔灌丛地）和低海拔耗水区（低海拔云杉林地）。

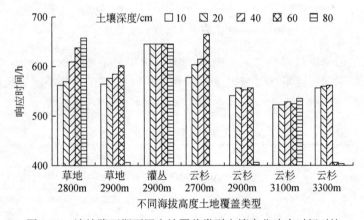

图 2-16   连续降雨期不同土地覆盖类型土壤水分响应时间对比

2.2.4.2 月尺度的植被-径流关系

山地生态系统中不同植被类型在次降雨和连续降雨期的时间尺度上对大气降水-径流形成不同程度的阻滞作用，而对于一个小流域整体而言，各植被类型的作用则难以独立地表现出来。流域内大气降水-径流的关系可以在月尺度及年尺度上通过统计与相关分析反映出来，即流域生态系统水文调节服务存在时间尺度特征。

生态水文界较多学者持有植被减少径流的观点，认为以植被为主体的生态系统维持

自身生存和物质能量循环都需要消耗水分，从而减少径流量。通过对水库控制区 2002～
2011 年十年间径流量/降水量比值（r）的计算可以看出，各年植被生长季（即 7 月、8 月、
9 月三个月）期间，r 相较 6 月和 10 月大多明显降低（图 2-17）。6 月由于高海拔积雪、
冻土融化产流，往往导致月径流量大于降水量（$r>1$）的现象；随着植被生长的耗水和
对降水的调节作用，r 在雨季回落至 0.5 左右，至 10 月雨季结束降水减少，但贮存在山
地生态系统（土壤及岩石缝隙）中的水分依然可以持续为地表径流提供补给，导致又出
现 r 上升的现象（图 2-17）。

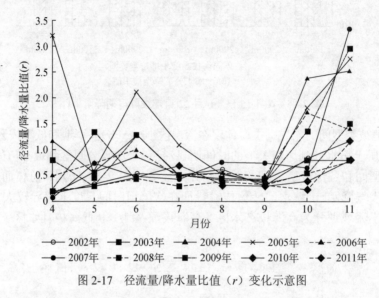

图 2-17　径流量/降水量比值（r）变化示意图

使用月尺度的降雨数据和径流数据对 2002～2010 年的数据统计分析，发现在月尺度
上研究区内降雨量和径流量具有极显著线性相关性（表 2-20），即小流域尺度上生态系统
对大气降水的调节作用并不改变月尺度上的大气降水-径流相关关系。

表 2-20　月尺度数据降雨-径流相关性统计

项目		径流量								
		2002 年	2003 年	2004 年	2005 年	2006 年	2007 年	2008 年	2009 年	2010 年
降雨量	皮尔逊相关系数（$p<0.01$）	0.934	0.829	0.905	0.592	0.939	0.865	0.885	0.950	0.777
	显著性（p）	0.000	0.001	0.000	0.043	0.000	0.000	0.000	0.000	0.003

月尺度上，山地生态系统植被对大气降水的时空调节作用集中体现在 7～9 月三个月
的削减作用以及 6 月和 10 月的增加作用；而以各月份径流数据和大气降水数据进行统计
发现，2002～2010 年各年份降雨径流都呈现出显著线性相关关系，原因是 7～9 月三个月
为植被生长旺盛期，但同时也为大气降水集中期，植被的生长耗水与时空调节并未使得
7～9 月三个月的径流量小于其他月份。综合而言，植被对大气降水径流在月尺度上反映
出其调节作用。

2.3　水源涵养相关生态参量遥感动态监测

祁连山重要生态功能区位于 36.5°~40.0°N，95.0°~103.0°E，总面积约 80013 km^2。生态参量遥感监测对于掌握重要生态功能区域的生态系统结构、格局和功能提供宏观的、长时序的基础信息支撑。综合利用多源遥感、气象及地面观测资料，构建土地覆盖遥感监测技术，以及植被覆盖度、生物量、蒸散量和土壤含水量的遥感反演模型，并利用模型开展 1990~2010 年的上述生态参量的动态监测，形成长达 20 年序列的生态参量系列数据集。

2.3.1　土地覆盖动态监测

基于面向对象的土地覆盖信息提取方法，提出了祁连山重要生态功能区土地覆盖分类流程，通过影像特征及地面实际地物样点分析建立影像解译规则库，基于多尺度分割后的对象，结合规则库不同下垫面特征，建立决策树模型实现土地覆盖信息的提取（图 2-18）。

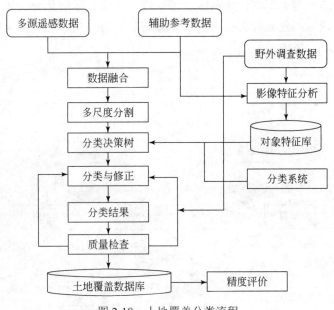

图 2-18　土地覆盖分类流程

多尺度分割方法原理是基于影像单元的光谱异质性和形状异质性，以区域增长、不断邻域合并的方式进行尺度推绎。一个影像对象的异质性值由四个变量计算而得。两个相邻对象是否合并的异质性函数表达为

$$f = W_{color} \cdot h_{color} + W_{shape} \cdot h_{shape} \tag{2-9}$$

式中，W_{color} 为光谱信息权重；W_{shape} 为形状信息权重；h_{color} 为光谱异质性值；h_{shape} 为形状异质性值。W 为用户定义的权重，取值为 0~1，且 $W_{color}+W_{shape}=1$。

对象的异质性由光谱的异质性和形状异质性两部分组成,主要因为若仅考虑光谱的异质性会导致分割后对象大小的差异较大,没有地图的综合制图效果,而考虑形状异质性可均衡对象的大小,避免一些"椒盐"现象的出现。采用多尺度分割分类方法,通过小样区连续尺度的试验分析,确定几个优化拟合尺度和类型,推广至全局的方式。

土地覆盖分类采用决策树分类方法,即人工建树方法。为了保证空间一致性并减少土地覆盖制图误差,将分类树分为普适性和区域性的二元谱系结构。初始或顶级分类树设计为普适性的分类树,它将划分统一的、一致性的层次结构和规则集,以适应大部分地区。而在普适性分类树以下的次一级分类树需要适应区域的土地覆盖特征,根据影像作业块样本类别和数量分析,建立针对性的分类树。建立普适性分类树需遵循以下5个原则:①类型特征的变化与其分布无关;②特征参数选择是基于类间最小的混合;③最少的划分指标;④具有类间显著差异的类别先分类,减少积累误差的传递;⑤每次枝节点划分尽可能分离均等类型,以简化、缩短分层结构。

根据土地覆盖类型的特征与光谱规律,五个节点划分出10个类型组。五节点划分的类型组如图2-19所示,有水面与非水面、植被与非植被、线性与非线性(河流和库湖)、耕地与非耕地、落叶与非落叶。依据区域特征进一步设计区域化分类树,通过对象的解译标志库和样本训练,建立分类决策树的指标与决策树结构,通过决策树的分级,进行类型的不断提纯,最终达到单个类别划分的结果。

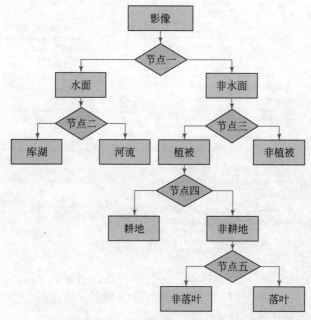

图2-19　土地覆盖五个节点示意图

利用已获取的历史高分辨率遥感影像数据,依据上述面向对象的分类方法,完成了1999年、2000年和2010年的土地覆盖图制作(图2-20)。

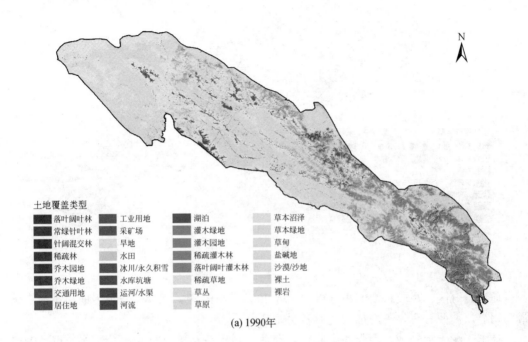

土地覆盖类型

落叶阔叶林	工业用地	湖泊	草本沼泽
常绿针叶林	采矿场	灌木绿地	草本绿地
针阔混交林	旱地	灌木园地	草甸
稀疏林	水田	稀疏灌木林	盐碱地
乔木园地	冰川/永久积雪	落叶阔叶灌木林	沙漠/沙地
乔木绿地	水库坑塘	稀疏草地	裸土
交通用地	运河/水渠	草丛	裸岩
居住地	河流	草原	

(a) 1990年

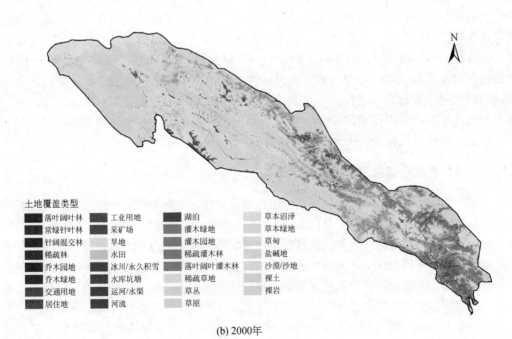

土地覆盖类型

落叶阔叶林	工业用地	湖泊	草本沼泽
常绿针叶林	采矿场	灌木绿地	草本绿地
针阔混交林	旱地	灌木园地	草甸
稀疏林	水田	稀疏灌木林	盐碱地
乔木园地	冰川/永久积雪	落叶阔叶灌木林	沙漠/沙地
乔木绿地	水库坑塘	稀疏草地	裸土
交通用地	运河/水渠	草丛	裸岩
居住地	河流	草原	

(b) 2000年

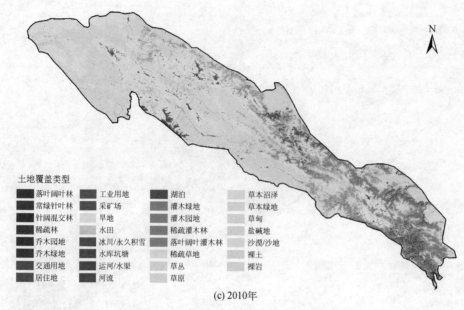

土地覆盖类型

落叶阔叶林	工业用地	湖泊	草本沼泽
常绿针叶林	采矿场	灌木绿地	草本绿地
针阔混交林	旱地	灌木园地	草甸
稀疏林	水田	稀疏灌木林	盐碱地
乔木园地	冰川/永久积雪	落叶阔叶灌木林	沙漠/沙地
乔木绿地	水库坑塘	稀疏草地	裸土
交通用地	运河/水渠	草丛	裸岩
居住地	河流	草原	

(c) 2010年

图 2-20　祁连山土地覆盖图（见彩图）

通过研究区一级类耕地面积分析，发现 2000～2010 年，水体、建筑用地和耕地变化最为明显，前两者有显著增加，而后者明显减少。

样本来源于野外地面调查和同期高分辨率影像及 Google Earth 高分影像样点。野外调查包括遥感组调查结果和碳专项野外调查结果，未能到达的地区的样本采用遥感高分辨率影像进行辅助抽样。影像样点采用优于 2 m 分辨率的遥感数据，收集近期的影像数据，包括 QB、Worldview、Ikonos、Orbview 等，以及同一年代的航片数据、Google Earth 上的高分辨率影像。由于影像与地面调查仍然有差异和不确定性，为确保验证点的真实性判别，采用多人对影像进行目标点的解译，解译形成共识的类型为有效验证点。将验证点与土地覆盖产品进行 GIS 叠加，提取样点的土地覆盖属性，统计相同属性与不同属性的数量，分析各类精度、土地覆盖转移类型。

2.3.2　植被覆盖度动态监测

植被覆盖度的监测采用像元分解模型进行估算。像元分解模型法的原理是，遥感影像中的一个像元实际上可由多个组分构成，每个组分对遥感传感器所观测到的信息都有贡献，因此可以将遥感信息分解建立像元分解模型，并利用此模型估算植被覆盖度。像元二分模型是线性像元分解模型法中较为简单和常用的，它假设一个像元的地表由有植被覆盖部分与无植被覆盖部分组成，传感器观测到的光谱信息也由这两个组分因子线性加权合成，各因子的权重是各自的面积在像元中所占的比例，如植被覆盖度可以看作植被的权重。

植被指数与植被覆盖度有较好的相关性，常被用来估算植被覆盖度，而归一化植被指数（normalized difference vegetation index，NDVI）是应用最为广泛的植被指数，可以利用多光谱信息计算得到。NDVI 主要具有以下几方面的优势：植被检测灵敏度较高；植被覆盖度的检测范围较宽；能消除地形和群落结构的阴影和辐射干扰；削弱太阳高度角

和大气所带来的噪声。NDVI 的计算公式为

$$NDVI = \frac{NIR-R}{NIR+R} \qquad (2\text{-}10)$$

式中，NIR 为近红外波段的反射值；R 为红光波段的反射值。

根据像元二分模型，一个像元的 NDVI 值由绿色植被部分所贡献的信息 $NDVI_{veg}$，与裸土部分所贡献的信息 $NDVI_{soil}$ 两部分组成，因此得出

$$f_c = \frac{NDVI-NDVI_{soil}}{NDVI_{veg}-NDVI_{soil}} \qquad (2\text{-}11)$$

式中，$NDVI_{soil}$ 为完全为裸土或无植被覆盖区域的 NDVI 值；$NDVI_{veg}$ 为完全被植被所覆盖的像元的 NDVI 值，即纯植被像元的 NDVI 值。

基于像元二分模型估算植被覆盖度，首先由研究区的矢量边界图与经过预处理的 MODIS 16 天 NDVI 卫星影像进行叠加和裁剪，获得研究区的 NDVI 数据集；然后根据 NDVI 数据的频率统计并结合理论经验值和野外调查结果进行多次比较，以确定阈值 $NDVI_{soil}$ 与 $NDVI_{veg}$；最后根据计算植被覆盖度公式得到研究区的植被覆盖度分布图。因为年最大植被覆盖度能够更好地反映该年度植被生长最佳状态，所以将月度植被覆盖度进行年最大值的合成，生成祁连山 1990～2010 年最大植被覆盖度数据集，图 2-21 为 1990 年、2000 年和 2010 年的空间分布图。

1990～2010 年，祁连山不同区域植被覆盖度存在着一定的时空差异性，但总体变化不大（图 2-22）。从空间分布规律上看，祁连山植被覆盖较好，表现为东南高、西北低，植被分布随海拔高度变化，分别为海拔 2000～2300 m 的荒漠草原带、海拔 2300～2600 m 的草原带、2600～3200 m 的森林草原带、3200～3700 m 的灌丛草原带、3700～4100 m 的草甸草原带和大于 4100 m 的冰雪带，其中冰雪带大多冰川覆盖度较低。从主要植被覆盖类型（森林、灌木、草地）空间分布及变化上看，草地主要集中于祁连山西北部和中部，森林、灌木主要集中于东南部；森林、草地、灌木植被覆盖度均有所增加，但 2000～2010 年变化较小，且森林、灌木植被覆盖度明显高于草地（图 2-23）。

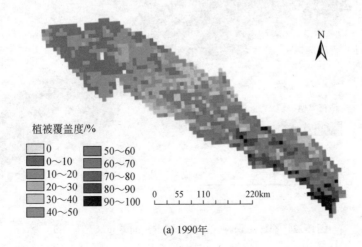

植被覆盖度/%

0	50～60
0～10	60～70
10～20	70～80
20～30	80～90
30～40	90～100
40～50	

0　55　110　220km

(a) 1990年

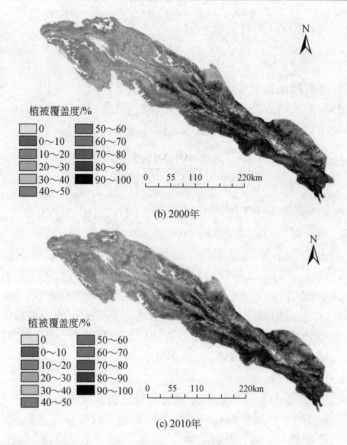

(b) 2000年

(c) 2010年

图 2-21　祁连山重要生态功能区 1990 年、2000 年和 2010 年植被覆盖度分布（见彩图）

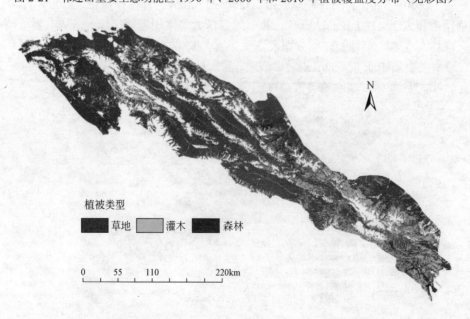

图 2-22　祁连山森林、草地、灌木空间分布（见彩图）

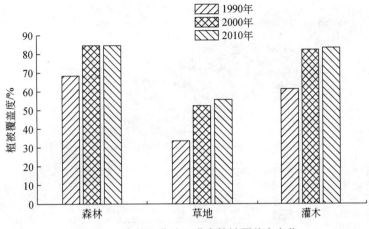

图 2-23　森林、草地、灌木植被覆盖度变化

对 1990～1999 年和 2000～2010 年的植被覆盖度变化进行分析，可以看出 1990～1999 年祁连山西北部植被覆盖度有下降趋势，而在 2000～2010 年表现出相反的趋势，植被覆盖度开始增加；1990～1999 年和 2000～2010 年祁连山中部和东南部植被盖度都呈增加趋势，但 2000～2010 年增加相对减缓。

从年际变化上看，植被覆盖度整体呈现上升趋势，1990～1997 年，植被覆盖度先增加后减少，并在 1993 年达到最高；1998～2002 年，植被覆盖度不断增加，并在 2002 年达到最大；2003～2010 年，植被覆盖度相比 2002 年有所下降，但变化相对稳定，仅在 2008 年有所下降，之后又逐渐恢复（图 2-24、图 2-25）。

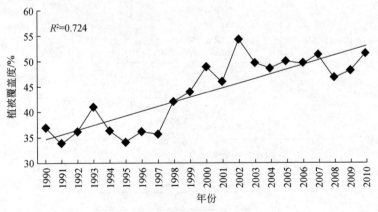

图 2-24　祁连山植被覆盖度年际变化

2.3.3　地上生物量动态监测

对于非森林区，生物量通过生长季累积净初级生产力（net primary productivity，NPP）计算得到。而 NPP 的计算采用 CASA 模型（图 2-26）。模型中所估算的 NPP 可以由植物吸收的光合有效辐射（absorbed photosynthetic active radiation，APAR）和实际光能利用率（ε）表示，其估算公式为

图 2-25　祁连山 2000～2010 年植被覆盖度年际变化（见彩图）

$$NPP = APAR(x,t) \times \varepsilon(x,t) \tag{2-12}$$

式中，APAR（x，t）为像元 x 在 t 月吸收的光合有效辐射［MJ/（m^2/月）］；ε（x，t）为像元 x 在 t 月的实际光能利用率（g C/MJ）。

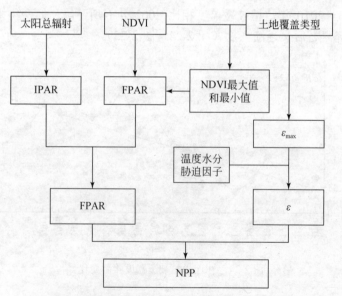

图 2-26　NPP 估算模型总体框架

对于森林，地上生物量反演的总体思路为：在森林典型综合样区，利用机载激光雷达数据的高精度三维信息，结合地面调查数据，建立基于机载激光雷达数据提取的林分高度和密度参量的高精度地上生物量模型。在区域尺度上，结合星载激光雷达提取的冠层高度信息，基于中分辨率成像光谱仪（moderate-resolution imaging spectroradiometer,

MODIS）时间序列数据和植被类型等信息建立分区分类型的地上生物量外推模型，将典型综合样区和更多样地地上生物量外推到全区（图 2-27）。

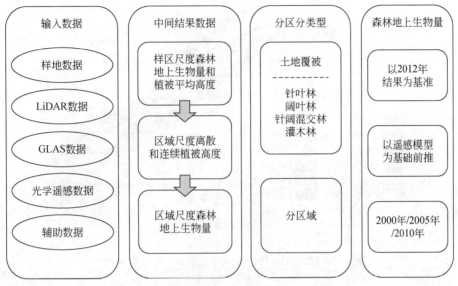

图 2-27　森林地上生物量估算模型总体框架

根据 NPP 和森林地上生物量估算模型，获得 2000 年和 2010 年的地上生物量数据集（图 2-28）。

经统计，2000 年和 2010 年的地上生物量分别为 46.963×10^6 t、47.548×10^6 t，2010年较 2000 年的地上生物量有所增加，增加量接近 60 万 t。对 2000 年和 2010 年地上生物量差值进行分析，发现研究区的东南部地上生物量有升有降，但总体上升，研究区中部和西部上升，且中部上升较大（图 2-29）。

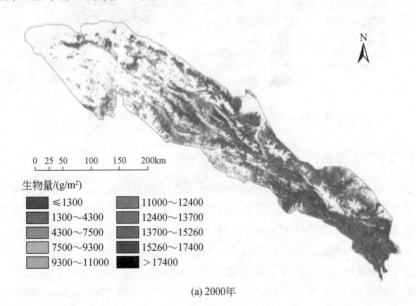

(a) 2000 年

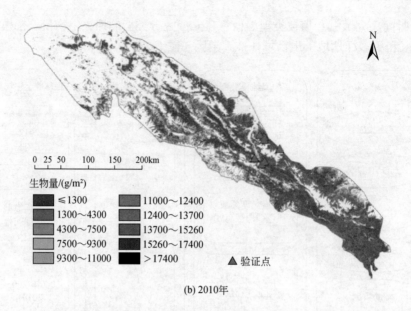

(b) 2010年

图 2-28　2000 年、2010 年地上生物量分布（见彩图）

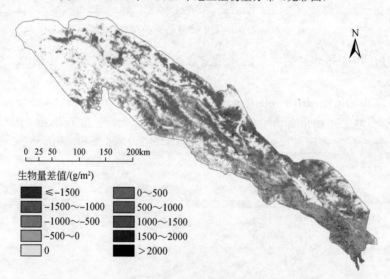

图 2-29　2010 年与 2000 年地上生物量差值分布（见彩图）

2.3.4　蒸散遥感动态监测

采用多尺度-多源数据协同的陆表蒸散遥感改进模型 ETWatch[37]，开展 1990～2010 年祁连山重要生态功能区的蒸散遥感监测。该模型的重点是充分利用多源遥感数据的特点，对能量通量中的关键参量进行方法研究，包括基于雷达、植被和地形等数据的几何粗糙度，基于土壤水分、地表温度、短波红外、太阳高度角、比值植被指数的土壤热通量遥感估算，基于 MODIS 水汽廓线数据的边界层高度提取，基于风云（FY）静止气象卫星云产品的地表净辐射估算等。Wu 等[37] 对祁连山及周边区域 2008～2014 年阿柔、盈科、大满等 7 个不同下垫面的 EC 观测数据集进行了验证,结果表明模型估算日 ET 值与地面观测值的均方根误差(root mean square error,RMSE)和相对误差分别为 0.8 mm 和-7.11%。

以 1990 年、2000 年和 2010 年为例,祁连山重要生态区的蒸散量空间分布图监测结果如图 2-30 所示,总体上蒸散量从西北向东南呈增加的趋势。

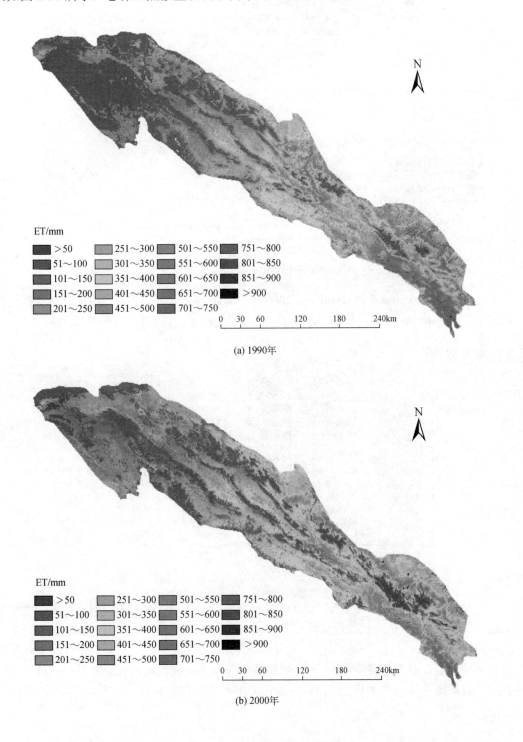

(a) 1990年

(b) 2000年

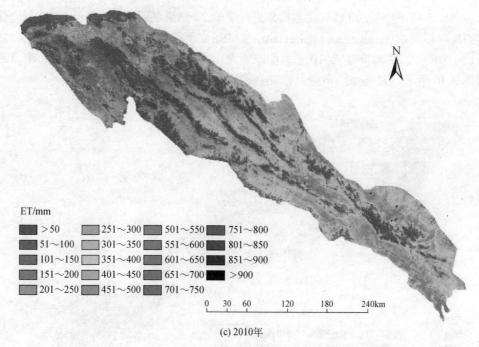

(c) 2010年

图 2-30　1990 年、2000 年和 2010 年蒸散量遥感监测结果（见彩图）

选择祁连山水源涵养区 1990 年、2000 年、2010 年三个时间段的年平均 ET 数据进行统计，统计结果如图 2-31 所示，典型年平均 ET 变化平缓，总体呈现降低趋势。

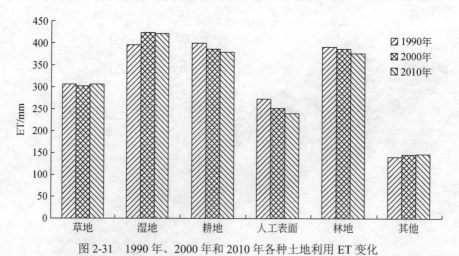

图 2-31　1990 年、2000 年和 2010 年各种土地利用 ET 变化

对祁连山水源涵养重要生态功能区 1990～2010 年月平均 ET 进行统计，结果表明不同土地利用类型的 ET 值变化呈现单峰趋势，最大值出现在 7～8 月。如图 2-32 所示，ET 值从高到低依次为：湿地、耕地、林地、草地、人工表面、其他，湿地月最大值达到 100 mm，最低值均出现在春季与冬季。3～5 月耕地区蒸散均低于同时期的林地类型，6 月开始一直到 8 月耕地蒸散略高于林地，而该阶段正处于耕地农作物长势最好的阶段，9 月开始耕

地处于生长后期，蒸散呈现降低的趋势，低于林地蒸散。

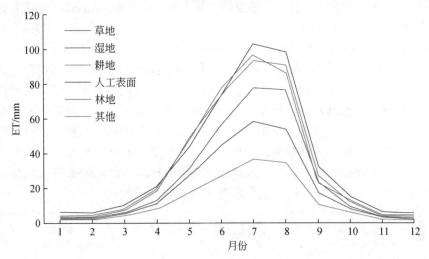

图 2-32　1990～2010 年逐月多年平均 ET 变化过程线（见彩图）

　　利用祁连山水源涵养区 1990～2010 年 ET 数据，采用线性趋势法逐像元计算变化趋势，获得如图 2-33 的 ET 变化斜率分布图，草地区域年蒸散量有增加的趋势，林地蒸散量有减少的趋势，沙漠等裸土有轻微增加的趋势。整体而言，祁连山水源涵养区蒸散量呈略微增加的趋势。

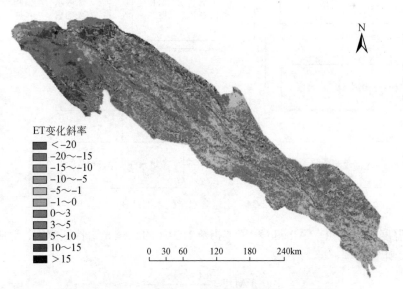

图 2-33　1990～2010 年 ET 变化斜率分布图（见彩图）

2.3.5　土壤水分动态监测

　　基于地表温度、植被指数等建立的光谱特征空间监测土壤水分方法得到大力发展。

利用光学遥感的地表温度、植被指数等参数建立二维光谱特征空间监测中尺度土壤水分，NDVI 反映土壤水分存在滞后性，且很容易饱和。地表反照率（Albedo）是表征地表对太阳短波辐射反射特性的生态物理参量，受地表土壤水分、植被覆盖、地形等陆面状况异常的影响。地表反照率的变化可以改变地表辐射能量平衡，对地表蒸散和土壤水分的变化起着重要的作用。由此可见，地表反照率也可作为反映地表水分状况的生态物理参数。

　　但光学遥感受到云雨等影响，无法得到全范围的卫星过境数据；结合被动微波数据不受云雨的影响、有较高时间分辨率和穿透更深土壤深度的优势，通过中低尺度、多源数据融合；可以更精确地监测干旱半干旱区土壤水分，其中的大尺度信息可以刻画土壤水分受大气、环境等影响的水热响应程度，中尺度信息提供区域精细的土壤水分差异和变化信息。基于地表反照率、植被指数和地表温度信息，结合 AMSR-E 大尺度土壤水分结果，形成中尺度土壤水分反演方法与思路（图 2-34）。

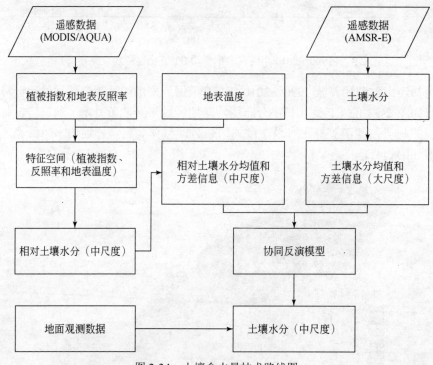

图 2-34　土壤含水量技术路线图

　　构建温度 Ts、反照率 Albedo 和植被指数 NDVI 的二维光谱特征空间，形成土壤水分指数 TADI 计算方程，即

$$TADI = \frac{Ts_i - Ts_{min}}{Ts_{max} - Ts_{min}} \tag{2-13}$$

$$Ts_{max} = A_{max} + B_{max} \times Albedo + C_{max} \times NDVI \tag{2-14}$$

$$Ts_{min} = A_{min} + B_{min} \times Albedo + C_{min} \times NDVI \tag{2-15}$$

这里采用 TADI 计算水分指数，因此同理可以建立 TADI 与土壤水分绝对值的关系，并将土壤水分指数转换为绝对的土壤水分结果，转换模型为

$$\theta_v = \theta_{\min} + \text{TADI} \times (\theta_{\max} - \theta_{\min}) \tag{2-16}$$

联合 AMSR-E 产品中未受云影响的逐日土壤水分数据，利用大尺度和中尺度下土壤水分均值和方差信息，通过异质函数和归一化算法，计算中尺度逐日土壤水分。图 2-35 为 2010 年 6 月多源遥感数据反演的中尺度表层土壤水分结果。

2.3.6　小流域生态参量与径流关系分析

将研究区的年均植被指数——叶面积指数（leaf area index，LAI）、植被覆盖度（fractional vegetation cover，VFC）和 NPP 的年累积值，与年径流总量和年降雨量进行趋势分析发现，年尺度上降雨量与径流量存在正相关的趋势；而 LAI、NPP 与径流量呈现负相关关系；VFC 与降雨量、径流量都存在正相关关系，但与径流量的相关系数远低于降雨量（相关系数为 0.768）。因此，研究区年尺度上，植被对径流总量有一定影响，但并不会显著改变降雨量/径流量年际变化（表 2-21）。

2002～2011 年年均降水量增加了 5.6 mm/a，年均径流量减少率为 0.0176 mm/a（图 2-36）。年径流量减少与暖湿变化趋势下气候利于植被生长紧密相关，控制 LAI、NPP 和 VFC 总体呈现上升趋势，导致蒸散量增加（图 2-37）。

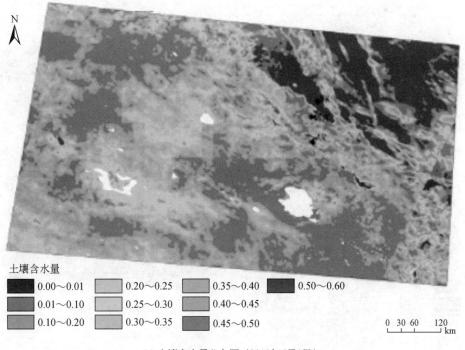

土壤含水量

■ 0.00～0.01	0.20～0.25
0.01～0.10	0.25～0.30
0.10～0.20	0.30～0.35

0.35～0.40	■ 0.50～0.60
0.40～0.45	
0.45～0.50	

0　30　60　　　120
└─┴─┴──────┘ km

(a) 土壤含水量分布图（2010年6月1日）

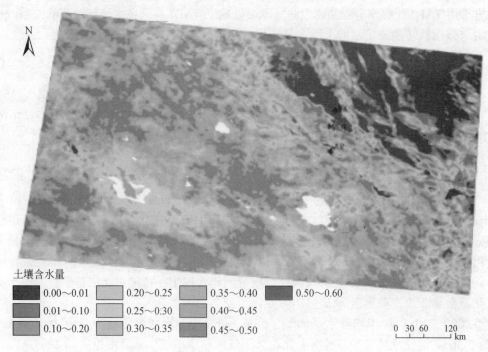

土壤含水量

0.00～0.01	0.20～0.25	0.35～0.40	0.50～0.60
0.01～0.10	0.25～0.30	0.40～0.45	
0.10～0.20	0.30～0.35	0.45～0.50	

0 30 60   120
└─┴──┴────────┘ km

(b) 土壤含水量分布图（2010年6月5日）

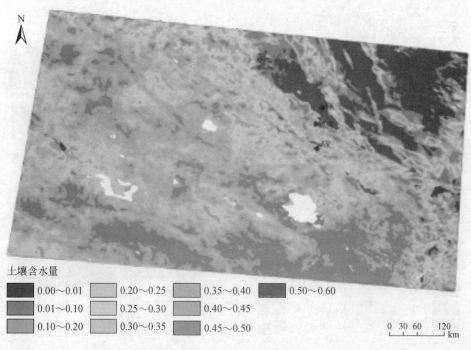

土壤含水量

0.00～0.01	0.20～0.25	0.35～0.40	0.50～0.60
0.01～0.10	0.25～0.30	0.40～0.45	
0.10～0.20	0.30～0.35	0.45～0.50	

0 30 60   120
└─┴──┴────────┘ km

(c) 土壤含水量分布图（2010年6月10日）

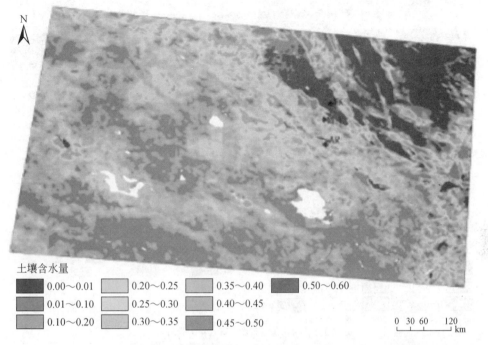

土壤含水量

0.00～0.01	0.20～0.25	0.35～0.40	0.50～0.60
0.01～0.10	0.25～0.30	0.40～0.45	
0.10～0.20	0.30～0.35	0.45～0.50	

0 30 60　120
km

(d) 土壤含水量分布图（2010年6月15日）

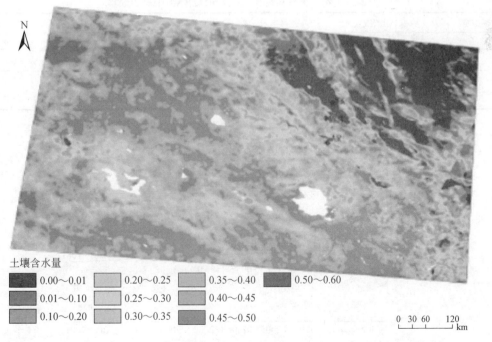

土壤含水量

0.00～0.01	0.20～0.25	0.35～0.40	0.50～0.60
0.01～0.10	0.25～0.30	0.40～0.45	
0.10～0.20	0.30～0.35	0.45～0.50	

0 30 60　120
km

(e) 土壤含水量分布图（2010年6月20日）

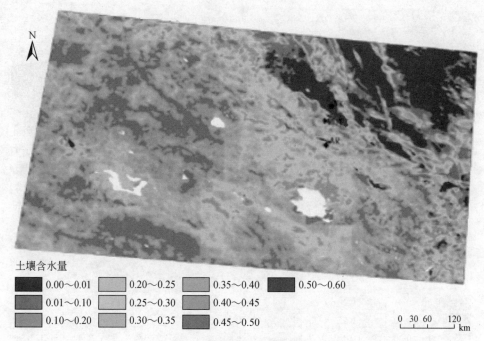

土壤含水量

■ 0.00～0.01　　■ 0.20～0.25　　■ 0.35～0.40　　■ 0.50～0.60
■ 0.01～0.10　　■ 0.25～0.30　　■ 0.40～0.45
■ 0.10～0.20　　■ 0.30～0.35　　■ 0.45～0.50

0　30　60　　120 km

(f) 土壤含水量分布图（2010年6月25日）

图 2-35　2010 年 6 月多源遥感数据反演的中尺度表层土壤水分（见彩图）

表 2-21　年尺度数据降雨-径流-植被指数相关性统计

类别	植被指数	降雨量	径流量	LAI	NPP	VFC
降雨量	皮尔逊相关系数	—	0.630	0.013	0.257	0.768
	显著性检验值	—	0.069	0.974	0.504	0.016
径流量	皮尔逊相关系数	0.630	—	-0.285	-0.091	0.504
	显著性检验值	0.069	—	0.458	0.817	0.167

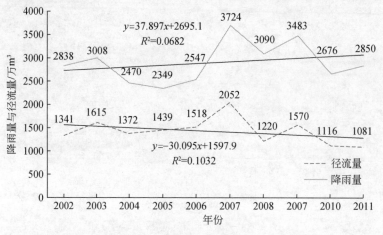

图 2-36　2002～2011 年大野口总降雨量与径流量趋势

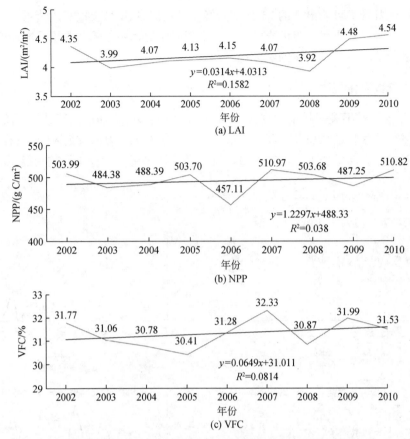

图 2-37 2002～2010 年大野口植被指数变化趋势

对 2002～2010 年植被指数（LAI、NPP、VFC）与"蓝水""绿水"比例的线性回归性统计发现，植被指数的提高与"蓝水"的减少和"绿水"的增加有一定的关联性，植被指数与"绿水"量存在正相关趋势，而与"蓝水"量存在负相关趋势，植被对小流域水文调节的效应在年际可以一定程度地表现出来（表 2-22）。

表 2-22 "蓝水""绿水"比例与植被指数相关性统计

类型	植被指数	LAI	NPP	VFC
绿水	皮尔逊相关系数	0.368	0.431	0.282
	显著性检验值	0.330	0.247	0.463
蓝水	皮尔逊相关系数	−0.368	−0.431	−0.282
	显著性检验值	0.330	0.247	0.463

2.4 水源涵养区相关参量的模拟

利用 SWAT 模型模拟祁连山中部地区土壤含水量时空变化，评估祁连山区 1971～2010 年的水源涵养功能动态变化，分析退耕还林还草等重大工程对区域水源涵养的影响。

选择全球变化背景下可能出现的 25 种不同气候变化情景、4 种土地利用情景为假设条件，模拟出各种气候、土地利用变化情景下区域水资源状况，并估算其对于基准期的变化率，分析水源涵养功能对气候变化的响应程度。

2.4.1　水文参数变化规律

2010 年模拟结果表明林地和高覆盖度草地面积大幅度增加后，流域的产流量增加，地表径流减少，蒸散量减少，土壤含水量增加（图 2-38）。因此，减少了地表径流，增加了土壤的入渗能力，增加了土壤含水量，发挥了保持水土、涵养水源的功能。

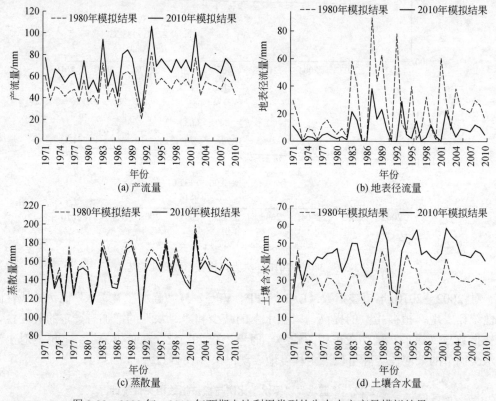

图 2-38　2000 年、2010 年两期土地利用类型的生态水文变量模拟结果

对研究区的土壤含水量进行月尺度变化分析，结果如图 2-39 所示。

研究区土壤含水量年内变化可分 4 个阶段：5 月为生长初期，积雪融化、降水增加、土壤解冻，土壤含水量逐渐增加，为前蓄墒阶段；6～9 月气温升高，植物生长处于盛期，蒸散量大（图 2-40），降雨量大，表层土壤水增加，根系层土壤水分逐渐降低，达到全年最低值，为失墒阶段；10 月土壤冻结，降水滞留表层，植物休眠，蒸腾减少，土壤水分逐渐增加，含水量相对较高，为后蓄墒阶段；11 月到次年 4 月气温低，植物休眠，土壤冻结，降水少，但蒸散也少，土壤水分相对较稳定，为稳定阶段。7～8 月降水量达到峰值，但这时植物生长旺盛，蒸腾作用加大，导致土壤水分仍然较低，因此植物生长对土壤水分的影响很大。

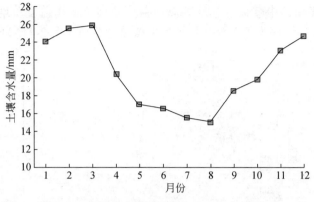

图 2-39　土壤含水量月尺度变化（40 年平均）

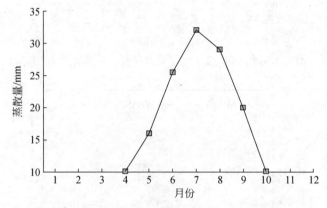

图 2-40　实际蒸散量月尺度变化（40 年平均）

从 1971～2010 年不同土地利用类型的产流量变化结果来看，祁连山地区不同土地利用类型高郁闭度林地（FRSE）、低覆盖度草地（SWRN）、高覆盖度草地（PAST）、中覆盖度草地（WPAS）的产流量变化的顺序为：林地＞低覆盖度草地＞高覆盖度草地＞中覆盖度草地（图 2-41）。

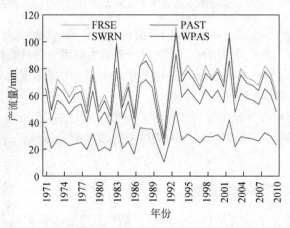

图 2-41　不同土地利用类型的产流量年尺度计算结果（见彩图）

蒸散量的顺序为：中覆盖度草地＞高覆盖度草地＞低覆盖度草地＞高郁闭度林地（图 2-42）。径流量的顺序为高覆盖度草地＞中覆盖度草地（图 2-43）。

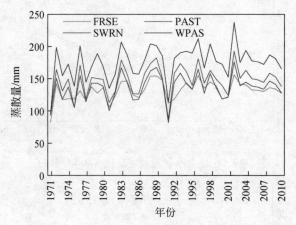

图 2-42　不同土地利用类型的蒸散量年尺度计算结果（见彩图）

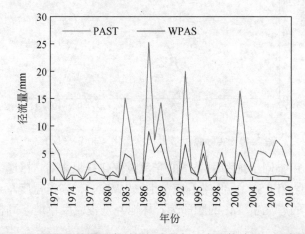

图 2-43　不同土地利用类型的径流量年尺度计算结果（见彩图）

2010 年退耕还林之后，以林地为主的子流域基本监测不到地表径流，该结论与 1987 年地表径流观测结果一致。林地的增加，使得产流量主要用于自身消耗，或者用来增加土壤含水量，起到水源涵养的功能。如图 2-44 所示，土壤含水量的变化顺序为：林地＞中覆盖度草地＞高覆盖度草地＞低覆盖度草地。

祁连山地区高郁闭度林地土壤含水量较高，最高可达到 35 mm，说明土壤含水量受土地利用方式的影响较大（图 2-45）。不同的地表覆盖类型是蒸散量的关键影响因子之一，因此，退耕还林充分发挥了水源涵养的功能。

2.4.2　水源涵养功能对气候变化的响应

参考全球 IPCC 第五次评估报告（AR5）第一工作组报告的亮点结论，1880～2012 年全球平均气温上升了约 0.85 ℃，而祁连山区 1971～2000 年平均气温升高了 0.86 ℃，

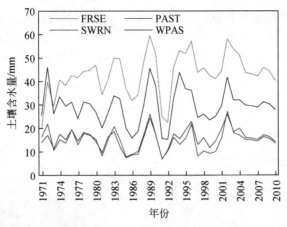

图 2-44　不同土地利用类型的土壤含水量年尺度计算结果（见彩图）

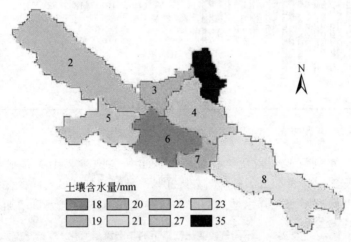

图 2-45　土壤含水量年尺度的空间分布（1971～2010 年）（见彩图）

在研究区域可能的气候变化范围下，假定 25 种气候变化情景组合，即在祁连山区日气温、日降雨的基础上温度增加 0 ℃、0.86 ℃、1.5 ℃、2.5 ℃和 4 ℃，降水变化 0%、±10%、±20%，将气温与降雨变化组合为 25 种气候变化方案（表 2-23）。

表 2-23　气候变化情景类型

降水变化	气温变化				
	0 ℃	+0.86 ℃	+1.5 ℃	+2.5 ℃	+4 ℃
−20%	情景 1	情景 2	情景 3	情景 4	情景 5
−10%	情景 6	情景 7	情景 8	情景 9	情景 10
0	情景 11	情景 12	情景 13	情景 14	情景 15
10%	情景 16	情景 17	情景 18	情景 19	情景 20
20%	情景 21	情景 22	情景 23	情景 24	情景 25

针对上述 25 种气候变化情景，采用 SWAT 模型计算祁连山区的年产流量、蒸散量及土壤含水量，得到不同气候变化情景下的地表径流量、土壤含水量。通过与气候情景 1971～2010 年对应的计算平均值对比，获得每种气候情景相对于初始气候情景的变化率，如图 2-46 所示。

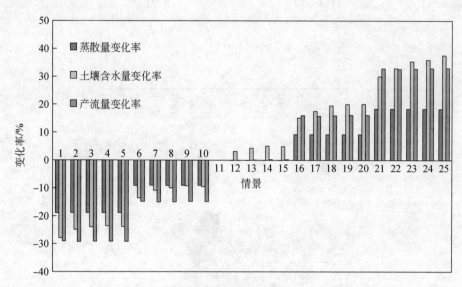

图 2-46　不同气候情景下的水资源量变化（见彩图）

结果表明：不同气候情景变化状况下产流量、蒸散量、土壤含水量变化差异明显（图 2-46、表 2-24～表 2-26）。降水减少 20%、温度增加 4℃气候变化情景下产流量减少最多；温度保持不变、降水增加 20%的气候变化方案下产流量增加最多。

表 2-24　不同气候变化情景下的年产流量变化　　　　　　（单位：%）

降水变化	气温变化				
	0 ℃	+ 0.86 ℃	+1.5 ℃	+2.5 ℃	+4 ℃
−20%	−29.03	−29.08	−29.15	−29.10	−29.21
−10%	−14.81	−15.03	−14.91	−14.79	−14.81
0	0	−0.07	0.12	0.23	0.21
10%	15.97	15.74	15.92	16.06	16.06
20%	32.82	32.59	32.69	32.84	32.95

表 2-25　不同气候变化情景下的年蒸散量变化　　　　　　（单位：%）

降水变化	气温变化				
	0 ℃	+ 0.86 ℃	+1.5 ℃	+2.5 ℃	+4 ℃
−20%	−18.83	−18.80	−18.81	−18.80	−18.78
−10%	−9.10	−9.07	−9.08	−9.08	−9.07
0	0	−0.01	−0.03	−0.02	−0.01

续表

降水变化	气温变化				
	0 ℃	+0.86 ℃	+1.5 ℃	+2.5 ℃	+4 ℃
10%	9.17	9.19	9.16	9.17	9.19
20%	18.27	18.34	18.31	18.31	18.31

表 2-26　不同气候变化情景下的年土壤含水量变化　　　　（单位：%）

降水变化	气温变化				
	0 ℃	+0.86 ℃	+1.5 ℃	+2.5 ℃	+4 ℃
-20%	-27.90	-24.88	-23.93	-23.56	-23.78
-10%	-13.52	-10.85	-10.02	-9.24	-9.50
0	0	3.13	4.35	5.06	4.87
10%	15.10	17.56	19.46	19.97	19.99
20%	29.93	32.93	35.38	35.94	37.53

不同气候变化情景下蒸散量变化没有产流量变化明显（表 2-25）。温度保持不变，降水减少 20%的气候变化方案实际蒸散发减少最多；而温度增加 4℃、降水增加 20%的气候变化方案使实际蒸散发增加最多。

温度增加或降水增加都将导致实际蒸散量的增加，温度降低或降水增加将导致产流量的增加。在该区域，降水对产流量、蒸散量、土壤含水量的影响程度远远大于温度对产流量、蒸散量、土壤含水量的影响。

2.4.3　水源涵养功能对土地利用变化的响应

通过重构土地利用变化情景来辅助评价土地利用政策变化对水源涵养功能的影响。以国家重大生态工程为例，基于祁连山区的土地利用状况，设置了 4 种综合情景模式，在新的情景模式下，基于气象资料进行计算，结果如表 2-27 所示。

表 2-27　未来祁连山区土地利用/覆盖变化情景设置

情景	植被覆盖	情景假设
情景 1	全森林覆盖	历史温度、降雨
情景 2	全森林覆盖	历史温度升高 4℃
情景 3	全裸地	历史温度、降雨
情景 4	全裸地	历史温度升高 4℃

分别在表 2-27 4 种气候变化情景下，基于 SWAT 模型计算祁连山区的产流量、蒸散量及土壤含水量，得到每种土地利用变化情景下的产流量、土壤含水量、蒸散量。通过不同土地利用变化情景的计算平均值对比，得到不同情景条件下水源涵养功能变化状况。

从全林地和全裸地两种情景植被覆盖类型模拟结果看，全裸地产流量远大于全林地，是全林地产流量的 1.54 倍（图 2-47）。

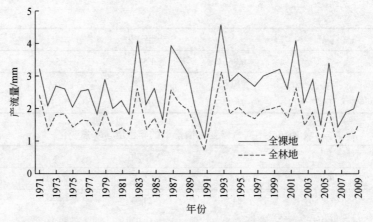

图 2-47　不同土地利用情景下的产流量逐年变化

　　林地的产流并没有增加地表径流（图 2-48），而主要用于自身消耗（图 2-49）。其中，全林地土壤含水量约为全裸地的 1.7 倍。

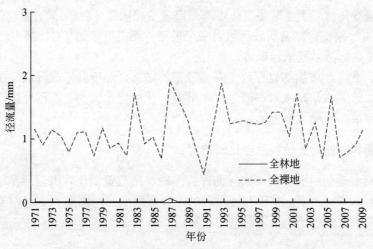

图 2-48　不同土地利用情景下的径流量逐年变化

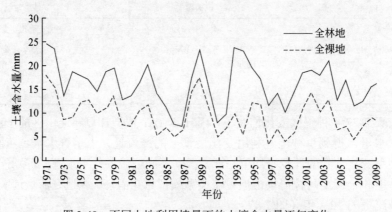

图 2-49　不同土地利用情景下的土壤含水量逐年变化

　　而对于季节性水文过程而言，土地利用变化却起到非常重要的作用，从雨季（6～10月）与旱季（11 月至次年 5 月）的土壤含水量来看，随着土地覆盖的增加，土壤含水量和蒸散量的增加总量雨季所占比重较大（图 2-50、图 2-51）。

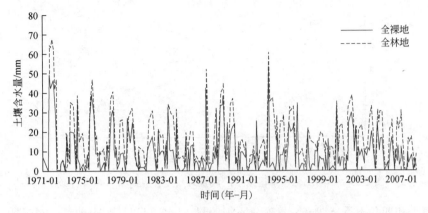

图 2-50　不同土地利用情景下的土壤含水量逐月变化

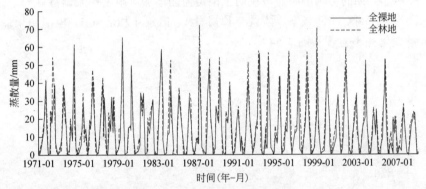

图 2-51　不同土地利用情景下的蒸散量逐月变化

　　7～8 月为降水量峰值期，但植物生长茂盛，因此土壤含水量仍然处于低值。全林地拦截了大量雨季洪水，呈现土壤含水量高于全裸地（图 2-52、图 2-53）。

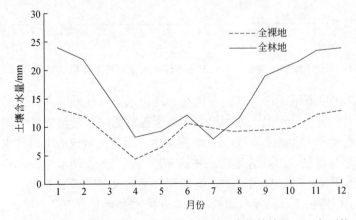

图 2-52　不同土地利用情景下土壤含水量月尺度计算结果（40 年平均）

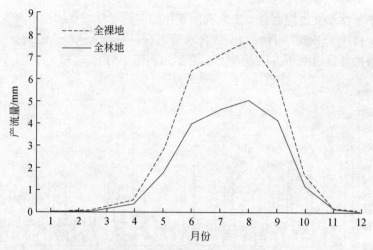

图 2-53　不同土地利用情景下产流量月尺度计算结果（40 年平均）

　　在雨季初期和雨季末期产流量变化不很明显，因此可以认为土地覆盖对汛期径流的影响较大，而对非汛期的影响不明显，说明土地覆盖的增加对雨季径流调蓄有一定的作用。

　　未来温度升高 4℃的情景下，情景 2 和情景 1，情景 4 和情景 3，模拟结果差异不大，土壤含水量变化并不显著（图 2-54）。

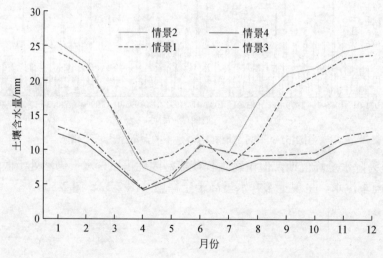

图 2-54　不同土地利用情景升温状况下土壤含水量月尺度计算结果（40 年平均）

　　综合分析得出以下结论：①气候变化对祁连山水文过程影响大，尤其对土壤含水量和产流量的影响更加明显，但土地利用和土地覆盖的影响却是至关重要的。气候变化造成的土壤含水量最大变化幅度为 37%，然而土地利用变化造成的土壤含水量变化可以达到 1.57 倍，即增加超过 50%。②退耕还林措施造成地表径流明显减少，对下游来水量的贡献减少，导致干旱化趋势更加剧烈。但某种程度上改善了祁连山的土壤含水量，在本区域充分发挥了保持水土、涵养水源的功能。③降水变化对产流及土壤含水量影响较大，气温影响相对较小。随着降水量增加，水循环过程增加了区域的来水量，而气温的升高，使区域内蒸散量增大，因此出山口径流量随降水的增加而增大，随气温的升高而减少。

水源涵养和水文调节是生态系统休戚相关的水文服务，既有区别又有紧密联系，必须从降水-径流过程的角度加以甄别和深入研究。把水源涵养、水文调节，甚至生态系统养分调节和水质净化等服务类型混为一谈，对于生态水文过程的理解和深入研究，以及生态系统服务的分析都会产生不利影响。总体上，水文调节概念的包容性、客观性、适用性强，可以广泛应用。而水源涵养首先是生态系统的一项重要生态水文功能，在量上类似于"绿水"的概念，如果作为一项生态系统服务，人类获得的并不是淡水供给，而是生态系统在"绿水"支持下的其他产品和服务。因此，水源涵养的概念在使用中就要求更为精确明晰，以更好地开展学术研究并为生态系统保护、恢复和可持续管理实践提供科学基础。

水文调节和水源涵养与水资源安全息息相关，深入理解其变化过程和驱动机制，对于环境变化下的科学决策和有效管理至关重要。过去 20 年的观测和模型研究揭示了地球系统中存在着关键反馈过程，使得理解气候、土地利用或水管理的单独变化所带来的影响变得非常复杂，原因是气候、生态过程、土地利用、水文过程和水资源处于动态相互作用之中，引起水文水资源变化的任何一个过程都可能通过反馈影响其他过程[34]。因此，对生态系统水文调节和水源涵养服务的研究还是要从生态水文过程角度把握本质、加以深化，以更好地服务于生态系统管理和水资源安全的维持。为此，加强多尺度生态水文过程的观测与试验仍然是根本立足点[35, 36]。同时，也需要更充分考虑生态系统水文调节和水源涵养服务与其他服务之间的权衡、协同关系，以及这些关系随着空间（不同区域、不同空间尺度）、时间（瞬时、日、旬、月、季、年、多年）和受益者的变化（如当地还是异地、短期还是长期、林业还是农业等）。

对莺落峡以上的黑河上游祁连山区的情景预测表明，干暖化的气候变化将会对祁连山区的水资源造成重要影响，将加剧水资源短缺，最敏感的因子是径流，而最显著的驱动力则是降水。土地利用和植被覆盖变化对水源涵养相关的生态系统水文服务的影响可以超过气候变化的影响。具体地，气候变化尤其是降水量增加 20%的情景下，土壤含水量最大变化幅度为 37%，发挥了巨大的增贮潜力，然而土地利用变化（如退耕还林草措施）造成的土壤含水量变化可以达到 1.57 倍，即增贮幅度超过 50%。对大野口和黑河上游祁连山区的分析表明，若盲目增加区域植被覆盖，会造成地表径流明显减少，对下游来水量的贡献减少，造成干旱区的干旱化趋势更加剧烈，但某种程度上改善了本区域的土壤含水量，在本区域充分发挥了保持水土、涵养水源的功能。

参 考 文 献

[1] PUSHPAM K. Ecosystems and Human Well-Being: Synthesis[M]. Washington: Island Press, 2005.

[2] SAUNDRY P. Ecosystems and Human Well-Being: Current State and Trends[M]. Washington: Island Press, 2005.

[3] ROBERT T W. Ecosystems and Human Well-Being: Scenarios[M]. Washington: Island Press, 2005.

[4] KARTIK C, RIK L, PUSHPAM K, et al. Ecosystems and Human Well-Being: Policy Responses[M]. Washington: Island Press,

2005.

[5] CAPISTRANO D, SAMPER C, LEE M J. Ecosystems and Human Well-Being: Multiscale Assessments[M]. Washington: Island Press, 2005.

[6] VILLA F, VOIGT B, ERICKSON J D. New perspectives in ecosystem services science as instruments to understand environmental securities[J]. Philosophical Transactions of the Royal Society B: Biological Sciences, 2014, 369(1639): 1-15.

[7] 潘春翔, 李裕元, 彭亿, 等. 湖南乌云界自然保护区典型生态系统的土壤持水性能[J]. 生态学报, 2012, 32(2): 538-547.

[8] 甘先华, 郭乐东, 李召青, 等. 长潭省级自然保护区森林土壤孔隙贮蓄水分与现实吸持能力关系研究[J]. 中国农学通报, 2013, 29(13): 20-23.

[9] 秦嘉励, 杨万勤, 张健. 岷江上游典型生态系统水源涵养量及价值评估[J]. 应用与环境生物学报, 2009, 15(4): 453-458.

[10] 鲜骏仁, 张远彬, 胡庭兴, 等. 四川王朗自然保护区地被物水源涵养能力评价[J]. 水土保持学报, 2008, 22(3): 47-51.

[11] 张远东, 刘世荣, 罗传文, 等. 川西亚高山林区不同土地利用与土地覆盖的地被物及土壤持水特征[J]. 生态学报, 2009, 29(2): 627-635.

[12] 贺淑霞, 李叙勇, 莫菲, 等. 中国东部森林样带典型森林水源涵养功能 [J]. 生态学报, 2011, 31(12): 3285-3295.

[13] 刘璐璐, 邵全琴, 刘纪远, 等. 琼江河流域森林生态系统水源涵养能力估算 [J]. 生态环境学报, 2013, 22(3): 451-457.

[14] 吴丹, 邵全琴, 刘纪远. 江西泰和县森林生态系统水源涵养功能评估[J]. 地理科学进展, 2012, 31(3): 330-336.

[15] WANG S, FU B J, GAO G Y, et al. Responses of soil moisture in different land cover types to rainfall events in a re-vegetation catchment area of the Loess Plateau, China[J]. Catena, 2013, 101: 122-128.

[16] SENEVIRATNE S I, CORTI T, DAVIN E L, et al. Investigating soil moisture-climate interactions in a changing climate: a review[J]. Earth Science Reviews, 2010, 99(3-4): 125-161.

[17] 王根绪, 李娜, 胡宏昌. 气候变化对长江黄河源区生态系统的影响及其水文效应 [J]. 气候变化研究进展, 2009, 5(4): 202-208.

[18] 肖强, 肖洋, 欧阳志云, 等. 重庆市森林生态系统服务功能价值评估[J]. 生态学报, 2014, 34(1): 216-223.

[19] 赖敏, 吴绍洪, 戴尔阜, 等. 三江源区生态系统服务间接使用价值评估[J]. 自然资源学报, 2013, 28(1): 38-49.

[20] 李士美, 谢高地, 张彩霞, 等. 森林生态系统水源涵养服务流量过程研究[J]. 自然资源学报, 2010, 25(4): 585-593.

[21] LU N, SUN G, FENG X M, et al. Water yield responses to climate change and variability across the North–South Transect of Eastern China(NSTEC)[J]. Journal of Hydrology, 2013, 481: 96-105.

[22] BANGASH R F, PASSUELLO A, SANCHEZ-CANALES M, et al. Ecosystem services in Mediterranean river basin: Climate change impact on water provisioning and erosion control[J]. Science of the Total Environment, 2013, 458-460: 246-255.

[23] NOTTER B, HURNI H, WIESMANN U, et al. Modelling water provision as an ecosystem service in a large East African river basin[J]. Hydrological and Earth System Science, 2012, 16: 69-86.

[24] GLAVAN M, PINTAR M, VOLK M. Land use change in a 200-year period and its effect on blue and green water flow in two Slovenian Mediterranean catchments-lessons for the future [J]. Hydrological Processes, 2013, 27(26): 3964-3980.

[25] ARNOLD J G, MORIASI D N, GASSMAN P W, et al. SWAT: model use, calibration, and validation[J]. Transactions of the American Society of Agricultural and Biological Engineers, 2012, 55(4): 1491-1508.

[26] PARK G A, PARK J Y, JOH H K, et al. Evaluation of mixed forest evapotranspiration and soil moisture using measured and swat simulated results in a hillslope watershed[J]. Korean Society of Civil Engineers, Journal of Civil Engineering, 2014, 18(1): 315-322.

[27] RODRIGUEZ J P, BEARD T D Jr, BENNETT E M, et al. Trade-offs across space, time, and ecosystem services[J]. Ecology and

Society, 2006, 11(1): 28-28.

[28] YU P T, WANG Y H, DU A P, et al. The effect of site conditions on flow after forestation in a dryland region of China[J]. Agricultural and Forest Meteorology, 2013, 178-179: 66-74.

[29] KRISHNASWAMY J, BONELL M, VENKATESH B, et al. The groundwater recharge response and hydrologic services of tropical humid forest ecosystems to use and reforestation: Support for the "infiltration-evapotranspiration trade-off hypothesis" [J]. Journal of Hydrology, 2013, 498: 191-209.

[30] DYMOND J R, AUSSEIL A G E, EKANAYAKE J C, et al. Tradeoffs between soil, water, and carbon——A national scale analysis from New Zealand[J]. Journal of Environmental Management, 2012, 95(1): 124-131.

[31] MARK A F, DICHINSON K J M. Maximizing water yield with indigenous non-forest vegetation: a New Zealand perspective[J]. Frontiers in Ecology and the Environment, 2008, 6(1): 25-34.

[32] FERRAZ S F B, LIMA W de P, RODRIGUES C B. Managing forest plantation landscapes for water conservation[J]. Forest Ecology and Management, 2013, 301: 58-66.

[33] BROOKS P D, TROCH P A, DURCIK M, et al. Quantifying regional scale ecosystem response to changes in precipitation: Not all rain is created equal[J]. Water Resources Research, 2011, 47(7): 197-203.

[34] DADSON S, ACREMAN M, HARDING R. Water security, global change and land-atmosphere feedbacks[J]. Philosophical Transactions of the Royal Society A, 2013, 371: 1-17.

[35] BACHMAIR S, WEILER M. Interactions and connectivity between runoff generation processes of different spatial scales[J]. Hydrological Processes, 2014, 28(4): 1916-1930.

[36] TEMPLETON R C, VIVONI E R, MENDEZ-BARROSO L A, et al. High-resolution characterization of a semiarid watershed: Implications on evapotranspiration estimates[J]. Journal of Hydrology, 2014, 509: 306-319.

第 3 章　内陆河上游山地木本植物群落及空间分布

3.1　研　究　进　展

3.1.1　生态位概念的提出和发展

早在 1910 年，生态位（niche）这一术语便出现在美国学者 Johnson 的生态学论述中。生态学一词最初源于动物学，后被广泛应用于植物学研究。1917 年，Grinnell 将生态位定义为被一个种所占据的环境限制性因子单元，强调的是空间和位置，即生境生态位[1]。1927 年，Elton 将动物的生态位定义为其在生物环境中的位置及其与食物和天敌的关系，强调的是功能生态位。1957 年，Hutchinson[2] 从多维空间和资源利用等多方面考虑，用数学语言和抽象空间来描述生态位，把生态位看作一个生物单元生存条件的总体集合，将其拓展为既包括生物的空间位置及其在生物群落中的功能地位，又包括生物在环境中的位置，即 n 维超体积（n-dimensional hypervolume）生态位，并区分了理想条件下的基础生态位（fundamental niche）和现实条件下的实际生态位（realized niche）。基础生态位是生态位空间的一部分，由物种的变异和适应能力决定，而实际生态位是自然界中现实存在的生态位，考虑了生物因素和它们之间的相互作用[3]。Grubb[4] 则认为生态位是植物与所处环境的总关系，并补充提出了更新生态位（regeneration niche）和时间生态位（time niche）。Shea 等[5] 将生态位重新定义为物种对每个生态位空间点的反应和效应。之后，Tilman[6] 又提出了随机生态位。我国的生态位理论研究始于 20 世纪 80 年代初期。王刚等[7] 定义一个种的生态位是表征环境属性特征的向量到表征种的属性特征的数集上的映射关系。李博[8] 指出生态位是自然生态系统中一个种群在时间、空间上的相对位置及其与相关种群之间的功能关系。现代生态学中，生态位理论和方法作为生态学最重要的理论基础之一，已被广泛应用于自然生态系统[9-12]和社会生态系统中[13-15]。

3.1.2　物种共存的解释

群落中的物种共存是由进化、历史及生态尺度上的过程决定的，是群落生态学研究的重要问题之一[16]。Gause 研究表明，在一个资源有限的空间内，具有相同资源利用方式的两个物种不能长期共存，如长期共存则必然产生生态位分化，这就是竞争排斥原理[17]。也就是说，物种在群落中的共存以生态位的分化为前提[18]。迄今，生态学家已提出了众多解释物种共存的理论和假说，如种库理论（species pool theory）[19]、更新生态位假说（regeneration niche hypothesis）[4]、资源比例假说（resource ratio hypothesis）[20]、竞争-拓殖权衡（competition-colonization trade-off）[21]、负密度制约假说（negative density dependent hypothesis）[22]等。种库理论从进化和历史尺度上阐述了物种共存的形成机制[19, 23]，论述的是大尺度过程，该理论认为，一个局域中群落可拥有的物种数量取决于物种的形成过程。更新生态位假说认为，物种生活史对策不同，使得各种植物在种子生产、传播和萌发时所需要的条件不同；物种在其营养体竞争不利时，通过有利的繁殖更新条件得以补偿，即各物种的竞争优势在生活史周期上分散不同，从而促成物种共存[24]。资源比例假说认为在异质性的环境中，两种或多种限制性资源的比例变化越大，越能为生态位分化提供更多的空间，从而使多个物种在同一区域实现稳定共存。竞争-拓殖权衡理论认为，自然群落中，当种间竞争能力不对称时，物种水平上竞争能力和拓殖的负相关关系能够使物种在群落中共存[24]。负密度制约假说认为资源竞争、有害生物侵害和化感作用等导致了同种物种间的相互损害，从而为其他物种提供了生存的空间和资源，促进了物种共存[25]。此外，时间和空间生态位的分化、干扰和环境波动及环境因子和各因素之间的交互作用都可能影响物种共存[26-29]。

3.1.3　群落构建的生态学理论

生物多样性的形成和维持机理是生态学研究的核心内容[24,25]。Mueller-Dombois 等[30]认为影响植物群落物种构成的主要因素有：一个地区总的植物区系、某一个物种到达该地区的能力和植物本身的生态特性。Diamond[31]认为群落构建是大区域物种库中的物种经过多层环境过滤和生物作用选入小局域的筛选过程。目前关于群落构建的机制仍存在不同的理论观点，归纳起来主要有两类，一类是基于生态位理论（niche theory）的观点，另一类是基于中性理论（neutral theory）的观点[32]。

不同物种在竞争能力和资源分享上的权衡（trade-off）引起生态位的分化[33]。生态位理论认为群落内共存的物种通过占有不同的生态位来竞争有限的环境资源[29, 34]，如光、水分和土壤养分等，它强调的是确定性因素对群落结构维持和变化的解释。生态位理论中局域群落构建的两个基本驱动力是生境的过滤作用和物种的竞争排斥作用[24, 35, 36]。生境过滤使得功能相似的物种被过滤到相同的生态位，使群落中各物种的特征趋于相同[37]，而竞争排斥作用使得物种间的相似性受限，导致群落各物种的特征趋于相异[38]。然而，确定性的因素远不足以解释复杂的群落结构动态。在研究热带雨林的物种多样性时发现，热带雨林的物种极为丰富，无法用传统的生态位分化观点来解释[39]，这使传统的生态位理论受到了极大的挑战[40, 41]。因此，不得不考虑非确定性的因素对群落结构动态的影响。

1967 年，MacArthur 等的岛屿生物地理学理论预测，在假设不同物种具有相同的出生/死亡率、迁入/灭绝速率，且不考虑物种属性差异、种间竞争和生态位差异时，岛屿（或类似生境）上的物种数取决于物种迁入速率与岛屿上物种灭绝速率之间的动态平衡[24]。后来，以 Hubbell 为代表的生态学家推广了种群遗传学的中性理论，提出了群落中性理论[40, 41]。中性理论假设群落同一营养级内的所有个体都是功能等价的，并且群落动态是一个随机的零和（zero-sum）过程[24]。它强调随机性扩散对群落动态的影响，认为扩散限制和生态漂变是决定群落结构动态的因素[42]。中性理论预测群落相似性随着地理距离的增加而下降，与任何环境因子无关[41, 43]。虽然中性理论很好地解释了许多生态位理论所不能解释的植被过程机制[44]，给经典的生态位理论带来了巨大的挑战，但并未颠覆基于生态位的群落构建理论[24]，而是强调了随机过程对群落构建过程的重要影响。此外，中性理论包含了个体迁移、物种分化及群落尺度等生态位理论忽略的方面，为探讨个体水平上群落的构建奠定了理论基础[44]，因此受到越来越多的关注。但群落中各物种并非像中性理论假设的那样在生态功能上等价[45]，这又使其饱受质疑。尽管如此，由于群落中性理论的简约性和预测力，许多生态学家认为其和生态位理论从不同的方面反映了群落的内禀特征[24]。

自中性理论提出以来，群落构建的生态位理论和中性理论就一直争议不断。近年来，研究者普遍认为生态位理论和中性理论并不是完全对立的[32, 46]。现实中环境条件的变化常与地理距离的改变强烈相关，群落的特定空间结构是由具有空间分布结构的环境因子和扩散限制这两类生态过程共同作用的结果[33, 47]。因此，越来越多的研究者倾向于将生态位理论和中性理论进行整合来更好地理解群落构建机制和生物多样性的维持[6, 48]，生态位理论的支持者尝试将中性理论的合理部分整合到基于生态位的群落构建体系中，而中性理论则在简约原则下纳入确定性因子来弥补其关键性的缺陷[39, 49]。群落构建的零模型和中性-生态位连续体假说等都在尝试将这两种过程进行整合[6, 32]。此外，Tilman[6]提出的随机生态位理论弥补了生态学物种权衡理论和中性理论的许多不足，很好地解释了群落多样性和物种入侵等现象[24]。

Chesson[26]、Adler 等[46]和 Hillerislambers 等[50]认为群落的构建是多个尺度上生态学过程共同作用的结果。牛克昌[51]认为生态位过程和扩散限制在群落动态中只是相对贡献不同而已。目前，关于评估和量化群落构建中生态位过程和扩散限制相对重要性的方法主要为方差分解（variation partitioning）法[52]，在生态学研究中得到了广泛的应用[53-58]。Legendre 等[59]研究不同尺度古田山亚热带阔叶林群落的分布，发现生境和空间变量共同解释了群落物种组成变异的65%和群落物种丰富度变异的53%。Zhang 等[55]研究长白山温带森林群落时发现，生态位过程和中性过程对森林群落结构都有影响，且对不同森林群落类型的解释能力不同。王丹等[60]研究表明，生态位理论和中性理论在构建黄土高原草本群落过程中都发挥着作用,但中性理论扮演了更重要的角色。王世雄等[61]通过典范方差分解和 Mantel 检验方法确定了环境筛选和扩散限制对黄土高原森林群落构建的相对贡献。Lin 等[62]从种群和群落水平上分割了环境和空间对乔木物种分布的效应。Gazol 等[54]及 Hu 等[58]研究西班牙北部的温带森林和中国南部海南岛热带森林林下植被时发现，环境因子和空间变量共同解释了植物群落物种多样性的变异，尽管空间变量解释的部分相对较少。Tuomisto 等[63]研究亚马孙西部森林时发现，环境决定论比扩散限制解释了更多的群落物种组成变异，两者共同解释了 70%~75%。此外，其他生态过程，如生物间的捕食作用、互利共生等也可能影响群落的构建[64]。

3.1.4　群落分布的空间尺度

物种的空间分布格局不仅依赖于潜在的生态机理，还受不同研究尺度的影响（图 3-1）[65]。由于不同的环境因子在不同尺度（取样面积）上具有明显的异质性[66]，物种的空间分布格局在不同尺度上可能存在较大差异[67]。一般地，在较小尺度上，区域环境因子对物种分布的影响显著；而较大尺度上，物种间的相互作用被弱化，变得不明显[68, 69]。大尺度上物种的空间分布格局主要取决于气候因素。

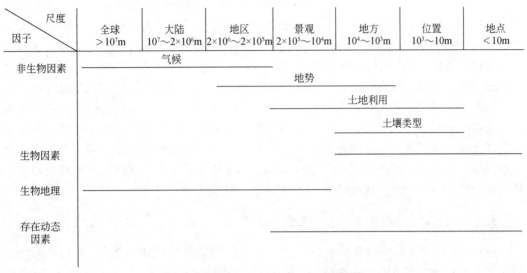

图 3-1　不同空间尺度下群落物种分布的影响因子[70]

Tilman[6]、Gravel 等[32] 及 Legendre 等[59] 认为生态位分化与扩散限制都影响群落构建，且二者的相对贡献与研究尺度和生态系统类型有关。Svenning 等[71]和 Jones 等[72]认为小尺度上中性过程可能更加重要，而更倾向于生态位过程发生在较大尺度上[73]。Legendre 等[59]研究古田山亚热带落叶阔叶林的分布发现，随着取样单元格尺寸（cell sizes）逐渐增加（10 m×10 m、20 m×20 m、40 m×40 m、50 m×50 m），地形变量解释的群落物种组成和物种丰富度变异均增加，而空间变量解释的群落组成变异逐渐减少，解释的物种丰富度变异先增加后减少，但纯的空间变量解释的部分大于纯的环境变量解释的部分。Yuan 等[56] 研究发现，环境异质性和其他生物过程在不同空间尺度上共同影响长白山针阔混交林群落物种组成和多样性。López-Martínez 等[74] 研究不同空间尺度次生热带干旱森林木本植物的组成变异，结果表明环境因子和空间结构对木本植物的β-多样性变异都有贡献，但它们的相对重要性具有尺度依赖性。局部尺度上，环境和空间结构都强烈影响群落β-多样性；而在景观尺度上，环境因子起着更重要的作用。Andersen 等[75] 对芬兰 Lakkasuo 地区的泥炭地植被进行研究，发现环境变量和空间结构共同解释了植被组成变异的30%，并且空间相关过程在宽尺度（broad scale）上更重要。Lin 等[62] 研究群落水平上不同取样单元（10 m×10 m、20 m×20 m、25 m×25 m、50 m×50 m、100 m×100 m）的物种分布，结果表明随着取样尺度的增加，环境变量（包括土壤和地形变量）对群落物种变异的解释能力逐渐增加且始终大于空间变量解释的部分。饶米德等[76] 研究浙江古田山森林，发现古田山样地群落的物种多样性存在明显的距离衰减格局。在 20 m×20 m 尺度上，生境过滤和扩散限制共同作用解释群落系统发育β-多样性，而在 40 m×40 m 和 50 m×50 m 尺度上，生境过滤是解释群落系统发育结构的主要过程。

3.1.5　空间变量的构建

生物群落一般在多种尺度上具有空间结构，这种多尺度空间结构由多层次生态过程引起[77]。环境控制论观点认为外界环境影响生物群落的分布，如果这些环境因子具有空间结构性，那么它们的格局也将反映在生物群落上，称为诱导性空间依赖（induced spatial dependence）。例如，沙漠中湿润的区域通常呈斑块状分布，那里的植被也呈斑块状分布。生物控制论预测群落内的种间和种内作用和中性过程一样，可引起群落组成的空间自相关（spatial autocorrelation）[77]。植物群落物种分布通常能展现出特定的空间格局，许多生态学家早就认识到空间在生态学研究中的重要性[78, 79]。实际研究中忽略了空间信息会使物种与环境因子之间产生假关联（spurious associations）[53, 80]，减少植被组成变异的可解释部分[75]，从而导致研究结果与实际情况有很大偏差[81]。

3.1.5.1　基于多元趋势面的空间变量

近年来，与空间有关的数量生态学方法得到了迅速发展。米湘成等[82]运用趋势面法分析了山西省沙棘灌丛的水平格局。Gilbert 等[83]用地理坐标的多项式（二次或三次）函数生成趋势面作为群落组成的空间解释变量。Klimek 等[84]利用趋势面代表空间研究了不同组解释变量对德国 Lower Saxony 草地物种组成及多样性的相对贡献，结果发现纯空间变量解释了很少部分的群落物种组成和多样性变异。宋创业等[85]基于趋势面法对黄河三角洲植物群落的分布格局进行了研究，发现环境因子和空间因子分别解释了群落分布格局的 45.2%和 11.8%。Lan 等[86]基于趋势面法研究了我国热带季节雨林，结果表明地形变量比空间变量解释了更多的植物群落物种组成。虽然趋势面法引入了对多项式次数的随机选择[87, 88]，但高次数的多项式在解释趋势面时是相当困难的[89]。此外，趋势面是非常粗放的空间建模方法，空间微尺度（fine scale）不能通过这种方法很好地被模拟[77, 90]。

3.1.5.2　基于特征根的空间变量

趋势面构建的空间变量通常尺度较大，需要在宽尺度至微尺度都能够对空间结构进行建模，必须构建能够模拟所有尺度的空间结构变量。Borcard 等[90]提出了邻体矩阵主坐标（principal coordinates of neighbor matrices，PCNM）分析，这种方法可以产生采样点之间空间关系的频谱分解，创建可以与环境变量的空间模式直接链接的空间成分[91]。PCNM 的空间分析原理见图 3-2。PCNM 可以通过一系列基于特征向量的变量[92, 93]在不同空间尺度上构建复杂的空间模型，因此被应用于植被分布格局的研究中[94, 95]。PCNM 可能会比简单的多项式模型解释更多的植物群落组成变异，Jones 等[96]在对哥斯达黎加热带雨林的蕨类植物群落进行研究时也证实了这一点。

3.1.6　植物群落分类和排序

植物群落是不同物种长期相互作用下对环境适应的整体反映[97]。群落生态学中常需要将自然植被划分为具有共同特征的单元[98]，因此植物群落分类（classification）成为植

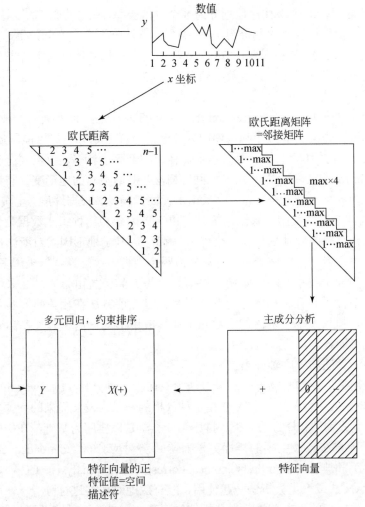

图 3-2　PCNM 空间分析原理[90]

被生态学研究的基本内容。传统的植物群落分类方法主要凭借经验和专业知识根据选取指标对群落进行分类,分类的结果容易受研究者主观因素的影响。因此,数量分类方法被引入传统的植物群落分类中,能够提供比较客观的归类和划分,是研究植物群落类型关系的必要手段。无数的植物生态学家对世界各地植被进行了分类研究,并发展了许多植被分类方法。然而,由于研究对象的复杂性和区域性,迄今并没有统一的植物分类原则和系统[49, 99]。

3.1.6.1　植物群落分类方法

1. 人工神经网络法

人工神经网络法是较新的数量分析方法,其中的自组织特征映射(self-organizing feature map,SOFM)网络具有较强的聚类功能,能够处理大量的模糊信息,理论上能够更好地反映自然现象和规律[100]。李林峰等[101]采用 SOFM 法对芦芽山自然保护区青杆林进行数量分类，将 60 个森林样地划分为 8 个群落类型。张金屯等[100]运用 SOFM 网络将庞泉沟自然保护区植物群落划分为 13 个类型，植被分类符合实际，生态意义明确。张金屯等[102]采用 SOFM 法将五台山 78 个亚高山高寒草甸样地分为 8 个植物群落类型。SOFM 法虽简单易行，但是分类组数必须人为给定。

2. 多元回归树法

多元回归树（multivariate regression trees，MRT）法是约束聚类的一种形式[103]，它将环境因子梯度作为分类节点，利用递归划分法，将样方划分为尽可能同质的类别[104]。Hu 等[58]基于不同的环境变量对海南热带森林植物群落进行多元回归树分析，将其划分为七类。Punchi-Manage 等[105]采用多元回归树法，根据不同的地形变量将斯里兰卡混交龙脑香林划分为五种类型。张荣等[106]采用多元回归树法，根据纬度、土壤 pH 和海拔将61 块样地分为四个群落类型。赖江山等[104]以地形因子和物种组成数据为变量的多元回归树法将古田山常绿阔叶林划分为三个群丛。田锴[107]基于地形因素对浙江古田山 24 hm² 样地草本植被进行多元回归树分析，将其分为四个类群。陈云等[108]采用多元回归树法，基于海拔和坡向因子将小秦岭木本植物群落划分为五类。黄甫昭等[109]采用多元回归树法将喀斯特季节性雨林森林群落分为八个群丛。虽然该方法在相关研究实践中取得了较好的分类结果，但只是基于群落的少数几个环境或地形变量进行分类，当变量不同时，划分的结果也可能各异。

3. 双向指示种法与排序轴分类法

近年来应用最广泛的植物群落划分方法为双向指示种分析（two-way indicator species analysis，TWINSPAN）法[110]，它是在指示种分析的基础上发展而来的一种多元等级分化方法，能同时完成物种和样方的分类。排序轴分类法是以排序为基础，在排序空间上划分植物群落的一种方法，最主要的排序方法有除趋势对应分析（detrended correspondence analysis，DCA）和典范对应分析（canonical correspondence analysis，CCA）。这类排序法常与 TWINSPAN 法或聚类分析法一起使用，能有效地对植被进行分类，并可以客观、准确地揭示植物与环境的生态关系，在分析植物群落空间/时间变异中得到了广泛的应用。朱军涛等[111]利用 TWINSPAN 和 DCA 分析将额济纳荒漠绿洲植物群落分成六个主要植物群丛。排序结果表明，地下水埋深、pH、盐分、矿化度和电导率等对荒漠植物群落分布具有显著影响。吕秀枝等[112]对五台山冰缘地貌植物群落进行了数量分类和排序。刘海江等[113]对浑善达克沙地丘间低地植物群落进行了数量分类和排序。孙菊等[114]对大兴安岭沟谷冻土湿地植物群落进行了数量分类和排序。张克荣等[115]对长沙岳麓山马尾松林进行研究时发现，TWINSPAN 法划分群落类型时会出现样地错分的情况，胡理乐等[116]的研究中也出现了类似的结果。此外，TWINSPAN 法分类需要人为给定终止原则，否则将一直分下去，而 TWINSPAN 法的终止原则如何确定至今没有得到很好的解决[104]。

4. 模糊数学聚类法

模糊数学聚类法是一种基于模糊集理论的分类方法，20 世纪 80 年代开始应用于植被分析，能很好地描述和反映自然规律[117, 118]，主要包括模糊等价聚类（fuzzy equivalence clustering）、模糊图论聚类（fuzzy graph clustering）和模糊 C 均值聚类（fuzzy C-means clustering) 等方法[117, 119]。该方法虽然能较为客观地处理样方对类型的隶属关系，但在植被生态学中的应用较少。张金屯[120]将模糊聚类应用在荆条灌丛分类中。任东涛等[121]进行了芦苇生态型划分指标的主分量及模糊聚类分析。

5. 聚类分析法

聚类分析（cluster analysis）法是对大量的样本数据进行分类，通过数据建模简化数据的一种多元统计分析方法。聚类分析是一个探索性的分析，分类过程中不必事先给出一个分类标准，因此被广泛应用于植物群落研究中。常用的聚类包括基于链接的层次聚类、平均聚合聚类、Ward 最小方差聚类等。聚类分析所使用的方法不同，常会得到不同的结论。聚类结果的最终选择需要研究者的主观判断，即便是对同一组数据进行聚类分析，不同的研究者得到的结论也未必一致。艾尼瓦尔·吐米尔等[122]对天山森林生态系统树生地衣植物群落进行聚类分析，将其分成了四组地衣群落。Tambe 等[123]、Rana 等[124]和 Khan 等[125]对喜马拉雅山植物群落进行了聚类分析。Kusbach 等[126]对北美落基山脉森林群落进行了聚类分析。张克荣等[115]比较了不同的分类方法，发现聚类分析的结果优于 TWINSPAN 法的结果，是比较理想的群落数量分类方法。此外，Aho 等[127]也对不同的群落分类方法进行了比较，发现聚类分析能较有效地对数据进行分类。

3.1.6.2　国内外植被分类和排序研究

长期以来，植物生态学家对世界各地的植被进行了分类研究。例如，Luther-Mosebach 等[128]研究了南非 Namaqualand 地区的植被，将其分为 17 种植被类型并进行了物种组成和生境描述。Bertoncello 等[129]将巴西南部和东南部的森林群落分为 6 种森林类型。Khan 等[125]描述了喜马拉雅山西部地区 5 种植物群落沿海拔和纬度梯度的分布及物种组成。Uğurlu 等[130]将土耳其橡树森林植物群落分成了 10 种群落类型，并对其分布的海拔、区域、气候、物种组成等进行了详细描述。Noroozi 等[131]研究了伊朗北部、西北部厄尔布尔士山脉和阿塞拜疆山脉的高海拔植被及高寒流石堆植被，区分出了 10 种植物群落类型并进行了特征种描述。Brand 等[132]对南非东自由州的山地湿地植被进行分类，划分了 5 个群落类型、6 个亚群落型和 6 个变异型。Eliáš 等[133]将欧洲东南部盐分富集的草地分成 15 个群丛。Sasaki 等[134]将日本北部的亚高山沼泽群落分成 6 种群落类型，并通过分析得到了各群落的指示种。欧光龙等[135]对高黎贡山北段植物群落进行数量分类研究，将研究区植被划分为 18 个群落类型，反映了群落分布随海拔和干扰变化的规律。吕秀枝等[112]将五台山冰缘地貌植被分为 13 个群丛。李晋鹏等[136]对山西吕梁山南段植物群落进行分类，将其划分为 18 个群丛，包括 4 个森林群落和 14 个灌丛。宋爱云等[137]将卧龙自然保护区亚高山草甸划分为 12 个群落类型。

欧芷阳等[138]将桂西南喀斯特山地木本植物群落划分为四个类型，研究结果表明土壤 pH、有机质、养分含量、岩石裸露率及地形因子均对植物群落物种分布有影响。Wang 等[139]对青藏高原半干旱区的植物群落进行研究，将其划分为六个群落类型，并指出冻土活动层的厚度是解释植物群落分布的最主要因素。Aarrestad 等[140]将博茨瓦纳北部植物群落划分为四类，群落物种组成主要与土壤资源、与光可利用性有关的变量有关。

3.1.7　影响植物群落物种组成及多样性的环境因素

植物群落的物种组成及多样性与环境因子的关系一直是生态学研究的重点问题之一。Saco 等[141]和余敏等[142]认为，植被分布格局是地形、气候、土壤及植被之间在不同尺度上相互作用和反馈的结果。Soberón 等[143]将影响物种分布的因素总结为以下几类：①非生物因素（abiotic factor），包括气候、土壤条件等各种因子；②生物或生态因子（biotic or bionomic factor）；③物种本身的迁移能力和地理区域的特性；④物种对新环境的适应能力。不同的环境尺度下，影响物种分布的各类因素的作用程度是不同的[144]。在全球或区域等较大尺度上，气候[145]、植物区系[146]被认为是影响植被分布格局的主要因素；而在局地或景观尺度上，区域环境因子对植被分布格局的影响尤为重要[147]（表 3-1）。

表 3-1　山地生态系统中影响植物群落分布的环境因子

研究区	植被类型	影响因子
管涔山	森林群落	海拔、坡度、坡向、凋落物厚度[148]
青藏高原	高山草甸	冻土活动层深度、土壤含水量[149]
八甲田山	高山荒野	海拔、温度、土壤 pH、电导率[134]
南阿尔卑斯山	刈草地	海拔、坡度、土壤养分、黏粒含量、土壤 pH[150]
黄土高原	灌丛草地	海拔、坡度、饱和导水率、群落盖度等[151]
芦芽山自然保护区	青杆林	海拔、坡位、坡度[152]
松山自然保护区	森林群落	海拔、坡度、凋落物厚度[153]
车八岭自然保护区	阔叶林地表植被	坡向、坡度[154]

3.1.7.1　地形对植物群落物种分布及多样性的影响

地形对于物种形成不同的斑块具有重要的作用。已有的关于地形对植被分布格局的影响多集中于海拔和坡向两个地形因子。在海拔高差较大的山区，地形影响太阳辐射和降水的空间再分配，进而影响植被的分布格局。山地为研究植物群落的海拔分布格局提供了良好的场所，原因是其在较小的取样区域内就能够反映较大的物种变异[155]。海拔是一个复杂的地形因子，不仅代表了温度、水分和光照等多种环境因子的梯度效应[144]，还代表了干扰、保护程度和隔离程度[156]，这些因子均能对植被分布格局产生影响。关于物种多样性沿海拔梯度的分布格局已有大量报道，其中物种多样性与海拔的线性（linear）关系和单峰（unimodal）关系最为普遍[157]，但也有研究者认为物种多样性与海拔梯度之间并无特定关系[158, 159]。坡向与生态系统最重要的能量来源，即太阳辐射密切相关。在北半球，南坡一般比北坡有着更高的温度、更大的光强度和更低的土壤含水量[160, 161]。因此，南坡较北坡干燥，所接收的热量高，分布着较耐旱的植物群落。另外，坡度通过影响土壤水分和侵蚀状况对植被分布格局产生影响。一般来讲，坡度越陡，湿度越小[162, 163]，土层也越浅薄[164]。Marini 等[150]研究发现，坡度对高山草甸物种组成有显著影响。坡度与坡向的变化创造了多样性的微生境，使得物种斑块状地分布在适宜的栖息地内，从而导致局部小地形物种组成和多样性的差异[165]。坡位的生态效应主要通过影响土壤属性和发育过程产生。坡顶土壤相对瘠薄，谷地由于堆积作用土层肥厚，重力作用使得土壤水分和养分从坡顶到坡谷形成一个由源到汇的梯度[166]。研究发现，常绿树种通常分布在上坡和山脊，而落叶阔叶树种分布在沟谷或谷地[153, 167, 168]。这一现象一定程度上可解释为：沟谷比山脊的养分更充足，从而为落叶树种规律性落叶造成的养分损失提供补给[168]。低坡位的生态干扰往往比高坡位更加频繁和强烈[169, 170]。区余端等[171]研究发现，坡向、坡度和坡位对粤北山地森林不同生长型植物的分布格局均有显著影响。González-Tagle 等[172]研究发现，坡向和坡度均显著地影响松-栎混交林的物种分布。Huo 等[173]研究发现，海拔和坡向均显著地影响半干旱山区针叶林群落林下物种的分布，一些物种对坡向的朝向有明显的偏好。Khan 等[125, 174]研究表明，喜马拉雅山西部植物群落类型主要取决于海拔和坡向。物种多样性在中度海拔 2800~3400 m 时达到最大，而在最高海拔 3400~4100 m 时物种的多样性和丰富度出现最低值。

3.1.7.2　土壤因子对植物群落物种分布与多样性的影响

土壤是植物生长依赖的基质，其理化性质的空间异质性决定了植被空间分布的差异，同时也导致群落演替过程中物种多样性的变化[175]。Aarrestad 等[140]研究博茨瓦纳北部的热带草原植被时发现，与光可利用性和取食影响有关的变量相比，土壤因子对植物群落分布具有更高的解释能力。Wang 等[176]研究发现，土壤有机质是影响青藏高原沼泽草甸植被分布的最主要因素之一。张林静等[177]在对新疆阜康绿洲荒漠过渡带植物群落物种多样性与土壤环境因子关系的研究中发现，物种多样性与土壤有机质、全氮和速效磷显著相关。Sasaki 等[134]发现，pH 是影响日本北部亚高山沼泽植被分布的一个重要因素。Pärtel[178]、Gilbert 等[179]及 Hofmeister 等[180]报道了物种丰富度与土壤 pH 的正相关关系。不同功能组植物物种丰富度与土壤 pH 也存在不同关系，一年生植物、地下芽植物和半灌木状的地上芽植物丰富度随土壤 pH 的增加而增加，而地面芽植物和灌木的物种丰富度与土壤 pH 无明显关系[181]。Khan 等[174]发现，土壤厚度是影响巴基斯坦 Narran 山谷植物群落结构的重要因素之一。Slik 等[182]和 Cingolani 等[183]研究发现，土层深厚的地方较土层浅薄的地方有更低的物种丰富度，这可能与土层较厚的土壤具有较高的肥力，导致群落出现少数高竞争物种的竞争排斥作用有关[184]。土壤水资源的异质性对高寒区域植被分布有强烈的作用[185, 186]，可以影响种子的萌发和物种多样性[187]。Wang 等[139]和 Wang 等[176]发现，土壤含水量显著影响青藏高原高寒草甸和沼泽草甸植物群落的物种分布，当土壤含水量减少时，物种生物量和多样性也随之减少。土壤碳氮比（C/N）通常被认为是土壤氮素矿化能力的指标。C/N 较高时，微生物在分解有机质的过程中存在氮限制，从而与植物竞争土壤无机氮，不利于植物的生长[188]。Slik 等[182]研究发现，土壤 C/N 对马来群岛婆罗洲热带乔木群落物种分布有重要影响。此外，Francovizcaino 等[189]研究发现，墨西哥下加利福尼亚州沙漠中心土壤 Ca、Mg 含量及 Ca/Mg 比值与植物多样性也有一定的相关性。

凋落物也是影响植物群落物种分布的一个重要因素。凋落物的数量和质量影响土壤的理化性质和养分循环[190]。地表较厚的枯落物可能阻碍种子和植物幼苗的萌发和生长，从而影响植物群落物种的组成和分布。Yu 等[191]在关于中国北方温带森林生态系统的研究中也证实了枯落物的质量和厚度影响林下植被的物种分布。

3.1.7.3　植被因子对植物群落物种分布及多样性的影响

以往对森林群落的研究表明,针叶林比阔叶林产生酸性更强的枯落物[192],不利于林下植物的生长分布,因此阔叶林被认为比针叶林能保持更高的物种多样性[193]。与纯林相比,混交林林下环境具有较高的异质性[194],多样性的环境资源有利于林下物种多样性的维持。森林群落郁闭度通过影响群落内的光条件、温度和湿度进而对植物群落,特别是林下植被物种组成、分布和多样性产生影响。Huo 等[195]对祁连山高寒山区灌木群落的研究表明,灌丛盖度影响灌木群落物种组成但不影响灌木群落物种丰富度。余敏等[142]研究发现,林分类型显著影响山西灵空山森林林下草本层植物群落组成。

3.1.7.4　干扰对植物群落物种分布和多样性的影响

干扰通过改变植物群落内的环境条件,进而改变植物群落结构和功能,影响物种组成和多样性及其群落的演替。干扰对植物群落物种组成的影响过程可以理解为干扰调节本地种和非本地种之间植物种类、植株数量的配比过程[196]。不同干扰强度和频率对物种组成影响也不同[197]。崔建武[198]研究人为干扰对石林喀斯特山地植物群落物种多样性和群落结构的影响,认为随着人为干扰的增强,群落结构发生明显的变化,物种多样性随着人为干扰的增强而降低。Thomas 等[199]研究间伐对花旗松人工林植物多样性的影响,发现不同间伐水平林下植被物种丰富度均增加。江小蕾等[200]研究了放牧对高山草甸植物多样性的影响,发现中牧干扰的植物群落各多样性指数均最高,重牧由于剧烈干扰而降低了物种多样性。巩劼等[201]研究旅游干扰对黄山风景区植物群落的影响,发现旅游干扰对乔木层的影响不大,对草本层影响最为显著。李文怀等[202]研究放牧强度和地形对内蒙古典型草原物种多度分布的影响,结果表明,平地系统中,物种丰富度和多度在低放牧强度下增加,而在中、高度放牧强度下降低;坡地系统中,物种丰富度和多度随着放牧强度增加而显著降低。

3.2　木本植物群落数量分类及群落林下植被分析

植物群落类型和物种组成构成了一个地区植被信息的基础[203]。现实中,由于植被观测数据量较大,人们通常难以发现植被分布的内在联系和规律性。数量分类法是进行植物群落多样性研究的基础,为客观准确地揭示植物群落间的生态关系提供了合理有效的途径[119],已成为现代植被研究的重要手段[204],被广泛应用于山地森林、灌丛、草原、高寒草甸、湿地等群落的分类研究中。借助于数量分类的方法来探索植被间的规律,对于人们合理利用植物资源和制定多样性保护策略具有重要意义。

林下植被虽然占森林等木本植物群落总生物量较小的比例,但是它们对群落物种多样性的贡献却很大[194, 205]。林下植被在维持群落结构和功能,促进养分循环和能量流动等方面具有重要的作用[192, 205, 206]。此外,林下植被对植物群落上层林冠的更新也很重要,它可以通过与幼树竞争生长所需的资源或者通过化感作用来影响幼树的发芽、存活和生长[192, 207]。通过对祁连山木本植物群落的划分,比较不同群落间下层植被物种组成差异，为该区域生物多样性保护提供一定的理论依据。

3.2.1　物种累积曲线

对 35 个乔木样地和 52 个灌木样地记录的所有物种进行统计分析，估计值的计算采用 100 次随机化物种增加顺序。结果表明，乔木群落和灌木群落物种丰富度对应的估计值分别为 92.92 和 111.01，即乔木样地物种丰富度的估计值大约为 93 种，灌木样地物种丰富度的估计值大约为 111 种。从抽样效果看，乔木样地和灌木样地实际采到的物种数（70 种和 107 种）分别占各自群落全部物种丰富度（估计值）的 75.27% 和 96.40%，样地中的大多数物种被采集。如图 3-3 所示，随着样地数的增加，乔木群落和灌木群落物种数累积曲线都表现为急剧上升后变为舒缓上升的趋势，表明抽样量比较充分，尚可进行后续数据分析。

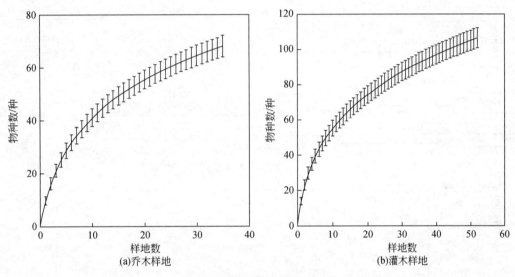

图 3-3　植物群落物种累积曲线

3.2.2　不同木本植物群落聚类分析

研究区 35 个乔木样地和 52 个灌木样地总共记录了 123 个物种，分属 35 科 78 属。其中，蕨类植物 1 科 1 属 1 种，裸子植物 2 科 2 属 2 种，被子植物 32 科 75 属 120 种。主要的科有菊科（18 种）、蔷薇科（12 种）、豆科（10 种）、禾本科（8 种）、龙胆科（8 种）和毛茛科（8 种），它们记录的物种数占总物种数的 52.03%。记录 5 种以上物种的属有：委陵菜属（7 种）、风毛菊属（6 种）和龙胆属（6 种），寡种属（2～5 种）和单种属较多，共 75 属，占总属数的 96.15%。从植物的生长型方面来看，研究区木本植物较少，共计 12 属 16 种，占总种数的 13.01%。草本植物 106 种，占总种数的 86.18%；其中一年生或两年生草本 20 种，多年生草本 86 种。落叶藤本植物 1 种，为甘青铁线莲（*Clematis tangutica*）。

3.2.2.1　乔木群落聚类分析

对 35 个乔木样地进行聚类分析，图 3-4 展示了当信息保留约 40% 时的两种乔木群落类型，划分结果在 NMDS 二维排序图上得到了很好的验证（图 3-5）。根据群落中主林层的优势种对每个群落进行命名，各乔木群落特征见表 3-2。

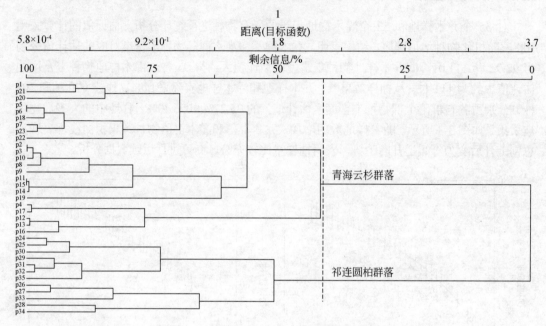

图 3-4　祁连山 35 个乔木样地聚类分析图

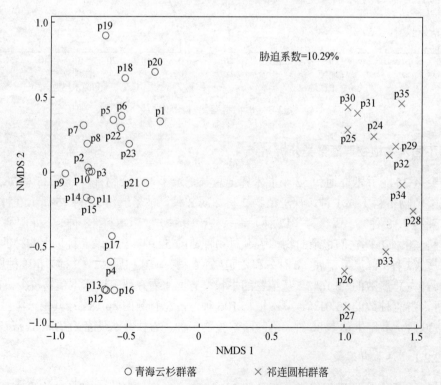

○ 青海云杉群落　　　　　　× 祁连圆柏群落

图 3-5　乔木样地 NMDS 二维排序图

表 3-2　乔木群落基本特征

群落类型	样方数	分布海拔/m	科数	属数	记录物种数
青海云杉群落	23	2663~3451	17	29	38
祁连圆柏群落	12	2720~3570	17	38	52

青海云杉群落：包含 23 个样地（编号 p1~p23），共记录物种 38 种。该群落分布在海拔 2663~3451 m 的阴坡、半阴坡。乔木层物种单一，为青海云杉。乔木层高 8.06~19.36 m，胸径 14.68~69.88 cm，东西冠幅 2.95~4.85 m，南北冠幅 2.96~7 m。灌木层有少量鬼箭锦鸡儿、小叶金露梅、杯腺柳和银露梅分布。林下草本物种较少，主要为珠芽蓼（*Polygonum viviparum*）、甘肃薹草（*Carex kansuensis*）和藓生马先蒿（*Pedicularis muscicola*），另有黄花棘豆（*Oxytropis ochrocephala*）和草地早熟禾（*Poa pratensis* L.）分布。

祁连圆柏群落：包含 12 个样地（编号 p24~35），共记录物种 52 种。该群落分布在海拔 2720~3570 m 的阳坡、半阳坡。常形成纯林，乔木层物种为祁连圆柏，乔木层高 2.57~10.46 m，胸径 8.92~59.04 cm，东西冠幅 2.32~6.6 m，南北冠幅 2.32~7.66 m。灌木层物种主要为小叶金露梅，另有少量银露梅、鬼箭锦鸡儿和高山绣线菊。草本层主要分布有甘肃薹草、嵩草、珠芽蓼、唐松（*Thalictrum uncatum*）、冰草（*Agropyron cristatum*）、草地早熟禾和高原毛茛（*Ranunculus tanguticus*）等。

3.2.2.2　灌木群落聚类分析

对 52 个灌木样地进行聚类分析，图 3-6 展示了当信息保留约 40% 时的五种灌木群落类型，划分结果在 NMDS 二维排序图上得到了很好的验证（图 3-7）。根据群落中主林层的优势种对每个群落进行命名，各灌木群落基本特征见表 3-3。

小叶金露梅群落：包含 17 个样地（编号 p1、p2、p3、p4、p5、p6、p8、p10、p11、p12、p13、p14、p15、p16、p17、p34 和 p38），共记录物种 56 种。该群落主要分布在海拔 2736~3864 m 的阳坡、半阳坡。小叶金露梅是灌木层有绝对优势的物种，除该物种外，个别样地中还出现少量高山绣线菊和杯腺柳。灌木层高 11.98~48.46 cm，地径 0.3~0.64 cm，东西冠幅 30.16~119.55 cm，南北冠幅 29.76~80.58 cm。草本主要有嵩草、丝叶嵩草（*Kobresia filifolia*）和草地早熟禾。

鬼箭锦鸡儿+小叶金露梅群落：包含 10 个样地（编号 p7、p9、p22、p23、p24、p25、p42、p43、p44 和 p45），共记录物种 31 种。该群落在海拔 3315~3945 m 处的阴坡、阳坡均有分布。灌木层优势种是鬼箭锦鸡儿和小叶金露梅，此外还有少量高山绣线菊。灌木层高 19.12~47.67 cm，地径 0.54~1.61 cm，东西冠幅 33.36~81.49 cm，南北冠幅 27.86~77.57 cm。草本主要有膨囊薹草（*Carex lehmanii*）、丝叶嵩草、圆穗蓼（*Polygonum macrophyllum*）、小大黄（*Rheum pumilum*）、珠芽蓼。

银露梅群落：包含 4 个样地（编号 p18、p19、p20 和 p21），共记录物种 35 种。该群落分布在海拔 2800~2946 m，阴坡、阳坡均有分布。灌木层优势种为银露梅，偶见小叶金露梅分布。灌木层高 46.2~92.33 cm，地径 0.56~0.97 cm，东西冠幅 35.68~91.5 cm，南北冠幅 39.23~79.44 cm。草本主要有嵩草、冰草、狼毒（*Euphorbia fischeriana*）和百脉根（*Lotus corniculatus*）。

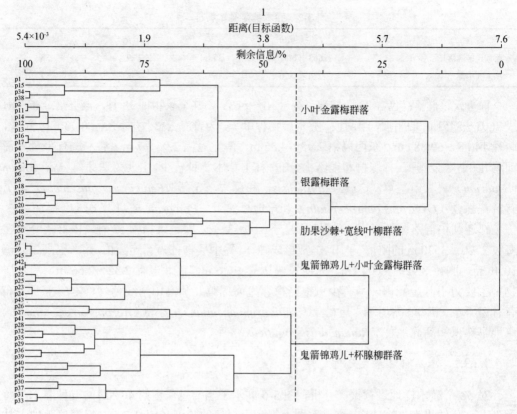

图 3-6　祁连山 52 个灌木样地聚类分析图

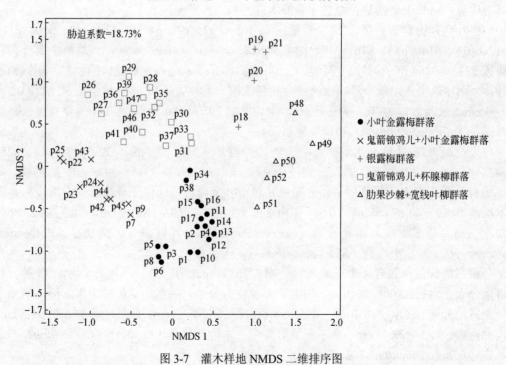

图 3-7　灌木样地 NMDS 二维排序图

表 3-3　灌木群落基本特征

群落类型	样方数	分布海拔/m	科数	属数	物种数
小叶金露梅群落	17	2736~3864	21	40	56
鬼箭锦鸡儿+小叶金露梅群落	10	3315~3945	13	26	31
银露梅群落	4	2800~2946	18	28	35
鬼箭锦鸡儿+杯腺柳群落	16	2834~3802	24	47	55
肋果沙棘+宽线叶柳群落	5	3004~3250	20	37	47

鬼箭锦鸡儿+杯腺柳群落：包含 16 个样地（编号 p26、p27、p28、p29、p30、p31、p32、p33、p35、p36、p37、p39、p40、p41、p46 和 p47），共记录物种 55 种。该群落主要分布在海拔 2834~3802 m 的阴坡、半阴坡，阳坡也有少量分布。灌木层优势种为鬼箭锦鸡儿和杯腺柳，此外伴生有小叶金露梅及少量高山绣线菊。灌木层高 8.79~110.47 cm，地径 0.66~1.56 cm，东西冠幅 13.79~128.69 cm，南北冠幅 13.42~108.74 cm。草本主要有甘肃薹草、嵩草、甘肃马先蒿、草地早熟禾和圆穗蓼。

肋果沙棘+宽线叶柳群落：包含 5 个样地（编号 p48~p52），共记录物种 47 种。该群落分布在海拔 3004~3250 m 的半阳坡。肋果沙棘和宽线叶柳（*Salix wilhelmsiana*）是灌木层的主要物种，此外还有窄叶鲜卑花和小叶金露梅。灌木层高 87.56~176.73 cm，地径 0.94~6.61 cm，东西冠幅 93.19~125.01 cm，南北冠幅 95.09~137.54 cm。草本层主要分布有甘肃薹草、珠芽蓼、草地早熟禾、冰草和野草莓（*Fragaria vesca*）。

3.2.3　植物群落林下植被物种组成差异比较

3.2.3.1　乔木群落林下植被物种组成差异及指示种分析

多响应置换过程（multi-response permutation procedures，MRPP）检验表明，青海云杉群落和祁连圆柏群落林下植被（包括灌木和草本）物种组成存在显著差异（表 3-4）。指示种分析（indicator species analysis，ISA）法分析结果表明，共有 15 个物种可以作为乔木群落的指示种（$p < 0.05$）。其中，青海云杉群落只有一个指示种，为珠芽蓼。祁连圆柏群落共有 14 个指示种，分别为小叶金露梅、嵩草、多裂委陵菜（*Potentilla multifida*）、火绒草（*Leontopodium leontopodioides*）、唐松草、甘肃马先蒿、香青（*Anaphalis sinica*）、冰草、银莲花、高原毛茛、垂穗披碱草（*Elymus nutans*）、狼毒、甘青针茅和龙胆草（表 3-5）。

表 3-4　乔木群落林下植被物种组成 MRPP 检验

组间比较	观测值	期望值	*A*	*p*
青海云杉群落 vs.祁连圆柏群落	0.641	0.685	0.064	<0.001

表 3-5　不同乔木群落指示种分析

群落类型	指示种	指示值	*p*
青海云杉群落	珠芽蓼	0.622	0.016
祁连圆柏群落	小叶金露梅	0.644	0.005

续表

群落类型	指示种	指示值	p
	嵩草	0.394	0.004
	多裂委陵菜	0.341	0.023
	火绒草	0.279	0.036
	唐松草	0.502	0.003
	甘肃马先蒿	0.250	0.037
	香青	0.270	0.036
祁连圆柏群落	冰草	0.471	0.002
	银莲花	0.333	0.014
	高原毛茛	0.667	0.001
	垂穗披碱草	0.333	0.006
	狼毒	0.250	0.032
	甘青针茅	0.250	0.039
	龙胆草	0.250	0.039

3.2.3.2 灌木群落林下植被组成差异及指示种分析

MRPP 检验结果表明，灌木群落间林下植被组成整体存在显著差异（$A=0.180$，$p<0.001$）。进一步进行组间两两比较发现，除肋果沙棘+宽线叶柳群落与小叶金露梅群落和银露梅群落间林下植被物种无显著差异外，其余各组间林下植被物种组成均存在显著差异（表 3-6）。分析结果表明，鬼箭锦鸡儿+小叶金露梅群落和银露梅群落间 A 值最大，说明这两类灌木群落林下植被物种组成极不相似；小叶金露梅群落和肋果沙棘+宽线叶柳群落间 A 值最小，说明它们之间林下植被组成差异最小。

表 3-6 灌木群落间林下植被物种组成 MRPP 检验

组间比较	观测值	期望值	A	p
群落 I vs.群落 II	0.573	0.671	0.145	<0.001
群落 I vs.群落 III	0.661	0.689	0.041	0.019
群落 I vs.群落 IV	0.625	0.663	0.057	<0.001
群落 I vs.群落 V	0.703	0.709	0.008	0.223
群落 II vs.群落 III	0.432	0.621	0.303	0.001
群落 II vs.群落 IV	0.493	0.681	0.276	<0.001
群落 II vs.群落 V	0.510	0.658	0.225	<0.001
群落 III vs.群落 IV	0.561	0.605	0.074	<0.001
群落 III vs.群落 V	0.671	0.701	0.042	0.091
群落 IV vs.群落 V	0.610	0.638	0.044	0.009

注：群落 I，小叶金露梅群落；群落 II，鬼箭锦鸡儿+小叶金露梅群落；群落 III，银露梅群落；群落 IV，鬼箭锦鸡儿+杯腺柳群落；群落 V，肋果沙棘+宽线叶柳群落。

　　ISA 分析结果表明，共有 15 个物种可以作为灌木群落的指示种（$p<0.05$）。其中，鬼箭锦鸡儿+小叶金露梅群落有 6 个指示种，分别为丝叶嵩草、圆穗蓼、小大黄、重齿风毛菊（*Saussurea katochaete*）、二裂委陵菜和膨囊薹草。银露梅群落有 4 个指示种，分别为香青、狼毒、甘青针茅和百脉根。肋果沙棘+宽线叶柳群落有 3 个指示种，分别为肉果草、椭圆叶花锚（*Halenia elliptica*）和野草莓。鬼箭锦鸡儿+杯腺柳群落有 2 个指示种，包括甘肃薹草和风毛菊，而小叶金露梅群落没有指示种（表 3-7）。

表 3-7　不同灌木群落指示种分析

群落类型	指示种	指示值	p
小叶金露梅群落	—	—	—
鬼箭锦鸡儿+小叶金露梅群落	丝叶嵩草	0.448	0.023
	圆穗蓼	0.392	0.025
	小大黄	0.563	0.003
	重齿风毛菊	0.562	0.003
	二裂委陵菜	0.448	0.014
	膨囊薹草	0.820	0.001
银露梅群落	香青	0.454	0.015
	狼毒	0.896	0.001
	甘青针茅	0.404	0.011
	百脉根	0.892	0.001
鬼箭锦鸡儿+杯腺柳群落	甘肃薹草	0.507	0.001
	风毛菊	0.350	0.047
肋果沙棘+宽线叶柳群落	肉果草	0.525	0.002
	椭圆叶花锚	0.314	0.028
	野草莓	0.600	0.001

注："—"表示没有。

　　祁连山地区乔木群落和灌木群落中都包含种类繁多的稀有种，其中乔木群落有 25 种，灌木群落有 51 种，这些稀有种对群落物种多样性有较大贡献。植被物种组成中，寡种属和单种属较多，占总属数的比例为 96.15%，一定程度上反映了研究区植物的多样性和复杂性。

　　不同乔木群落林下植被物种组成存在显著差异，表明林下植被的差异与冠层物种有关[173, 191]。两种乔木群落具有明显的坡向分布，青海云杉群落分布在阴坡或半阴坡，而祁连圆柏群落分布在阳坡。在北半球，南坡（阳坡）较北坡（阴坡）有更高的温度、光密度和更低的湿度[161, 208]。林下植被对温度、光照和水分因子不同的耐受程度决定了它们对某一特定植物群落的选择。青海云杉群落指示种最少，只有珠芽蓼一种，似乎表明这一群落类型林下生境并不利于植物生长。寒冷阴湿的林下生境作为一种环境过滤器，使得许多不耐阴的草本植物无法在青海云杉冠层下生长。祁连圆柏群落的指示种主要为旱中生物种，如小叶金露梅、冰草、垂穗披碱草、甘青针茅、狼毒和高寒物种（如火绒草、唐松草和高原毛茛）。青海云杉群落和祁连圆柏群落分别记录了 31 个物种和 54 个物种；五种灌木群落记录的物种数分别为：小叶金露梅群落 56 种，小叶金露梅+鬼箭锦鸡儿群落 31 种，银露梅群落 35 种，鬼箭锦鸡儿+杯腺柳群落 55 种，肋果沙棘+宽线叶柳群落 47 种。一些物种特定地分布在某一群落类型中，因此任意一种群落类型的丧失将导致这些群落下层物种的丧失[209, 210]。灌木群落中，肋果沙棘+宽线叶柳群落与小叶金露梅群落和银露梅群落间的林下植被组成差异均不显著。小叶金露梅群落没有指示种，可能是因为这类灌木群落林下草本物种分布广泛，具有较宽的生态幅。

3.3　木本植物群落物种组成的影响因素及分布格局

不同的植物个体与环境因子间复杂的相互作用引起了植物群落物种组成的空间变异[63, 141]，了解驱动植被空间分布的机制是生态学研究的重点内容之一。植被-环境关系具有尺度效应[140, 211]。一般地，在全球或区域尺度上，气候是影响植被分布的重要因素，而在局地尺度上，植物群落的组成取决于一系列关键的环境因子[148, 211]。地形因子、土壤状况、地表及植被状况和干扰是影响山地植被分布格局的主要环境因子[212]。植物生态学中，分类和排序是研究群落生态关系的重要数量方法[213]，它通过构建一个低维度的空间使得相似的样本和物种聚集在一起，而不相似的则相互分离来描述群落数据的空间分布[214]，并给出相应的环境解释[215]。揭示植被-环境关系具有重要的生态学意义，不仅可以促进人们对区域生物地理学的了解，还可以为植被保护策略的制定和进一步的生态学研究提供量化的基础[125]。为评估群落空间结构的重要性，Borcard 等[88]通过采样点地理坐标多项式来构建趋势面，作为空间变量引入统计模型，但这种方法只能描述大尺度的空间变异。后来，一种新的空间分析方法，即邻体矩阵主坐标法克服了趋势面法无法表达小尺度空间的缺点，被广泛应用在群落结构空间分析中。

祁连山高寒山区特殊的地理位置和独特的气候条件孕育了多样化的生境及植被类型。近年来，该区域的植被研究主要集中在单一的植物群落类型上，对于区域植物群落物种组成与环境关系的研究相对较少。此外，中性过程相对于生态位过程对研究区木本植物群落的重要性仍然是一个悬而未决的问题。本节基于乔木群落和灌木群落，对植被和环境变量进行调查，通过相邻矩阵主坐标法构建群落空间变量，深入探讨不同类型植物群落物种组成与环境变量及空间变量的关系。

3.3.1　分析与排序

本节地形变量包括海拔、坡向、坡度和坡位，坡向数据采用以下方式进行转换：1 表示北坡（247.5°～292.5°），2 表示东北坡（292.5°～337.5°），3 表示西北坡（202.5°～247.5°），4 表示东坡（337.5°～22.5°），5 表示西坡（167.5°～202.5°），6 表示东南坡（22.6°～67.5°），7 表示西南坡（112.5°～167.5°），8 表示南坡（67.5°～112.5°）。从 1 至 8，显然数字越大，坡向越向阳，生境越干热[216]。同样对坡位进行赋值，分别用 1、2、3 代表上坡位、中坡位和下坡位。

采用排序模型对乔木和灌木群落的响应变量进行 DCA 预分析，结果显示，乔木群落所有排序轴的最长梯度为 2.90 个标准偏差单位（standard-deviation units），优先选择线性模型——冗余分析（redundancy analysis，RDA）排序结果为灌木群落所有排序轴的最长梯度为 3.30 个标准偏差单位。因此，选择单峰模型 CCA 进行排序[217]。通过蒙特卡罗置换检验（Monte Carlo test）确定排序的显著性，置换（permutation）次数设定为 999 次。

植物群落土壤变量之间具有较高的相关性（表 3-8 和表 3-9），可能会引起变量间共线性的问题[77]。因此，为最小化变量共线性对排序结果产生的影响，对地形、环境和空间这三组解释变量单独进行前向选择（forward selection）分析。只有通过前向选择的变量（$p < 0.05$）才能进入典范对应分析和方差分解分析。前向选择分析中，置换检验次数 $n=999$。前向选择和典范对应分析均在软件 Canoco 5.0 中完成。

表 3-8　乔木群落土壤变量间相关性分析

土壤变量	有机碳	全氮	pH
全氮	0.903**		
pH	-0.731**	-0.632**	
容重	-0.732**	-0.736**	0.441**

**表示在 0.01 水平差异显著。

表 3-9　灌木群落土壤变量间相关性分析

土壤变量	有机碳	全氮	pH
全氮	0.743**		
pH	-0.502**	-0.351*	
容重	-0.567**	-0.722**	0.388**

*表示在 0.05 水平差异显著；**表示在 0.01 水平差异显著。

3.3.2　植物群落地形变量及环境变量

对乔木群落地形变量和环境变量进行比较发现，两种乔木群落分布的海拔、坡度和坡位均没有显著差异，而分布的坡向差异显著（图 3-8）。青海云杉群落分布在阴坡、半阴坡，而祁连圆柏群落主要分布在阳坡、半阳坡。两种乔木群落土壤全氮、pH 和群落冠层盖度不存在显著差异，青海云杉群落土壤有机碳含量显著高于祁连圆柏群落，而土壤容重则显著低于祁连圆柏群落（图 3-9）。

灌木群落中，鬼箭锦鸡儿+小叶金露梅群落分布的海拔最高，其次是鬼箭锦鸡儿+杯腺柳群落、小叶金露梅群落、肋果沙棘+宽线叶柳群落，银露梅群落分布的海拔最低。肋果沙棘+宽线叶柳群落分布在坡度较小的区域，其他几种灌木群落分布坡度无显著差异（图 3-10）。

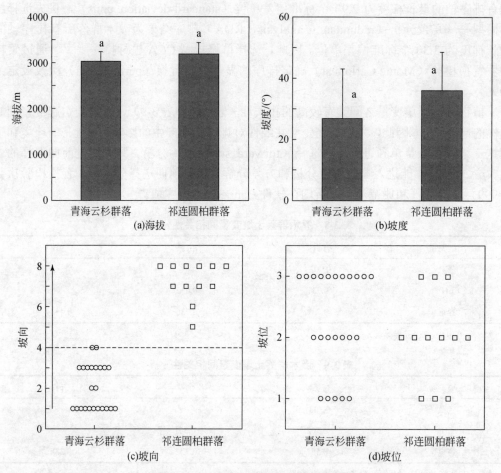

图 3-8　不同乔木群落地形变量比较

图中英文小写字母表示统计分析的显著性差异（$p < 0.05$，图 3-9～图 3-11、图 3-21 同）

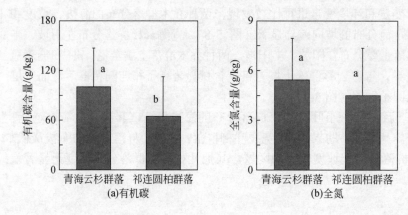

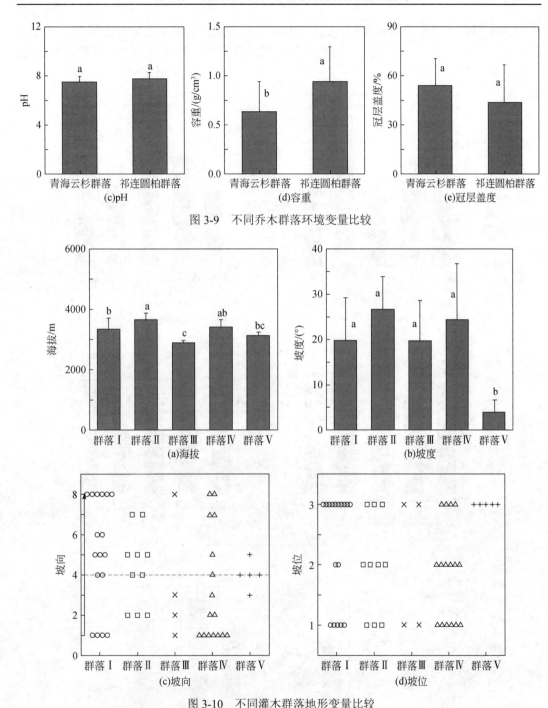

图 3-9　不同乔木群落环境变量比较

图 3-10　不同灌木群落地形变量比较

群落Ⅰ，小叶金露梅群落；群落Ⅱ，鬼箭锦鸡儿+小叶金露梅群落；群落Ⅲ，银露梅群落；群落Ⅳ，
鬼箭锦鸡儿+杯腺柳群落；群落Ⅴ，肋果沙棘+宽线叶柳群落；图 3-11 同

　　鬼箭锦鸡儿+杯腺柳群落土壤有机碳含量显著高于小叶金露梅群落；鬼箭锦鸡儿+小
叶金露梅群落全氮含量显著高于肋果沙棘+宽线叶柳群落；小叶金露梅群落和银露梅群落

土壤 pH 显著高于鬼箭锦鸡儿+小叶金露梅群落；土壤容重小叶金露梅群落最大，鬼箭锦鸡儿+小叶金露梅群落最小；肋果沙棘+宽线叶柳群落冠层盖度最高，而银露梅群落最低（图 3-11）。

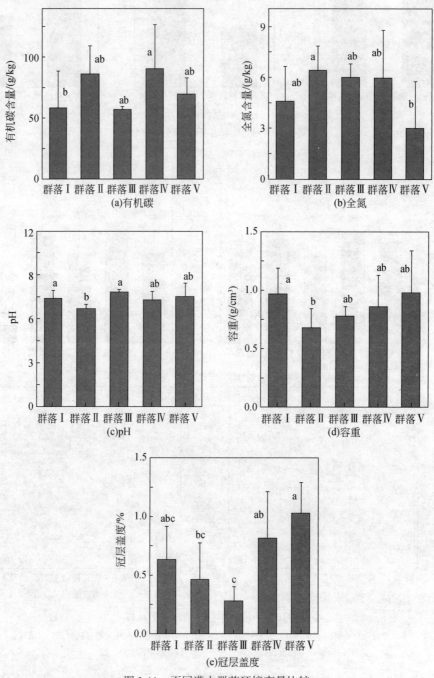

图 3-11　不同灌木群落环境变量比较

3.3.3　环境因子对乔木群落物种组成的影响

前向选择结果表明,坡向、海拔、土壤容重和空间变量 PCNM-2、PCNM-4、PCNM-7、PCNM-8 显著影响乔木群落的物种组成($p<0.05$,表 3-10)。

表 3-10　乔木群落不同解释变量前向选择分析

变量类型	变量	F	p
地形变量	坡向	29.49	0.001
	海拔	6.69	0.001
环境变量	土壤容重	4.41	0.007
空间变量	PCNM-2	4.89	0.008
	PCNM-4	3.44	0.027
	PCNM-7	2.62	0.039
	PCNM-8	2.90	0.045

蒙特卡罗置换检验结果表明,所有排序轴典范特征值都是显著的($p=0.001$),说明群落物种组成与选择的解释变量间显著相关。前四个排序轴解释了总物种组成变异的 63.05% 和物种-环境关系的 98.32%。其中,第一排序轴解释了物种变异的 49.05%,且与海拔($r=0.385$)、坡向($r=0.926$)、土壤容重($r=0.450$)、PCNM-2($r=0.348$)和 PCNM-8($r=0.338$)呈现正相关,与 PCNM-4($r=-0.360$)呈现负相关;第二排序轴解释了物种组成变异的 10.28%,且与海拔($r=-0.632$)和 PCNM-2($r=-0.547$)呈现负相关;第三排序轴解释了物种组成变异的 2.52%,且与 PCNM-2($r=0.355$)呈现正相关(表 3-11;图 3-12)。从 RDA 排序图(图 3-13)可以看出,银露梅、鲜黄小檗、蒲公英、黄花棘豆和毛果黄耆等与海拔呈现负相关。青海云杉分布在排序图的最左端,而祁连圆柏分布在排序图的最右端,反映了坡向从阴坡逐渐向阳坡过渡的趋势。

表 3-11　乔木群落 RDA 排序结果和解释变量方差膨胀因子分析

特征值描述		排序轴 1	排序轴 2	排序轴 3	排序轴 4	VIF
特征值		0.490	0.103	0.025	0.012	
物种-环境关系		0.944	0.746	0.684	0.455	
物种数据方差累积比例		49.05	59.33	61.85	63.05	
物种-环境关系的方差累积比例		76.48	92.52	96.44	98.32	
地形变量	海拔	0.385*	-0.632***	-0.169	-0.022	1.907
	坡向	0.926***	0.024	-0.048	-0.071	1.876
环境变量	土壤容重	0.450**	-0.028	-0.066	0.300	1.345
空间变量	PCNM-2	0.348*	-0.547***	0.355*	-0.002	1.752
	PCNM-4	-0.360*	-0.230	-0.005	-0.077	1.268
	PCNM-7	0.290	0.153	0.198	0.275	1.109
	PCNM-8	0.338*	-0.003	-0.016	-0.006	1.254

*表示 0.05 水平显著;**0.01 表示水平显著;***0.001 表示水平显著;VIF 表示方差膨胀因子。

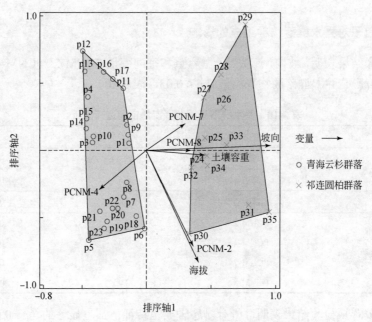

图 3-12　乔木样地和解释变量 RDA 排序图

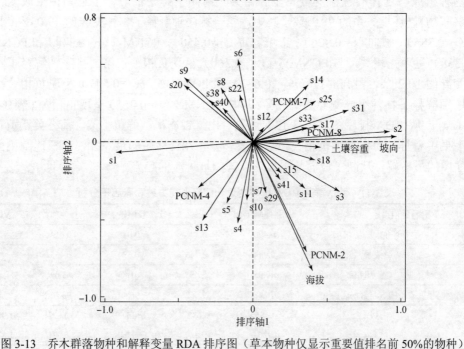

图 3-13　乔木群落物种和解释变量 RDA 排序图（草本物种仅显示重要值排名前 50%的物种）

s1.青海云杉 *Picea crassifolia*; s2.祁连圆柏 *Sabina przewalskii*; s3.小叶金露梅 *Potentilla parvifolia*; s4.鬼箭锦鸡儿 *Caragana jubata*; s5.杯腺柳 *Salix cupularis*; s6.银露梅 *Potentilla glabra*; s7.高山绣线菊 *Spiraea alpine*; s8.鲜黄小檗 *Berberis diaphana*; s9.甘肃薹草 *Carex kansuensis*; s10.膨囊薹草 *Carex lehmanii*; s11.嵩草 *Kobresia myosuroides*; s12.丝叶嵩草 *Kobresia filifolia*; s13.珠芽蓼 *Polygonum viviparum*; s14.多裂委陵菜 *Potentilla multifida*; s15.钉柱委陵菜 *Potentilla saundersiana*; s17.唐松草 *Thalictrum aquilegifolium*; s18.肉果草 *Lancea tibetica*; s20.藓生马先蒿 *Pedicularis muscicola*; s22.黄花棘豆 *Oxytropis ochrocephala*; s25.冰草 *Agropyron cristatum*; s29.草地早熟禾 *Poa pratensis*; s31.高原毛茛 *Ranunculus tanguticus*; s33.垂穗披碱草 *Elymus nutans*; s38.蒲公英 *Taraxacum mongolicum*; s40.毛果黄耆 *Astragalus lasiosemius*; s41.紫色悬钩子 *Rubus irritans*

3.3.4　环境因子对灌木群落物种组成的影响

前向选择结果表明，海拔、坡度、土壤有机碳、全氮、pH、群落冠层盖度和空间变量 PCNM-1、PCNM-2、PCNM-3、PCNM-5 显著影响灌木群落的物种组成变异（$p<0.05$，表 3-12）。

表 3-12　灌木群落不同解释变量前向选择分析

变量类型	变量	F	p
地形变量	海拔	3.70	0.001
	坡度	2.77	0.001
环境变量	pH	2.93	0.001
	群落冠层盖度	2.57	0.001
	全氮	1.77	0.034
	土壤有机碳	2.35	0.005
空间变量	PCNM-1	3.18	0.001
	PCNM-2	2.60	0.002
	PCNM-3	2.01	0.010
	PCNM-5	1.93	0.042

蒙特卡罗置换检验结果表明，所有排序轴典范特征值都是显著的（$p=0.001$），说明群落物种组成与变量间显著相关。前四个排序轴解释了总物种组成变异的 29.72% 和物种-环境关系的 77.37%（表 3-13，图 3-14）。从 CCA 排序图（图 3-15）可以看出，除肋果沙棘、宽线叶柳、窄叶鲜卑花、银露梅、狼毒、百脉根和野草莓外，大多数物种分布在排序图的中心位置，说明这些物种在研究区灌木群落内分布较广泛。

表 3-13　灌木群落 CCA 排序结果和解释变量方差膨胀因子分析

特征值描述		排序轴 1	排序轴 2	排序轴 3	排序轴 4	VIF
特征值		0.414	0.351	0.212	0.179	
物种-环境关系		0.903	0.802	0.829	0.715	
物种数据方差累积比例		10.65	19.66	25.11	29.72	
物种-环境关系的方差累积比例		27.71	51.19	65.37	77.37	
地形变量	海拔	−0.264	−0.626[***]	−0.019	0.001	3.195
	坡度	−0.543[***]	−0.146	0.061	0.143	1.215
环境变量	有机碳	−0.093	−0.327	−0.108	0.355[*]	4.074
	全氮	−0.373[*]	−0.075	−0.292	0.133	3.272
	pH	0.200	0.506[**]	0.212	0.225	2.384
	盖度	0.431[**]	−0.265	−0.242	0.124	1.439

特征值描述		排序轴 1	排序轴 2	排序轴 3	排序轴 4	VIF
空间变量	PCNM-1	0.071	-0.550***	0.280	-0.211	2.426
	PCNM-2	-0.251	0.319	0.248	-0.175	1.629
	PCNM-3	0.043	0.053	-0.429**	0.340*	1.188
	PCNM-5	-0.358*	-0.167	0.169	0.210	1.911

*表示 0.05 水平差异显著；**表示 0.01 水平差异显著；***表示 0.001 水平差异显著。

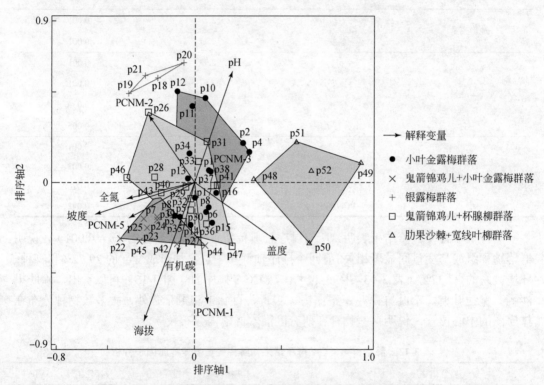

图 3-14　灌木样地和解释变量 CCA 排序图（见彩图）

　　综上所述，不同乔木群落和灌木群落间环境变量存在显著差异。环境对植被的解释能力由植被的复杂程度决定，植被越复杂，环境的解释能力越低[217]。排序分析结果显示，排序轴的前四轴分别解释了乔木群落和灌木群落物种-环境（空间）关系方差累积比例的98.32%和77.37%，说明相对于乔木群落而言，研究区灌木群落的结构可能更为复杂。

　　前向选择结果表明，影响乔木群落和灌木群落物种组成的变量不尽相同，但海拔对两类群落的物种组成均有显著影响。山地生态系统中，地形作为一个多维变量，是影响植被分布的主要非地带性因子。地形能较好地指示局部生境的小气候，不仅反映土壤、水分和养分的空间异质性[218, 219]，而且影响各种环境过程带来的干扰的频率与强度分布[220]，是形成环境及植被分布格局异质性的基础。地形变量中，坡向和海拔是影响乔木群落物种组成的最主要变量。青海云杉和祁连圆柏作为研究区内主要的优势树种，有着显著的

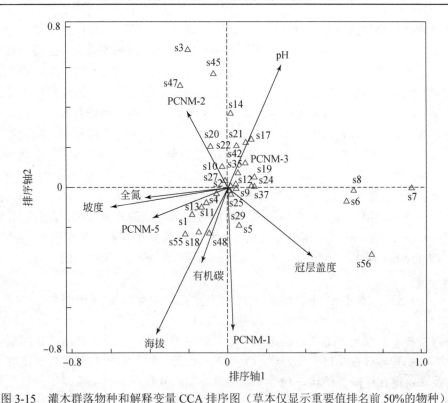

图 3-15　灌木群落物种和解释变量 CCA 排序图（草本仅显示重要值排名前 50%的物种）

s1.鬼箭锦鸡儿 *Caragana jubata*; s2.小叶金露梅 *Potentilla parvifolia*; s3.银露梅 *Potentilla glabra*; s4.杯腺柳 *Salix cupularis*; s5.绣线菊 *Spiraea salicifolia*; s6.肋果沙棘 *Hippophae neurocarpa*; s7.宽线叶柳 *Salix wilhelmsiana*; s8.窄叶鲜卑花 *Sibiraea angustata*; s9.甘肃薹草 *Carex kansuensis*; s10.嵩草 *Kobresia myosuroides*; s11.丝叶嵩草 *Kobresia filifolia*; s12.珠芽蓼 *Polygonum viviparum*; s13.圆穗蓼 *Polygonum macrophyllum*; s14.蒙古蒿 *Artemisia mongolica* Fisch.; s17.鹅绒委陵菜 *Potentilla anserina* L.; s18.小大黄 *Rheum pumilum*; s19.高原毛茛 *Ranunculus tanguticus*; s20.甘肃棘豆 *Oxytropis kansuensis* Bunge; s21.黄花棘豆 *Oxytropis ochrocephala*; s22.垂穗披碱草 *Elymus nutans*; s24.火绒草 *Leontopodium leontopodioides*; s25.唐松草 *Thalictrum aquilegifolium*; s27.甘肃马先蒿 *Pedicularis kansuensis*; s29.草地早熟禾 *Poa pratensis*; s35.蒲公英 *Taraxacum mongolicum*; s37.节节草 *Commelina diffusa*; s42.冰草 *Agropyron cristatum*; s45.狼毒 *Stellera chamaejasme*; s47.百脉根 *Lotus corniculatus*; s48.二裂委陵菜 *Potentilla bifurca*; s55.膨囊薹草 *Carex lehmanii*; s56.野草莓 *Fragaria vesca*

坡向分布差异。青海云杉群落分布在湿冷的阴坡和半阴坡，而祁连圆柏群落分布在干热的阳坡，这可能是由于它们之间不同的水分和氮素利用效率[221]。海拔作为一个重要地形因子影响山地植被的分布已被大量研究证实[125, 222, 223]。一般地，随着海拔的升高，降水和太阳辐射逐渐增加而温度和蒸散逐渐降低[224]。海拔变化引起温度变化从而影响植被生长季的长度[150]，此外还导致降水、干扰和隔离程度的变异[156]，进而影响植被的生长和分布。环境变量中，容重作为一个重要的土壤物理属性影响群落的物种分布，这可能是因为容重与土壤水分有效性密切相关[225]。本书研究中，土壤有机碳对乔木群落物种组成并没有显著影响，与 Jia 等[226]在黄土高原恢复生态系统研究中得出的结果一致。

　　灌木群落中，海拔、坡度、土壤有机碳、全氮、pH、冠层盖度和一系列空间变量 PCNM-1、PCNM-2、PCNM-3 和 PCNM-5 显著影响群落的物种组成。Marini 等[150]在研究阿尔卑斯山南部的高山草甸时发现，群落物种组成不仅受地形影响而且受土壤性质影响是由于高山环境高的变异性。Jia 等[151]的研究也证明，地形变量中，海拔和坡度是影响黄土高原灌木植物群落物种分布的主要变量。任学敏[118]研究发现，太白山主要植物群落的物种组成与冠层盖度强烈相关。冠层盖度通过影响光辐射，进而影响生境的温度和湿度调节，从而影响群落物种组成和分布[227, 228]。坡度跟土壤养分和水分相关，陡坡通常有着浅薄的土层和较低的土壤持水能力，这会导致土壤含水量较低，从而强烈影响群落组成的空间分布[140, 229]，特别是在寒冷的高山区域[139, 222]。本章研究中，每种灌木群落分布的坡向较广，没有一个特定的分布坡向，群落间较低的和不显著的坡向变异一定程度上解释了为什么地形变量中坡向并没有对灌木群落的分布产生显著影响。Legendre 等[59]研究古田山亚热带阔叶林分布时也发现，坡向对群落组成的影响很弱。此外，环境变量中土壤有机碳、全氮、pH 和冠层盖度对研究区灌木群落分布有着重要的作用，这与 Sasaki 等[134]、Aarrestad 等[140]、Myklestad[230]、Sarker 等[231]的研究结果一致。

3.4　木本植物群落物种丰富度的影响因素及分布格局

群落物种多样性是一个群落结构和功能复杂性的量度，是反映群落特征的重要指标之一[232]。物种多样性是群落生态学研究的重要课题，进行群落物种多样性研究不仅能更好地反映群落在组成、结构、功能和动态等方面的异质性，也可反映不同自然地理条件与群落的相互关系及其发展变化，对揭示群落的更新、稳定性与演替规律具有极为重要的意义[233, 234]。

关于植物群落物种丰富度与环境变量的关系已有较多研究。沈泽昊等[235]分析贡嘎山东坡环境因子对物种多样性的影响并定量分离出不同尺度下环境因子对多样性格局变异的贡献。王世雄等[61]研究陕西子午岭植物群落演替过程中物种多样性的变化，发现群落总体物种丰富度随演替进展呈明显的单峰模型，林冠郁闭度、土壤养分和坡位是影响群落物种多样性变化的主要环境因子。徐远杰等[236]对伊犁河谷山地植物群落物种多样性进行研究发现，河谷南、北坡植物群落物种多样性主要受海拔、坡度、坡向、土壤养分和含水量的影响。Klimek 等[84]研究德国 Lower Saxony 草地的物种多样性，结果表明环境变量和当地管理措施的共同效应解释了大部分群落物种丰富度变异。Marini 等[150]对意大利东北部的高山草甸进行研究时发现，群落物种丰富度并不受海拔影响，主要取决于土壤状况和田间管理。虽然有关祁连山植物群落物种丰富度格局的研究已有报道[237-240]，但群落物种丰富度和环境关系的研究还不充分，涉及的环境因子相对较少，更是很少考虑空间因子对群落物种丰富度的影响。因此，群落物种多样性分布的空间格局仍有待深入研究。本节旨在比较不同乔木群落和灌木群落下层植被物种多样性的差异，深入探讨不同变量对群落物种丰富度的影响。

分析结果表明，坡向、有机碳、冠层盖度和空间变量 PCNM-4 显著影响乔木群落的物种丰富度（$p < 0.05$，表 3-14）。从图 3-16 和图 3-17 可以看出，随着坡向由阴坡向阳坡逐渐过渡，乔木群落物种丰富度随之增加；随着冠层盖度和土壤有机碳含量的增加，乔木群落物种丰富度趋于减少。

表 3-14　乔木群落不同解释变量前向选择

变量类型	变量	F	p
地形变量	坡向	34.93	0.001
环境变量	冠层盖度	7.64	0.006
	有机碳	4.43	0.049
空间变量	PCNM-4	9.45	0.002

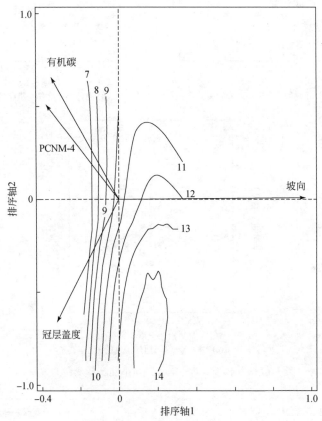

图 3-16　乔木群落物种丰富度与解释变量 RDA 排序图

等值线表示物种丰富度

　　如图 3-18 所示，乔木群落间灌木层物种丰富度、Shannon-Wiener 指数和 β-多样性均没有显著差异（$p>0.05$）。祁连圆柏群落草本层的物种丰富度和 Shannon-Wiener 指数均显著高于青海云杉群落，而 β-多样性没有显著差异。

　　前向选择结果表明，海拔、土壤 pH、全氮和空间变量 PCNM-1、PCNM-5、PCNM-12、PCNM-19 对灌木群落物种丰富度有显著影响（$p<0.05$，表 3-15）。为了探讨不同解释变量和灌木群落物种丰富度之间的关系，模拟了群落物种丰富度的变化趋势（图 3-19）。从图 3-19 和图 3-20 可以看出，灌木群落中，随着土壤 pH 和全氮含量的增加，群落物种丰富度整体增加；随着海拔的升高，群落物种丰富度有趋于减少的趋势。不同尺度的空间变量对灌木群落物种丰富度的影响不同。

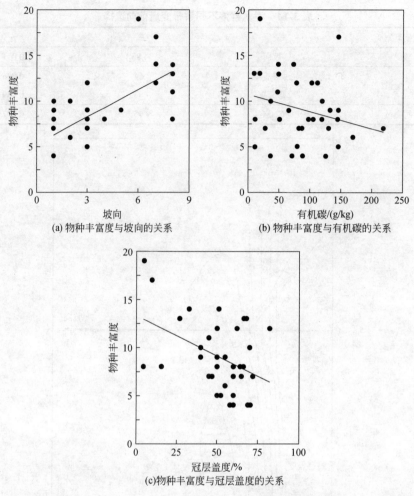

图 3-17　乔木群落物种丰富度与不同解释变量的关系

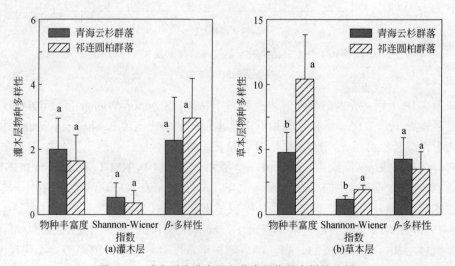

图 3-18　乔木群落灌木层和草本层物种多样性分析

表 3-15　灌木群落不同组变量前向选择

变量类型	变量	F	p
地形变量	海拔	4.96	0.036
环境变量	全氮	5.20	0.029
	pH	3.92	0.048
空间变量	PCNM-12	9.88	0.003
	PCNM-5	8.14	0.008
	PCNM-1	7.65	0.009
	PCNM-19	6.50	0.009

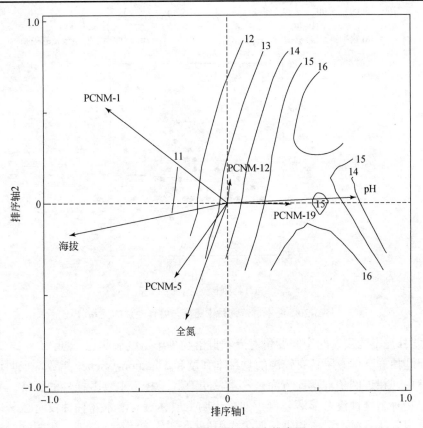

图 3-19　灌木群落物种丰富度排序图

等值线表示物种丰富度

　　通过灌木群落林下植被物种多样性比较，发现五种灌木群落草本层物种丰富度和 Shannon-Wiener 指数均没有显著差异（$p > 0.05$），鬼箭锦鸡儿+小叶金露梅群落和银露梅群落的草本层 β-多样性显著低于小叶金露梅群落和鬼箭锦鸡儿+杯腺柳群落（图 3-21）。

　　综上所述，不同的植物群落类型物种丰富度对解释变量的响应不同，这与文献［151］的研究结果一致。乔木群落中，坡向、冠层盖度和土壤有机碳显著影响群落物种丰富度的变异；而灌木群落中，对物种丰富度有显著影响的地形和环境因子为海拔、土壤全氮

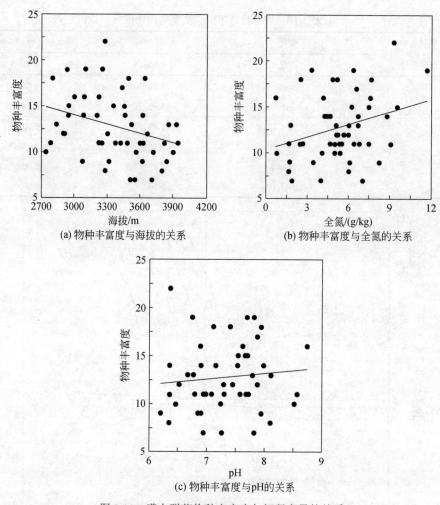

(a) 物种丰富度与海拔的关系　　　　　　(b) 物种丰富度与全氮的关系

(c) 物种丰富度与pH的关系

图 3-20　灌木群落物种丰富度与解释变量的关系

和 pH，此外，不同尺度的空间变量对灌木群落物种丰富度影响也不同。

祁连圆柏群落草本层具有较高的物种丰富度和 Shannon-Wiener 指数，表明这两种山地针叶林中，祁连圆柏群落比青海云杉群落更有利于林下生物多样性的维持。乔木群落间灌木层物种多样性没有显著差异，似乎说明上层林冠对灌木物种并没有显著影响。光被认为是限制林下植物定植和生长的主要限制因子[241-243]。一般地，耐阴的树种比不耐阴的树种有着更高的林冠盖度和较低的光透射[206, 244]。然而，本节研究并没有发现两种乔木群落冠层盖度的差异（$p>0.05$）。祁连圆柏群落较高的草本物种多样性可能归因于其分布的坡向，南坡较高的太阳辐射更有利于草本物种的生长[160]。Augusto 等[192]研究发现，有着较厚凋落物层和耐阴生境的针叶林地通常都有较低的物种丰富度，这是因为厚的凋落物层抑制了某些草本植物的发芽和再生[244-247]。青海云杉群落的凋落物层比祁连圆柏群落的厚[248, 249]，一定程度上解释了为什么青海云杉群落林下草本层物种比祁连圆柏群落少。云杉群落下的小气候凉爽并且潮湿[192, 245]，低的土壤温度和高的土壤 C/N

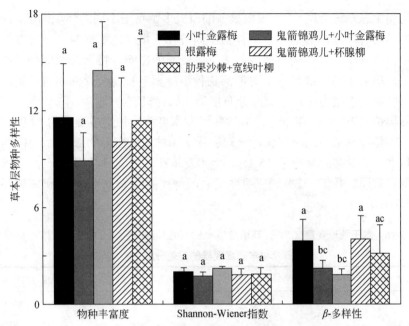

图 3-21　不同灌木群落草本层物种多样性分析

a、b、c 表示统计分析的显著性差异

（本章研究中青海云杉群落 C/N 为 20.52 ± 10.06，祁连圆柏林为 13.97 ± 4.30，$p < 0.05$）导致有机质分解较慢[208, 250]，加上青海云杉群落分布在阴坡，从而使土壤可利用养分和光资源长期处于较低水平。因此，青海云杉群落草本层较低的 α-多样性可能主要是受贫瘠的林下条件制约而不是种间竞争的影响[191, 192, 215, 251]。结合第 4 章的研究结果，海拔显著影响乔木群落物种组成而对群落物种丰富度没有显著影响，这与 Marini 等[150]的研究结果一致。

　　海拔、土壤全氮和 pH 显著影响灌木群落的物种丰富度。随着海拔的逐渐升高，物种丰富度趋于减少，这是由于高海拔处较低的能量可利用性[252]。水分和能量状况对植物生理至关重要并直接影响物种丰富度[253, 254]。灌木群落间草本层 α-多样性没有显著差异，鬼箭锦鸡儿+小叶金露梅群落和银露梅群落草本层 β-多样性相对其他几类灌木群落较低，说明这两类灌木群落结构较其他群落稳定。

3.5　不同变量对植物群落物种组成和丰富度的影响

　　植物群落的分布受环境和生物因素、空间过程、其他随机因素及这些因素耦合作用的影响，使得植被与环境关系极为复杂。植物群落物种组成和多样性的形成和维持机理一直是生态学研究的核心内容。生态位过程强调确定性因素对群落结构维持和变化的解释，认为生境的过滤作用和物种的竞争排斥作用是群落构建的主要驱动力[24, 35]，而中性过程强调非确定性因素对群落结构动态的重要性。越来越多的学者认为物种分布格局的形成是不同生态过程多因子相互作用的结果[26, 46, 71]，它们对群落物种分布的贡献依赖于研究尺度和生态系统类型[59]。国内目前的研究多侧重于不同的环境因子，即生态位过程对植物群落物种组成的影响。本节评估不同解释变量（地形变量、环境变量和空间变量）对乔木群落和灌木群落物种组成和丰富度变异的影响，特别是空间变量的引入。利用方差分解法确定不同组解释变量对群落物种组成和丰富度变异的相对贡献，有助于更好地理解该区域木本植物群落的空间分布格局和构建机制。

方差分解结果表明，三组变量总共解释了乔木群落物种组成变异的54.8%。其中，纯地形变量、纯环境变量和纯空间变量分别解释了物种组成变异的29.0%、−0.3%和1.3%。空间变量和地形变量共同解释了15.4%，地形变量和环境变量共同解释了1.1%，空间变量和环境变量共同解释了0.3%。三组变量共同解释的部分为8.0%，仍未解释的部分为45.2%（表3-16）。

表 3-16   基于地形变量（T）、环境变量（E）和空间变量（S）的乔木群落物种组成和丰富度变异的方差分解

变异来源	变量	群落物种组成/%	群落物种丰富度/%
纯效应	S	1.3	5.0
	T	29.0	20.5
	E	−0.3	6.2
共享效应	$S \cap T$	15.4	10.4
	$S \cap E$	0.3	−1.1
	$T \cap E$	1.1	13.5
	$S \cap T \cap E$	8.0	5.6
可解释变异		54.8	60.1
残差		45.2	39.9

三组变量总共解释了乔木群落物种丰富度变异的60.1%。其中，纯地形变量、纯环境变量和纯空间变量分别解释了物种丰富度变异的20.5%、6.2%和5.0%。空间变量和地形变量的交互作用解释了10.4%，地形变量和环境变量的交互作用解释了13.5%，而空间变量和环境变量的交互作用解释了−1.1%。三组变量相互作用解释的部分为5.6%，仍未解释的部分为39.9%（表3-16）。

方差分解结果表明，三组变量总共解释了灌木群落物种组成总变异的23.4%。其中，纯地形变量、纯环境变量和纯空间变量分别解释了物种组成变异的4.9%、7.3%和7.0%。空间变量和地形变量的交互作用解释了0.9%，地形变量和环境变量的交互作用解释了0.5%，空间变量和环境变量的交互作用解释了0.8%。三组变量相互作用解释的部分为2.0%，仍未解释的部分占76.6%（表3-17）。环境变量和空间变量解释的灌木群落物种组成变异几乎相等，且大于地形变量解释的部分。

表 3-17　基于地形变量（T）、环境变量（E）和空间变量（S）的灌木群落物种组成和丰富度变异的方差分解

变异来源	变量	群落物种组成/%	群落物种丰富度/%
纯效应	S	7.0	24.4
	T	4.9	-1.1
	E	7.3	2.1
共享效应	$S{\cap}T$	0.9	6.8
	$S{\cap}E$	0.8	9.1
	$T{\cap}E$	0.5	0.7
	$S{\cap}T{\cap}E$	2.0	0.8
可解释变异		22.3	42.8
残差		76.6	57.2

　　三组变量总共解释了灌木群落物种丰富度变异的 42.8%。其中，纯地形变量、纯环境变量和纯空间变量分别解释了物种丰富度的 -1.1%、2.1% 和 24.4%。空间变量和地形变量的交互作用解释了 6.8%，空间变量和环境变量的交互作用解释了 9.1%，地形变量和环境变量的交互作用解释了 0.7%。三组变量相互作用解释的部分为 0.8%，仍未解释的部分占 57.2%（表 3-17）。

　　总之，方差分解结果表明，地形变量、环境变量和空间变量对乔木群落和灌木群落物种组成和丰富度变异均有不同的解释能力，说明生态位过程和中性过程共同驱动了研究区乔木群落和灌木群落的空间分布格局。与灌木群落相比较，三组变量较多地解释了乔木群落物种组成和丰富度变异，一定程度上说明灌木群落结构较乔木群落结构更为复杂[170]。

　　乔木群落中，纯环境变量解释的物种组成变异部分为 -0.3%，通常可以忽略[77]，说明通过前向选择的环境变量，即土壤容重的解释能力还不如随机生成的正态分布的解释变量[77]，表明环境变量对乔木群落物种组成的影响微乎其微。类似的研究结果也在 Qian 等[255] 和 Augusto 等[192] 的研究中发现。环境变量和空间变量共同解释的部分（$S{\cap}E$）为 -1.1%，说明这两组解释变量有相反的作用[84]。纯地形变量解释的乔木群落物种组成和丰富度变异部分远大于纯空间变量和纯环境变量解释的部分，说明地形对乔木群落的空间分布具有重要的影响。Jia 等[151]、Bennie 等[256] 和 Maurer 等[257] 的研究结果表明，局地条件是影响物种多样性的最主要因素。

　　灌木群落中，地形变量解释了物种丰富度变异的 -1.1%，说明地形对灌木群落物种丰富度影响可忽略不计[77]。空间变量和环境变量解释的灌木群落物种组成变异部分几乎相等，且都高于地形变量解释的部分。三组变量中，纯空间变量解释的灌木群落物种丰富度变异最多，远大于纯地形变量和纯环境变量解释的部分，这与 Svenning 等[71]、Chust 等[258] 和 Legendre 等[59] 的研究结果一致，说明祁连山区中性过程对灌木群落的物种丰富度具有更重要的影响。此外，空间化的地形和环境（$S{\cap}T$ 和 $S{\cap}E$）也解释了较多的灌木群落物种丰富度变异，这可能是由于地形/环境梯度常与地理距离显著相关[259]。

　　乔木群落中，地形对群落物种组成和丰富度有重要影响，而在灌木群落中，地形效应较弱，空间变量在解释物种组成与丰富度变异时显得更为重要，证实了 Legendre 等[59]的观点，即生态位分化与空间过程对群落的构建都起作用，但两者的相对贡献与植物群落类型有关。Jia 等[226]研究黄土高原不同恢复生态系统时发现，在恢复的草地中，土壤变量比地形变量和植被变量解释了更多的群落物种组成和丰富度变异，而在恢复的灌木地中，这一结果恰恰相反。方差分解结果表明，乔木群落和灌木群落中物种组成和丰富度变异仍有较大部分未被解释。以往的研究[86, 105, 260]证明这是一个普遍的结果，可能与研究区复杂的环境条件有关[261]。植被的分布受到许多环境因子的影响，不仅是研究中涉及的这些，未被测量的生物或非生物的变量，如土壤其他理化性质、枯落物、干扰水平、随机事件、种间关系、邻近效应和优先效应等[214, 233, 241, 262, 263]，都可能影响植物群落的物种分布。解释变量间往往存在复杂的相互作用，使得不同变量对物种组成和丰富度的解释存在重叠效应[88]。本章研究中，三组变量的交互作用共同解释了一小部分群落物种组成丰富度变异，这可能与其他生境或生态机制有关[59]。

　　乔木群落和灌木群落中，可解释的群落物种丰富度变异均高于可解释的群落物种组成变异，这与 Zhang 等[55]、Klimek 等[84]、Hu 等[58]和 Yuan 等[264]的研究结果一致。Ozinga 等[265]的研究表明，植物群落物种组成比物种丰富度更难解释，原因是需要特定的物种本性知识。此外，这可能与控制物种组成的机制比控制物种丰富度的机制更为复杂有关[84]。

参 考 文 献

[1] GRINNELL J. The niche-relationship of the California Thrasher[J]. Auk, 1917, 34: 427-433.

[2] HUTCHINSON G E. Concluding remarks: population studies, animal ecology and demography[J]. Cold Spring Harbor Sym-posium of Quantitative Biology, 1957, 22: 415-427.

[3] 白琰. 高寒草甸植物群落 α-多样性和 β-多样性形成的机制: 是生态位还是中性理论? [D]. 兰州: 兰州大学, 2009.

[4] GRUBB P J. The maintenance of species richness in plant communities: the importance of the regeneration niche[J]. Biological Reviews, 1977, 52: 107-145.

[5] SHEA K, CHESSON P. Community ecology theory as a framework for biological invasions[J]. Trends in Ecology and Evolution, 2002, 17: 170-176.

[6] TILMAN D. Niche tradeoffs, neutrality, and community structure: A stochastic theory of resource competition, invasion, and community assembly[J]. Proceedings of the National Academy of Science. 2004, 101: 10854-10861.

[7] 王刚, 赵松岭, 张鹏云, 等. 关于生态位定义的探讨及生态位重叠测计公式改进的研究[J]. 生态学报, 1984, 4(2): 119-127.

[8] 李博. 生态学[M]. 北京: 高等教育出版社, 2000.

[9] 胡正华, 钱海源, 于明坚. 古田山国家级自然保护区甜槠林优势种群生态位[J]. 生态学报, 2009, 29(7): 3670-3677.

[10] 刘巍, 曹伟. 长白山云冷杉群落主要种群生态位特征[J]. 生态学杂志, 2011, 30(8): 1766-1774.

[11] 霍红, 冯起, 苏永红, 等. 额济纳绿洲植物群落种间关系和生态位研究[J]. 中国沙漠, 2013, 33(4): 1027-1033.

[12] 陈玉凯, 杨琦, 莫燕妮, 等. 海南岛霸王岭国家重点保护植物的生态位研究[J]. 植物生态学报, 2014, 38(6): 576-584.

[13] 彭莹, 严力蛟. 基于生态位理论的浙江省旅游城市竞争关系研究[J]. 生态学报, 2014, 35(7): 1-14.

[14] 吴箐, 李宇. 土地经济生态位变化下的城乡空间景观格局表征——以广东省惠州市为例[J]. 地理科学, 2014, 34(6): 705-710.

[15] 周彬, 钟林生, 陈田, 等. 基于生态位的黑龙江省中俄界江生态旅游潜力评价[J]. 资源科学, 2014, 36(6): 1142-1151.

[16] 侯继华, 马克平. 植物群落物种共存机制的研究进展[J]. 植物生态学报. 2002, 26(s1): 1-8.

[17] GAUSE G F. The struggle for existence[M]. Baltimore: Williams and Wilkins, 1934.

[18] VANDERMEER J H. Niche theory[J]. Annual Review of Ecology and Systematics, 1972, 3: 107-132.

[19] TAYLOR D R, AARSSEN L W, LOEHLE C. On the relationship between r/k selection and environmental carrying-capacity-a new habitat templet for plant life-history strategies[J]. Oikos, 1990, 58: 239-250.

[20] TILMAN D. Resource competition and community structure[M]. Princeton: Princeton University Press, 1982.

[21] LEVINE J M, REES M. Coexistence and relative abundance in annual plant assemblages: The roles of competition and colonization[J]. American Naturalist, 2002, 160: 452-467.

[22] CONNELL J H. On the role of natural enemies in preventing competitive exclusion in some marine animals and in rain forest trees[R]. Wageningen: Dynamics of Populations, 1971.

[23] ZOBEL M, MOORA M, HAUKIOJA E. Plant coexistence in the interactive environment: Arbuscular mycorrhiza should not be out of mind[J]. Oikos, 1997, 78: 202-208.

[24] 牛克昌, 刘怿宁, 沈泽昊, 等. 群落构建的中性理论和生态位理论[J]. 生物多样性, 2009, 17(6): 579-593.

[25] 王薇, 饶米德, 陈声文, 等. 负密度制约和生境过滤对古田山幼苗系统发育多样性时间变化的影响[J]. 科学通报, 2014, 59(19): 1844-1850.

[26] CHESSON P. Mechanisms of maintenance of species diversity[J]. Annual Review of Ecology and Systematics, 2000, 31: 343-366.

[27] MURRELL D J, LAW R. Heteromyopia and the spatial coexistence of similar competitors[J]. Ecology Letters, 2003, 6: 48-59.

[28] MOUQUET N, LEADLEY P, MERIGUET J, et al. Immigration and local competition in herbaceous plant communities: a three-year seed-sowing experiment[J]. Oikos, 2004, 104: 77-90.

[29] SILVERTOWN J. Plant coexistence and the niche[J]. Trends in Ecology & Evolution, 2004, 19: 605-611.

[30] MUELLER-DOMBOIS D, ELLENBERG H. Aims and methods of vegetation ecology[M]. New York: Wiley and Sons, 1974.

[31] DIAMOND J M. Assembly of species communities[R]//CODY M L, DIAMOND J M. Ecology and Evolution of Communities. Cambridge: Belknap Press of Harvard University, 1975: 342-344.

[32] GRAVEL D, CANHAM C D, BEAUDET M, et al. Reconciling niche and neutrality: the continuum hypothesis[J]. Ecology Letters, 2006, 9: 399-409.

[33] 李奇. 青藏高原东缘植物群落构建机制研究[D]. 兰州: 兰州大学, 2011.

[34] GUNATILLEKE C V S, GUNATILLEKE I A U N, ESUFALI S, et al. Species-habitat associations in a Sri Lankan dipterocarp forest[J]. Journal of Tropical Ecology, 2006, 22: 371-384.

[35] WEBB C O, ACKERLY D D, MCPEEK M A, et al. Phylogenies and community ecology[J]. Annual Review of Ecology and Systematics, 2002, 33: 475-505.

[36] 牛红玉, 王峥峰, 练琚愉, 等. 群落构建研究的新进展: 进化和生态相结合的群落谱系结构研究[J]. 生物多样性, 2011, 19(3): 275-283.

[37] LAVOREL S, GARNIER E. Predicting changes in community composition and ecosystem functioning from plant traits: revisiting the Holy Grail[J]. Functional Ecology, 2002, 16: 545-556.

[38] GRIME J. Trait convergence and trait divergence in herbaceous plant communities: mechanisms and consequences[J]. Journal of Vegetation Science, 2006, 17: 255-260.

[39] HUBBELL S P. The neutral theory and evolution of ecological equivalence[J]. Ecology, 2006, 87: 1387-1398.

[40] BELL G . The distribution of abundance in neutral communities[J]. The American Naturalist, 2000, 155: 606-617.

[41] HUBBELL S P. The Unified Ueutral Theory of Biodiversity and Biogeography[M]. Princeton: Princeton University Press, 2001.

[42] HUBBELL S. Approaching ecological complexity from the perspective of symmetric neutral theory[R]//Carson W P, Schnitzer S A. Tropical Forest Community Ecology. Oxford: Blackwell Publishing Ltd, 2008: 144-159.

[43] CHAVE J, LEIGH E G. A spatially explicit neutral model of beta-diversity in tropical forests[J]. Theoretical Population Biology, 2002, 62: 153-168.

[44] CHAVE J. Neutral theory and community ecology[J]. Ecology Letters, 2004, 7: 241-253.

[45] HARPOLE W S, TILMAN D. Non-neutral patterns of species abundance in grassland communities[J]. Ecology Letters, 2006, 9: 15-23.

[46] ADLER P B, HILLERISLAMBERS J, LEVINE J M. A niche for neutrality[J]. Ecology Letters, 2007, 10(2): 95-104.

[47] SOININEN J, LENNON J J, HILLEBRAND H. A multivariate analysis of beta diversity across organisms and environments[J]. Ecology, 2007, 88: 2830-2838.

[48] CHASE J M. Towards a really unified theory for metacommunities[J]. Functional Ecology, 2005, 19: 182-186.

[49] 张巧明. 秦岭南坡中段主要植物群落及物种多样性研究[D]. 杨凌: 西北农林科技大学, 2012.

[50] HILLERISLAMBERS J, ADLER P B, HARPOLE W S, et al. Rethinking Community Assembly through the Lens of Coexistence Theory[J]. Annual Review of Ecology Evolution and Systematics, 2012, 43: 227-248.

[51] 牛克昌. 青藏高原高寒草甸群落主要组分种繁殖特征对施肥和放牧的响应[D]. 兰州: 兰州大学, 2008.

[52] SMITH T W, LUNDHOLM J T. Variation partitioning as a tool to distinguish between niche and neutral processes[J]. Ecography, 2010, 33: 648-655.

[53] HAMASAKI K, YAMANAKA T, TANAKA K, et al. Relative importance of within-habitat environment, land use and spatial autocorrelations for determining odonate assemblages in rural reservoir ponds in Japan[J]. Ecological research, 2009, 24: 597-605.

[54] GAZOL A, IBÁÑEZ R. Variation of plant diversity in a temperate unmanaged forest in northern Spain: behind the environmental and spatial explanation[J]. Plant ecology, 2010, 207: 1-11.

[55] ZHANG C Y, ZHAO X H, VON GADOW K. Partitioning temperate plant community structure at different scales[J]. Acta Oecologica, 2010, 36: 306-313.

[56] YUAN Z Q, GAZOL A, WANG X G, et al. Scale specific determinants of tree diversity in an old growth temperate forest in China[J]. Basic Applied Ecology, 2011, 12: 488-495.

[57] BERGAMIN R S, MUELLER S, MELLO R S P. Indicator species and floristic patterns in different forest formations in southern Atlantic rainforests of Brazil[J]. Community Ecology, 2012, 13: 162-170.

[58] HU Y H, SHENG D L, XIANG Y Z, et al. The environment, not space, dominantly structures the landscape patterns of the richness and composition of the tropical understory vegetation[J]. Plos One, 2013, 8(11): e81308.

[59] LEGENDRE P, MI X C, REN H B, et al. Partitioning beta diversity in a subtropical broad-leaved forest of China[J]. Ecology, 2009, 90: 663-674.

[60] 王丹, 王孝安, 郭华, 等. 环境和扩散对草地群落构建的影响[J]. 生态学报. 2013, 33(14): 4409-4415.

[61] 王世雄, 郭华, 王孝安, 等. 扩散限制和环境筛选对子午岭森林群落构建的相对贡献[J]. 中国农业科学, 2013, 46(22): 4733-4744.

[62] LIN G, STRALBERG D, GONG G, et al. Separating the effects of environment and space on tree species distribution: From population to community[J]. Plos One, 2013, 8(2): e56171.

[63] TUOMISTO H, RUOKOLAINEN K, YLI-HALLA M. Dispersal, environment, and floristic variation of western Amazonian forests[J]. Science, 2003, 299: 241-244.

[64] PAUSAS J G, VERDU M. The jungle of methods for evaluating phenotypic and phylogenetic structure of communities[J]. Bioscience, 2010, 60: 614-625.

[65] HE F L, GASTON K J. Occupancy, spatial variance, and the abundance of species[J]. American Naturalist, 2003, 162: 366-375.

[66] KNEITEL J M, CHASE J M. Trade-offs in community ecology: linking spatial scales and species coexistence[J]. Ecology letters, 2004, 7: 69-80.

[67] 宋厚娟, 叶吉, 蔺菲, 等. 取样面积对森林木本植物空间分布格局分析的影响[J]. 科学通报, 2014, 59(24): 2388-2395.

[68] PEARSON R G, DAWSON T P. Predicting the impacts of climate change on the distribution of species: are bioclimate envelope models useful?[J]. Global Ecology and Biogeography, 2003, 12(5): 361-371.

[69] HORTAL J, ROURA-PASCUAL N, SANDERS N J, et al. Understanding (insect) species distributions across spatial scales[J]. Ecography, 2010, 33: 51-53.

[70] 朱耿平, 刘国卿, 卜文俊, 等. 生态位模型的基本原理及其在生物多样性保护中的应用[J]. 生物多样性, 2013, 21(1): 90-98.

[71] SVENNING J C, KINNER D A, STALLARD R F, et al. Ecological determinism in plant community structure across a tropical forest landscape[J]. Ecology, 2004, 85: 2526-2538.

[72] JONES M M, TUOMISTO H, CLARK D B, et al. Effects of mesoscale environmental heterogeneity and dispersal limitation on floristic variation in rain forest ferns[J]. Ecology, 2006, 94: 181-195.

[73] LEIBOLD M A, MCPEEK M A. Coexistence of the niche and neutral perspectives in community ecology[J]. Ecology, 2006, 87: 1399-1410.

[74] LÓPEZ-MARTÍNEZ J O, HERNANDEZ-STEFANONI J L, DUPUY J M, et al. Partitioning the variation of woody plant beta-diversity in a landscape of secondary tropical dry forests across spatial scales[J]. Journal of Vegetation Science, 2013, 24: 33-45.

[75] ANDERSEN R, POULIN M, BORCARD D, et al. Environmental control and spatial structures in peatland vegetation[J]. Journal of Vegetation Science, 2011, 22: 878-890.

[76] 饶米德, 冯刚, 张金龙, 等. 生境过滤和扩散限制作用对古田山森林物种和系统发育 β 多样性的影响[J]. 科学通报. 2013, 58(13): 1204-1212.

[77] BORCARD D, GILLET F, LEGENDRE P. Numerical Ecology with R[M]. Berlin: Springer, 2011.

[78] RIPLEY B D. Modelling spatial patterns[J]. Journal of the Royal Statistical Society, 1977, 39(2): 172-212.

[79] WIENS J A. Spatial scaling in ecology[J]. Functional Ecology, 1989, 3: 385-397.

[80] KEITT T H, BJØRNSTAD O N, DIXON P M, et al. Accounting for spatial pattern when modeling organism-environment interactions[J]. Ecography, 2002, 25: 616-625.

[81] RIPLEY B D. Spatial statistics[M]. Jersey: Wiley-Blackwell, 2004.

[82] 米湘成, 上官铁梁, 张金屯, 等. 典范趋势面分析及其在山西省沙棘灌丛水平格局分析中的应用[J]. 生态学报, 1999,

19(6): 798-802.

[83] GILBERT B, LECHOWICZ M J. Neutrality, niches, and dispersal in a temperate forest understory[J]. Proceedings of the National Academy of Science, 2004, 101: 7651-7656.

[84] KLIMEK S, KEMMERMANN A R G, HOFMANN M, et al. Plant species richness and composition in managed grasslands: The relative importance of field management and environmental factors[J]. Biological Conservation, 2007, 134: 559-570.

[85] 宋创业, 刘高焕, 刘庆生, 等. 黄河三角洲植物群落分布格局及其影响因素[J]. 生态学杂志, 2008, 27(12): 2042-2048.

[86] LAN G Y, HU Y H, CAO M, et al. Topography related spatial distribution of dominant tree species in a tropical seasonal rain forest in China[J]. Forest Ecology and Management, 2011, 262: 1507-1513.

[87] WARTENBERG D. Multivariate spatial correlation-a method for exploratory geographical analysis[J]. Geographical Analysis, 1985, 17: 263-283.

[88] BORCARD D, LEGENDRE P, DRAPEAU P. Partialling out the spatial component of ecological variation[J]. Ecology, 1992, 73: 1045-1055.

[89] 赵安玖, 胡庭兴, 陈小红. 西南山地阔叶混交林群落空间结构的多尺度特征[J]. 生物多样性, 2009, 17(1): 43-50.

[90] BORCARD D, LEGENDRE P. All-scale spatial analysis of ecological data by means of principal coordinates of neighbour matrices[J]. Ecological Modelling, 2002, 153: 51-68.

[91] BELLIER E, MONESTIEZ P, DURBEC J P, et al. Identifying spatial relationships at multiple scales: principal coordinates of neighbour matrices (PCNM) and geostatistical approaches[J]. Ecography, 2007, 30: 385-399.

[92] YAMANAKA T, TANAKA K, HAMASAKI K, et al. Evaluating the relative importance of patch quality and connectivity in a damselfly metapopulation from a one-season survey[J]. Oikos, 2009, 118: 67-76.

[93] CHYTRÝ M, LOSOSOVÁ Z, HORSÁK M, et al. Dispersal limitation is stronger in communities of microorganisms than macroorganisms across Central European cities[J]. Journal of Biogeography, 2012, 39: 1101-1111.

[94] BORCARD D, LEGENDRE P, AVOIS-JACQUET C, et al. Dissecting the spatial structure of ecological data at multiple scales[J]. Ecology, 2004, 85: 1826-1832.

[95] BRIND'AMOUR A, BOISCLAIR D, LEGENDRE P, et al. Multiscale spatial distribution of a littoral fish community in relation to environmental variables[J]. Limnology and Oceanography, 2005, 50: 465-479.

[96] JONES M M, TUOMISTO H, BORCARD D, et al. Explaining variation in tropical plant community composition: influence of environmental and spatial data quality[J]. Oecologia, 2008, 155: 593-604.

[97] SALA O E, CHAPIN F S, ARMESTO J J, et al. Global biodiversity scenarios for the year 2100[J]. Science, 2000, 287(5459): 1770-1774.

[98] 袁秀, 马克明, 王德. 草地植物群落最优分类数的确定[J]. 生态学报, 2013, 33(8): 2514-2521.

[99] 宋永昌. 中国常绿阔叶林分类试行方案[J]. 植物生态学报, 2004, 28(4): 435-448.

[100] 张金屯, 杨洪晓. 自组织特征人工神经网络在庞泉沟自然保护区植物群落分类中的应用[J]. 生态学报, 2007, 27(3): 1005-1010.

[101] 李林峰, 张金屯, 周兰, 等. 自组织特征映射网络在芦芽山自然保护区青杆林分类和排序中的应用[J]. 林业科学, 2014, 50(5): 1-7.

[102] 张金屯, 聂二保, 向春玲. 五台山亚高山草甸的人工神经网络分类与排序[J]. 草业学报, 2009, 18(4): 35-40.

[103] DE'ATH G. Multivariate regression trees: a new technique for modeling species-environment relationships[J]. Ecology, 2002, 83: 1105-1117.

[104] 赖江山, 米湘成, 任海保, 等. 基于多元回归树的常绿阔叶林群丛数量分类——以古田山 24 公顷森林样地为例[J]. 植物生态学报, 2010, 34(7): 761-769.

[105] PUNCHI-MANAGE R, GETZIN S, WIEGAND T, et al. Effects of topography on structuring local species assemblages in a Sri Lankan mixed dipterocarp forest[J]. Ecology, 2013, 101: 149-160.

[106] 张荣, 刘彤. 古尔班通古特沙漠南部植物多样性及群落分类[J]. 生态学报, 2012, 32(19): 6056-6066.

[107] 田锴. 古田山亚热带常绿阔叶林草本植物群落结构和多样性格局研究[D]. 金华: 浙江师范大学, 2013.

[108] 陈云, 王海亮, 韩军旺, 等. 小秦岭森林群落数量分类、排序及多样性垂直格局[J]. 生态学报, 2014, 34(8): 2068-2075.

[109] 黄甫昭, 王斌, 丁涛, 等. 弄岗北热带喀斯特季节性雨林群丛数量分类及与环境的关系[J]. 生物多样性, 2014, 22(2): 157-166.

[110] HILL M O, TWINSPAN: A Fortran program for arranging multivariate data in an ordered two-way table by classification of the individuals and attributes[R]. Ithaca: Cornell University, 1979.

[111] 朱军涛, 于静洁, 王平, 等. 额济纳荒漠绿洲植物群落的数量分类及其与地下水环境的关系分析[J]. 植物生态学报, 2011, 35(5): 480-489.

[112] 吕秀枝, 上官铁梁. 五台山冰缘地貌植物群落的数量分类与排序[J]. 地理研究, 2010, 29(5): 917-926.

[113] 刘海江, 郭柯. 浑善达克沙地丘间低地植物群落的分类与排序[J]. 生态学报, 2003, 23(10): 2163-2169.

[114] 孙菊, 李秀珍, 胡远满, 等. 大兴安岭沟谷冻土湿地植物群落分类、物种多样性和物种分布梯度[J]. 应用生态学报, 2009, 20(9): 2049-2056.

[115] 张克荣, 刘应迪, 朱晓文, 等. 长沙岳麓山马尾松林的群落类型划分及物种多样性分析[J]. 林业科学, 2011, 47(4): 86-94.

[116] 胡理乐, 毛志宏, 朱教君, 等. 辽东山区天然次生林的数量分类[J]. 生态学报, 2005, 25(11): 2848-2854.

[117] 卢炜丽. 重庆四面山植物群落结构及物种多样性研究[D]. 北京: 北京林业大学, 2009.

[118] 任学敏. 太白山主要植物群落数量分类及其物种组成和丰富度的环境解释[D]. 杨凌: 西北农林科技大学, 2012.

[119] 张峰, 张金屯. 我国植被数量分类和排序研究进展[J]. 山西大学学报(自然科学版), 2000, 23(3): 278-282.

[120] 张金屯. 模糊聚类在荆条灌丛(Scrub. *Vitex negundo* var. *heterophylla*)分类中的应用[J]. 植物生态学与地植物学丛刊, 1985, 9(4): 306-314.

[121] 任东涛, 张承烈, 陈国仓, 等. 芦苇生态型划分指标的主分量及模糊聚类分析[J]. 生态学报, 1994, 14(3): 266-273.

[122] 艾尼瓦尔·吐米尔, 阿地里江·阿不都拉, 阿不都拉·阿巴斯. 天山森林生态系统树生地衣植物群落数量分类及其物种多样性的研究[J]. 植物生态学报, 2005, 29(4): 615-622.

[123] TAMBE S, RAWAT G S. The Alpine Vegetation of the Khangchendzonga Landscape, Sikkim Himalaya[J]. Mountain Research and Development, 2010, 30: 266-274.

[124] RANA M S, SAMANT S S, RAWAT Y S. Plant communities and factors responsible for vegetation pattern in an alpine area of the northwestern Himalaya[J]. Journal of Mountain Science, 2011, 8: 817-826.

[125] KHAN S M, PAGE S, AHMAD H, et al. Identifying plant species and communities across environmental gradients in the Western Himalayas: Method development and conservation use[J]. Ecological Informatics, 2013, 14: 99-103.

[126] KUSBACH A, VAN MIEGROET H, BOETTINGER J L, et al. Vegetation geo-climatic zonation in the rocky mountains, Northern Utah, USA[J]. Journal of Mountain Science, 2014, 11: 656-673.

[127] AHO K, ROBERTS D W, WEAVER T. Using geometric and non-geometric internal evaluators to compare eight vegetation classification methods[J]. Journal of Vegetation Science, 2008, 19: 549-562.

[128] LUTHER-MOSEBACH J, DENGLER J, SCHMIEDEL U, et al. A first formal classification of the Hardeveld vegetation in

Namaqualand, South Africa[J]. Applied Vegetation Science, 2012, 15: 401-431.

[129] BERTONCELLO R, YAMAMOTO K, MEIRELES L D, et al. A phytogeographic analysis of cloud forests and other forest subtypes amidst the Atlantic forests in south and southeast Brazil[J]. Biodiversity and Conservation, 2011, 20: 3413-3433.

[130] UĞURLU E, ROLEČEK J, BERGMEIER E. Oak woodland vegetation of Turkey-a first overview based on multivariate statistics[J]. Applied Vegetation Science, 2012, 15: 590-608.

[131] NOROOZI J, WILLNER W, PAULI H, et al. Phytosociology and ecology of the high-alpine to subnival scree vegetation of N and NW Iran(Alborz and Azerbaijan Mts.)[J]. Applied Vegetation Science, 2014, 17: 142-161.

[132] BRAND B F, DU PREEZ P J, BROWN L R. High altitude montane wetland vegetation classification of the Eastern Free State, South Africa[J]. South African Journal of Botany, 2013, 88: 223-236.

[133] ELIÁŠ P, SOPOTLIEVA D, DITE D, et al. Vegetation diversity of salt-rich grasslands in Southeast Europe[J]. Applied Vegetation Science, 2013, 16: 521-537.

[134] SASAKI T, KATABUCHI M, KAMIYAMA C, et al. Variations in species composition of moorland plant communities along environmental gradients within a subalpine zone in northern japan[J]. Wetlands, 2013, 33: 269-277.

[135] 欧光龙, 彭明春, 和兆荣, 等. 高黎贡山北段植物群落 TWINSPAN 数量分类研究[J]. 云南植物研究, 2008, 30(6): 679-687.

[136] 李晋鹏, 上官铁梁, 郭东罡, 等. 山西吕梁山南段植物群落物种多样性与环境的关系[J]. 山地学报, 2008, 26(5): 612-619.

[137] 宋爱云, 刘世荣, 史作民, 等. 卧龙自然保护区亚高山草甸的数量分类与排序[J]. 应用生态学报, 2006, 17(7): 1174-1178.

[138] 欧芷阳, 苏志尧, 袁铁象, 等. 土壤肥力及地形因子对桂西南喀斯特山地木本植物群落的影响[J]. 生态学报, 2014, 34(13): 3672-3681.

[139] WANG Z R, YANG G J, YI S H, et al. Effects of environmental factors on the distribution of plant communities in a semi-arid region of the Qinghai-Tibet Plateau[J]. Ecological Research, 2012, 27: 667-675.

[140] AARRESTAD P A, MASUNGA G S, HYTTEBORN H, et al. Influence of soil, tree cover and large herbivores on field layer vegetation along a savanna landscape gradient in northern Botswana[J]. Journal of Arid Environments, 2011, 75: 290-297.

[141] SACO P M, WILLGOOSE G R, HANCOCK G R. Eco-geomorphology of banded vegetation patterns in arid and semi-arid regions[J]. Hydrology and Earth System Sciences, 2007, 11: 1717-1730.

[142] 余敏, 周志勇, 康峰峰, 等. 山西灵空山小蛇沟林下草本层植物群落梯度分析及环境解释[J]. 植物生态学报, 2013, 37(5): 373-383.

[143] SOBERÓN J, PETERSON A T. Interpretation of models of fundamental ecological niches and species' distributional areas[J]. Biodiversity Informatics, 2005, 2: 1-10.

[144] GASTON K J. Global patterns in biodiversity[J]. Nature, 2000, 405: 220-227.

[145] JAREMA S I, SAMSON J, MCGILL B J, et al. Variation in abundance across a species' range predicts climate change responses in the range interior will exceed those at the edge: a case study with North American beaver[J]. Global Change Biology, 2009, 15: 508-522.

[146] 宋同清, 彭晚霞, 曾馥平, 等. 木论喀斯特峰丛洼地森林群落空间格局及环境解释[J]. 植物生态学报, 2010, 34(3): 298-308.

[147] ITOH A, YAMAKURA T, OHKUBO T, et al. Importance of topography and soil texture in the spatial distribution of two sympatric dipterocarp trees in a Bornean rainforest[J]. Ecological Research, 2003, 18: 307-320.

[148] MENG J H, LU Y C, ZENG J. Transformation of a degraded pinus massoniana plantation into a mixed-species irregular forest:

Impacts on stand structure and growth in Southern China[J]. Forests, 2014, 5(12), 3199-3221.

[149] WANG G, LIU G S, LI C J, et al. The variability of soil thermal and hydrological dynamics with vegetation cover in a permafrost region[J]. Agricultural For Meteorol, 2012, 162-163: 44-47.

[150] MARINI L, SCOTTON M, KLIMEK S, et al. Effects of local factors on plant species richness and composition of Alpine meadows[J]. Agriculture, Ecosystems and Environment, 2007, 119: 281-288.

[151] 冯建孟. 中国种子植物物种多样性的大尺度分布格局及其气候解释[J]. 生物多样性, 2008, 16(5): 470-476.

[152] 李林峰, 张金屯, 周兰, 等. 自组织特征映射网络在芦芽山自然保护区青杆林分类和排序中的应用[J]. 林业科学, 2014, 50(5): 1-7.

[153] 日古嘎, 张金屯, 张斌, 等. 松山自然保护区森林群落的数量分类和排序[J]. 生态学报, 2010, 30(10): 2621-2629.

[154] 区余端, 苏志尧, 李镇魁, 等. 地形因子对粤北山地森林不同生长型地表植物分布格局的影响[J]. 应用生态学报, 2011, 22(5): 1107-1113.

[155] KÖRNER C H. Mountain biodiversity, its causes and function: an overview[R]//KÖRNER C h, SPEHN E M. Mountain Biodiversity. Athens: The Parthenon Publishing Group, 2002.

[156] GOULD W A, GONZÁLEZ G, CARRERO R G. Structure and composition of vegetation along an elevational gradient in Puerto Rico[J]. Journal of Vegetation Science, 2006, 17: 653-664.

[157] SHIMONO A, ZHOU H K, SHEN H H, et al. Patterns of plant diversity at high altitudes on the Qinghai-Tibetan Plateau[J]. Journal of Plant Ecology, 2010, 3: 1-7.

[158] STEVENS G C. The elevational gradient in altitudinal range: an extension of Rapoport's latitudinal rule to altitude[J]. American Naturalist, 1992, 140: 893-911.

[159] LOMOLINO M V. Elevation gradients of species-richness, historical and prospective views[J]. Global Ecology and Biogeography, 2001, 10: 3-13.

[160] SMALL C J, MCCARTHY B C. Spatial and temporal variability of herbaceous vegetation in an eastern deciduous forest[J]. Plant Ecology, 2003, 164: 37-48.

[161] WARREN R J. Mechanisms driving understory evergreen herb distributions across slope aspects: as derived from landscape position[J]. Plant Ecology, 2008, 198: 297-308.

[162] BEGUM F, BAJRACHARYA R M, Sharma S, et al. Influence of slope aspect on soil physico-chemical and biological properties in the mid hills of central Nepal[J]. International Journal of Sustainable Development & World Ecology, 2010, 17: 438-443.

[163] PRÉVOST M, RAYMOND P. Effect of gap size, aspect and slope on available light and soil temperature after patch-selection cutting in yellow birch-conifer stands, Quebec, Canada[J]. Forest Ecology and Management, 2012, 274: 210-221.

[164] 方精云, 沈泽昊, 崔海亭. 试论山地的生态特征及山地生态学的研究内容[J]. 生物多样性, 2004, 12(1): 10-19.

[165] HENNENBERG K J, BRUELHEIDE H. Ecological investigations on the northern distribution range of *Hippocrepis comosa* L. in Germany[J]. Plant Ecology, 2003, 166: 167-188.

[166] HENNENBERG K J, BRUELHEIDE H. Ecological investigations on the northern distribution range of *Hippocrepis comosa* L. in Germany[J]. Plant Ecology, 2003, 166: 167-188.

[167] 沈泽昊, 张新时, 金义兴. 地形对亚热带山地景观尺度植被格局影响的梯度分析[J]. 植物生态学报, 2000, 24(4): 430-435.

[168] 谢玉彬, 马遵平, 杨庆松, 等. 基于地形因子的天童地区常绿树种和落叶树种共存机制研究[J]. 生物多样性, 2012, 20(2):

159-167.

[169] KIKUCHI T, MIURA O. Vegetation patterns in relation to microscale landforms in hilly land regions[J]. Vegetatio, 1993, 106: 147-154.

[170] 沈泽昊. 山地森林样带植被-环境关系的多尺度研究[J]. 生态学报, 2002, 22(4): 461-470.

[171] 区余端, 苏志尧, 李镇魁, 等. 地形因子对粤北山地森林不同生长型地表植物分布格局的影响[J]. 应用生态学报, 2011, 22(5): 1107-1113.

[172] GONZÁLEZ-TAGLE M A, SCHWENDENMANN L, PEREZ J J, et al. Forest structure and woody plant species composition along a fire chronosequence in mixed pine-oak forest in the Sierra Madre Oriental, Northeast Mexico[J]. Forest Ecology and Management, 2008, 256: 161-167.

[173] HUO H, FENG Q, SU Y H. The influences of canopy species and topographic variables on understory species diversity and composition in coniferous forests[J]. The Scientific World Journal, DOI, 2014: 252489.

[174] KHAN S M, HARPER D, PAGE S, et al. Species and community diversity of vascular flora along environmental gradient in naran valley: a multivariate approach through indicator species analysis[J]. Pakistan Journal of Botany, 2011, 43: 2337-2346.

[175] TILMAN D. The resource-ratio hypothesis of plant succession[J]. American Naturalist, 1985, 125(6): 827-852.

[176] WANG C T, CAO G M, WANG Q L, et al. Changes in plant biomass and species composition of alpine Kobresia meadows along altitudinal gradient on the Qinghai-Tibetan Plateau[J]. Science China Series C, 2008, 51: 86-94.

[177] 张林静, 岳明, 顾峰雪, 等. 新疆阜康绿洲荒漠过渡带植物群落物种多样性与土壤环境因子的耦合关系[J]. 应用生态学报, 2002, 13(6): 658-662.

[178] PÄRTEL M. Local plant diversity patterns and evolutionary history at the regional scale[J]. Ecology, 2002, 83: 2361-2366.

[179] GILBERT B, LECHOWICZ M J. Invasibility and abiotic gradients: The positive correlation between native and exotic plant diversity[J]. Ecology, 2005, 86: 1848-1855.

[180] HOFMEISTER J, HOŠEK J, MODRÝ M, et al. The influence of light and nutrient availability on herb layer species richness in oak-dominated forests in central Bohemia[J]. Plant Ecology, 2009, 205: 57-75.

[181] CHYTRÝ M, DANIHELKA J, AXMANOVA I, et al. Floristic diversity of an eastern Mediterranean dwarf shrubland: the importance of soil pH[J]. Journal of Vegetation Science, 2010, 21: 1125-1137.

[182] SLIK J W F, RAES N, AIBA S-I, et al. Environmental correlates for tropical tree diversity and distribution patterns in Borneo[J]. Diversity and Distributions, 2009, 15: 523-532.

[183] CINGOLANI A M, VAIERETTI M V, GURVICH D E, et al. Predicting alpha, beta and gamma plant diversity from physiognomic and physical indicators as a tool for ecosystem monitoring[J]. Biological Conservation, 2010, 143: 2570-2577.

[184] TURNER C L, KNAPP A K. Response of a C4 and three C3 forbs to variation in nitrogen and light in the tallgrass prairie[J]. Ecology, 1996, 77: 1738-1749.

[185] ZUL D, DENZEL S, KOTZ A, et al. Effects of plant biomass, plant diversity, and water content on bacterial communities in soil lysimeters: Implications for the determinants of bacterial diversity[J]. Applied and Environmental Microbiology, 2007, 73: 6916-6929.

[186] NARHI P, MIDDLETON M, HYVONEN E, et al. Central boreal mire plant communities along soil nutrient potential and water content gradients[J]. Plant and Soil, 2010, 331: 257-264.

[187] VIVIAN-SMITH G. Microtopographic heterogeneity and floristic diversity in experimental wetland communities[J]. Journal of Ecology, 1997, 85: 71-82.

[188] 王建林, 钟志明, 王忠红, 等. 青藏高原高寒草原生态系统土壤碳氮比的分布特征[J]. 生态学报, 2014, 34(22): 6678-6691.

[189] FRANCOVIZCAINO E, GRAHAM R C, ALEXANDER E B. Plant-species diversity and chemical-properties of soils in the central desert of Baja-California, Mexico[J]. Soil Science, 1993, 155: 406-416.

[190] HANNAM K D, QUIDEAU S A, OH S W, et al. Forest floor composition in aspen- and spruce-dominated stands of the boreal mixedwood forest[J]. Soil Science Society of America Journal, 2004, 68: 1735-1743.

[191] YU M, SUN O J X. Effects of forest patch type and site on herb-layer vegetation in a temperate forest ecosystem[J]. Forest Ecology and Management, 2013, 300: 14-20.

[192] AUGUSTO L, DUPOUEY J L, RANGER J. Effects of tree species on understory vegetation and environmental conditions in temperate forests[J]. Annals of Forest Science, 2003, 60: 823-831.

[193] BARBIER S, GOSSELIN F, BALANDIER P. Influence of tree species on understory vegetation diversity and mechanisms involved-A critical review for temperate and boreal forests[J]. Forest Ecology and Management, 2008, 254: 1-15.

[194] BARTELS S F, CHEN H Y H. Is understory plant species diversity driven by resource quantity or resource heterogeneity?[J]. Ecology, 2010, 91: 1931-1938.

[195] HUO H, FENG Q, SU Y H. Shrub communities and environmental variables responsible for species distribution patterns in an alpine zone of the Qilian Mountains, northwest China[J]. Journal of Mountain Science, 2015, 12(1): 166-176.

[196] 毛志宏, 朱教君. 干扰对植物群落物种组成及多样性的影响[J]. 生态学报, 2006, 26(8): 2695-2701.

[197] SAGAR R, RAGHUBANSHI A S, SINGH JS. Tree species composition, dispersion and diversity along a disturbance gradient in a dry tropical forest region of India[J]. Forest Ecology and Management, 2003, 186: 61-71.

[198] 崔建武. 人为干扰对石林喀斯特山地植物群落物种多样性和群落结构的影响[D]. 北京: 中国科学院研究生院, 2006.

[199] THOMAS S C, HALPERN C B, FALK D A, et al. Plant diversity in managed forests: Understory responses to thinning and fertilization[J]. Ecological Applications, 1999, 9: 864-879.

[200] 江小蕾, 张卫国, 杨振宇, 等. 不同干扰类型对高寒草甸群落结构和植物多样性的影响[J]. 西北植物学报, 2003, 23: 1479-1485.

[201] 巩劼, 陆林, 晋秀龙, 等. 黄山风景区旅游干扰对植物群落及其土壤性质的影响[J]. 生态学报, 2009, 29(5): 2239-2251.

[202] 李文怀, 郑淑霞, 白永飞. 放牧强度和地形对内蒙古典型草原物种多度分布的影响[J]. 植物生态学报, 2014, 38(2): 178-187.

[203] VETAAS O R, GRYTNES J A. Distribution of vascular plant species richness and endemic richness along the Himalayan elevation gradient in Nepal[J]. Global Ecology and Biogeography, 2002, 11: 291-301.

[204] MABRY C, ACKERLY D, GERHARDT F. Landscape and species-level distribution of morphological and life history traits in a temperate woodland flora[J]. Journal of Vegetation Science, 2000, 11: 213-224.

[205] NILSSON M C, WARDLE D A. Understory vegetation as a forest ecosystem driver: evidence from the northern Swedish boreal forest[J]. Frontiers in Ecology and the Environment, 2005, 3: 421-428.

[206] MESSIER C, PARENT S, BERGERON Y. Effects of overstory and understory vegetation on the understory light environment in mixed boreal forests[J]. Journal of Vegetation Science, 1998, 9: 511-520.

[207] WALLSTEDT A, GALLET C, NILSSON M C. Behaviour and recovery of the secondary metabolite batatasin-III from boreal forest humus: influence of temperature, humus type and microbial community[J]. Biochemical Systematics and Ecology, 2005, 33: 385-407.

[208] QIAN H, KLINKA K, ØKLAND R H, et al. Understorey vegetation in boreal Picea mariana and Populus tremuloides stands in British Columbia[J]. Journal of Vegetation Science, 2003, 14: 173-184.

[209] 李巧. 物种累积曲线及其应用[J]. 应用昆虫学报, 2011, 48(6): 1882-1888.

[210] UGLAND K I, GRAY J S, ELLINGSEN K E. The species-accumulation curve and estimation of species richnes[J]. Journal of Animal Ecology, 2003, 72: 888-897.

[211] COLWELL R K. EstimateS: Statistical estimation of species richness and shared species from samples[CP/OL]. Version 9.1, 2009. http://purl.oclc.org/estimates.

[212] MCCUNE B, GRACE J B. Analysis of Ecological Communities[CP]. MjM Software Design, 2002.

[213] MCCARTHY B C, SMALL C J, RUBINO D L. Composition, structure and dynamics of Dysart Woods, an old-growth mixed mesophytic forest of southeastern Ohio[J]. Forest Ecology and Management, 2001, 140: 193-213.

[214] MACDONALD S E, FENNIAK T E. Understory plant communities of boreal mixedwood forests in western Canada: Natural patterns and response to variable-retention harvesting[J]. Forest Ecology and Management, 2007, 242: 34-48.

[215] HART S A, CHEN H Y H. Fire, logging, and overstory affect understory abundance, diversity, and composition in boreal forest[J]. Ecological Monographs, 2008, 78: 123-140.

[216] SIEFERT A, RAVENSCROFT C, ALTHOFF D, et al. Scale dependence of vegetation-environment relationships: a meta-analysis of multivariate data[J]. Journal of Vegetation Science, 2012, 23: 942-951.

[217] 王敏, 周才平. 山地植物群落数量分类和排序研究进展[J]. 南京林业大学学报(自然科学版), 2011, 35(4): 126-130.

[218] 刘瑞雪, 陈龙清, 史志华. 丹江口水库水滨带植物群落空间分布及环境解释[J]. 生态学报, 2015, 35(4): 1-14.

[219] 郭泺, 夏北成, 刘蔚秋. 地形因子对森林景观格局多尺度效应分析[J]. 生态学杂志, 2006, 25(8): 900-904.

[220] 胡志伟, 沈泽昊, 吕楠, 等. 地形对森林群落年龄及其空间格局的影响[J]. 植物生态学报, 2007, 31(5): 814-824.

[221] 高贤良. 祁连圆柏和青海云杉坡向分布差异的生理生态适应机制[D]. 兰州: 兰州大学, 2011.

[222] DVORSKÝ M, DOLEŽAL J, DE BELLO F, et al. Vegetation types of East Ladakh: species and growth form composition along main environmental gradients[J]. Applied Vegetation Science, 2011, 14: 132-147.

[223] MAHDAVI P, AKHANI H, VAN DER MAAREL E. Species diversity and life-form patterns in steppe vegetation along a 3000 m altitudinal gradient in the Alborz Mountains, Iran[J]. Folia Geobotanica, 2013, 48: 7-22.

[224] ODLAND A. Interpretation of altitudinal gradients in South Central Norway based on vascular plants as environmental indicators[J]. Ecological Indicators, 2009, 9: 409-421.

[225] NADAL-ROMERO E, PETRLIC K, VERACHTERT E, et al. Effects of slope angle and aspect on plant cover and species richness in a humid Mediterranean badland[J]. Earth Surface Processes and Landforms, 2014, 39(13): 1705-1716.

[226] JIA X X, SHAO M A, WEI X R. Richness and composition of herbaceous species in restored shrubland and grassland ecosystems in the northern Loess Plateau of China[J]. Biodiversity and Conservation, 2011, 20: 3435-3452.

[227] SCHOLES R J, ARCHER S R. Tree-grass interactions in savannas[J]. Annual Review of Ecology and Systematics, 1997, 28: 517-544.

[228] LEACH M K, GIVNISH T J. Gradients in the composition, structure, and diversity of remnant oak savannas in southern Wisconsin[J]. Ecological Monographs, 1999, 69: 353-374.

[229] HOKKANEN P J. Environmental patterns and gradients in the vascular plants and bryophytes of eastern Fennoscandian herb-rich forests[J]. Forest Ecology and Management, 2006, 229: 73-87.

[230] MYKLESTAD Å. Soil, site and management components of variation in species composition of agricultural grasslands in

western Norway[J]. Grass Forage and Science, 2004, 59: 136-143.

[231] SARKER S K, SONET S S, HAQUE M M, et al. Disentangling the role of soil in structuring tropical tree communities at Tarap Hill Reserve of Bangladesh[J]. Ecological Research, 2013, 28: 553-565.

[232] 袁蕾, 周华荣, 宗召磊, 等. 乌鲁木齐地区典型灌木群落结构特征及其多样性研究[J]. 西北植物学报, 2014, 34(3): 595-603.

[233] PANDEY S K, SHUKLA R P. Plant diversity in managed sal(*Shorea robusta* Gaertn.)forests of Gorakhpur, India: species composition, regeneration and conservation[J]. Biodiversity and Conservation, 2003, 12: 2295-2319.

[234] 茹文明, 张金屯, 张峰, 等. 历山森林群落物种多样性与群落结构研究[J]. 应用生态学报, 2006, 17(4): 561-566.

[235] 沈泽昊, 方精云, 刘增力, 等. 贡嘎山东坡植被垂直带谱的物种多样性格局分析[J]. 植物生态学报, 2001, 25(6): 721-732.

[236] 徐远杰, 陈亚宁, 李卫红, 等. 伊犁河谷山地植物群落物种多样性分布格局及环境解释[J]. 植物生态学报, 2010, 34(10): 1142-1154.

[237] 王国宏. 祁连山北坡中段植物群落多样性的垂直分布格局[J]. 生物多样性. 2002, 10(1): 7- 14.

[238] 常学向, 赵文智, 赵爱芬. 祁连山区不同海拔草地群落的物种多样性[J]. 应用生态学报. 2004, 15(9): 1599-1603.

[239] 刘建泉. 祁连山北坡青海云杉群落β多样性垂直分布格局[J]. 南京林业大学学报(自然科学版), 2009, 33(3): 41-45.

[240] 张秀敏, 盛煜, 吴吉春, 等. 祁连山大通河源区高寒植被物种多样性随冻土地温梯度的变化特征[J]. 北京林业大学学报, 2012, 34(5): 86-93.

[241] STRENGBOM J, NÄSHOLM T, ERICSON L. Light, not nitrogen, limits growth of the grass Deschampsia flexuosa in boreal forests[J]. Canadian Journal of Botany, 2004, 82: 430-435.

[242] VON OHEIMB G, BRUNET J. Dalby Söderskog revisited: long-term vegetation changes in a south Swedish deciduous forest[J]. Acta Oecologica, 2007, 31: 229-242.

[243] LEFRANÇOIS M L, BEAUDET M, MESSIER C. Crown openness as influenced by tree and site characteristics for yellow birch, sugar maple, and eastern hemlock[J]. Canadian Journal of Forest Research, 2008, 38: 488-497.

[244] VALLADARES F, NIINEMETS Ü. Shade tolerance, a key plant feature of complex nature and consequences[J]. Annual Review of Ecology Evolution and Systematics, 2008, 39: 237-257.

[245] ELLSWORTH J W, HARRINGTON R A, FOWNES J H. Seedling emergence, growth, and allocation of Oriental bittersweet: effects of seed input, seed bank, and forest floor litter[J]. Forest Ecology and Management, 2004, 190: 255-264.

[246] WULF M, NAAF T. Herb layer response to broadleaf tree species with different leaf litter quality and canopy structure in temperate forests[J]. Journal of Vegetation Science, 2009, 20: 517-526.

[247] KOOREM K, MOORA M. Positive association between understory species richness and a dominant shrub species(*Corylus avellana*)in a boreonemoral spruce forest[J]. Forest Ecology and Management, 2010, 260: 1407-1413.

[248] 金博文, 康尔泗, 宋克超, 等. 黑河流域山区植被生态水文功能的研究[J]. 冰川冻土, 2003, 25(5): 580-584.

[249] 刘贤德, 李效雄, 张学龙, 等. 干旱半干旱区山地森林类型的土壤水文特征[J]. 干旱区地理, 2009, 32(5): 691-697.

[250] HART S A, CHEN H Y H. Understory vegetation dynamics of North American boreal forests[J]. Critical Reviews in Plant Sciences, 2006, 25: 381-397.

[251] CHÁVEZ V, MACDONALD S E. Partitioning vascular understory diversity in mixedwood boreal forests: The importance of mixed canopies for diversity conservation[J]. Forest Ecology and Management, 2012, 271: 19-26.

[252] MARINI L, BONA E, KUNIN W E, et al. Exploring anthropogenic and natural processes shaping fern species richness along

elevational gradients[J]. Journal of Biogeography, 2011, 38: 78-88.

[253] HAWKINS B A, FIELD R, CORNELL H V, et al. Energy, water, and broad-scale geographic patterns of species richness[J]. Ecology, 2003, 84: 3105-3117.

[254] KRÖMER T, KESSLER M, GRADSTEIN S R, et al. Diversity patterns of vascular epiphytes along an elevational gradient in the Andes[J]. Journal of Biogeography, 2005, 32: 1799-1810.

[255] QIAN H, KLINKA K, SIVAK B. Diversity of the understory vascular vegetation in 40 year-old and old-growth forest stands on Vancouver Island, British Columbia[J]. Journal of Vegetation Science, 1997, 8: 773-780.

[256] BENNIE J, HILL M O, BAXTER R, et al. Influence of slope and aspect on long-term vegetation change in British chalk grasslands[J]. Journal of Ecology, 2006, 94: 355-368.

[257] MAURER K, WEYAND A, FISCHER M, et al. Old cultural traditions, in addition to land use and topography, are shaping plant diversity of grasslands in the Alps[J]. Biological Conservation, 2006, 130: 438-446.

[258] CHUST G, CHAVE J, CONDIT R, et al. Determinants and spatial modeling of tree beta-diversity in a tropical forest landscape in Panama[J]. Journal of Vegetation Science, 2006, 17: 83-92.

[259] DUIVENVOORDEN J F, SVENNING J C, WRIGHT S J. Ecology - Beta diversity in tropical forests[J]. Science, 2002, 295: 636-637.

[260] GIBSON N, YATES C J, DILLON R. Plant communities of the ironstone ranges of South Western Australia: hotspots for plant diversity and mineral deposits[J]. Biodiversity Conservation, 2010, 19: 3951-3962.

[261] ØKLAND R H. On the variation explained by ordination and constrained ordination axes[J]. Journal of Vegetation Science, 1999, 10: 131-136.

[262] WRIGHT S J. Plant diversity in tropical forests: a review of mechanisms of species coexistence[J]. Oecologia, 2002, 130: 1-14.

[263] CHASE J M. Stochastic community assembly causes higher biodiversity in more productive environments[J]. Science, 2010, 328: 1388-1391.

[264] YUAN X, MA K M, WANG D. Partitioning the effects of environmental and spatial heterogeneity on distribution of plant diversity in the Yellow River Estuary[J]. Science China: Life Sciences, 2013, 6: 542-550.

[265] OZINGA W A, SCHAMINEE J H J, BEKKER R M, et al. Predictability of plant species composition from environmental conditions is constrained by dispersal limitation[J]. Oikos, 2005, 108: 555-561.

第 4 章　祁连山植物功能性状和群落结构对坡向的响应

4.1　植物功能性状和群落结构研究进展

森林作为祁连山山地植被生态系统中一个重要的生态类型，常分布在海拔 2500～3400 m 的阴坡、半阴坡，而亚高山草甸分布在阳坡、半阳坡和半阴坡。祁连山体地形复杂，环境多变，各种生态因子在几百米的空间尺度上可出现明显差异，土壤、植被格局随海拔、坡向的变化而变化。

坡向作为祁连山区主要的地形因子之一，对地表气温、土壤温度、土壤蒸发量、土壤水分含量和矿化作用等具有重要影响。一般而言，在北半球，南坡的太阳辐射最强，且微气候的昼夜变化较大；与南坡相比，北坡的太阳辐射量较少，生境以潮湿和寒冷为主，微气候的昼夜变化也较小[1]。由于这些差异，各坡向间的矿化作用、腐殖化、腐殖质积累和植被空间分布格局极为不同[2, 3]。同时，坡向也影响植物（包括个体水平和生态系统水平）从土壤中吸收与蓄积养分（尤其是氮、磷）的能力，以及植物自身的养分化学计量学特征。氮、磷作为植物生长的最基本营养元素和不可或缺元素，在自然界的供应往往非常有限，已成为生态系统生产力的主要限制因素[4, 5]。因此，研究植物叶片氮、磷的含量和分布格局十分重要。而生态化学计量学为研究氮、磷等主要元素的生物地球化学循环和生态学过程提供了一种新思路[6]。另外，虽然南坡和北坡相隔只有几百米，但它们间却呈现出一个明显的生境（光照、水分、温度）梯度，植物为了适应不同环境，其性状和生存策略也有所差异。认识坡向梯度下植物群落结构及叶片功能性状，对合理运用生态规律控制、利用、改造和保护植物群落，进而保护自然环境、维护生态平衡具有重要的理论价值和实践意义。

尽管国内外就坡向对植被结构、功能性状及植物和土壤生态化学计量学等影响的研究很多，但还存在如下问题：①研究不系统，缺乏对植被结构、功能性状和生态化学计量学的综合研究；②多数研究只选取了两个坡向（南坡和北坡），且海拔或气候区不同[7-9]，很难真正了解坡向单一因子所具有的生态效应；③已有研究对不同坡向间物种的共存机制和生存策略关注不够，从功能性状的角度去揭示群落构建机制，以及植物功能性状对不同坡向响应的研究也极少；④以往关于祁连山山区植物群落结构的研究大部分侧重于不同海拔或不同的植被类型，对同一海拔不同坡向优势种叶片的功能性状和植物群落，以及地上与地下生态化学计量比关系的研究还是不多。鉴于此，本章主要解决以下问题：①南-北坡梯度上，植物是如何通过改变叶性状来适应环境的？②南-北坡梯度上，植物叶片氮磷化学计量的动态特征如何？③南-北坡梯度上，植物群落组成及物种多样性变化的主要决定性因子是什么？

4.1.1　植物功能性状研究进展

植物功能性状（plant functional trait）指与植物体定植、存活、生长和死亡紧密相关的一系列核心植物属性（core plant traits）[10]。它不仅影响生态系统的功能和过程，也可对外界环境变化做出响应。叶片性状（leaf traits）作为植物各种性状中最重要的定量指标，可反映植物在不断适应环境变化过程中所形成的生存对策，逐渐成为生态学研究领域的热点之一[11]。而基于功能性状的群落生态学将物种的适应策略与群落构建和生态系统过程等有机结合起来，为解决生态学问题提供了新思路[12, 13]。

植物叶性状可分为结构型性状和功能型性状，前者包括叶片稳定碳同位素含量 $\delta^{13}C$ 值、叶片相对含水量（leaf relative water content，RWC）、叶片干物质含量（leaf dry matter content，LDMC）、叶片寿命（leaf life-span，LLS）、叶片碳含量（leaf carbon content，LCC）、叶片氮含量（leaf nitrogen content，LNC）、叶片磷含量（leaf phosphorus content，LPC）、比叶面积（specific leaf area，SLA）、叶氮磷比（leaf nitrogen/phosphorus ratio，N/P）、叶碳氮比（leaf carbon/nitrogen ratio，C/N）、单位面积叶质量（leaf mass per area，LMA）和叶片厚度（leaf thickness，TH）等；后者主要包括光合速率、呼吸速率和气孔导度等。植物叶性状与植物个体、群落、生态系统功能的基本行为和功能密切相关，可反映植物适应环境变化所形成的生存对策[14]，而植物叶片稳定碳同位素 $\delta^{13}C$ 值反映植物长期与水分利用有关的功能[15]。$\delta^{13}C$ 值与叶性状、叶片光合作用及水分利用状况等高度关联，也常被作为评价植物水分的利用效率（water use efficiently，WUE）[16]。植物水分利用效率指植物消耗单位水分所生产的同化物质的量，反映植物体水分消耗与其自身干物质生产之间的关系，是评价植物生长适宜程度的综合生理生态指标[17]。植物体内水分状况可反映植物对外界干旱胁迫的抵御及适应能力[18]。植物相对含水量是植物耐旱性的重要生理指标之一，用以说明植物水分的亏缺状况，只要相对含水量小于 100%，都可认为存在水分亏缺[19]。比叶面积可表示为叶片面积和叶干重的比值，是目前最被广泛认可的与植物生长速率和资源利用策略相关的性状，可反应植物对不同生境的适应特征，是生态学研究领域中的首选指标[20, 21]。一般而言，高比叶面积植物适应资源丰富的环境，而低比叶面积的植物适应养分贫瘠的环境[22]。叶片干物质含量是叶片干重和鲜重的比率，与植物的叶片光合能力、相对生长速率和叶片寿命有关，受植物体内水分和碳资源含量多少的影响，较高叶片干物质含量一般具有较高的水分可利用性，同时还能减少外界对自身造成的损害[22]。

4.1.1.1　国外研究进展

国外对植物功能性状的研究较早。1898 年 Schimper 指出，物种性状的不同，如叶片大小、叶片氮含量、根系深度、植被高度等，使它们能在不同的生境中共存。Diaz 等[23]认为植物功能性状与环境的关系是气候、干扰和生物条件共同作用的结果，通过改变功能性状，植物形成了适应不同环境梯度的各种策略；在野外条件下，影响植物功能性状的主要环境因子（如光照、温度、降水、养分等）不同，体现在土壤状况和地形（如海拔、坡度、坡向等）的差异上。Craine 等[24]通过对新西兰草地植物群落的研究，发现草地群落叶、根的组织密度随生境湿度的增加而降低，其中叶厚度、叶氮含量和根氮含量随海拔的升高而增加。Murray 等[25]对澳大利亚大豆属（*Glycine*）植物的种子质量进行研究，发现温度、太阳辐射较高区域中的种子质量较大。Wright 等[26]对全球尺度上 175 个地点 2548 个植物种叶性状进行研究，结果表明叶片间存在投资–回报的权衡关系，并由此提出叶片的经济学谱系。Wright 等[27]对生长在高海拔地区的红景天植物叶片进行研究，结果发现生长在高海拔地区的植物通过改变性状来抵御外界环境因子的伤害，以保证植物的正常生长。Tilman[28]基于资源和竞争对植物功能性状与生态系统的关系进行研究，结果发现影响物种分布的主要性状是竞争能力和克隆扩散能力，物种分布与植物性状的关系也依赖于物种的生存环境和研究尺度。

4.1.1.2　国内研究进展

目前，国内已有许多关于植物功能性状与环境因子的相互关系及功能性状之间关系的研究。Meng 等对植物功能性状分类体系，以及植物功能性状与地理空间变异、气候、干扰、营养等环境因素和生态系统功能之间关系的研究进展做了深入报道，并探讨了全球变化对个体和群落植物功能性状的影响[29]。李明财研究了藏东南高山林线不同生活型植物 $\delta^{13}C$ 值及其相关生理生态学特性[16]，比较了不同生活型的植物水分利用状况，发现低温导致的水分胁迫很大程度地解释了林线植物叶 $\delta^{13}C$ 值的变化。李颖研究了东灵山地区叶功能性状之间及其与地形因子的关系，并比较了不同群落的叶功能性状，发现叶干物质含量和比叶面积可有效反映群落间的差异[30]。冯秋红等对南北样带温带区栎属建群树种的功能性状及其与气象因子的关系进行了研究，结果发现当降水条件变化时，栎属树种可通过调节叶片干物质含量和比叶重来适应[31]。施宇等研究表明延河流域的植物叶氮含量都与叶组织密度具有负相关关系，比根长与根组织密度存在负相关关系，阳坡植物的叶片和细根氮含量大于阴坡，一些功能性状组随环境因子而变化，说明植物在生长策略与防御策略之间存在平衡[32]。丁佳等研究表明，在小尺度上，海拔和凹凸度是影响亚热带常绿阔叶林植物功能性状最关键的两个地形因子，而土壤含水量和全氮含量是影响亚热带常绿阔叶林植物功能性状的最主要土壤因子[33]。李颖研究了东灵山地区不同发育阶段的辽东栎和五角枫的 5 种叶功能性状在不同海拔和不同坡位上的变化，结果表明不同坡位上的比叶面积和叶干物质含量差异显著，上坡位的比叶面积小于下坡位，而叶干物质含量大于下坡位，不同发育阶段的比叶面积、叶干物质含量对坡位变化的响应相同[30]。

4.1.2　生态化学计量特征研究进展

生态化学计量学（ecological stoichiometry）建立在生物学、化学和物理学等基本原理之上，是研究生态系统能量平衡和多重化学元素（主要是 C、N、P）平衡的科学，也是研究元素与生态系统交互作用的一种理论，其将生物学科不同层次（分子、细胞、有机体、种群、生态系统和全球尺度）的研究理论有机统一起来[34]，为研究生态系统中植物与土壤之间的 C、N、P 元素相关性、植物体元素组成平衡及其对环境因子的响应提供了新的思路和有效手段[35]。植物化学元素含量既反映植物在一定生境条件下从土壤中吸收和蓄积矿质养分的能力,也反映生态系统中植物种本身的营养元素化学计量比特征[36]。植物叶片的 C：N 和 C：P 意味着 C(生物量)与养分的比值关系,可简单地理解为单位养分的生产力,即养分利用效率[37];生物量中 C 与关键养分元素(N、P)化学计量比值的差异能够调控和影响生态系统中 C 的消耗或固定过程[34],是评价氮磷变异性机制的重要工具。植物叶片的 N：P 比值是判断环境养分供应状况、评价群落结构和功能的重要指标,可用以研究该立地条件下物种的组成特征、群落结构及植被生产力等功能特征[6, 37]。土壤是植物生存的根本,C、N、P 库更是植物健康生长的主要营养源区,是生命体实现一切生命过程的基础元素,在生态系统的物质循环和能量流动等变化中处于核心地位[38]。植被所需的养分必须以适当的生态化学计量比存在,生态系统才能健康、稳定地发展[39]。土壤生态化学计量学的研究对揭示 C、N、P 等元素的循环和平衡机制具有重要意义。

4.1.2.1　国外研究进展

最早涉及生态化学计量学的研究是 1958 年 Redfield 研究海洋中有机体的元素组成关系与无机养分比值时,提出的 Redfield 比值(Redfield ratio)问题[40],从此揭开了生态化学计量学研究的序幕。张文彦等[41]指出,在 1994~2000 年,Elser 等发表了一系列有关这方面的文章,通过化学计量学方法研究植物养分尤其是 N、P 的分布规律,有助于认识有限区域的养分限制状况及植物的适应策略。Reich 等在 2004 年从全球尺度上分析了植物叶片的生态化学计量特征,证实从热带到中纬度地区,植物叶片的 N、P 含量呈增加趋势;在高纬度或高原地区中,植物叶片的 N、P 含量呈减少趋势;在赤道平均温度较高的区域中,植物体内的 N：P 比值也有所增加;P 是赤道土壤中植物生长的主要限制因子,N 是高纬度土壤中植物生长的主要限制因子[42]。Wright 等通过对全球 175 个地区、2548 个植物种数据的二次分析发现,叶片 N、P 含量差异的原因在于气候的不同[26, 27]。Sakamoto 发现,当海藻 N：P 在 10~17 时,受 N 和 P 共同限制或二者都不是限制因子;当 N：P 大于 17 时,受 P 限制;而当 N：P 小于 10 时,受 N 限制[43]。对湿地植物而言,当 N：P 大于 16 时,植物生长受 P 限制;当其小于 14 时,受 N 限制;而当其在 14~16 时,受 N、P 共同限制或二者都不限制[44]。国外对土壤化学计量学的研究较早,Dise 等对从爱尔兰到俄罗斯西部再到芬兰最后到南阿尔卑斯山跨域 11 个地区的针叶树种做了调查,结果表明:土壤有机质组成和养分有效性的重要指标,可作为土壤 C、N、P 矿化、固持作用的指标,C：N 可以被认为是评价 N 矿化的一个合理的指标[45]。Gundersen 等[46]研究了瑞士、丹麦、英国、荷兰、荷兰等国家的针叶树种的植被和土壤的 N 沉降问题,结果表明森林枯落物和根的生物量随着 N 含量增加而减小,N 沉降高的地区土壤 C：N 较高。Loveland 等[47]估算了全球陆地总的土壤碳库(包括凋落物层),0~30 cm 深度的土壤有机碳储量 $684×10^{15}$~$724×10^{15}$g; 0~100 cm 深度的土壤有机碳储量 $1462×10^{15}$~$1548×10^{15}$g, 0~200 cm 深度的土壤储量 $2376×10^{15}$~$2456×10^{15}$g。全球水平 0~100 cm 深度的土壤有机碳储量 $695×10^{15}$~$748×10^{15}$g,土壤氮储量 $133×10^{15}$~$140×10^{15}$g,平均的 C：N 为 9.9~25.8。不管是在海洋生态系统还是陆地生态系统都存在明显的 Redfield-like 效应,2007 年 Cleveland 等[48]发现在土壤和土壤微生物生态系统中也存在此种效应,在全球水平土壤中 C∶N∶P 为 186∶13∶1，土壤微生物 C∶N∶P 为 60∶7∶1，且二者存在显著性差异，森林和草地的 C∶N∶P 也显著不同，测定土壤微生物的 C∶N∶P，可以评估陆地生态系统的营养限制类型。

4.1.2.2　国内研究进展

国内对生态化学计量学研究最早的是张丽霞，且张丽霞于 2005 年在《植物生态学报》上发表了关于生态化学计量学的相关综述研究[33]。随后，Han 等通过对我国不同纬度上753 个植物物种叶片 N、P 化学计量的研究，发现我国植物叶片的 P 含量低于世界平均水平，而 N∶P 却显著高于世界平均水平；叶片 N、P 含量及二者的化学计量比值都与经度和纬度具有一定的相关关系[49]。He 等对我国草地 213 种优势植物的 C∶N∶P 计量学进行研究，也发现我国草地植物的 P 含量相对较低，而 N∶P 比其他地区草地生态系统高，N、P 含量及二者的比值与温度和降水几乎无关，同时，他们还发现草本植物叶片的 N、P 含量通常高于木本植物[50, 51]。郑淑霞通过对黄土高原地区 126 种植物叶片化学计量特征的研究，发现该区叶片 N 含量高于全国及全球植物区系的平均水平，而叶片 P 含量低于全球的平均水平[52]。近年来，生态化学计量学的实验研究在国内得到了迅速发展，主要集中在区域 C∶N∶P 生态化学计量学特征及其驱动因素方面，以森林生态系统和草原生态系统的研究为主。例如，对青藏高原高寒草甸不同功能群、植物群落冠层叶片和高寒嵩草草甸植物群落[53-55]，以及祁连山高寒地区不同海拔优势植物与青海云杉叶片的化学计量特征的研究等[56, 57]。丁小慧研究了呼伦贝尔草地植物群落与土壤化学计量学特征沿经度梯度的变化，结果表明沿经度梯度，群落水平的 C、N、P 含量具有一定的分布格局；植物叶片 P 含量较低是植物适应环境的一种策略[36]。陈军强等通过对亚高山草甸植物群落物种多样性与群落 C、N、P 生态化学计量关系的研究，发现高产和低产样地中植物群落 C、N、P 元素含量的差异均显著；高产样地植物群落的生物量与 N 含量呈正相关关系，说明 N 为该样地中植物生长的限制因子；低产样地植物群落受 N、P 的共同限制[54]。任书杰等研究表明，土壤 C、N、P 的含量及比值会影响土壤中有机碳和养分的积累及微生物数量、凋落物分解速率等[58]。庞学勇等[59]通过对岷江上游植被恢复过程中典型次生植被土壤 C、N 养分季节动态及凋落物输入与温度的影响做了研究，结果表明凋落物质量会影响土壤中 C、N、P 元素的含量，微生物活性低下是影响其养分周转的主要原因，温度升高可促进凋落物与土壤有机质的分解，可利用底物的数量和质量差异是影响各次生植被凋落物分解和土壤微生物活性的主要原因。Tian 等[60]在全国尺度上，调查了 2384份土壤样品，研究了 C、N、P 及其比值随着土壤深度、气候带及植被生长阶段的变化情况，结果表明平均 C∶N、C∶P、N∶P 分别为 11.9、61、5.2，C∶N∶P 为 60∶5∶1，C∶N 在不同气候带、不同土壤类型、不同土壤深度、不同风化作用下变化较小，而 C∶P、N∶P 的变化较大，最后提出表层土壤中，土壤 C∶N、C∶P 和 N∶P 比值能够指示土壤质量的好坏。近些年，湿地生态系统土壤化学计量特征得到了快速的发展，王维奇等[61]对闽江河口湿地的土壤氮磷化学计量特征做了研究，结果表明随着干扰程度和淹水频率的变化，影响土壤 C∶N、C∶P、N∶P 的因子在改变，土壤 C∶N 比较稳定，C∶P 和 N∶P 变异较大；C 与养分含量的比值对土壤碳储量有很好的指示作用；盐度是影响闽江河口不同淹水频率下湿地土壤 C∶N、C∶P、N∶P 变化的最重要的因子。Zhang 等[62] 对中国东北双台子湿地土壤的 C、N、P 化学计量特征进行了研究，结果表明地形因素、植物群落组成、植被盖度等都影响土壤 C、N、P 化学计量学特征。目前，生态化学计量学已广泛地应用在种群动态、营养动态、生物共生关系、土壤养分循环、养分利用效率、限制性元素的判断、植被恢复、植被演替、草地退化及 C、N、P 生物地球化学循环等领域。

4.1.3　坡向梯度上植被的研究进展

坡向是山地的重要地形因子之一，对生物多样性、植物生长发育、生产力和生态系统功能等具有重要影响[63, 64]。认识坡向梯度下植物群落结构及叶片功能性状，对合理运用生态规律来控制、利用、改造和保护植物群落，进而保护自然环境、维护生态平衡，恢复和改善山区环境具有重要的理论价值和实践意义。国内外已有大量的研究对不同坡向（尤其是南坡与北坡）间植物群落结构特征和种间关系[2, 53, 63, 65, 66]、物种多样性和功能多样性[67, 68]、表型可塑性如形态学、水分关系和叶绿素含量[69, 70]，以及叶片水分利用效率、微生物多样性、氮矿化、土壤结构和碳储量和个体大小分配[63, 66, 71-74] 等的差异进行深入研究。

4.1.3.1　国外研究进展

Sternberg 等研究了坡向对地中海森林群落物种组成的影响，结果表明坡向对植物的结构、密度和组成等都有显著影响，为探究阴、阳坡不同生活型生物量分配的差异提供了新的视角[162]。Bennie 等通过研究英国白里草地坡向、坡度对植被组成的影响，发现土壤湿度和肥力与坡度和太阳辐射呈负相关关系，坡度较大坡地上的禾草植被对入侵物种的竞争力比较平坦坡地上的植被强；磷是较平坦坡地的限制因子，阳坡植被具有较强的抵御外来种入侵的能力[75]。Astrom 等对瑞典北方森林南坡、北坡间伐后与成熟云杉林苔藓群落结构做了对比研究，结果显示，皆（间）伐后南坡苔藓植物群落的盖度和物种数比北坡显著地减小了 1/10；北坡苔藓植物和木本植物物种数的减少量都较小，其中苔纲的比例分别为 88% 和 74%，而南坡的分别为 79% 和 33%；间伐后，北坡的苔藓植物种类高于南坡，与成熟云杉林的物种组成和丰富度相比，南坡大于北坡[76]。Cornwell 等研究美国加州沿海不同坡向对群落构建机制的影响，结果发现不同坡向上的环境过滤和种间相似性对群落构建都有显著的影响[77]。Nadal-Romero 等研究坡向对地中海荒漠植物和物种丰富度的影响，结果显示，从南坡到北坡，植被盖度和物种多样性呈减小趋势，主要原因在于环境因子的变化，如地表土层退化、风化和侵蚀过程的不同[78]，因此特别强调了极端退化环境中的植被恢复问题。Hultime 等[79]、Beullens 等[80] 研究了坡向对水文模式和土壤侵蚀的影响，以及二者反过来对物种生存的影响。

4.1.3.2　国内研究进展

庄树宏等[81] 对昆仑山阳坡与阴坡半天然植被植物群落上层（乔木层）和下层（灌木层）的物种多样性指数、物种优势度、均匀度指数、相似性指数及群落的最小面积进行研究，结果表明阴坡与阳坡植物群落上、下层优势种的分布格局存在差异；阳坡乔木层的物种多样性指数显著高于阴坡，灌木层的物种多样性与乔木层类似，但二者的差异水平不显著；两群落乔木层的均匀度指数差异显著，阴坡与阳坡乔木层植物群落的相似性指数低于灌木层，群落相似性指数可更好地反映群落间乔木层在结构和功能上的差异。陈文年[82]对岷江源头阳坡和阴坡的针叶林物种多样性进行研究，结果表明阳坡乔木层和灌木层的物种多样性低于阴坡，而草木层的物种多样性却高于阴坡；总体而言，阳坡的物种多样性高于阴坡，但这种差异的主要原因在于人为干扰。邱波等[83]对青藏高原东北部高寒草甸阳坡、滩地及阴坡生境中植物群落 α 多样性的分布特点进行研究，结果显示 α 多样性指数为阳坡<滩地<阴坡，而 β 多样性在水分和光照适中生境中的变化幅度较大。Gong 等[7]研究内蒙古盆地坡向对山地草地生产力和物种组成的影响，结果表明阴坡的生产力和物种多样性均高于阳坡，土壤可用氮、磷、钾是阴坡生产力的主要限制因素，而土壤可用水分是阳坡生产力的主要限制因子。王婧[84]通过对延河流域不同环境梯度对植物群落结构变化的影响研究，也发现阳坡群落物种的丰富度显著低于阴坡，与聂莹莹等[85]的研究结果一致。Li 等[67]通过对亚高寒草甸阴-阳坡梯度上植物功能性状和群落构建机制的研究，发现阴坡植物功能群的物种多样性、生产力和功能多样性均高于阳坡，土壤水分对坡向梯度上群落结构的形成具有决定性作用，而且植物体通过改变功能性状和物种组成以适应土壤含水量的变化。李奇[86]研究坡向梯度上群落构建机制-生态位和中性过程的相对重要性，认为群落构建机制研究中应高度关注物种特异的扩散能力、空间尺度和物种多度等。刘旻霞等[87]研究了高寒草甸坡向梯度上植物群落组成及其氮磷化学计量学特征，结果显示植物群落组成和物种多样性均随坡向的变化而变化，主要原因在于土壤含水量的不同；不同坡向上的限制性元素不同，阳坡为磷，阴坡为氮。黄云兰[88]研究青藏高原亚高山草甸坡向梯度上主要物种周转模式及水分适应机制，结果表明随着坡向由南向北，土壤含水量线性递增，群落主要组分种的组成、物种丰富度、相对盖度均发生相应的变化，β 多样性呈先增后减小的趋势，在物种周转过程中，群落主要组分种在南坡通过调节气孔导度大小提高 CO_2 利用率（$\delta^{13}C$ 值升高）与水分利用效率，在北坡通过增加比叶面积来加强光合作用，以弥补阴坡光照不足的缺陷。

4.1.4　祁连山山地植被的研究进展

关于祁连山山区植物群落的研究较多。例如，王国宏等[89]对祁连山北坡中段森林植被进行梯度分析和环境解释，将 73 个样方划分为 9 个群系，环境因子和空间因子解释了物种多度变化的 23.98%，其中环境因子占 17.66%，空间因子占 1.40%。冯起等[90]采用除趋势典范对应分析（detrended canonical correspond analysis，DCCA）排序的方法对祁连山北坡中段植物群落多样性的垂直分布格局进行研究，结果表明物种丰富度和多样性对环境梯度变化敏感。霍红等[91]对黑河上游祁连山区植物群落进行划分，将其分为 12 种群落类型，包括：青海云杉-薹草群落、青海云杉-银露梅-薹草群落、青海云杉-金露梅-薹草群落、金露梅群落、紫菀木-芨芨草群落-紫菀木群落、合头草-白草-芨芨草群落、薹草-嵩草-早熟禾群落、吉拉柳-鬼箭锦鸡儿-莎草群落、芨芨草群落、克氏针茅-紫菀群落、醉马草群落、鬼箭锦鸡儿-吉拉柳-嵩草群落。胡启武等[56]研究祁连山北坡不同海拔处青海云杉叶片的 N、P 含量，结果表明青海云杉叶片 N 含量随海拔的增加而下降，叶片 P 含量的变化不明显；叶片 N 含量与年均气温显著正相关，与土壤水分、土壤有机质和全 N 均显著负相关，而叶片 P 含量与年均温度和土壤水分无关；叶片 N∶P 为 10.2，说明青海云杉的生长更多受 N 的限制。樊晓勇等[92] 对祁连山老虎沟优势植物的养分空间与生态化学计量学进行研究，结果显示植物叶片 P 含量、C∶P 及 N∶P 均随海拔的变化而变化，植物叶片的 N∶P 为 15.20，在 14～16，意味着该区植物群落的生产力总体上受 N、P 的共同限制。张蕊等[93] 研究了祁连山北坡亚高山草地区不同利用方式下的土壤 N、P 变化情况，发现不同利用方式下的土壤有机碳、全氮、全磷、有效氮、微生物量碳、氮差异都显著，而影响该区土壤 C、N、P 生态化学计量比的关键因子为土壤含水量、容重和微生物量碳、氮。王学芳等[94] 对祁连山中东部三种被子植物叶特征随海拔的变化模式进行研究，结果表明：叶性状均与海拔呈显著线性相关关系，气孔密度、气孔指数、叶脉密度均与海拔呈负相关关系，而细胞密度和 $\delta^{13}C$ 均与海拔呈正相关关系。李钰等[95] 研究了祁连山北坡高寒草地狼毒枝-叶性状对坡向的响应，结果表明：由南坡到北坡，狼毒叶面积、叶片数、枝长度逐渐增加，狼毒叶片数、叶面积均与枝长度均呈异速生长关系；生境对狼毒枝条、叶片生长具有显著影响，北坡更适宜狼毒生长，南坡的干旱环境使枝条与叶片变小、单位长度枝条支持更多的叶片。Chen 等[96] 对祁连山排路沟流域的典型植被的土壤有机碳储量进行了研究，结果表明：坡向是影响土壤有机碳储量变化的最重要环境因子；对北坡的青海云杉来说，由海拔差异导致的温度和降水变化是影响土壤有机碳储量变化的最主要的环境因子，其中温度是最重要的因子。青海云杉林和草地是流域内分布最广的植被类型，0～50 cm 土层青海云杉林及草地土壤有机碳总储量分别占流域土壤有机碳总储量的 55%和 25%。

4.2　植物叶片功能性状研究

祁连山山区生态系统复杂、脆弱，自然恢复非常缓慢。不管是自然还是人工植被恢复，需解决的关键问题是建立与当地环境相适应的植物群落，而以植物功能性状为基础的生态学研究的兴起，为解决植物与环境相适应的问题提供了新视角。以往关于祁连山区植物群落结构的研究大部分关注于海拔或者植被类型[90, 91]，而关于植物叶片功能性状的稀少，仅有少数学者进行了青海云杉、狼毒等植物个体和部分草地植物功能性状、氮磷计量学方面的研究[56, 93, 97, 98]，但对祁连山中段森林草原带的同一海拔不同坡向的优势植物种叶片功能性状和植物群落的研究还很少。

本节主要研究祁连山高寒山区典型森林草原带不同坡向的优势植物，并研究植物功能性状与环境的关系，认识不同坡向的环境筛选作用及群落构建过程差异，为我国高寒山区森林草原带的植被恢复提供一定的科学依据及指导意义。

选择大野口流域之内（38°16′～38°33′N，100°13′～100°16′E），海拔 3000 m 左右（图 4-1），沿着南坡-北坡的方向，以正南为 0°，在每个山的南坡（0～90°）、西南坡（90～135°）、西北坡（135～180°）和北坡（180～270°）依次选取样地，乔木样方为 10 m×10 m、灌木样方为 2 m×2 m、草地样方为 50 cm×50 cm，测定各样方的群落物种组成及其特征值（频度、盖度、高度、多度、生物量）；同时在每个样地中沿着对角线分层采取 3 个土样，取样层次为 0～10 cm、10～20 cm、20～40 cm、40～60 cm，用于土壤理化性质的测定。

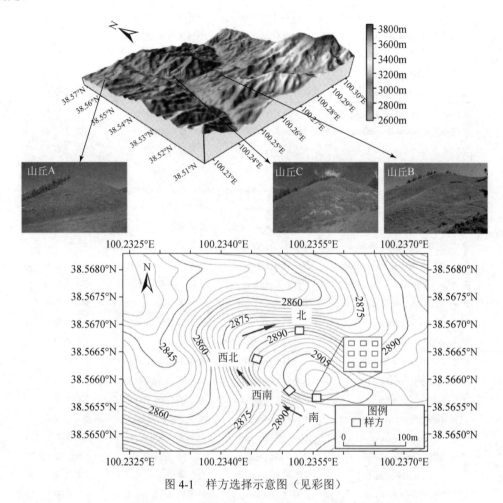

图 4-1　样方选择示意图（见彩图）

选择每个坡向的优势植物种作为样本进行功能性状的测定，各坡向优势种见表 4-1。在每个样方内采集优势植物种的叶片进行实验室分析。

表 4-1　不同坡向优势种植物名录

坡向	植物名	科	属	生活型
南坡 SF	冰草 *Agropyron cristatum*	禾本科 Gramineae	冰草属 *Agropyron* Gaertn	多年生草本
	针茅 *Stipa capillata* Linn.	禾本科 Gramineae	针茅属 *Stipa*	多年生草本
	二裂委陵菜 *Potentilla bifurca*	蔷薇科 Rosaceae	委陵菜属 *Potentilla* L.	多年生草本
	鹅绒委陵 *Potentilla anserine*	蔷薇科 Rosaceae	委陵菜属 *Potentilla* L.	多年生草本
	干生薹草 *Carex aridula*	莎草科 Cyperaceae	薹草属 *Carex* Linn.	多年生草本
	密生薹草 *Carex crebra*	莎草科 Cyperaceae	薹草属 *Carex* Linn.	多年生草本

续表

坡向	植物名	科	属	生活型
南坡 SF	甘肃棘豆 *Oxytropis kansuensis* Bunge	豆科 Leguminosae	棘豆属 *Oxytropis*	多年生草本
	鹅观草 *Roegneria kamoji*	禾本科 Gramineae	鹅冠草属 *Roegneria*	多年生草本
	蒙古蒿 *Artemisia mongolica*	菊科 Compositae	蒿属 *Artemisia*	多年生草本
	艾草 *Artemisia argyi*	菊科 Compositae	蒿属 *Artemisia*	多年生草本
	狼毒 *Stellera chamaejasme*	瑞香科 Thymelaeaceae	狼毒属 *Stellera*	多年生草本
西南坡 SW	干生薹草 *Carex aridula*	莎草科 Cyperaceae	薹草属 *Carex* Linn.	多年生草本
	二裂委陵菜 *Potentilla bifurca*	蔷薇科 Rosaceae	委陵菜属 *Potentilla* L.	多年生草本
	草地早熟禾 *Poa pratensis*	禾本科 Gramineae	早熟禾属 *Poa* Linn.	一年生草本
	蒙古蒿 *Artemisia mongolica*	菊科 Compositae	蒿属 *Artemisia*	多年生草本
	狗娃花 *Heteropappus hispidus*	菊科 Compositae	狗娃花属 *Heteropappus*	一年生、两年生草本
	火绒草 *Leontopodium japonicum*	菊科 Compositae	火绒草属 *Leontopodium*	多年生草本
	密生薹草 *Carex crebra*	莎草科 Cyperaceae	薹草属 *Carex* Linn.	多年生草本
	冰草 *Agropyron cristatum*	禾本科 Gramineae	冰草属 *Agropyron* Gaertn	多年生草本
	多裂委陵菜 *Potentilla multifida*	蔷薇科 Rosaceae	委陵菜属 *Potentilla* L.	多年生草本
	鹅绒委陵菜 *Potentilla anserina*	蔷薇科 Rosaceae	委陵菜属 *Potentilla* L.	多年生草本
	针茅 *Stipa capillata* Linn.	禾本科 Gramineae	针茅属 *Stipa*	多年生草本
	稗草 *Echinochloa crusgalli*	禾本科 Gramineae	稗属 *Echinochloa* Beauv.	一年生草本
	狼毒 *Stellera chamaejasme*	瑞香科 Thymelaeaceae	狼毒属 *Stellera*	多年生草本
西北坡 NW	矮生嵩草 *Kobresia humilis*	莎草科 Cyperaceae	嵩草属 *Kobresia*	多年生草本
	冰草 *Agropyron cristatum*	禾本科 Gramineae	冰草属 *Agropyron* Gaertn	多年生草本
	密生薹草 *Carex crebra*	莎草科 Cyperaceae	薹草属 *Carex* Linn.	多年生草本
	二裂委陵菜 *Potentilla bifurca*	蔷薇科 Rosaceae	委陵菜属 *Potentilla* L.	多年生草本
	线叶嵩草 *Kobresia capillifolia*	莎草科 Cyperaceae	嵩草属 *Kobresia*	多年生草本
	狼毒 *Stellera chamaejasme*	瑞香科 Thymelaeaceae	狼毒属 *Stellera*	多年生草本
	针茅 *Stipa capillata* Linn.	禾本科 Gramineae	针茅属 *Stipa*	多年生草本
	兰苜蓿 *Medicago lupulina*	豆科 Leguminosae	苜蓿属 *Medicago* L.	多年生草本
	火绒草 *Leontopodium japonicum*	菊科 Compositae	火绒草属 *Leontopodium*	多年生草本
	狗娃花 *Heteropappus hispidus*	菊科 Compositae	狗娃花属 *Heteropappus*	一年生、两年生草本
	多裂委陵菜 *Potentilla multifida*	蔷薇科 Rosaceae	委陵菜属 *Potentilla* L.	多年生草本
北坡 NF	薹草 *Carex tristachya*	莎草科 Cyperaceae	薹草属 *Carex* Linn.	多年生草本
	狼毒 *Stellera chamaejasme*	瑞香科 Thymelaeaceae	狼毒属 *Stellera*	多年生草本
	马先蒿 *Pedicularis reaupinanta*	玄参科 Scrophulariaceae	马先蒿属 *Pedicularis*	多年生草本
	唐松草 *Thalictrum aquilegifolium*	毛茛科 Ranunculaceae	唐松草属 *Thalictrum* L.	多年生草本
	圆穗蓼 *Polygonum macrophyllum*	蓼科 Polygonaceae	蓼属 *Polygonum* L.	多年生草本
	黄帚橐吾 *Ligularia virgaurea*	菊科 Compositae	橐吾属 *Ligularia* Cass	多年生草本
	三脉紫菀 *Aster ageratoides*	菊科 Compositae	紫菀属 *Aster*	多年生草本
	青海云杉 *Picea crassifolia*	松科 Pinaceae	云杉属 *Picea*	乔木
	东方草莓 *Fragaria orientalis*	蔷薇科 Rosaceae	草莓属 *Fragaria*	多年生草本

4.2.1　不同坡向功能性状属性值变化

　　为了筛选用于反映不同坡向叶片水分及功能性状的典型、关键性状,本小节研究了高寒区西水林区 24 种主要优势植物 11 项叶片水分及功能性状指标,包括 $\delta^{13}C$ 稳定同位素、叶片含水量、叶片相对含水量、叶片干物质含量、比叶面积、叶片碳含量、叶片氮含量、叶片磷含量、叶片 N∶P、叶片 C∶N、叶片 C∶P 的平均值、极大值、极小值、中值、标准差、极差及变异系数。由表 4-2 可见,西水林区主要优势植物各功能性状属性值变化范围较大。叶片含水量的变化范围为 52.07%~88.60%,平均值为 69.90%;叶片相对含水量变化范围为 19.79%~136.80%,平均值为 81.47%;叶片干物质含量变化范围为 7.75%~43.75%,平均值为 25.82%;比叶面积变化范围为 5.46~691.33 cm²/g,平均值为 174.77 cm²/g;叶片碳含量变化范围为 37.45%~65.34%,平均值为 50.66%;叶片氮含量变化范围为 10.21~45.32 mg/g,平均值为 23.23 mg/g;叶片磷含量变化范围为 0.64~4.18 mg/g,平均值为 1.75 mg/g;N∶P 变化范围为 4.78~42.17,平均值为 14.45;C∶N 变化范围为 10.30~45.10,平均值为 23.72;C∶P 变化范围为 115.92~895.55,平均值为 330.75。

表 4-2　不同坡向的植物叶功能性状属性分布范围

叶性状	均值	极大值	极小值	中值	标准差	极差	变异系数/%
$\delta^{13}C$ 稳定同位素/‰	−27.23	−21.88	−33.66	−26.97	4.53	11.78	4.53
叶片含水量 LWC/%	69.90	88.60	52.07	68.15	8.83	36.53	78.00
叶片相对含水量 RWC/%	81.47	136.80	19.79	80.11	15.25	117.01	232.80
叶片干物质含量 LDMC/%	25.82	43.75	7.75	26.74	7.51	36.00	56.51
比叶面积 SLA/（cm²/g）	174.77	691.33	5.46	146.00	121.30	685.87	1471.41
叶片碳含量 LCC/%	50.66	65.34	37.45	50.38	5.21	27.89	27.23
叶片氮含量 LNC/（mg/g）	23.23	45.32	10.21	22.5	6.25	35.11	39.09
叶片磷含量 LPC/（mg/g）	1.75	4.18	0.64	1.68	0.66	3.54	0.44
叶片 N∶P	14.45	42.17	4.78	14.06	4.79	37.39	22.99
叶片 C∶N	23.72	45.10	10.30	22.82	7.22	34.80	52.09
叶片 C∶P	330.75	895.55	115.92	301.63	141.54	779.63	20.16

4.2.2　不同坡向稳定碳同位素 $\delta^{13}C$ 特征

　　对西水林区的 24 种主要优势植物叶片进行稳定碳同位素 $\delta^{13}C$ 分析,由表 4-2 可知,由南坡到北坡,稳定碳同位素 $\delta^{13}C$ 平均值为-27.23‰,变异系数为 4.53%。其中,C_3 植物 23 种,$\delta^{13}C$ 值在-33.66‰~25.44‰,平均值为-27.04‰;C_4 植物 1 种,为禾本科稗草,其 $\delta^{13}C$ 值在-11.55‰~14.2‰,平均值为-12.69‰,具有较高水分利用效率。

　　研究区植被的 C_3 植物主要由禾本科等 9 科组成,其中禾本科 $\delta^{13}C$ 平均值为-26.21‰,菊科为-28.21‰、莎草科为-25.11‰、豆科为-27.76‰、蔷薇科为-26.42‰、毛茛科为-28.49‰、藜科为-31.06‰、瑞香科为-27.97‰、松科为-25.13‰。莎草科的水分利用效率较高，藜科的水分利用效率最低。

按照植物生活型划分，乔木 $\delta^{13}C$ 平均值为-25.13‰，多年生草本为-27.17‰，一年生草本为-23.47‰。整体而言，一年生草本具有较大的水分利用效率，而乔木和多年生草本水分利用效率较低。

植物叶片稳定同位素 $\delta^{13}C$ 可以表征植物水分利用效率，由南坡到北坡，稳定碳同位素 $\delta^{13}C$ 呈减小的趋势。在南坡，稳定碳同位素 $\delta^{13}C$ 的平均值为-26.39‰，西南坡为-26.47‰，西北坡为-26.93‰，北坡为-28.98‰。三个样地中，北坡的稳定碳同位素 $\delta^{13}C$ 均与其他坡向差异显著（图4-2）。

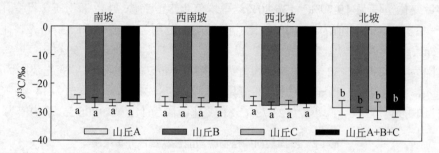

图 4-2　不同坡向稳定碳同位素 $\delta^{13}C$ 的变化

不同小写字母代表不同坡向的显著性差异（$p<0.05$），图4-3～图4-5同

4.2.3　不同坡向 C₃ 植物叶性状变化

群落水平植物叶片功能性状特征如图4-2～图4-5所示。由南坡到北坡，叶片含水量基本呈增加趋势，西南坡最小为65.73%，北坡最大为78.83%，增加了19.93%，北坡叶片含水量分别与其他坡向均达显著性差异，如图4-3（a）所示。叶片相对含水量呈增加趋势，其中南坡最小，为78.35%，而北坡达最大，为92.32%，增加了17.83%；北坡平均值分别与其他坡向差异显著，如图4-3（b）所示。比叶面积也呈增加趋势，南坡最小为118.28 g/cm²，北坡最大为297.01 g/cm²，增加了151.10%，北坡与其他坡向均达显著性差异，如图4-3（d）所示。相反，干物质含量呈减小趋势，在西南坡最大为29.32%，北坡最小为19.29%，北坡分别与其他坡向具有显著性差异，如图4-3（c）所示。叶片碳含量先增加后减小，在西南坡最大为52.5%，北坡最小为49.89%，各个坡向之间差异不显著，如图4-4（a）所示。叶片氮含量基本呈先减小后增加趋势，在南坡最大为25.32 mg/g，西南坡最小为21.63 mg/g，南坡与北坡差异不显著，如图4-4（b）所示。叶片磷含量先减小后增加，西北坡最小为1.43 mg/g，北坡最大为2.26 mg/g，北坡与其他坡向差异显著，如图4-4（c）所示。叶片 N∶P 西北坡最大为16.24，北坡最小为11.18，北坡与其他坡向差异显著，如图4-5（a）所示。叶片 C∶N 先增加后减小，西南坡最大为25.77，南坡最小21.28，南坡与北坡差异不显著，如图4-5（b）所示。叶片 C∶P 也呈先增加后减小趋势，西南坡最大为400.25，北坡最小253.64，北坡与其他坡向差异显著，如图4-5（c）所示。

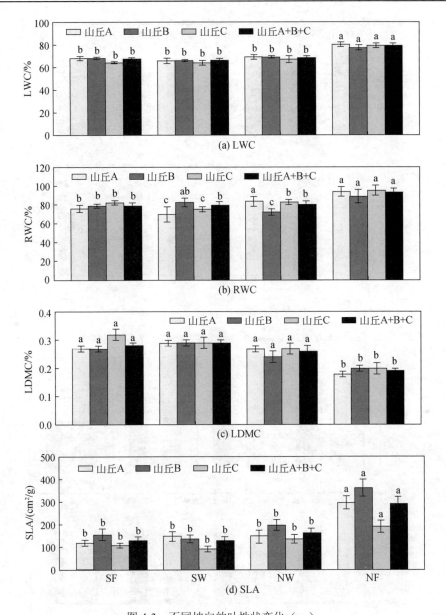

图 4-3　不同坡向的叶性状变化（一）

LWC 表示叶片含水量；RWC 表示叶片相对含水量；LDMC 表示叶片干物质含量；SLA 表示比叶面积

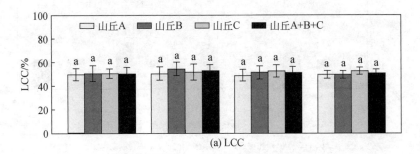

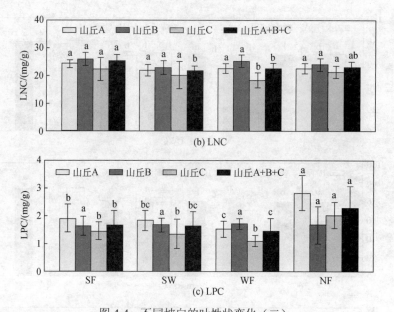

(b) LNC

(c) LPC

图 4-4　不同坡向的叶性状变化（二）

LCC 表示叶片碳含量；LNC 表示叶片氮含量；LPC 表示叶片磷含量

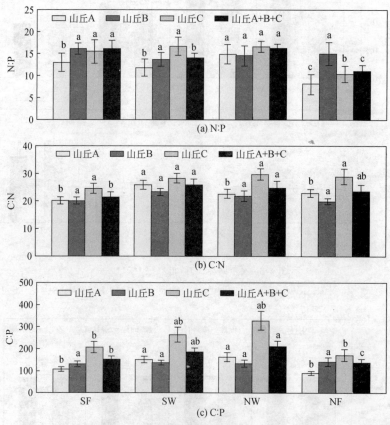

(a) N:P

(b) C:N

(c) C:P

图 4-5　不同坡向的叶性状变化（三）

N：P 表示氮磷比；C：N 表示碳氮比；C：P 表示碳磷比

4.2.4　不同坡向叶片功能性状分析

西水林区不同坡向优势种植物叶功能性状相关性分析如表 4-3 所示：稳定碳同位素 $\delta^{13}C$ 分别与叶片含水量、比叶面积呈显著性负相关关系，与干物质含量、叶片碳含量呈显著性正相关关系；叶片含水量分别与叶片相对含水量、比叶面积、叶片氮含量、叶片磷含量呈显著性正相关关系，与干物质含量、叶片碳含量呈显著性负相关关系；相对含水量分别与比叶面积、叶片磷含量呈显著性正相关关系，与 N∶P 呈显著性负相关关系；比叶面积分别与叶片氮含量、叶片磷含量呈显著性正相关关系，与干物质含量、叶片碳含量呈显著性负相关关系；干物质含量分别与叶片氮含量、叶片磷含量呈显著性负相关关系，与叶片碳含量、叶片 N∶P 呈显著性正相关关系；叶片氮含量分别叶片磷含量、N∶P 呈显著性正相关关系；叶片磷含量与 N∶P 呈显著性负相关关系。

表 4-3　不同坡向优势种植物叶功能性状相关性

叶性状	$\delta^{13}C$	LWC	RWC	SLA	LDMC	LCC	LNC	LPC	N∶P
$\delta^{13}C$	1								
LWC	−0.313**	1							
RWC	−0.068	0.433**	1						
SLA	−0.235**	0.697**	0.205**	1					
LDMC	0.315**	−0.890**	−0.102	−0.733**	1				
LCC	0.202**	−0.276**	−0.112	−0.139*	0.210**	1			
LNC	−0.099	0.433**	0.057	0.517**	−0.443**	−0.177**	1		
LPC	−0.128	0.581**	0.287**	0.445**	−0.524**	−0.143*	0.525**	1	
N∶P	0.038	−0.343**	−0.158*	−0.092	0.311**	−0.030	0.178*	−0.638**	1

*表示显著性相关（$p<0.05$），**表示极显著性相关（$p<0.01$）。

叶性状的回归分析表明：坡向梯度上稳定碳同位素 $\delta^{13}C$ 与干物质含量呈极显著正相关关系［图 4-6（c），$R^2=0.26$；$p<0.0001$］；与叶片含水量和比面积分别呈显著的负相关关系［图 4-6（a），$R^2=0.30$；$p<0.0001$；图 4-7（e），$R^2=0.24$；$p<0.0001$］。比叶面积分别与叶片氮含量、磷含量、叶片水分呈极显著的正相关关系［图 4-7（b）、（c）、（d），$R^2=0.27$；$p<0.0001$；$R^2=0.20$；$p<0.0001$；$R^2=0.49$；$p<0.0001$］；与干物质含量呈极显著的负相关性［图 4-7（a），$R^2=0.59$；$p<0.0001$］。叶片水分与干物质含量呈显著负相关关系［图 4-6（e），$R^2=0.79$；$p<0.0001$］，与叶片氮、磷含量分别呈显著的正相关关系［图 4-6（d）、（f），$R^2=0.19$；$p<0.0001$；$R^2=0.34$；$p<0.0001$］。

4.2.5　不同坡向叶性状与环境因子的关系

用 RDA 排序分析植物功能性状与环境因子之间的关系，寻找影响功能性状变化的最重要环境因子。RDA 排序结果（图 4-8）显示（箭头方向指示了环境因子与排序轴的正相关或负相关，箭头长度反映了环境因子与各性状之间的相关性强度）：植物性状和环境因子之间具有强烈的相关关系，前两个排序轴解释了 99.48%（表 4-4）；土壤有机碳

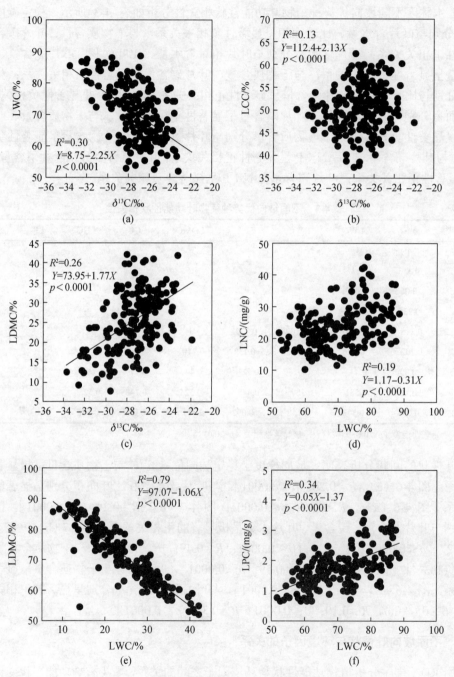

图 4-6　不同坡向叶性状之间的相关关系（一）

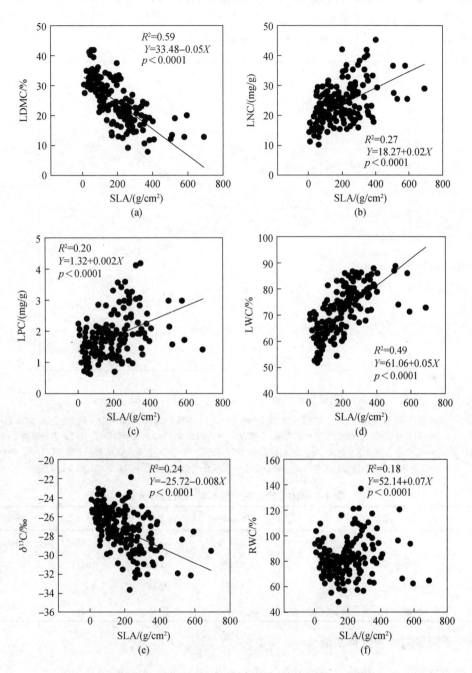

图 4-7 不同坡向叶性状之间的相关关系（二）

含量、土壤含水量、土壤全氮含量、土壤全磷含量、土壤砂粒与第一轴呈正相关关系，
相关系数分别为 0.735、0.641、0.645、0.793、0.700；土壤 pH、土壤温度、土壤容重、
土壤粉粒、土壤黏粒与第一轴呈负相关关系，相关系数分别为-0.453、-0.645、-0.645、

−0.650、−0.450；由南坡到北坡，西水林区植物功能性状的分布格局为干物质含量、氮磷比、碳含量、碳氮比、碳磷比和稳定碳同位素 $\delta^{13}C$ 逐渐减小，而比叶面积、叶片含水量、叶片相对含水量、叶片氮含量、叶片磷含量逐渐增大。

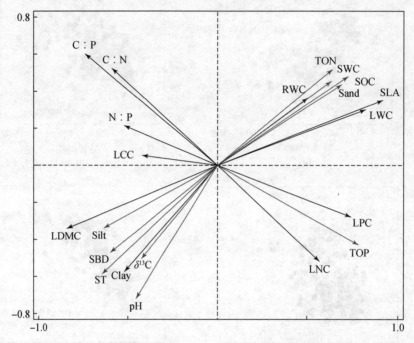

图 4-8　植物功能性状与环境因子 RDA 排序图（见彩图）

$\delta^{13}C$ 表示稳定碳同位素；LWC 表示叶片含水量；RWC 表示叶片相对含水量；LDMC 表示叶片干物质含量；SLA 表示比叶面积；LCC 表示叶片碳含量；LNC 表示叶片氮含量；LPC 表示叶片磷含量；N∶P 表示氮磷比；C∶P 表示碳磷比；C∶N 表示碳氮比；SWC 表示土壤含水量；pH 表示土壤酸碱度；SOC 表示土壤有机碳含量；TOP 表示土壤全磷含量；TON 表示土壤全氮含量；Sand 表示土壤砂粒；SBD 表示土壤容重；Clay 表示土壤黏粒；Silt 表示土壤粉粒

表 4-4　RDA 排序特征值和解释变量百分数

变量	排序轴 1	排序轴 2	排序轴 3	排序轴 4
特征值	0.7176	0.2232	0.0038	0.0007
物种-环境关系	0.7176	0.2232	0.0038	0.0007
物种数据方差累积比例/%	98.78	92.85	94.17	93.26
物种-环境关系的方差累积比例/%	75.87	99.48	99.88	99.95

4.2.6　不同坡向植物生存策略

由南坡到北坡，植物功能性状的各个指标发生显著变化，植物平均叶性状，除了叶片碳含量、叶片氮含量在南北坡差异不显著外（图 4-4），其余各指标的差异均显著。平均稳定碳同位素 $\delta^{13}C$、叶片含水量、叶片相对含水量、比叶面积和叶片磷含量等在土壤含水量较高的北坡均显著地高于土壤含水量较低的南坡（图 4-2～图 4-4），而南坡的干物质含量和氮磷比高于北坡（图 4-3 和图 4-5），研究结果与文献相似[88, 99]。北坡植物的比叶面积较高，是因为光照较弱，植物只有通过增加比叶面积来增强叶片的光合作用，以弥补光照的不足和保持更多的体内营养[22]。南坡的比叶面积较小而叶片干物质含量较大，是因为植物需要抵抗水分不足造成的伤害，只有叶片的干物质含量高了，植物才能更好生存在干旱环境中[100]，也才能具有更稳定的生理机制，使其更好地延长自己的生长寿命[101]。叶片干物质含量变化可能由叶片表皮的厚度、细胞壁的厚度和细胞内含物的多少等变化引起[102]。较高干物质含量的叶片水分可利用性较高，外界对自身带来的损害也较小[22]。本书研究中，北坡叶片的磷含量显著大于南坡，可用温度-植物生理假说和生长速率假说来解释，即具有较高氮磷水平的植物更适于生长在温度较低的地区[53]，但每一物种在应对营养获取方面都有自己的策略[50]。生长速率假说认为，植物的生长速率高，它的磷含量也高，原因是磷含量较高的核糖核酸能不断地合成蛋白质，从而导致磷的增长较快。

叶片氮磷比（N∶P）从南坡的 16 降低到了北坡的 11（图 4-5），这与其他研究的结果相一致[53, 99]。祁连山地区比叶面积、叶片氮含量、叶片磷含量这三个叶性状相互呈正相关关系（图 4-7），说明这三个性状与植物的生长速率有关，也就是说这三个性状对植物的生长有促进作用[27]。因此，可以推断：南坡植物的生存策略为有效保存内部资源的慢回报策略，而北坡植物的生存策略为快速获取外部资源的快回报策略。

植物功能性状之间互相联系，互相影响，共同决定植物的生存策略[103]。不同坡向植物性状间的相关关系（表 4-3）表明：植物形态性状与其他性状的联系比植物营养性状与其他性状的联系更紧密。植物叶片稳定碳同位素 $\delta^{13}C$ 值常被作为评价植物水分利用效率的可靠指标[17]。祁连山地区稳定碳同位素 $\delta^{13}C$ 与干物质含量、叶片碳含量正相关，因为较高的叶片干物质含量一般具有较高的叶有机物保有能力和较高的水分可利用性[22]。稳定碳同位素 $\delta^{13}C$ 值与叶片含水量和比叶面积呈显著负相关关系[16, 104, 105]，因为 $\delta^{13}C$ 反映了植物体内水分的消耗程度，$\delta^{13}C$ 越大，表明体内水分消耗越多，叶片含水量越小。比叶面积对 $\delta^{13}C$ 值的影响主要体现在两个方面：大气 CO_2 进入叶片内部的距离（CO_2 运输距离增加）随比叶面积降低、叶片厚度的增加而增加，从而使进入叶片内部的 CO_2 含量下降，即叶片内部的 CO_2 分压差降低，最终导致对 $\delta^{13}C$ 的分馏下降，叶片 $\delta^{13}C$ 值升高[106]；二是较厚叶片通常包含单位面积的光合作用所需的氮、磷含量，因此增加了 A/g 比值，从而减弱了对 $\delta^{13}C$ 的分馏，使叶片 $\delta^{13}C$ 值升高[79]。祁连山比叶面积与叶干物质含量呈显著负相关关系，这与大多数研究一致[20, 107]，由于叶干物质含量增加时，叶片表面的蒸散能力减弱，水分扩散阻力增大[107]。Reich 等研究表明，叶片厚度增大并由此导致的单位叶片面积减小是叶片比叶面积较小的最重要原因；干物质含量越高，抵抗外界伤害的能力越强[109]。比叶面积大小为人们预测植物对碳的获取能力及其对资源的利用情况提供了依据[110]。一般而言，比叶面积较大的植物能够适应资源丰富的环境且生长良好；而比叶面积较小的植物，适应能力更强，能够适应贫瘠的环境[111]。

祁连山西水林区植物群落的功能性状特征对不同坡向的响应非常明显，在土壤含水量较低的南坡，植物群落叶片稳定碳同位素 $\delta^{13}C$、叶片含水量、相对含水量、比叶面积和叶片磷含量等较低，而干物质含量和氮磷比较高，且多数以草本群落为主；在土壤含水量较高的北坡，植物群落植物叶片稳定碳同位素 $\delta^{13}C$、叶片含水量、叶片相对含水量、比叶面积和叶片磷含量等较高，而干物质含量和氮磷比较低，且多数以乔木群落为主；由南坡到北坡，各个性状之间的相关性显著（表 4-3）。这表明，西水林区的植物群落构建存在竞争和环境筛选效应[50, 112]。由于环境筛选效应的作用，生长在不同生境的物种会适应环境，从而表现出基本一致的性状特征。

　　植物的生长发育不仅取决于自身生理特性，也受环境条件的影响，在此应用冗余分析（redundancy analysis，RDA）研究植物功能性状与环境因子之间的关系（图 4-8）。由图 4-8 可知，土壤含水量与第一轴为正相关，土壤温度与第一轴为负相关，说明由南坡到北坡，建立了一个从干热到湿冷的环境梯度。分析表明，北坡土壤含水量较高，植物所需水分较南坡充足，因此植物叶片的磷含量、叶片含水量、叶片相对含水量、比叶面积最高，干物质含量、叶片碳含量和氮磷比最低；南坡土壤温度最高，植物所需水分较少，因此植物叶片的干物质含量、叶片氮含量、叶片碳含量、碳氮比、碳磷比最大、比叶面积最小。冗余分析显示，土壤全磷对叶片功能性状的影响最大，是各环境因子中的主导因子，这一结果与部分已有研究不同。例如，有些研究[32, 88, 98, 113]发现，土壤水分是影响坡向梯度上植物生存策略的主要因素，而有些研究[114, 115]则认为，温度、水分及地形因子是影响叶功能性状的主要因素。不过，也有研究发现，在世界上的许多森林地区中，磷是最主要的一个限制因素[116, 117]；Han 等[49]发现，我国植物叶片中的磷含量低于世界平均水平，这说明我国土壤可能比世界其他地区土壤中磷素的缺乏更为严重，尤其是高海拔的寒冷地区[118]。西水林区的土壤全磷含量较低（0.52 mg/g），远低于全国水平（670 ppm①），这或许可以解释本研究中土壤温度和含水量对植物功能性状变异贡献较小而土壤全磷贡献较大的原因。

4.3　不同坡向优势植物叶片氮磷化学计量特征

　　坡向通过改变光照、温度、水分和土壤等生态因子，不但对植被分布、物种组成等有重要影响[7, 63, 81, 82]，也影响植物群落的化学计量特征[87]。因此开展不同坡向群落优势物种叶片 N、P 含量及 N∶P 的变化研究，以揭示不同坡向植物群落化学计量学特征及确定限制营养元素，进一步丰富高寒草地植被 N、P 化学计量学特征数据资料。

4.3.1　植物叶片养分含量与化学计量总体特征

　　西水林区的 24 种植物叶片、土壤 C、N、P 含量及其比值的总体特征见表 4-5。由表 4-5 可知，叶片 C 元素含量变化范围为 37.45%～65.34%、N 为 10.21～45.32 mg/g、P 为 0.64～4.18 mg/g、叶片 N∶P 为 4.78～42.17、叶片 C∶N 为 10.30～45.10、叶片 C∶P 为 115.92～895.55。土壤 C 元素含量变化范围为 10.15～95.95 g/kg、N 为 0.48～5.28 mg/g、P 为 0.23～0.70 mg/g、N∶P 为 1.28～11.58、C∶N 为 6.88～36.49、C∶P 为 21.85～211.02。植物叶片 C、N、P 元素化学计量学及其比值之间存在一定的变异性，叶片 N 元素的变异

----
① 1 ppm=10^{-6}。

系数较大，C、P 元素的变异系数较小，而 P 元素的变异系数最小 0.44%。植物叶片 C、N、P 元素各比值中，C∶N 的变异系数最大（52.09%），这可能因 N 元素的空间变异较大所致；N∶P 和 C∶P 的变异系数较小，分别为 22.99%、20.16%，这是因为 P 元素的含量比较稳定。土壤 C、N、P 元素化学计量学元素及其比值之间也存在一定的变异性，土壤 C 元素变异系数较大（55.97%），土壤 N、P 元素变异系数较小，分别为 1.14%、0.01%，其含量比较稳定。土壤 C、N、P 元素各比值以 N∶P 变异系数最小，为 5.18%，说明土壤中 N、P 含量比较稳定，C∶N 和 C∶P 变异系数较大，分别为 53.93% 和 86.66%，这可能因 C 元素的空间变异较大所致。

表 4-5　不同坡向的化学计量特征属性分布范围

化学计量特征	均值	极大值	极小值	中值	标准差	极差	变异系数/%
叶片碳含量 LCC/%	50.66	65.34	37.45	50.38	5.21	27.89	27.23
叶片氮含量 LNC/（mg/g）	23.23	45.32	10.21	22.50	6.25	35.11	39.09
叶片磷含量 LPC/（mg/g）	1.75	4.18	0.64	1.68	0.66	3.54	0.44
叶片 N∶P	14.45	42.17	4.78	14.06	4.79	37.39	22.99
叶片 C∶N	23.72	45.10	10.30	22.82	7.22	34.80	52.09
叶片 C∶P	330.75	895.55	115.92	301.63	141.54	779.63	20.16
土壤有机碳含量 SOC/（g/kg）	51.66	95.95	10.15	24.89	23.47	85.80	55.97
土壤全氮含量 TON/（mg/g）	2.81	5.28	0.48	2.08	1.07	4.80	1.14
土壤全磷含量 TOP/（mg/g）	0.52	0.70	0.23	0.46	0.10	0.47	0.01
土壤 N∶P	4.95	11.58	1.28	4.89	2.28	10.30	5.18
土壤 C∶N	16.88	36.49	6.88	14.54	7.34	29.61	53.93
土壤 C∶P	78.15	211.02	21.85	66.23	43.09	189.17	86.66

　　西水林区植物叶片 C 含量为 50.66%（表 4-5），高于全球 492 种陆地植物叶片 C 含量（46.40%）[35]，以及黄土高原（43.8%）[52] 和老虎沟流域叶片 C 含量（43.20%）[57]；叶片 N 含量为 23.23 mg/g（表 4-6），高于中国区系（20.20 mg/g）、全球水平（20.60 mg/g）[49]、中国草地（20.90 mg/g）[42]、天竺草地（最高 22.80 mg/g）[54] 和青藏高原草地（23.20 mg/g）[55] 叶片平均 N 含量，但低于松嫩草地（24.20 mg/g）[119]、内蒙古草地（26.80 mg/g）、新疆草地（25.90 mg/g）、西藏草地（28.60 mg/g）[50] 和呼伦贝尔草地叶片平均 N 含量（24.50 mg/g）[36]，同时也低于老虎沟地区叶片平均 N 含量（26.93 mg/g）[92]；叶片 P 含量为 1.75 mg/g（表 4-6），高于中国植物区系（1.46 mg/g）[49]、黄土高原（1.60 mg/g）[52]、呼伦贝尔草原（1.50 mg/g）[36] 和青藏高原草地叶片 P 含量（1.70 mg/g）[55]，但低于全球水平（1.99 mg/g）[35]、松嫩草地（2.00 mg/g）[119]、内蒙古草地（1.80 mg/g）、新疆草地（2.00 mg/g）和西藏草地（1.90 mg/g）[50]，以及天竺草地叶片 P 含量（1.90 mg/g）[54]。研究区植物叶片 C∶N 和 C∶P 比值较低，说明该区植被叶片 N、P 含量较高。Thompson 等[120] 对英格兰 83 种草本植物叶片 P 含量进行了分

析，发现平均 P 含量为 2.70 mg/g，高出祁连山西水林区 54.29%。研究区植物叶片 P 含量较低，可能与土壤 P 含量较少有关[92]，原因是一项关于土壤 P 含量的调查研究表明，中国地区土壤 P 含量平均为 0.56 mg/g，美国地区为 0.70 mg/g，而祁连山西水林区土壤表层 0~10 cm P 含量平均为 0.52 mg/g，低于中国平均值。近些年大气沉降，陆地生态系统可利用性氮输入较大，导致受到氮限制的植被在某种程度上氮供应过量，从而受到磷或其他元素的限制[92]。

表 4-6　中国草地群落叶片 N、P 含量及 N∶P

地区	N 含量/（mg/g）	P 含量/（mg/g）	N∶P	参考文献
松嫩草地	24.20	2.00	13.00	[119]
内蒙古草地	26.80	1.80	16.40	[50]
新疆草地	25.90	2.00	13.40	[50]
西藏草地	28.60	1.90	15.70	[50]
青藏高原草地	23.20	1.70	13.50	[55]
呼伦贝尔草地	24.50	1.50	14.50	[36]
天竺草地最高值	22.80	2.20	12.30	[54]
天竺草地最低值	19.90	1.90	9.30	[54]
祁连山高寒草地	23.23	1.75	14.40	本书
中国草地平均值	20.90	1.55	13.50	[42]

　　祁连山土壤表层（0~10 cm）C、N 含量分别为 51.66 g/kg 和 2.81 mg/g（表 4-7），普遍高于全国水平（分别为 10.30 g/kg 和 1.21 mg/g）[121]，以及青藏高原高寒草甸[122]、吉林西部草地[123]、呼伦贝尔草原[36]和祁连山北坡亚高山草地土壤平均 C、N 含量[93]；表层 P 含量为 0.52 mg/g（表 4-7），低于全国水平（0.56 mg/g）[121]、青藏高原高寒草甸（0.67 mg/g）[124]、呼伦贝尔草原（0.59 mg/g）[36]和祁连山北坡亚高山草甸土壤 P 含量（0.88 mg/g）[92]，但高于东北样带中部（0.32 mg/g）和中西部地区（0.36 mg/g）[122]，以及吉林西部草地 P 含量（0.31 mg/g）[123]。这一结果说明祁连山西水林区土壤表层（0~10 cm）C、N 含量较高，而 P 含量较低。土壤 C 含量主要来源于植物、动物、微生物残体等，处于不断的分解与形成的动态平衡过程中，是特定生态系统下的动态平衡值。因此，在不同生物气候条件下，土壤有机 C 的数量差异很大[125]。本书中，土壤 C、N 含量较高可能因研究区放牧干扰较小所致。原因是有研究发现，干扰强度较大草地的土壤 C、N 流失严重[126, 127]。而土壤 P 的主要来源是土壤母质，在短期内相对恒定，随环境变化较小[39]。

表 4-7　不同地区草地土壤 C、N、P 元素含量差异

地区	C 含量/（g/kg）	N 含量/（mg/g）	P 含量/（mg/g）	参考文献
我国东北样带中部	11.80	1.15	0.32	[122]
我国东北样带中西部	16.10	1.34	0.36	[122]
青藏高原高寒草甸	8.72～9.1	0.42～0.49	0.52～0.67	[124]
呼伦贝尔草原	9.10～33.2	1.30～3.06	0.28～0.59	[36]
祁连山北坡亚高山草地	9.27～27.32	1.13～2.76	0.60～0.88	[92]
吉林西部草地	11.32	1.21	0.31	[123]
祁连山西水林区	51.66	2.81	0.52	本书
全国平均水平（0～10 cm）	10.30	1.21	0.56	[122]

4.3.2　不同坡向植物叶片 C、N、P 元素化学计量特征

由南坡到北坡，叶片 C 含量呈先增加后减小趋势，南坡为 50.05%，北坡为 49.89%，但南北坡之间没有显著差异；叶片 N 含量呈减小趋势，南坡为 25.32 mg/g，北坡为 23.02 mg/g。与 C 含量一样，N 含量在南北坡之间的差异不显著，但其在南坡与西南坡、西北坡之间具有显著差异；植物叶片 P 含量呈现出显著的增加趋势（$p<0.05$），南坡为 1.66 mg/g，北坡为 2.26 mg/g（图 4-4）。从南坡到北坡，叶片 N：P 呈减小趋势，南坡为 16.11，北坡为 11.18，且北坡与其他坡向之间差异均显著（$p<0.05$）；叶片 C：N 呈现增加趋势，南坡为 21.28，北坡为 23.35，南北坡之间的差异不显著；叶片 C：P 呈先增加后减小的趋势，南坡为 143.33，北坡为 123.37，且二者具有显著差异（图 4-5）。

回归分析表明，不同坡向植物叶片 N 含量与 P 含量呈极显著正相关关系（$R^2=0.26$，$p<0.0001$）；植物叶片 N：P 与 N 含量呈极显著的正相关关系（$R^2=0.18$，$p<0.001$），但与 P 含量呈极显著的负相关关系（$R^2=0.43$，$p<0.0001$）（图 4-9）。N：P 与 P 含量的相关系数（$R^2=0.43$）大于其与 N 含量的相关系数（$R^2=0.18$），说明 P 含量的变化更多地决定了 N：P 比的变化。植物叶片 C 含量与 C：N 比呈极显著的正相关关系（$R^2=0.23$，$p<0.0001$），但与叶片 N 含量、P 含量、C：P 均不相关（图 4-10）。

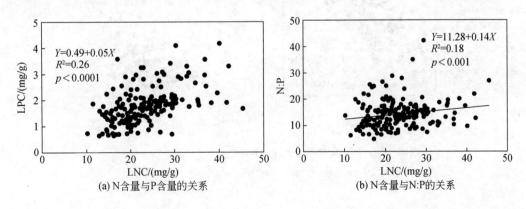

(a) N 含量与 P 含量的关系　　　　　　　(b) N 含量与 N:P 的关系

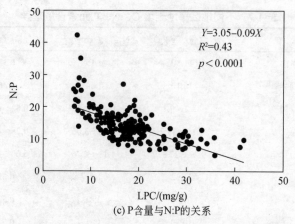

(c) P含量与N:P的关系

图 4-9　不同坡向植物叶片氮磷及氮磷比之间的关系

LNC 表示叶片氮含量；LPC 表示叶片磷含量；N∶P 表示叶片氮磷比

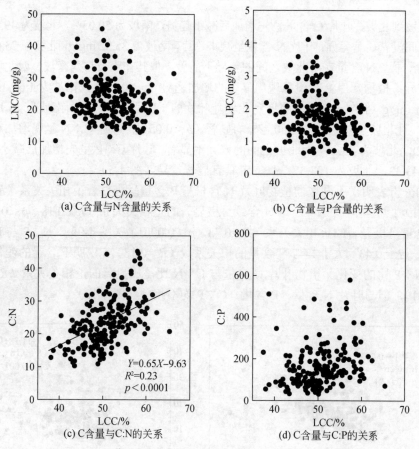

图 4-10　不同坡向植物叶片 C、N、P 及 C∶N、C∶P 的关系

LCC 表示叶片碳含量；C∶N 表示叶片碳氮比；C∶P 表示叶片碳磷比

4.3.3　坡向对土壤 C、N、P 元素及其比值的影响

由南坡到北坡，西水林区土壤 C、N、P 含量及其比值都呈增加趋势，且北坡与其他坡向差异显著；各养分元素主要集中在表层，均随土壤深度的增加而降低，与其他学者研究结果一致[128, 129]。Water 等[130] 研究表明，半干旱地区植物的生长依赖于水分利用效率和热载荷。由南坡到北坡，每个坡向水热组合不同（表 4-13），植物群落结构不同。北坡、西北坡太阳辐射和蒸散发较低，环境潮湿、阴冷，微气候的季节和昼夜变化较小；南坡和西南坡太阳辐射和蒸散发较高，日照时数较长，蒸发量较大，热而干旱，微气候的季节和昼夜变化较大[2, 80, 131]。这些变化导致南坡具有较强的矿化作用，土壤 C、N、P 含量较低。相反，北坡土壤有机质降解较慢、累积较多、土壤腐殖化较强，凋落物较厚[132]，导致土壤 C、N、P 含量较高。土壤 C、N、P 含量集中于表层且随土壤深度增加而降低，这可能与其来源和产生机制有关。土壤 C 元素主要来源于植物、动物、微生物残体等，而这些残体通常主要集中于表层；土壤 N 元素主要来源于氮沉降、微生物固氮、有机物质矿化等相互作用。因为枯落物大量聚集在地表，养分充足且表层的水热条件和通气状况良好，输入土壤的有机化合物增加，导致土壤 C、N 元素聚集在表层，然后再伴随水分、其他介质向下层扩散，从而形成了土壤 C、N 含量由表层到深层越来越低的分布格局。土壤 P 元素来源相对固定，大多数最初来自母岩矿物，在植被生长过程中，吸收土壤中的无机磷，形成有机磷，最后通过其残体归还于土壤。因此，一般来说，P 元素在土壤中的垂直分布相对稳定。

土壤 C、N、P 比值不仅是土壤 C、N、P 矿化作用的指标和平衡特征的重要参数[45, 133]，还是养分限制、诊断和预测的指标[6, 134]，对植物的生长至关重要。土壤 C∶N 和 C∶P 分别是 N、P 有效性高低的指标；N∶P 是养分诊断指标，可用于确定养分限制的阈值[121]。本书研究中，0~10 cm 土壤 C∶N 比值在 17~27，平均值为 20.48（图 4-11），高于我国陆地土壤 C∶N 平均值的 12.30，也高于全球陆地土壤平均值的 13.33（表 4-8）。土壤有机层 C∶N 比较高，表明有机质具有较慢的矿化作用，使得土壤有机层的有效 N 含量比较低，这与 Bui 等[135] 的研究结果一致；土壤 C∶P 比值在 46~158，平均值为 101.65（图 4-11），高于我国陆地土壤 C∶P 平均值 52.70，也高于全球陆地土壤的平均值 72.00（表 4-8）。有研究表明，当 C∶P 比值<200 时，元素处于矿化状态，C∶P 比值>300 时，表明元素有固定作用[136]。据此推断，该研究的营养元素得到矿化。P 的有效性由土壤有机质的分解速率确定，较低的 C∶P 是 P 有效性较高的一个指标[121]。C∶P 比值较高，表明土壤中 P 的有效性较低。土壤 C∶P 表层（0~10 cm）与底土层（20~40 cm）差异显著，这一研究结果与青藏高原放牧高寒草甸土壤 C∶P 低-高-低型[124, 137]、高寒嵩草草地土壤 C∶P 高-低-高型[138]一致。土壤 N∶P 比值在 3~6，平均为 5.73（图 4-11），高于全球草地平均值的 5.60，略低于全球陆地土壤平均值的 5.90（表 4-8），且其在各土层间的变化较为稳定，原因可能是在高海拔地区寒冷的气候条件下，土壤微生物的繁殖速度受到限制[61]。另外，相关分析表明土壤 C、N、P 之间具有较高的相关性（表 4-9），说明土壤 C∶N 比值具有抑制性（$R^2 = 0.762$），C∶P 和 N∶P 比值同样具有较高相关系数，分别为 0.425 和 0.338，这也说明土壤 C∶N∶P 比值之间存在相互抑制性，这与 Cleveland

等[48]及 Tian 等[60]的研究结果一致。因此，研究区也存在 Cleveland 等[48]报道的土壤 C：N：P 比值可能存在"Redfield"效应。

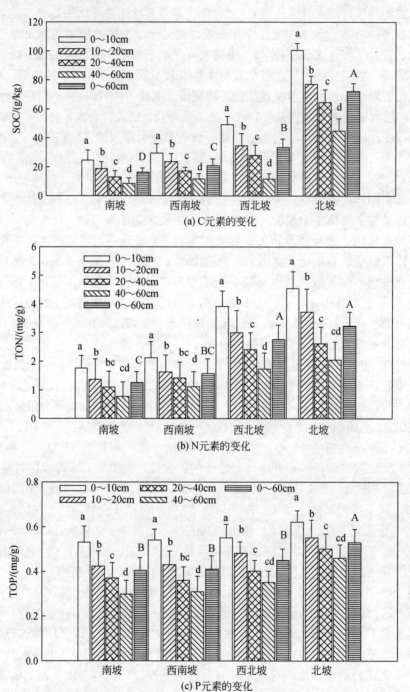

图 4-11　不同坡向土壤 C、N、P 元素的变化

不同大写字母代表不同坡向的显著性差异；不同小写字母代表不同深度土层之间的显著性差异（$p<0.05$）

表 4-8　不同地区土壤生态化学计量学特征

地区（0～10 cm）	C∶N	C∶P	N∶P	参考文献
全球陆地土壤	13.33	72.00	5.90	[48]
中国陆地土壤	12.30	52.70	3.90	[49]
全球草地土壤	11.80	64.30	5.60	[48]
全球森林土壤	12.40.	81.90	6.60	[48]
祁连山高寒森林草原带	20.48	101.65	5.73	本书

表 4-9　西水林区不同坡向植物叶片氮磷化学计量特征与土壤因子的相关性

变量	叶片氮含量	叶片磷含量	N/P	土壤含水量	土壤温度	土壤容重	土壤有机碳	全氮	全磷	pH
叶片氮含量	1									
叶片磷含量	0.560**	1								
N/P	0.120	-0.684**	1							
土壤含水量	-0.110	0.160	-0.243*	1						
土壤温度	0.120	-0.237*	0.262*	-0.726**	1					
土壤容重	0.180	-0.140	0.239*	-0.779**	0.762**	1				
土壤有机碳	-0.090	0.276*	-0.328**	0.882**	-0.847**	-0.791**	1			
全氮	-0.090	0.050	-0.070	0.733**	-0.689**	-0.745**	0.762**	1		
全磷	0.100	0.248*	-0.200	0.321**	-0.356**	-0.303*	0.426**	0.338**	1	
pH	0.258*	-0.140	0.242*	-0.304**	0.611**	0.310**	-0.472**	-0.316**	-0.230	1

*表示显著性相关（$p < 0.05$），**表示极显著性相关（$p < 0.01$）。

土壤 C∶N、C∶P 和 N∶P 化学计量学比值随着坡向的变化而变化，且影响因子较为复杂[62]。研究表明，祁连山北坡土壤的 C∶N、C∶P 和 N∶P 比南坡、西南坡的变化明显，这可能因植被类型变化使植被输入和吸收的土壤 C、N、P 营养元素，以及不同植被类型归还于土壤凋落物的数量和质量及其分解速率不同[34, 50, 62]。此研究结果与 Bui 等的相一致[135]。但也有研究显示，林地和草地土壤的 C、N 和 P 含量无明显差别[48]，与本书结果不同。因此，推测植被覆盖度、林下物种群落组成、地形条件等都可影响土壤养分的化学计量学特征，认识地形因子对土壤 C、N、P 元素之间的相互作用和平衡有着重要意义。

4.3.4　南-北坡梯度土壤的化学计量特征变化

西水林区土壤 C、N、P 元素的变化如图 4-11 所示，由南坡到北坡 C、N、P 元素含量都呈增加趋势，分别从 16.16 g/kg 增加到 72.50 g/kg、1.24 mg/g 增加到 3.23 mg/g 和 0.40 mg/g 增加到 0.53 mg/g。各坡向土壤 C 含量存在显著差异，除了北坡与西北坡之间，其他各个坡向土壤 N 含量均存在显著差异，而北坡土壤 P 含量显著高于其他三个坡向，且其他三个坡向间无显著差异，这表明北坡土壤养分条件较好。随着土壤深度的增加，土壤 C、N、P 含量的垂直空间分布格局具有层次性，表现为表层（0～10 cm）＞中层（10～40 cm）＞底层（40～60 cm）。从表层到深层，南坡土壤 C 含量减小了 64.92%、西南坡减小了 58.94%、西北坡减小了 55.02%和北坡减小了 55.25%，且四个坡向上各层土壤 C 含量存在显著差异；南坡土壤 N 含量分别减小了 55.74%、西南坡减小了 47.39%、西北坡减小了 56.41%和北坡减小了 55.07%，除南坡、西北坡 10～20 cm 与 20～40 cm 外，各坡向上各层土壤 N 含量存在显著差异；南坡土壤 P 含量减小了 43.40%、西南坡减小了 42.59%、西北坡减小了 36.36%和北坡减小了 25.81%，其中南坡各层土壤 P 含量存在显著差异，西南坡 0～10 cm 与 40～60 cm 之间存在显著差异，而西北坡和北坡各层的差异也达显著性水平（除了 20～40 cm 与 40～60 cm）。以上土壤 C、N、P 元素变化特征，表明在西水林区存在显著的坡向效应，同时土壤 C、N、P 剖面分布特征体现了植被对养分积累的表聚效应。

西水林区不同坡向土壤氮磷化学计量特征如图 4-12 所示，从南坡到北坡，土壤 C∶N、C∶P 和 N∶P 比值都呈增加趋势。除了南坡与西南坡，其他坡向 C∶N 差异均达显著性水平，而 N∶P 除了西北坡与北坡之间无显著差异外，其他坡向差异均显著。由南坡到北坡，随着土壤深度的增加，C∶N 的变化趋势比较稳定，各层之间差异均不显著；C∶P 的变化基本呈减小趋势，南坡从表层的 46.10 减小到深层的 31.82，西南坡从 53.00 减小到 42.62，西北坡从 92.60 减小到 70.03，北坡从 158.16 减小到 97.77，南坡与西南坡各土层间 C∶P 差异不显著，而西北坡与北坡 0～10 cm C∶P 与其他各层均存在显著差异（除了北坡 0～10 cm 与 10～20 cm）；N∶P 随土壤深度的增加呈减小趋势，但变化幅度没有 C∶P 大，且其在南坡和西南坡各层土壤间无显著差异，而西北坡与北坡 0～10 cm 处与其他层差异显著。以上 C∶N、C∶P 、N∶P 的变化都是由土壤中 C、N、P 元素含量空间分布差异导致的。

土壤 C、N、P 含量（表层 0～10 cm）相关分析结果如表 4-9 所示。土壤 C、N、P 两两之间相关性极其显著（$p < 0.01$），各自的相关系数不同，土壤 C、N 之间相关系数为 0.762，C、P 之间相关系数为 0.426，N、P 之间相关系数为 0.338。线性回归结果如图 4-13

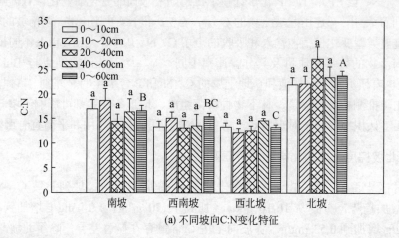

(a) 不同坡向C∶N变化特征

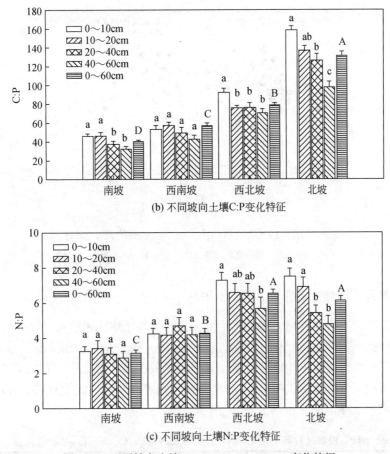

(b) 不同坡向土壤C:P变化特征

(c) 不同坡向土壤N:P变化特征

图 4-12　不同坡向土壤 C∶N、C∶P、N∶P 变化特征

不同大写字母代表不同坡向的显著性差异；不同小写字母代表不同深度土层之间的显著性差异（$p < 0.05$）

所示，土壤 C、N 之间不仅相关性极其显著（$p < 0.01$），且线性拟合程度较高（$R^2 = 0.58$）。尽管 C 与 P 和 N 与 P 两组元素相关性极其显著（$p < 0.01$），但其线性拟合程度相对较低（$R^2 < 0.5$）。因此，土壤 C 与 N 元素的整体相关性极其显著，C 与 N 含量几乎同步变化，而 C 与 P 和 N 与 P 之间的相关性不如 C 与 N 的显著。

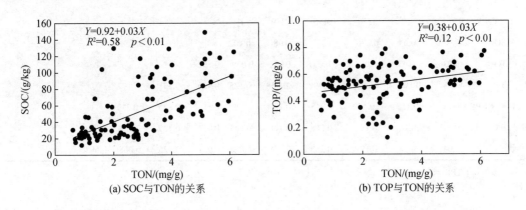

(a) SOC与TON的关系　　　　　(b) TOP与TON的关系

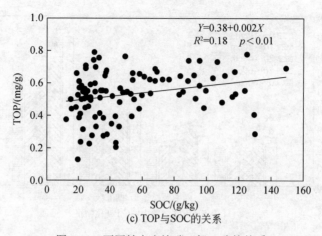

(c) TOP与SOC的关系

图4-13　不同坡向土壤碳、氮、磷的关系

SOC 表示土壤有机 C 含量；TON 表示土壤全 N 含量；TOP 表示土壤全 P 含量

4.3.5　植物叶片化学计量特征与土壤因子关系

西水林区不同坡向植物叶片 N、P 化学计量特征与土壤因子的相关性分析见表4-9。叶片 N 含量与 P 含量、土壤 pH 呈显著正相关；叶片磷含量与土壤温度呈显著负相关关系，与土壤有机碳含量和土壤全磷含量呈显著正相关关系，与叶片 N∶P、C∶N 和 C∶P 呈显著负相关关系（表4-10）；叶片 N∶P 分别与土壤含水量、土壤有机碳含量呈显著负相关关系，而与土壤温度、土壤容重和 pH 呈正相关关系。

表4-10　植物叶片与土壤 C、N、P 元素及 N∶P、C∶N、C∶P 相关关系

变量	LCC	LNC	LPC	叶片 N∶P	叶片 C∶N	叶片 C∶P	SOC	TON	TOP	土壤 N∶P	土壤 C∶N	土壤 C∶P
LCC	1											
LNC	-0.216	1										
LPC	-0.197	0.560**	1									
叶片 N∶P	0.010	0.116	-0.684**	1								
叶片 C∶N	0.470**	-0.908**	-0.532**	-0.096	1							
叶片 C∶P	0.267*	-.717**	-.776**	0.455**	0.779**	1						
SOC	-0.075	-0.09	0.276*	-0.328**	0.087	-0.102	1					
TON	-0.036	-0.087	0.052	-0.067	0.081	0.029	0.762**	1				
TOP	0.004	0.100	0.248*	-0.198	-0.038	-0.125	0.426**	0.338**	1			
土壤 N∶P	0.018	-0.158	-0.102	0.045	0.129	0.109	0.511**	0.825**	-0.217	1		
土壤 C∶N	-0.041	-0.16	0.191	-0.288*	0.148	-0.041	0.921**	0.725**	0.068	0.693**	1	
土壤 C∶P	-0.041	-0.16	0.191	-0.288*	0.148	-0.041	0.921**	0.725**	0.068	0.693**	1.000**	1

*表示显著性相关（$p<0.05$），**表示极显著性相关（$p<0.01$）。

　　由南坡到北坡，土壤含水量和植物叶片 N：P 呈显著负相关关系，回归方程为 $Y=16.82-0.01X$（$R^2=0.06$，$p<0.05$），但相关系数 R^2 较低，与叶片 N 和 P 含量相关性不显著 ［图 4-14（a）～（c）］。土壤温度与植物叶片 P 含量呈极显著负相关，与植物叶片 N：P 呈极显著正相关，回归方程为分别为　$Y=2.22-0.03X$（$R^2=0.02$，$p<0.05$）和 $Y=10.93+0.23X$（$R^2=0.06$，$p<0.05$），但二者的相关系数较低，与叶片 N 含量不具显著性相关 ［图 4-15（a）～（c）］。

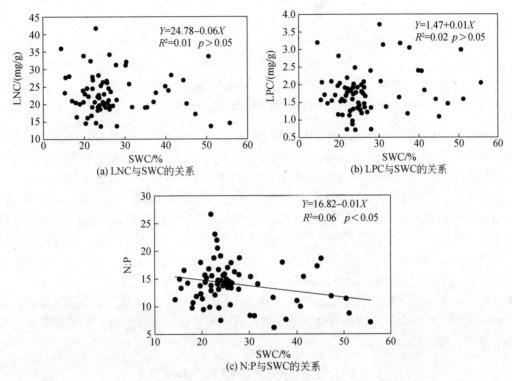

图 4-14　不同坡向土壤含水量与植物氮、磷化学计量的关系

SWC 表示土壤水分；LNC 表示叶片氮含量；LPC 表示叶片磷含量；N：P 表示叶片氮磷比

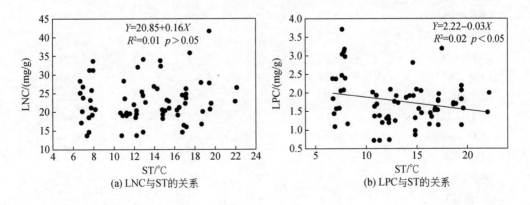

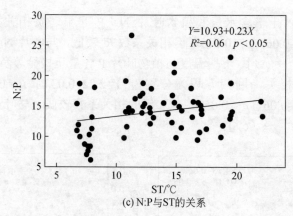

(c) N:P与ST的关系

图 4-15　不同坡向土壤温度与植物氮、磷化学计量的关系

ST 表示土壤温度；LNC 表示叶片氮含量；LPC 表示叶片磷含量；N∶P 表示叶片氮磷比

　　不同坡向植物叶片 C、N、P 元素及 N∶P、C∶N、C∶P 与土壤元素及元素比值的相关性分析见表 4-10。由表 4-10 可知，叶片 C 含量与叶片 N、P 含量呈负相关关系，而与 C∶N 和 C∶P 呈显著正相关关系；植物叶片 N∶P 与叶片 C∶P 呈显著正相关关系，与土壤碳含量、土壤 C∶N、土壤 C∶P 呈显著负相关关系；植物叶片 C∶N 与叶片 C∶P 呈显著的正相关关系。影响植物 N∶P 环境因子的主成分分析如表 4-11 所示，10 个变量反映的信息可由 3 个主成分反映，其累计贡献率达到 78.30%。其中，第一主成分对方差的贡献率为 47.46%，主要由土壤含水量、土壤容重、土壤碳含量、土壤全氮、土壤温度 5 个因子构成；第二主成分对方差的贡献率为 20.74%，主要由土壤粉粒和土壤砂粒 2 个因子构成；第三主成分对方差的贡献率为 10.10%，主要由土壤黏粒这 1 个因子构成。这些因子的影响顺序是：土壤碳含量＞土壤温度＞土壤砂粒＞土壤黏粒＞土壤容重＞土壤含水量＞土壤粉粒。

表 4-11　方差极大正交旋转后因子载荷矩阵

变量	因子 1	因子 2	因子 3
土壤含水量（SWC）	0.826	0.388	0.167
土壤容重（SBD）	-0.832	-0.200	0.081
土壤有机碳含量（SOC）	0.936	0.148	0.042
全氮（TON）	0.755	0.433	-0.004
全磷（TOP）	0.519	0.222	-0.454
pH	-0.585	0.279	0.128
土壤温度（ST）	-0.908	0.076	-0.052
黏粒（clay）	-0.094	0.491	0.785
粉粒（silt）	-0.495	0.769	-0.340
砂粒（sand）	0.486	-0.841	0.128
特征值	4.746	2.074	1.010
累计贡献率	0.4746	0.6820	0.7830

C 是植物群落体内的结构性物质，而 N 和 P 是生物体的功能性物质，因此 C、N、P 分布及其配比关系影响植物健康和群落稳定[2, 6]。对祁连山研究表明，由南坡到北坡，坡向对植物叶片 P 含量、N∶P 和 C∶P 均有显著影响，对叶片 C 含量、N 含量和 C∶N 的影响不显著。叶片 C 含量随坡向梯度变化不大，主要是因为 C 元素来源于大气中的二氧化碳，然后通过光合作用转变成葡萄糖。这说明西水林区不同坡向植物群落优势种的生态辐较宽，能在不同坡向上正常生长；各坡向上植物的 C∶N 变化也不大，与其他研究结果类似[50, 57]。生态系统中，植物总的元素构成由物种构成和优势种的生理状况决定[6]。因此，无论物种构成和气候如何变化，稳定的 C∶N 化学计量学反映了生态系统生理生态过程的一致性[50]。不同坡向的生态系统和气候差异均较大，群落组成也有较大差异，但相对稳定的叶片 C∶N 暗示生境对植物化学元素的组成也有一定的生化限制[37]，同时也限制了区域植被生活型的结构[50]。随着坡向从南到北的变化，P 含量显著增加，因为植物体内的 P 元素主要来源于土壤。而随着坡向梯度的转变，土壤 P 含量显著增加，土壤内植物可吸收和利用的 P 含量和有机质含量也增加。本书中，北坡植物叶片 P 含量显著高于南坡，与大多数研究一致[53, 99]。在北坡，植物采取快生长快回报策略。生长速率假说认为，生长速率高对应相对较高的 P 含量，原因是快速生长需要 P 含量丰富的核糖核酸支持蛋白质的合成，导致 P 含量的增长较 N 快[42]。但本书中，坡向变化对植物叶片 N 含量的影响不明显，与樊晓勇对老虎沟地区的研究结果一致[57]。这可能是因为，尽管坡向或海拔差异造成气候及物种组成的不同，但每一物种获取营养的策略依然不同[50]。叶片 N 含量增加可提高植物的水分利用效率[127]。本书中南坡植物的水分利用效率显著高于北坡，表明南坡植物在一定程度上对干旱半干旱环境具有较好的适应性。土壤中养分元素含量的高低，或各养分元素的适配比例失调时，都会影响植物的正常生长和发育，只有当植物需求与土壤供给相平衡时，植物才会健康地生长[121]。植物生态化学计量学不仅可反映植物自身的关键生态功能特征，而且可反映与其生长环境相互适应的程度，同时也用于判断植物生长发育的限制性因子[121]。本书研究表明，由南坡到北坡，植物群落优势种 C 元素含量比较稳定，不会成为植物生长的限制因子。因此，在坡向转变的过程中，植物体内的 N、P 含量是影响 C∶N 和 C∶P 的主要因素。植物叶片 C∶N 和 C∶P 比揭示了植物吸收和同化的能力，一定程度上反映了植物营养利用效率及植物营养限制情况[139]。含氮化合物为植物蛋白质和氨基酸所必需的，因此植物生长通常要求低的 C∶N 和 C∶P[133]。本书研究表明：在南北坡梯度上，南坡与北坡之间的 C∶N 和 C∶P 差异不显著，这与 He 等研究结果一致[51]。叶片 N∶P 从南坡的 16 变为阴坡的 11，且差异显著，与其他学者研究相一致[53, 99]。

本书中，北坡土壤 C、N、P 含量显著高于南坡，这主要是因为 N、P 的来源不同。土壤中 N 元素主要来源于凋落物的归还和大气氮沉降，而 P 元素主要通过岩石的风化获得。北坡光照时间较短，土壤温度低而含水量高；南坡则相反，光照时间较长，土壤温度高而含水量低，风化和侵蚀作用严重。因此，北坡养分含量通常高于南坡。在坡向梯度上，植物叶片 N、P 计量特征与土壤因子的相关分析表明，土壤 C、P 含量与叶片 P 含量呈显著正相关关系，而土壤 N 含量与植物叶片 N、P 含量不相关，说明土壤 C、P 含量的多少会在一定程度上影响植物的叶片 P 含量，这与青藏高原亚高山草甸植物叶片 N、P

化学计量特征及老虎沟优势植物种 N、P 化学计量特征的研究结果一致[53, 92]。土壤 N 含量与植物叶片 N、P 含量不相关，与樊晓勇[57]对老虎沟优势植物种 N、P 化学计量特征的研究一致，他认为高山植物在生长过程中可能有不依赖于生境的内在生理机制。植物对土壤营养元素的吸收和利用是一个极其复杂的过程，不仅受养分含量的影响，还会受土壤微生物活性及种内和种间竞争等多种因子的控制[139]。回归分析表明：植物叶片 N含量与 P 含量呈显著性正相关关系，叶片 P 含量与 N：P 呈显著性负相关关系（图 4-9），与其他研究结果一致[53]。N、P 作为植物生长的重要营养元素，共同参与植物体内的生理化学反应过程，在外界条件相同的情况下，表现出较好的一致性。植物叶片 P 含量与 N：P 呈显著负相关关系，进一步说明 N：P 的变化主要是由 P 元素含量变化决定[6]；土壤 C含量与叶片 P 含量和叶片 N：P 呈显著正相关，植物叶片 C 含量与叶片 C：N 和 C：P呈显著正相关，叶片 N 含量与 P 含量呈极显著正相关关系（R^2=0.26，p<0.0001，图 4-9，表 4-11），表明植物的 C 同化、N 吸收和 P 代谢是相互影响、相互关联的过程[57]。叶片 N：P 与土壤 C 含量呈显著负相关关系，而与土壤 N、P 含量不相关；叶片 C：N 和C：P 与土壤 C、N、P 含量都不相关，与多数研究结果一致[36]，这是植物为了提高自身对营养成分的吸收利用率和环境适应性的表现[140]。

4.3.6　不同坡向植物群落 N、P 养分限制因子判断

由南坡到北坡，植物群落叶片 N：P 化学计量特征变化明显（图 4-16），南坡与西北坡植物叶片的 N：P 大于 16，说明在这两个坡向上，植物生长受到 P 元素的限制；西南坡植物叶片的 N：P 有所下降，为 14～16，表明该坡向植物生长受 N、P 的共同限制，但以 P 限制更为强烈；北坡植物叶片的 N：P 小于 14，且与南坡、西南坡的差异显著，表明该坡向植物生长受 N 元素限制。因此，由南坡到北坡，植物群落的营养限制类型发生了转变，由南坡的 P 限制转变为北坡的 N 限制。

研究植被土壤 C、N、P 含量及其分配格局不仅可以揭示 C、N、P 元素的循环和平衡机制，也可为寒区生态系统保护和恢复提供重要的参考依据[125]。祁连山区的南坡到北坡，由于水热组合不同，植物群落结构、土壤养分和植物生长限制因子也不同，其中南坡为 P 限制，北坡为 N 限制。因此，为提高土壤肥力和改变植物生长受限状况，南坡需施加含 P 量较高的禽粪和鸟粪，北坡需施加含 N 量较高的牛粪和羊粪。有调查表明，鸡粪、鸭粪和鹤粪的 P 含量分别超过 1.54%、1.40%和 1.78%，而牛粪和羊粪的有机质含量分别超过 14.50%和 24.00%，且 N 含量分别超过 0.30%和 0.70%。

西水林区植物叶片 N：P 为 14.45，低于全国植物区系的 16.3[49]，也低于黄土高原的 15.40[52]，但高于全球植被的 12.7[35]和 13.8[42]。Marschner 等[141]和 Niklas 等[142]认为，与土壤中养分含量相比，植物生物量中养分的含量能更好地指示养分的可利用性，因此植物中 N 含量、P 含量常被作为 N 或 P 限制的指示因子。植物生长的营养限制一般由 N：P，而非单一的 N 含量或 P 含量决定，原因是与 N、P 含量相比，物种间的 N：P 变化较小[6]。4 个坡向的 N：P 在 11～17，这与陆地生态系统自然植被的 N：P 相似[143]。Rong 等[144]概括了用 N：P 判断植物营养限制类型的一些值：10<N：P<20；21<N：P<23；14<N：P<16，N：P 左边为 N 限制，右边为 P 限制，中间为共同限制。国内一

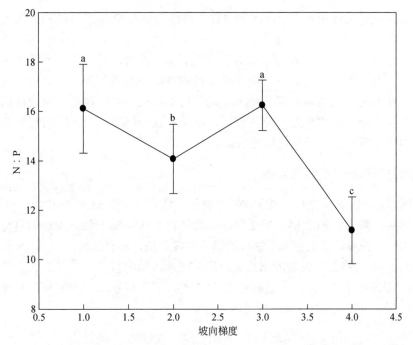

图 4-16　不同坡向植物群落叶片 N∶P 化学计量特征

般用 14＜N∶P＜16 这一比值[50, 145]。祁连山南坡叶片的 N∶P（16）显著高于北坡（14），说明在坡向梯度上，存在营养限制类型的变化，即从南坡的 P 限制转变到北坡的 N 限制，与大多数的研究一致[53, 99]。在坡向尺度上，仅几十米或者上百米的距离，但随着坡向的转变，植物群落组成和土壤养分含量也出现较大的变化，这和大尺度上经纬度与海拔梯度的变化一致。有研究表明：较冷地区的植物生长通常受 N 元素的限制，主要原因在于较低温度的直接或间接作用[146, 147]。Reich 等[42] 的研究显示：沿赤道方向，随着平均气温的升高，N∶P 比增大，P 元素为主要限制性元素；受全球尺度温度布局的影响，从赤道地区到高纬度地区，从海平面地区到高山地区，养分限制由 P 元素限制逐渐向 N 元素限制转变[148, 149]，这或许可以解释南坡植物受 P 限制的原因。因为南坡接受的太阳辐射较多，土壤温度较高，温度增加可显著提高 N 矿化速率，而土壤 P 主要来源于岩石的风化和淋洗，是一种缓慢的生物地球化学循环过程，对温度的敏感远远地超越了化学过程，温度每增加 1℃能提高 10 倍的速率[147]。北坡植物生长受 N 元素限制，可能是因为北坡温度较低，土壤 N 矿化受限，当 P 元素发生饱和后，N 成为限制植物生长的元素，因此导致 N∶P 降低。

西水林区土壤 N∶P 在 3～7，而关于土壤 C、N、P 比值指示作用的有效范围还有待进一步研究[121]。因此，本节只讨论植物叶片 N∶P 比值的养分限制问题。

4.4　不同坡向植物群落结构变化

群落物种组成是反映其结构变化的重要指示因子，研究群落的物种组成是了解植物群落的基础，也是关键所在[84]。群落物种多样性是表征植物群落结构的重要参数，能客观地反映群落内物种组成的变化，其中物种多样性、物种丰富度是生态恢复的核心指标[150]。环境因子对群落的物种组成有着深刻影响，而群落特征必然要反映环境对群落的这种影响[151]。本节通过调查坡向梯度上植物群落的组成与分布，分析土壤养分、土壤水分、土壤温度、土壤质地等环境因子，分析不同坡向的植物群落组成特征、物种多度变化、土壤养分、土壤质地的变化格局，以及植被与环境因子之间的相关关系，旨在为该区域的生态恢复提供一定的理论依据。

4.4.1 植物群落物种组成特征变化

研究区 36 个样地，总共记录了 79 个物种，分属 19 科 38 属。其中，被子植物 16 科 35 属 76 种，裸子植物 2 科 2 属 2 种，蕨类植物 1 科 1 属 1 种。主要的科有菊科、蔷薇科、禾本科、莎草科。3 种以上物种的属为委陵菜属，单种属较多，共 29 属，占总属数的 80.55%。从植物的生长型方面来看，研究区木本植物较少，共计 2 属 3 种，占总种数的 3.8%；草本植物 76 种，占总种数的 96.20%；其中一年或两年生草本 9 种，多年生草本 42 种，各个坡向植物科属组成见表 4-12。

表 4-12 各坡向植物科属组成

科名	属名	南坡	西南坡	西北坡	北坡
禾本科 Poaceae	冰草属 *Agropyron*	√	√	√	√
	针茅属 *Stipa*	√	√	√	
	早熟禾属 *Poa* Linn.	√	√	√	
	芨芨草属 *Achnatherum* Beauv	√	√	√	√
	稗属 *Echinochloa*	√	√	√	√
	鹅观草属 *Roegneria*	√	√	√	
	披碱草属 *Elymus* spp.	√		√	
	燕麦属 *Avena*				√
蔷薇科 Rosaceae	委陵菜属 *Potentilla* L.		√	√	
	草莓属 *Fragaria*		√		√
莎草科 Cyperaceae	嵩草属 *Kobresia*	√	√	√	√
	薹草属 *Carex* Linn.	√	√	√	√
菊科 Asteraceae	蒿属 *Artemisia* Linn.	√	√	√	√
	狗娃花属 *Heteropappus* Less.	√	√	√	
	地胆草属 *Elephantopus*	√	√	√	√
	蓟属 *Cirsium* Mill. emend. Scop	√			
	火绒草属 *Leontopodium*	√		√	
	风毛菊属 *Saussurea* DC.	√	√	√	√
	蒲公英属 *Taraxacum*	√	√	√	√

续表

科名	属名	南坡	西南坡	西北坡	北坡
菊科 Asteraceae	菊属 *Dendranthema*	√	√	√	
	紫菀属 *Aster*		√	√	√
	橐吾属 *Ligularia* Cass		√	√	√
	香青属 *Anaphalis* DC.		√	√	√
蝶形花科 Papilionaceae	棘豆属 *Oxytropis* DC.	√	√		√
百合科 Liliaceae	葱属 *Alliaceae*	√	√	√	√
瑞香科 Thymelaeaceae	狼毒属 *Stellera* L.	√	√	√	√
鸢尾科 Iris tectorum	鸢尾属 *Iris* L.	√	√	√	
藜科 Chenopodiaceae	藜属 *Chenopodium* L.	√	√		
豆科 Leguminosae	苜蓿属 *Medicago*		√		
柳叶菜科 Onagraceae	露珠草属 *Circaea*		√		√
车前草科 Plantaginaceae	车前草属 *Plantago* L.		√	√	
玄参科 Scrophulariaceae	马先蒿属 *Pedicularis* Linn.			√	√
蓼科 Polygonaceae	蓼属 *Polygonum* L.			√	√
木贼科 Equisetaceae	木贼属 *Equisetum*			√	
百合科 Liliaceae	黄精属 *Polygonatum*				√
毛茛科 Ranunculaceae	唐松草属 *Thalictrum* L.				√
鳞毛蕨科 Dryopteridaceae	蕨属 *Pteridum*				√
松科 Pinaceae	云杉属 *Picea*				√
合计		22 属	28 属	30 属	25 属

4.4.2　环境因子特征变化

由表 4-13 可见，南坡和西南坡的土壤类型都是山地栗钙土，西北坡为亚高山草甸土，北坡为森林灰褐土。在南-北坡向梯度上，土壤温度和容重都呈减小趋势，土壤水分呈增加趋势，且北坡的土壤温度与其他坡向差异显著，各个坡向的土壤水分和土壤容重均差异显著（除了南坡和西南坡的土壤水分没有差异外）。随着土壤深度的增加，各坡向的土壤水分呈减少趋势，而土壤容重呈增加趋势，其中北坡各层（除 10~20 cm 与 20~40 cm）水分和土壤容重的差异都达到显著性水平，这一方面说明土壤水分主要集中在表层，另一方面说明土壤越深，结构越紧实。

表 4-13　不同坡向环境因子的变化

环境因子	南坡	西南坡	西北坡	北坡
坡度/（°）	30	33	36	31
土壤类型	山地栗钙土	山地栗钙土	亚高山草甸土	森林灰褐土
土壤温度/℃	16.63（±4.71）A	16.02（±4.46）AB	14.40（±2.80）B	7.43（±0.46）C

续表

环境因子		南坡	西南坡	西北坡	北坡
土壤含水量/%	0~10 cm	21.47（±3.01）a	21.80（±3.41）a	25.86（±4.48）a	45.56（±16.51）a
	10~20 cm	21.77（±4.22）a	23.12（±2.52）a	25.86（±4.48）a	40.12（±13.52）b
	20~40 cm	21.38（±5.27）a	23.25（±3.12）a	27.30（±3.15）a	37.18（±12.91）bc
	40~60 cm	19.48（±6.15）a	21.56（±4.87）a	27.67（±3.95）a	31.12（±12.13）d
	平均	21.03（±3.47）C	22.34（±3.47）C	26.68（±3.90）B	37.52（±13.41）A
土壤容重/（g/cm³）	0~10 cm	1.12（±0.11）a	1.04（±0.08）a	0.91（±0.14）a	0.65（±0.15）d
	10~20 cm	1.14（±0.14）a	1.01（±0.08）a	0.94（±0.11）a	0.76（±0.15）bc
	20~40 cm	1.14（±0.17）a	1.01（±0.09）a	0.92（±0.07）a	0.81（±0.19）b
	40~60 cm	1.17（±0.18）a	1.04（±0.14）a	0.93（±0.10）a	0.95（±0.25）a
	平均	1.14（±0.15）A	1.03（±0.10）B	0.93（±0.11）C	0.80（±0.22）D

注：不同大写字母代表不同坡向的显著性差异；不同小写字母代表不同深度土层之间的显著性差异（$p<0.05$）。

由南坡到北坡，每个坡向的水热组合不同，植物群落结构不同，这表明坡向直接影响太阳辐射，进而影响土壤温度和土壤水分，并间接影响植被组成[131, 152]。Water 等[130]研究表明，半干旱地区的植物生长依赖于水分利用效率和热载荷。以上环境因子的变化，使得南坡具有较强的矿化作用，土壤养分含量较低，养分贫瘠；而北坡的土壤有机质降解较慢、累积较多，土壤腐殖化较强，凋落物较厚[132]，土壤养分含量较高。在本书研究中，由南坡到北坡，土壤因子发生了很大的变化，土壤温度和土壤容重显著地降低了，即南坡明显大于北坡；土壤含水量显著增加，北坡明显高于南坡；土壤养分含量也显著增加，一致表现为南坡小于北坡，而土壤 pH 则呈现相反的变化趋势，即南坡大于北坡。除了土壤 pH 以外，其他土壤性质和其他学者的研究结果一致[7, 153]，即北坡土壤营养资源富集，南坡土壤营养资源贫瘠[7, 53, 65, 98]。大部分研究表明，土壤 pH 随着土壤深度的增加而减小，但是本书研究中，土壤 pH 随着土壤深度而增加，每个坡向表层土壤 pH 显著地低于其他层。近些年，由于全球变暖，每个坡向的土壤 pH 均增加，尤其在阳坡，较高的蒸散发可能使地表可溶性盐上移到土壤表层，并且累积到表层[67]。南坡、西南坡环境条件恶劣，在此坡向生存的物种具有较强的生存能力，表明这些物种具有较强的抵抗外界环境的能力。

4.4.3　植物群落重要值变化

重要值表示一个种群的优势程度，是反映该种群在群落中相对重要性的一个综合指标和对所处群落的适应程度[154]，由表 4-14 可见，各坡向物种的重要值和相对多度随坡向的变化而变化。南坡重要值和相对多度排在前五位的分别是冰草（*Agropyron cristatum*）、大针茅（*Stipa grandis*）、二裂委陵菜（*Potentilla bifurca*）、鹅绒委陵菜（*Potentilla anserina*）和干生薹草（*Carex aridula*）；西南坡重要值排在前五位的分别是干生薹草（*Carex aridula*）、冰草（*Agropyron cristatum*）、二裂委陵菜（*Potentilla bifurca*）、草地早熟禾（*Poa pratensis*）和蒙古蒿（*Artemisia mongolica*）；西北坡重要值排在前五位的分别是矮生嵩草（*Kobresia humilis*）、密生薹草（*Carex crebra*）、冰草（*Agropyron cristatum*）、二裂委陵菜（*Potentilla bifurca*）和线叶嵩草（*Kobresia capillifolia*）；北坡重要值排在前五位的分别是薹草属（*Carex* Linn.）、圆穗蓼（*Polygonum macrophyllum*）、东方草莓（*Fragaria ananassa*）、马先蒿属（*Pedicularis*）、冰草（*Agropyron cristatum*）。在南坡重要值较大的大部分物种，在西南坡和西北坡较低，到北坡更低，甚至消失。例如，在南-北坡向梯度上，冰草的重要值分别为 11.97%、6.26%、5.66% 和 5.05%，而大针茅重要值分别为 6.21%、3.31%、2.59% 和 0。

表 4-14　不同坡向草本层植物重要值

坡向	植物种	$I_{iv} \geqslant 2$	重要值/%
南坡	冰草 *Agropyron cristatum*（G）	11.97	18.4
	大针茅 *Stipa grandis*（G）	6.21	4.14
	二裂委陵菜 *Potentilla bifurca*（R）	5.79	6.83
	鹅绒委陵菜 *Potentilla anserine*（R）	5.67	5.98
	干生薹草 *Carex aridula*（S）	5.49	9.35
	线叶嵩草 *Kobresia capillifolia*（S）	5.44	8.50
	蒙古蒿 *Artemisia mongolica*（C）	4.77	4.07
	棘豆属 *Oxytropis*（L）	4.22	2.56
	草地早熟禾 *Poa pratensis*（G）	3.75	1.93
	密生薹草 *Carex crebra*（S）	3.62	4.29
	芨芨草 *Achnatherum splendens*（G）	3.58	3.52
	菊叶委陵菜 *Potentilla tanacetifolia*（C）	3.22	1.37
	狗娃花 *Heteropappus hispidus*（C）	3.07	2.29
	益母草 *Leonurus vulgairs*（C）	2.94	2.90
	稗草 *Echinochloa crusgalli*（G）	2.89	2.33
	狼毒 *Stellera chamaejasme*（T）	2.56	0.83
	草玉梅 *Anemone rivularis*（R⁺）	2.54	2.39
	马蔺 *Iris lactea*（I）	2.19	0.51
	鹅观草 *Roegneria kamoji*（G）	2.09	0.51
	多裂委陵菜 *Potentilla multifida*（R）	2.07	1.54
西南坡	干生薹草 *Carex aridula*（S）	8.38	14.23
	冰草 *Agropyron cristatum*（G）	6.26	7.39
	二裂委陵菜 *Potentilla bifurca*（R）	5.19	6.05
	草地早熟禾 *Poa pratensis*（G）	4.64	3.67
	蒙古蒿 *Artemisia mongolica*（C）	4.59	5.35
	多裂委陵菜 *Potentilla multifida*（R）	4.23	2.90

坡向	植物种	$I_{iv} \geqslant 2$	重要值/%
	鹅绒委陵菜 *Potentilla anserine*（R）	3.98	3.62
	狗娃花 *Heteropappus hispidus*（C）	3.96	3.88
	线叶嵩草 *Kobresia capillifolia*（S）	3.82	4.43
	大针茅 *Stipa grandis*（G）	3.31	2.24
	芨芨草 *Achnatherum splendens*（G）	2.90	2.70
	狼毒 *Stellera chamaejasme*（T）	2.89	0.91
	密生薹草 *Carex crebra*（S）	2.83	3.21
西南坡	稗草 *Echinochloa crusgalli*（G）	2.82	4.33
	黄帚橐吾 *Ligularia virgaurea*（C）	2.76	4.05
	菊叶委陵菜 *Potentilla tanacetifolia*（R）	2.65	2.43
	香青属 *Anaphalis*（C）	2.46	1.91
	棘豆属 *Oxytropis*（L）	2.27	1.43
	益母草 *Leonurus vulgairs*（C）	2.23	1.82
	委陵菜属 *Potentilla*（R）	2.06	1.14
	风毛菊属 *Saussurea*（C）	2.05	2.25
	矮生嵩草 *Kobresia humilis*（S）	20.34	23.89
	密生薹草 *Carex crebra*（S）	7.46	10.13
	冰草 *Agropyron cristatum*（G）	5.66	7.29
	二裂委陵菜 *Potentilla bifurca*（R）	3.63	3.50
	线叶嵩草 *Kobresia capillifolia*（S）	3.51	4.09
	菊叶委陵菜 *Potentilla tanacetifolia*（R）	3.43	2.74
	狼毒 *Stellera chamaejasme*（T）	3.42	1.74
	香青属 *Anaphalis*（C）	3.27	3.96
	火绒草 *Leontopodium leontopodioides*（C）	3.26	4.70
西北坡	珠芽蓼 *Echinochloacrusgalli*（G）	3.16	3.90
	兰苜蓿 *Medicago ruthenica*（L）	2.76	2.10
	狗娃花 *Heteropappus hispidus*（C）	2.65	2.81
	大针茅 *Stipa grandis*（G）	2.59	1.47
	草地早熟禾 *Poa pratensis*（G）	2.58	1.74
	干生薹草 *Carex aridula*（S）	2.25	3.76
	棘豆属 *Oxytropis*（L）	2.02	0.79
	龙胆属 *Gentiana*（G$^+$）	2.00	0.99
	薹草属 *Carex* Linn.（S）	27.94	38.16
	圆穗蓼 *Polygonum macrophyllum*（P）	12.70	3.54

续表

坡向	植物种	$I_{iv} \geq 2$	重要值/%
	东方草莓 *Fragaria ananassa*（R）	11.03	14.06
	马先蒿属 *Pedicularis*（S$^+$）	5.38	1.56
	冰草 *Agropyron cristatum*（G）	5.05	7.93
北坡	黄精 *Polygonatum sibiricum*（L$^+$）	4.37	5.93
	贝尔加唐松草 *Thalictrum baicalense*（R$^+$）	3.67	2.12
	菊叶委陵菜 *Potentilla tanacetifolia*（R）	2.92	2.28
	棘豆属 *Oxytropis*（L）	2.21	0.80

注：G 代表禾草科，S 代表莎草科，R 代表蔷薇科，C 代表菊科，T 代表瑞香科，R$^+$代表毛茛科，I 代表鸢尾科，L 代表豆科，L$^+$代表百合科。

　　不同坡向，由于一些自然因素（如光照、热量、水分及土壤养分等环境因子）不同，植被、物种的空间分布格局也不同，但是存在一定的规律性[3]。另外，由南坡到北坡，上述环境因子及植被组成的变化类似于大尺度上的经度、纬度及海拔梯度的变化[65]。从南坡到北坡，植物群落组成类型、各物种的重要值和相对多度均发生了明显变化。南坡太阳辐射较高，日照时数较长，蒸发量较大，气候干旱，资源相对贫瘠；北坡太阳辐射较低，日照时数较短，潮湿而阴冷，资源相对充足[2, 76]。因此，南坡、北坡的优势植物种完全不同，而西南坡、西北坡属于过渡地带，兼有南北坡的共有物种。南坡的优势种为冰草、针茅、委陵菜属、干生薹草等；北坡的优势种为青海云杉、薹草属、圆穗蓼、草莓、马先蒿等；西南坡和西北坡过渡地带的主要优势种为干生薹草、冰草、二裂委陵菜、草地早熟禾、蒙古蒿、矮生嵩草、密生薹草、线叶嵩草等。除了北坡以外，其他坡向的植物群落和大多数的研究结果相同[85, 99]。南坡都是喜光耐旱植物，北坡则为喜阴耐寒植物。在坡向梯度上，由南坡的亚高山草甸群落演替到青海云杉顶级群落，这是祁连山区森林草原带特有的现象。

4.4.4　群落相似性指数特征

　　群落相似性表示两个群落共有的基本特征，相似性的大小直接反映群落间的相似程度。相似性系数是测量群落间或者样方间种类组成上的相似程度的一种指标。Jaccord 相似系数结果表明（表 4-15）：北坡植物群落与其他坡向均极不相似，而其他三个坡向的植物群落中度相似。

表 4-15　不同坡向植物群落的相似性

坡向	南坡	西南坡	西北坡	北坡
南坡	1	0.73	0.68	0.46
西南坡		1	0.69	0.48
西北坡			1	0.48
北坡				1

4.4.5　植物群落聚类分析

根据样方-物种重要值矩阵，采用类间平均连锁（between groups linkage）和相关系数距离（person correlation），通过 SPSS 16.0 统计分析软件对西水林区各坡向植被群落进行聚类分析，结果如图 4-17 所示。在距离 $D=25$ 处，西水林区各坡向植物群落被聚为3 类，即北坡的薹草属+苦菜+圆穗蓼+唐松草群落、南坡的早熟禾+干生薹草+委陵菜+芨芨草群落、西南坡及西北坡的矮生嵩草+密生薹草+委陵菜+线叶嵩草过渡性群落，群落类型分类结果与物种调查结果相近。

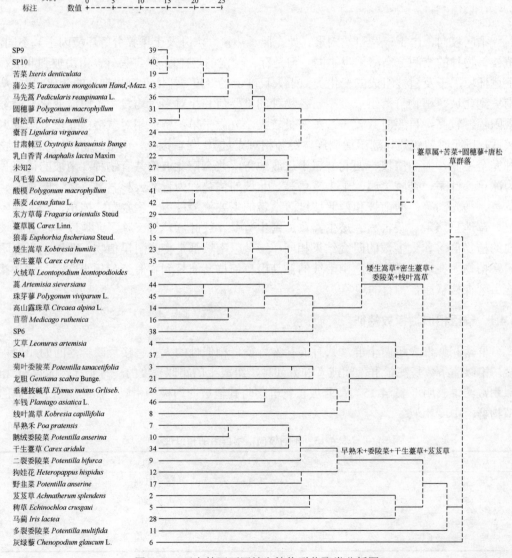

图 4-17　西水林区不同坡向植物群落聚类分析图

4.4.6　物种多样性、盖度和生物量变化特征

由表 4-16 可知，Shannon-Wiener 多样性指数、物种丰富度和 Pielou 指数均呈现相似的变化格局，这说明不同坡向生态过程中物种多样性变化主要是由物种丰富度的变化而导致。物种丰富度、Shannon-Wiener 指数、Pielou 指数均在西北坡达最大，分别为 15.07、2.21 和 0.82，北坡最小，分别为 2.90、0.54 和 0.36，且北坡与其他坡向均差异显著；Simpson 指数变化趋势相反，在西北坡最小，为 0.15，北坡最大，为 0.55，且与其他坡向差异显著；盖度和生物量在西北坡最大，分别为 74.37、39.10，北坡最小，分别为 23.22、7.14，且各个坡向差异均显著。

表 4-16　不同坡向草本层植物多样性、盖度、生物量

变量	南坡	西南坡	西北坡	北坡
物种丰富度	11.48±2.24b	14.88±2.83a	15.07±2.63a	2.90±0.54c
Shannon-Wiener 指数	1.85±0.27b	1.86±0.31b	2.21±0.22a	0.54±0.14c
Simpson 指数	0.22±0.08b	0.25±0.11b	0.15±0.04c	0.55±0.04a
Pielou 指数	0.77±0.08a	0.69±0.10b	0.82±0.06a	0.36±0.13c
盖度/%	37.92±3.88c	61.11±5.58b	74.37±5.09a	23.22±2.25d
生物量/g	20.96±4.54c	28.20±3.54b	39.10±5.48a	7.14±2.54d

注：不同小写字母代表不同坡向之间的显著性差异，$p < 0.05$。

坡向的不同，造成光照、水分、湿度等各因子产生差异，从而生境异质性造成物种多样性的差异。庄树宏等[81]对昆嵛山老杨坟阳坡和阴坡半天然植被植物群落进行研究，结果表明阳坡、阴坡植物群落上层的光照、水分和湿度等生态因子差异，对植物物种多样性和均匀度产生较大影响，阴坡的物种数高于阳坡，且差异显著。杨澄[155]对陕北桥山林区天然栎林树种多样性进行研究，结果表明不同坡向植物多样性不同，具体为：北坡＞西北坡＞西南坡＞东南坡＞南坡。De Bello 等[156]对温带草原的研究结果表明，在干旱到湿润的生境梯度上，物种多样性和物种丰富度不断增加，也就是最湿润地方的物种多样性和丰富度均最高。本节研究中，由南坡到北坡，物种 Richness 指数、Shannon-Wiener 指数、Pielou 指数均在西北坡最大，北坡最小；盖度和生物量也是在西北坡最大，北坡最小。这与其他研究结果不同，可能是地上植被类型的差异所致。祁连山北坡植被类型是青海云杉林，而其他三个坡向是亚高山草甸，对比这三个坡向，物种多样性、物种丰富度、生物量、盖度的变化趋势为：在南坡最小，而在西北坡最大，这种变化趋势和大部分研究相同，这是因为在坡向梯度，由南坡到北坡，土壤温度降低、土壤含水量增加，而物种多样性和丰富度一般被认为取决于资源供给[157-159]。西北坡的土壤温度较低，且其与物种丰富度、盖度和生物量都呈负相关关系（$r_{DST,\ species\ richness} = -0.43$，$p < 0.01$；$r_{DST,\ cover} = -0.51$，$p < 0.01$；$r_{DST,\ biomass} = -0.52$，$p < 0.01$），其中土壤温度的决定作用最大。土壤温度是否为该研究区限制植物生长的主要因素，还需要进一步地证实，因为大部分研究认为土壤水分是限制坡向梯度上植被生长、物种组成及生产力的主要因

素[7-9, 65, 160-163]。

4.4.7　土壤养分特征

由表 4-17 可见，由南坡到北坡，0～60 cm 土壤 pH 呈减小趋势，而土壤有机碳、土壤全氮、土壤全磷都呈增加趋势。北坡除了与西北坡土壤全氮差异不显著外，与其他坡向的差异都达到显著水平。随土壤深度的变化，从 0～10 cm 到 40～60 cm，土壤 pH 呈增加趋势，且南坡、西南坡 0～10 cm pH 与其他各层的差异达显著性水平，而西北坡、北坡的各层都差异显著，说明土壤越深，碱性越大；土壤有机碳呈减小趋势，且每层差异显著；土壤全氮也呈减小趋势，除南坡、西南坡 10～20 cm 与 20～40 cm 外，其余每层都差异显著；土壤全磷也呈减小趋势，其中南坡各层的差异都显著，西南坡 0～10 cm与 40～60 cm 的差异显著，而西北坡、北坡除了 20～40 cm 与 40～60 cm 外，其余各层的差异均显著，说明土壤养分主要集中在表层。

表 4-17　不同坡向土壤化学指标的变化

化学指标	土层	南坡	西南坡	西北坡	北坡
pH	0～10 cm	8.13（±0.17）b	8.03（±0.11）b	8.00（±0.10）d	7.83（±0.10）d
	10～20 cm	8.29（±0.24）a	8.22（±0.18）a	8.07（±0.11）c	8.00（±0.13）c
	20～40 cm	8.37（±0.33）a	8.30（±0.26）a	8.23（±0.15）b	8.11（±0.11）b
	40～60 cm	8.35（±0.26）a	8.22（±0.26）a	8.32（±0.12）a	8.20（±0.10）a
	平均	8.29（±0.27）A	8.19（±0.23）B	8.17（±0.17）BC	8.04（±0.18）D
SOC/（g/kg）	0～10 cm	24.49（±7.02）a	29.42（±6.63）a	49.27（±1.33）a	100.14（±25.03）a
	10～20 cm	18.61（±5.21）b	23.67（±5.41）b	34.32（±8.41）b	77.05（±15.68）b
	20～40 cm	12.95（±4.32）c	17.30（±2.31）c	28.08（±6.94）c	64.51（±18.59）c
	40～60 cm	8.59（±3.66）d	12.08（±3.02）d	22.16（±7.63）d	44.81（±10.65）d
	平均	16.16（±7.9）D	20.63（±4.9）C	33.46（±13）B	72.50（±19.50）A
TON/（mg/g）	0～10 cm	1.74（±0.73）a	2.11（±0.57）a	3.90（±1.20）a	4.54（±1.17）a
	10～20 cm	1.35（±0.70）b	1.62（±0.58）b	2.99（±0.79）b	3.72（±1.33）b
	20～40 cm	1.09（±0.54）bc	1.41（±0.54）bc	2.40（±0.60）c	2.60（±0.95）c
	40～60 cm	0.77（±0.52）cd	1.11（±0.53）d	1.70（±0.59）d	2.04（±0.79）cd
	平均	1.24（±0.59）C	1.56（±0.51）BC	2.75（±0.69）A	3.23（±0.90）A
TOP/（mg/g）	0～10 cm	0.53（±0.07）a	0.54（±0.13）a	0.55（±0.11）a	0.62（±0.08）a
	10～20 cm	0.42（±0.07）b	0.43（±0.14）b	0.48（±0.11）b	0.55（±0.08）b
	20～40 cm	0.37（±0.07）c	0.36（±0.15）bc	0.40（±0.11）c	0.50（±0.07）c
	40～60 cm	0.30（±0.10）d	0.31（±0.15）d	0.35（±0.12）cd	0.46（±0.11）cd
	平均	0.40（±0.06）B	0.41（±0.12）B	0.45（±0.09）B	0.53（±0.06）A

注：不同大写字母代表不同坡向的显著性差异；不同小写字母代表不同深度土层之间的显著性差异（$p < 0.05$）。

4.4.8   土壤质地特征

由表 4-18 可知,不同坡向由南坡到北坡,黏粒含量呈减小趋势,减小了 6.97%,其中北坡、西南坡分别与阳坡、半阳坡的差异显著;粉粒含量也呈减小趋势,减小了 5.75%,且北坡与其他三个坡向差异均显著;相反,砂粒含量呈增加趋势,增加了 32.83%,且北坡与其他三个坡向差异均显著。随着土壤深度的变化,南坡和北坡的土壤黏粒含量呈增加趋势,分别增加了 7.88%、21.65%,且 0～10 cm 与 40～60 cm 层的差异显著,而西南和西北坡呈减小趋势,分别减小了 3.31%、2.63%,且各层差异不显著;各坡向粉粒含量随土壤深度的增加呈增大趋势,且 0～10 cm、10～20 cm 分别与 40～60 cm 层差异显著;各坡向砂粒含量随着土壤深度的增加呈减小趋势,且 0～10 cm、10～20 cm 分别与 40～60 cm 层差异显著。

表 4-18   不同坡向土壤质地的变化

土壤质地	土层	南坡	西南坡	西北坡	北坡
黏粒含量/%	0～10 cm	8.42（±0.97）b	9.06（±0.86）a	8.35（±1.24）a	7.13（±1.10）b
	10～20 cm	8.65（±0.97）ab	8.23（±0.74）b	8.15（±0.61）a	7.80（±1.01）b
	20～40 cm	8.80（±0.96）ab	8.58（±0.98）ab	8.30（±0.92）a	8.52（±1.29）a
	40～60 cm	9.14（±1.30）a	8.76（±1.61）ab	8.13（±0.86）a	9.10（±1.47）a
	平均	8.75（±1.08）A	8.66（±1.13）A	8.23（±0.93）B	8.14（±1.42）B
粉粒含量/%	0～10 cm	78.03（±3.49）c	75.70（±2.86）b	76.09（±3.26）c	70.43（±6.28）b
	10～20 cm	79.85（±3.14）bc	80.66（±2.71）a	80.07（±2.52）a	76.79（±3.58）a
	20～40 cm	81.59（±3.57）ab	81.86（±2.66）a	81.37（±3.24）ab	77.96（±3.91）a
	40～60 cm	82.55（±3.73）a	80.99（±2.70）a	82.17（±1.93）a	78.29（±4.90）a
	平均	80.50（±3.85）A	79.81（±3.62）A	79.92（±3.62）A	75.87（±5.70）B
砂粒含量/%	0～10 cm	13.55（±3.48）a	15.23（±2.76）a	15.56（±3.28）a	22.44（±7.11）a
	10～20 cm	11.50（±3.14）b	11.11（±2.44）b	11.77（±2.36）b	15.41（±3.62）b
	20～40 cm	9.61（±3.73）c	9.55（±2.63）c	10.33（±3.03）c	13.52（±4.13）b
	40～60 cm	8.31（±3.32）c	10.25（±3.25）b	9.71（±1.75）c	12.61（±4.73）b
	平均	10.74（±3.92）B	11.54（±3.53）B	11.84（±3.49）B	15.99（±6.33）A

注:不同大写字母代表不同坡向的显著性差异;不同小写字母代表不同深度土层之间的显著性差异（$p<0.05$）。

4.4.9   影响群落结构限制因子的确定

蒙特卡罗置换检验结果表明,所有排序轴典范特征值都是显著的（$p<0.01$）,说明群落物种组成与环境变量之间显著相关。如图 4-18 所示,箭头方向指示环境因子与排序轴的正相关或负相关,箭头长度反映环境因子与物种分布格局之间的相关性强度。

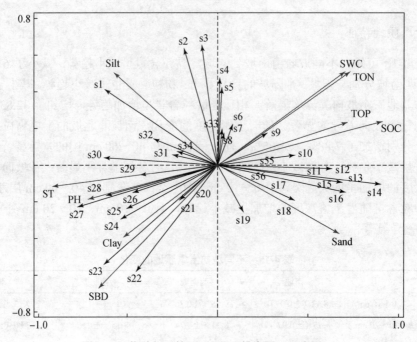

图 4-18　物种与环境因子 RDA 排序图（见彩图）

s1.密生薹草 *Carex crebra*；s2.狼毒 *Euphorbia fischeriana* steud；s3.矮生嵩草 *Kobresia humilis*；s4.火绒草 *Leontopodium leontopodioides*；s5.蒙古蒿 *Artemisia mongolica* Fisch；s6.珠芽蓼 *Polygonum viviparum*；s7.乳白香青 *Anaphalis lactea* Maxim；s8.龙胆 *Gentianae scabra* Bunge；s9.菊叶委陵菜 *Potentilla tanacetiflolia* Willd；s10.秦艽 *Gentiana macrophylla* Pall；s11.唐松草 *Thalictrum aquilegifolium*；s12.黄帚橐吾 *Ligularia virgaurea*；s13.圆穗蓼 *Polygonum macrophyllum*；s14.青海云杉 *Picea crassifolia*；s15.薹草属 *Carex* sp.；s16.马先蒿 *Pedicularis muscicola*；s17.苦菜 *Ixeris denticulata*；s18.酸模 *Rumex acetosa* Linn.；s19.风毛菊 *Saussurea japonica* DC.；s20.冰草 *Agropyron cristatum*；s21.多裂委陵菜 *Potentilla multifida*；s22.鹅绒委陵菜 *Potentilla anserina*；s23.草地早熟禾 *Poa pratensis*；s24.阿尔泰狗娃花 *Heteropappus hispidus* Less.；s25.艾草 *Artemisia argyi*；s26.二裂委陵菜 *Potentilla bifurca*；s27.干生薹草 *Carex aridula*；s28.野韭菜 *Potentilla anserine*；s29.线叶嵩草 *Kobresia filifolia*；s30.针茅 *Stipa capillata* Linn.；s31.芨芨草 *Achnatherum splendens*；s32.稗草 *Echinochloa crusgalli*；s33.垂穗披碱草 *Elymus nutans*；s34.甘肃棘豆 *Oxytropis kansuensis* Bunge；s35.sp9.；s36.sp10.；ST 表示土壤温度；SWC 表示土壤水分；pH 表示土壤酸碱度；SOC 表示土壤有机碳；TOP 表示土壤全磷；TON 表示全氮；Sand 表示土壤砂粒；SBD 表示土壤容重；Clay 表示土壤黏粒；Silt 表示土壤粉粒

　　RDA 排序结果显示：植物物种分布特征和环境因子之间具有强烈的相关关系，这两个排序轴总共可以解释所有差异的 78%，其中土壤温度可以解释物种分布的所有差异的 26%，为首要限制因子（图 4-18）。环境因子中土壤有机碳、土壤含水量、土壤全氮、全磷含量和土壤砂粒与第一轴为正相关，而 pH、土壤温度和土壤容重与第一轴为负相关，相关系数如图 4-18 所示。环境因子对植物群落物种分布的排序为：土壤温度＞土壤有机碳＞土壤酸碱度＞土壤含水量＞土壤全磷＞土壤全氮＞土壤砂粒＞土壤容重。从植物分布看，青海云杉、薹草属、圆穗蓼、唐松草等分布在北坡；委陵菜属、蔷薇科棘豆、莎草科矮生嵩草、薹草、龙胆科秦艽、龙胆、菊科蒲公英在西南坡、西北坡分布较多；而南坡物种较少，有禾本科早熟禾、莎草科干生薹草、菊科狗娃花等。

　　不同坡向，用冗余分析研究环境因子与植物群落结构的关系，结果表明：10 个环境因子均对群落结构、物种组成有影响（图 4-18），这两个排序轴总共可以解释所有差异的 78%（表 4-19），其中土壤温度可以解释物种分布的所有差异的 26%，为首要限制因子。这表明由南坡到北坡，土壤温度是影响物种分布、群落结构变化的重要影响因子。大多数研究认为土壤含水量是不同坡向物种组成及多样性的主要限制性因素[2, 65, 88]；有研究认为坡向是形成苔藓植物物种组成和结构差异的重要环境因素；还有研究认为土壤温度是影响坡向梯度植物群落组成和结构变化的主要因素；在西水林区，已有研究表明，土壤温度是影响土壤有机碳分布的首要限制因子[95]，与本书研究结果相似。本章研究中，由南坡到北坡，物种分布与土壤含水量和土壤养分含量正相关，而与土壤温度、土壤 pH 负相关，进一步说明物种分布与可利用资源有关。分布在北坡（西北坡）的主要是青海云杉、金露梅等灌丛和杂草类植物，而分布在南坡的为早熟禾、干生薹草、密生薹草、狗娃花和委陵菜属等。

表 4-19 RDA 排序特征值和解释变量百分数

变量	排序轴 1	排序轴 2	排序轴 3	排序轴 4
特征值	0.268	0.115	0.031	0.029
物种-环境关系	0.916	0.770	0.716	0.672
物种数据方差累积比例/%	26.78	38.22	41.33	44.25
物种-环境关系的方差累积比例/%	54.95	78.43	84.81	90.81

综上所述，南坡植物采取有效贮存资源的慢回报策略，而北坡植物采取快速获取资源的快回报策略，其中土壤全磷是影响策略选择的最重要因素；坡向具有环境筛选作用。资源利用策略和筛选作用都可通过不同坡向间植物叶性状予以体现。南坡植物为磷限制，北坡植物为氮限制，根据以上研究，祁连山西水林区退化生态恢复应该分两个步骤：第一，每个坡向的植物群落组成和恢复措施的确定；第二，通过长期的监测，建立成功的种植模式，尤其是植被盖度及物种的选择上。这两个指标是普通的、常用的监测指标，经常用于评估陆地生态系统中土地植被恢复是否成功[164]。

南坡、西南坡、西北坡的恢复应该种植草本植物，同时应该收集植物群落中重要值和相对多度大于 2 的物种种子，进行混播，这种方法和其他种植方法的不同之处在于，混播后各物种的相互信赖性更强，存活率较好，生物多样性较高，受气候因素和杂草入侵的影响较小[154, 165]。尽管这三个坡向的群落中度相似，但是优势物种是完全不同的，在恢复的过程中应该综合考虑重要值和群落相似性，最终决定种植物种的组成。调查中还发现，和轻度退化的土地相比，该区土壤水分较少，土壤温度较高，因此在恢复过程中应该适当地考虑灌溉问题，并且水分渗透深度至少 60 cm，灌溉可持续增加草地稳定性，同时减小土壤侵蚀，降低土壤盐分含量[166]。尽管有研究发现，改变土壤条件不可能对植被恢复有重要影响[167]，植被恢复过程中没有必要考虑土壤修复的问题，但也有研究发现，当土壤 pH 大于 8 时，土壤 pH 会影响植物的生长[168]，因为土壤 pH 会降低微量元素的有效利用性，而微量元素对植物的生长是至关重要的[168]。在北坡，应该种植青海云杉，植树造林的目的在于恢复退化的生态系统，进而促进植被生长和碳固定[169, 170]。土壤温度对一个缺少光照的退化山地系统来说非常重要，因此青海云杉的幼苗可能受土壤温度的控制，人工培养的青海云杉幼苗必须克服这个问题，从而增加成活率[165, 171, 172]。另外，后期对植被的管理，建议适当地间伐，既可以收获一定的木料，又有利于旱生物种入侵[173]，同时也可增加生物多样性。此外，青海云杉的生长需要更多的水分，这一点也应该考虑到。

生态系统的恢复是一个长期的过程[174]，因此每隔两三年，应该调查一次植物群落，针对问题，进行补救。大面积的监测工作将促进改良措施，同时提高恢复措施的效率，但是由于后续计划的缺少或者延迟，降低了恢复效果的保持，并很快使生态系统回到原来的退化状态[175, 176]。恢复成功的最好结果应该是各个坡向的植物群落是以调查为基础的原生植物群落。

参 考 文 献

[1] CARLETTI E, AURBEK N, GILLON E, et al. Structure-activity analysis of aging and reactivation of human butyrylcholinesterase inhibited by analogues of tabun[J]. Biochemical Journal, 2009, 421(1): 97-106.

[2] VAN SWINDEREN B, METZ L B, SHEBESTER L D, et al. Goalpha regulates volatile anesthetic action in Caenorhabditis elegans[J]. Genetics, 2001, 158(2): 643-655.

[3] 方精云, 沈泽昊, 唐志尧, 等. 中国山地植物物种多样性调查计划及若干技术规范[J]. 生物多样性, 2004, 12(1): 5-9.

[4] VITOUSEK P M, MATSON P A. Gradient Analysis of Ecosystems[M]. New York: Springer, 1991.

[5] ELSER D, MARQUARDT C, GLOCKL O, et al. Reduction of Guided Acoustic Wave Brillouin Scattering in Photonic Crystal Fibers[C]. Physical Review Letters, 2006, 97(13): 17.

[6] GÜSEWELL S, KOERSELMAN W, VERHOEVEN J T A. Biomass N: P ratios as indicators of nutrient limitation for plant populations in wetlands[J]. Ecological Applications, 2003, 13(2): 372-384.

[7] GONG X, BRUECK H, GIESE K M, et al. Slope aspect has effects on productivity and species composition of hilly grassland in the Xilin River Basin, Inner Mongolia, China[J]. Journal of Arid Environments, 2008, 72(4): 483-493.

[8] BAI Y, HAN X, WU J, et al. Ecosystem stability and compensatory effects in the Inner Mongolia grassland[J]. Nature, 2004, 431(7005): 181-184.

[9] OMARY A A. Effects of aspect and slope position on growth and nutritional status of planted Aleppo pine(*Pinus halepensis* Mill.)in a degraded land semi-arid areas of Jordan[J]. New Forests, 2011, 42(3): 285-300.

[10] 刘晓娟, 马克平. 植物功能性状研究进展[J]. 中国科学: 生命科学, 2015(4): 325-339.

[11] KÖRNER C, FARQUHAR G D, WONG S C. Carbon isotope discrimination by plants follows latitudinal and altitudinal trends[J]. Oecologia, 1991, 88(1): 30-40.

[12] 王长庭, 龙瑞军, 王启基, 等. 高寒草甸不同草地群落物种多样性与生产力关系研究[J]. 生态学杂志, 2005, 24(5): 483-487.

[13] 杨洁, 卢孟孟, 曹敏, 等. 中山湿性常绿阔叶林系统发育和功能性状的 α 及 β 多样性[J]. 科学通报, 2014(24): 2349-2358.

[14] 毛伟, 李玉霖, 张铜会, 等. 不同尺度生态学中植物叶性状研究概述[J]. 中国沙漠, 2012, 32(1): 33-41.

[15] 曹生奎, 冯起, 司建华, 等. 植物叶片水分利用效率研究综述[J]. 生态学报, 2009, 29(7): 3882-3892.

[16] 李明财. 藏东南高山林线不同生活型植物 $\delta^{13}C$ 值及相关生理生态学特性研究[R]. 昆明: 中国科学院青藏高原研究所, 2007.

[17] KRAMER P J, KOZLOWSKI T T. 12-the importance of water and the process of transpiration[J]. Physiology of Woody Plants,

1979, 1(3): 402-444.

[18] LIU J Q. Comparative studies on water relations and xeromorphic structures of some plant species in the middle part of the desert zone in China[J]. Chinese Bulletin of Botany, 1987.

[19] 周海燕. 中国东北科尔沁沙地两种建群植物的抗旱机理[J]. 植物研究, 2002, 22(1): 51-55.

[20] POORTER L. Growth responses of 15 rain-forest tree species to a light gradient: the relative importance of morphological and physiological traits[J]. Functional Ecology, 1999, 13(3): 396-410.

[21] GARNIER E, LAURENT G , BELLMANN A, et al. Consistency of species ranking based on functional leaf traits[J]. New Phytologist, 2001, 152(1): 69-83.

[22] CORNELISSEN J H C, CERABOLINI B, CASTRO-DÍEZ P, et al. Functional traits of woody plants: Correspondence of species rankings between field adults and laboratory-grown seedlings[J]. Journal of Vegetation Science, 2003, 14(3): 311-322.

[23] DIAZ S, CABIDO M, CASANOVES F. Plant functional traits and environmental filters at a regional scale[J]. Journal of Vegetation Science, 1998, 9(1): 113-122.

[24] CRAINE J M, REICH P B, TILMAN G D, et al. The role of plant species in biomass production and response to elevated CO_2 and N[J]. Ecology Letters, 2003, 6(7): 623-625.

[25] MURRAY B R, THRALL P H, MALCOLM G A, et al. How plant life-history and ecological traits relate to species rarity and commonness at varying spatial scales[J]. Austral Ecology, 2002, 27(3): 291-310.

[26] WRIGHT S A, SCHOELLHAMER D H. Estimating sediment budgets at the interface between rivers and estuaries with application to the Sacramento-San Joaquin River Delta[J]. Water Resources Research, 2005, 41(9): 477-487.

[27] WRIGHT I J, REICH P B, CORNELISSEN J H C, et al. Modulation of leaf economic traits and trait relationships by climate[J]. Global Ecology & Biogeography, 2005, 14(5): 411-421.

[28] TILMAN D. Resource competition and plant traits: a response to Craine[J]. Journal of Ecology, 2007, 95(95): 231-234.

[29] MENG T T, JIAN N. Plant functional traits, environments and ecosystem functioning[J]. 植物生态学报, 2007, 31(1): 150-165.

[30] 李颖. 东灵山不同环境梯度下叶的功能性状差异性研究[D]. 北京: 北京林业大学, 2013.

[31] 冯秋红, 史作民, 董莉莉, 等. 南北样带温带区栎属树种功能性状间的关系及其对气象因子的响应[J]. 植物生态学报, 2010, 34(6): 619-627.

[32] 施宇, 温仲明, 龚时慧, 2011. 黄土丘陵区植物叶片与细根功能性状关系及其变化[J]. 生态学报, 31(22): 6805-6814.

[33] 丁佳, 吴茜, 闫慧, 等. 地形和土壤特性对亚热带常绿阔叶林内植物功能性状的影响[J]. 生物多样性, 2011, 19(2): 158-167.

[34] 曾德慧, 陈广生. 生态化学计量学: 复杂生命系统奥秘的探索[J]. 植物生态学报, 2005, 29(6): 1007-1019.

[35] ELSER J J, FAGAN W F, DENNO R F, et al. Nutritional constraints in terrestrial and freshwater food webs[J]. Nature, 2000, 408(6812): 578-580.

[36] 丁小慧. 呼伦贝尔草地生态系统生态化学计量学特征研究[D]. 北京: 中国科学院研究生院, 2011.

[37] AGREN G I. The C: N: P stoichiometry of autotrophs-theory and observations[J]. Ecology Letters, 2004, 7(7): 185-191.

[38] 曾冬萍, 蒋利玲, 曾从盛, 等. 生态化学计量学特征及其应用研究进展[J]. 生态学报, 2013, 33(18): 5484-5492.

[39] 曾全超, 李鑫, 董扬红, 等. 陕北黄土高原土壤性质及其生态化学计量的纬度变化特征[J]. 自然资源学报, 2015(5): 870-879.

[40] REDFIELD A C. The biological control of chemical factors in the environment[J]. Science Progress, 1960, 11(11): 150-170.

[41] 张文彦, 樊江文, 钟华平, 等. 中国典型草原优势植物功能群氮磷化学计量学特征研究[J]. 草地学报, 2010, 18(4):

503-509.

[42] REICH P B, OLEKSYN J. Global patterns of plant leaf N and P in relation to temperature and latitude[J]. Proceedings of the National Academy of Sciences of the United States of America, 2004, 101(30): 11001-11006.

[43] SAKAMOTO M. Primary production by phytoplankton community in some Japanese lakes and its dependence on lake depth[J]. Arch Hydrobiol, 1966, 62: 1-28.

[44] KOERSELMAN W, AFM M. The vegetation N：P ratio: a new tool to detect the nature of nutrient limitation[J]. Journal of Applied Ecology, 1996, 33(6): 1441-1450.

[45] DISE N B, MATZNER E, GUNDERSEN P. Synthesis of Nitrogen Pools and Fluxes from European Forest Ecosystems[J]. Water Air & Soil Pollution, 1998, 105(1): 143-154.

[46] GUNDERSEN H, ANDREASSEN H P, STORAAS T. Spatial and temporal correlates to Norwegian moose-train collisions[J]. Research, 1998, 34(2): 385-394.

[47] LOVELAND P J, CONEN F, WESEMAEL B V. Total carbon and nitrogen in the soils of the world[J]. European Journal of Soil Science, 47, 151-163.

[48] CLEVELAND C C, LIPTZIN D. C：N：P stoichiometry in soil: is there a "Redfield ratio" for the microbial biomass[J]. Biogeochemistry, 2007, 85(3): 235-252.

[49] HAN W, FANG J, GUO D, et al. Leaf nitrogen and phosphorus stoichiometry across 753 terrestrial plant species in China[J]. New Phytologist, 2005, 168(2): 377-385.

[50] HE J S, FANG J, WANG Z, et al. Stoichiometry and large-scale patterns of leaf carbon and nitrogen in the grassland biomes of China[J]. Oecologia, 2006, 149(1): 115-122.

[51] HE J S, WANG L, DAN F B F, et al. Leaf nitrogen: phosphorus stoichiometry across Chinese grassland biomes[J]. Oecologia, 2008, 155(2): 301-310.

[52] 郑淑霞. 黄土高原植物叶片光合与化学计量特征的时空响应与适应机制[D]. 北京: 中国科学院教育部水土保持与生态环境研究中心, 中国科学院水利部水土保持研究所, 2008.

[53] 刘旻霞, 王刚. 高山草甸坡向梯度上植物群落与土壤中的 N、P 化学计量学特征[J]. 兰州大学学报(自然科学版), 2012, 48(3): 70-75.

[54] 陈军强, 张蕊, 侯尧宸, 等. 亚高山草甸植物群落物种多样性与群落C、N、P生态化学计量的关系[J]. 植物生态学报, 2013, 37(11): 979-987.

[55] 杨阔, 黄建辉, 董丹, 等. 青藏高原草地植物群落冠层叶片氮磷化学计量学分析[J]. 植物生态学报, 2010, 34(1): 17-22.

[56] 胡启武, 宋明华, 欧阳华, 等. 祁连山青海云杉叶片氮、磷含量随海拔变化特征[J]. 西北植物学报, 2007, 27(10): 2072-2079.

[57] 杨俊华, 秦翔, 吴锦奎, 等. 祁连山老虎沟流域春季积雪属性的分布及变化特征[J]. 冰川冻土, 2012, 34(5): 1091-1098.

[58] 任书杰, 曹明奎, 陶波, 等. 陆地生态系统氮状态对碳循环的限制作用研究进展[J]. 地理科学进展, 2006, 25(4): 58-67.

[59] 庞学勇, 包维楷, 吴宁. 森林生态系统土壤可溶性有机质(碳)影响因素研究进展[J]. 应用与环境生物学报, 2009, 15(3): 390-398.

[60] TIAN H Q, CHEN G S, ZHANG C, et al. Pattern and variation of C：N：P ratios in China's soils: a synthesis of observational data[J]. Biogeochemistry, 2010, 98(3): 139-151.

[61] 王维奇, 曾从盛, 钟春棋, 等. 人类干扰对闽江河口湿地土壤碳、氮、磷生态化学计量学特征的影响[J]. 环境科学, 2010, 31(10): 2411-2416.

[62] ZHANG Z S, SONG X L, LU X G, et al. Ecological stoichiometry of carbon, nitrogen, and phosphorus in estuarine wetland soils: influences of vegetation coverage, plant communities, geomorphology, and seawalls[J]. Journal of Soils & Sediments, 2013, 13(6): 1043-1051.

[63] SHARMA S, BORISSOVA J, KURTEV R, et al. Toward the general red giant branch slope-metallicity-age calibration. I. metallicities, ages, and kinematics for eight large magellanic cloud clusters[J]. Astronomical Journal, 2010, 139(3): 878-897.

[64] BALE C L, WILLIAMS J B, CHARLEY J L. The impact of aspect on forest structure and floristics in some Eastern Australian sites[J]. Forest Ecology & Management, 1998, 110(1-3): 363-377.

[65] BADANO E I, CAVIERES L A, MOLINA-MONTENEGRO M A, et al. Slope aspect influences plant association patterns in the Mediterranean matorral of central Chile[J]. Journal of Arid Environments, 2005, 62(1): 93-108.

[66] WANG Z B, YAO L. Study on the performance of reinforced embankment on mountain slope using full-scale model experiments[J]. Applied Mechanics & Materials, 2013, 291-294: 987-992.

[67] LI X, NIE Y, SONG X, et al. Patterns of species diversity and functional diversity along the south to north-facing slope gradient in a sub-alpine meadow[J]. Community Ecology, 2011, 12(2): 179-187.

[68] OKUBO S, TOMATSU A, PARIKESIT, et al. Leaf functional traits and functional diversity of multistoried agroforests in West Java, Indonesia[J]. Agriculture Ecosystems & Environment, 2012, 149(1): 91-99.

[69] PINTADO A, VALLADARES F, LEOPOLDO G S. Exploring phenotypic plasticity in the lichen Ramalina capitata: Morphology, water relations and chlorophyll content in north- and south-facing populations[J]. Annals of Botany, 1997, 80(3): 345-353.

[70] LETTS M G, JOHNSON D R E, COBURN C A. Drought stress ecophysiology of shrub and grass functional groups on opposing slope aspects of a temperate grassland valley[J]. Botany-botanique, 2010, 88(9): 850-866.

[71] SELVAKUMAR G, JOSHI P, MISHRA P K, et al. Mountain aspect influences the genetic clustering of psychrotolerant phosphate solubilizing pseudomonads in the Uttarakhand Himalayas[J]. Current Microbiology, 2009, 59(4): 432-438.

[72] STEFFENS M, KÖLBL A, SCHÖRK E, et al. Distribution of soil organic matter between fractions and aggregate size classes in grazed semiarid steppe soil profiles[J]. Plant & Soil, 2011, 338(1-2): 63-81.

[73] RECH J A, REEVES R W, HENDRICKS D M. The influence of slope aspect on soil weathering processes in the Springerville volcanic field, Arizona[J]. Catena, 2001, 43(1): 49-62.

[74] EGLI M, MIRABELLA A, SARTORI G, et al. Effect of north and south exposure on weathering rates and clay mineral formation in Alpine soils[J]. Catena, 2006, 67(3): 155-174.

[75] BENNIE J, HILL M O, BAXTER R, et al. Influence of slope and aspect on long-term vegetation change in British chalk grasslands[J]. Journal of Ecology, 2006, 94(2): 355-368.

[76] ASTROM E, JORULF H S. Intravenous pamidronate treatment of infants with severe osteogenesis imperfecta[J]. Archives of Disease in Childhood, 2007, 92(4): 332-338.

[77] CORNWELL W K, ACKERLY D D. Community assembly and shifts in plant trait distributions across an environmental gradient in coastal California[J]. Ecological Monographs, 2009, 79(1): 109-126.

[78] NADAL-ROMERO E, PETRLIC K, VERACHTERT E, et al. Effects of slope angle and aspect on plant cover and species richness in a humid Mediterranean badland[J]. Earth Surface Processes & Landforms, 2014, 39(13): 1705-1716.

[79] HULTINE K R, MARSHALL J D. Altitude trends in conifer leaf morphology and stable carbon isotope composition[J]. Oecologia, 2000, 123(1): 32-40.

[80] BEULLENS J, VELDE D V D, NYSSEN J. Impact of slope aspect on hydrological rainfall and on the magnitude of rill erosion

in Belgium and northern France[J]. Catena, 2014, 114(2): 129-139.

[81] 庄树宏, 王克明, 陈礼学. 昆嵛山老杨坟阳坡与阴坡半天然植被植物群落生态学特性的初步研究[J]. 植物生态学报, 1999, 23(3): 238-249.

[82] 陈文年. 岷江源头阴坡和阳坡针叶林物种多样性比较[J]. 内江师范学院学报, 2004, 19(2): 31-34.

[83] 邱波, 罗燕江, 杜国祯. 施肥梯度对甘南高寒草甸植被特征的影响[J]. 草业学报, 2004, 13(6): 65-68.

[84] 王婧. 延河流域植物群落结构对环境梯度变化的响应[D]. 杨凌: 西北农林科技大学, 2011.

[85] 聂莹莹, 李新娥, 王刚. 阳坡-阴坡生境梯度上植物群落α多样性与β多样性的变化模式及与环境因子的关系[J]. 兰州大学学报: 自然科学版, 2010, 46(3): 73-79.

[86] 李奇. 青藏高原东缘植物群落构建机制研究[D]. 兰州: 兰州大学, 2011.

[87] 刘旻霞, 王刚. 高寒草甸植物群落多样性及土壤因子对坡向的响应[J]. 生态学杂志, 2013, 32(2): 259-265.

[88] 黄云兰. 坡向生境梯度上主要物种周转模式及水分适应机制的研究[D]. 兰州: 兰州大学, 2015.

[89] 王国宏, 杨利民. 祁连山北坡中段森林植被梯度分析及环境解释[J]. 植物生态学报, 2001, 25(6): 733-740.

[90] 冯起, 苏永红, 司建华, 等. 黑河流域生态水文样带调查[J]. 地球科学进展, 2013, 28(2): 187-196.

[91] HUO H, FENG Q, YONG-HONG S U. Shrub Communities and Environmental riables Responsible for Species Distribution Patterns in an Alpine Zone of the Qilian Mountains, Northwest China[J]. Journal of Mountain Science, 2015, 12(1): 166-176.

[92] 樊晓勇. 祁连山老虎沟优势植物的养分空间变化与生态化学计量学研究[D]. 兰州: 兰州大学, 2012.

[93] 张蕊, 曹静娟, 郭瑞英, 等. 祁连山北坡亚高山草地退耕还林草混合植被对土壤碳氮磷的影响[J]. 生态环境学报, 2014(6): 938-944.

[94] 王学芳, 李瑞云, 李孝泽, 等. 祁连山3种被子植物叶特征随海拔变化及其内陆高海拔模式[J]. 中国科学(地球科学), 2014, 44(4): 706-714.

[95] 李钰, 赵成章, 董小刚, 等. 高寒草地狼毒枝-叶性状对坡向的响应[J]. 生态学杂志, 2013, 32(12): 3145-3151.

[96] CHEN L F, HE Z B, DU J, et al. Patterns and environmental controls of soil organic carbon and total nitrogen in alpine ecosystems of northwestern China[J]. Catena, 2016, 137: 37-43.

[97] 赵成章, 张起鹏. 祁连山退化草地狼毒群落土壤种子库的空间格局[J]. 中国草地学报, 2010, 32(1): 79-85.

[98] 高福元, 赵成章, 石福习, 等. 祁连山北坡高寒草地狼毒种群格局[J]. 生态学杂志, 2011, 30(6): 1312-1316.

[99] 李新娥. 亚高寒草甸阳坡-阴坡梯度上植物功能性状及群落构建机制研究[D]. 兰州: 兰州大学, 2011.

[100] MEDIAVILLA S, ESCUDERO A, HEILMEIER H. Internal leaf anatomy and photosynthetic resource-use efficiency: interspecific and intraspecific comparisons[J]. Tree Physiology, 2001, 21(4): 251-259.

[101] NIINEMETS U, KULL O. Sensitivity of photosynthetic electron transport to photoinhibition in a temperate deciduous forest canopy: Photosystem II center openness, non-radiative energy dissipation and excess irradiance under field conditions[J]. Tree Physiology, 2001, 21(12-13): 899-914.

[102] WITKOWSKI A, RANGAN V S, RANDHAWA Z I, et al. Structural organization of the multifunctional animal fatty-acid synthase[J]. European Journal of Biochemistry, 1991, 198(3): 571-579.

[103] SILVERTOWN J. Plant coexistence and the niche[J]. Trends in Ecology & Evolution, 2004, 19(11): 605-611.

[104] BARBOUR M M, FISCHER R A, SAYRE K D, et al. Oxygen isotope ratio of leaf and grain material correlates with stomatal conductance and grain yield in irrigated wheat[J]. Australian Journal of Plant Physiology, 2000, 27(7): 625-637.

[105] KLOEPPEL B D, GOWER S T, TREICHEL I W, et al. Foliar carbon isotope discrimination in Larix species and sympatric evergreen conifers: a global comparison[J]. Oecologia, 2013, 114(2): 153-159.

[106] 曹生奎, 冯起, 司建华, 等. 不同立地条件下胡杨叶片稳定碳同位素组成及水分利用效率的变化[J]. 冰川冻土, 2012, 34(1): 155-160.

[107] MEZIANE D B. Interacting determinants of specific leaf area in 22 herbaceous species: effects of irradiance and nutrient availability[J]. Plant Cell & Environment, 1999, 22(5): 447-459.

[108] ACKERLY D, KNIGHT C, WEISS S, et al. Leaf size, specific leaf area and microhabitat distribution of chaparral woody plants: contrasting patterns in species level and community level analyses[J]. Oecologia, 2002, 130(3): 449-457.

[109] SIMIONI G, GIGNOUX J, LE R X, et al. Spatial and temporal variations in leaf area index, specific leaf area and leaf nitrogen of two co-occurring savanna tree species[J]. Tree Physiology, 2004, 24(2): 205-216.

[110] CUNNINGHAM S A, SUMMERHAYES B, WESTOBY M. Evolutionary divergences in leaf structure and chemistry, comparing rainfall and soil nutrient gradients[J]. Ecological Monographs, 2008, 69(1999): 569-588.

[111] 刘金鑫. 大连城市森林群落植物功能性状及生态化学计量特征对土壤环境的响应[D]. 大连: 辽宁师范大学, 2014.

[112] WESTOBY M, WRIGHT I J. Land-plant ecology on the basis of functional traits[J]. Trends in Ecology & Evolution, 2006, 21(5): 261-268.

[113] 杨士梭. 延河流域植物功能性状对微地形变化的响应与生态系统服务评价[D]. 杨凌: 西北农林科技大学, 2015.

[114] 祁建, 马克明, 张育新. 北京东灵山不同坡位辽东栎(*Quercus liaotungensis*)叶属性的比较[J]. 生态学报, 2008, 28(1): 122-128.

[115] 闫东锋, 杨喜田. 宝天曼木本植物群落数量排序与环境解释[J]. 生态环境学报, 2010, 19(12): 2826-2831.

[116] ATTIWILL P M, ADAMS M A. Nutrient cycling in forests[J]. New Phytologist, 1993, 124(4): 561-582.

[117] 赵琼, 曾德慧. 林木生长氮磷限制的诊断方法研究进展[J]. 生态学杂志, 2009, 28(1): 122-128.

[118] 汪涛, 杨元合, 马文红. 中国土壤磷库的大小、分布及其影响因素[J]. 北京大学学报 (自然科学版), 2008, 44(6): 945-952.

[119] 宋彦涛, 周道玮, 李强, 等. 松嫩草地 80 种草本植物叶片氮磷化学计量特征[J]. 植物生态学报, 2012, 36(3): 222-230.

[120] THOMPSON J D, GIBSON T J, PLEWNIAK F, et al. The Clustalx windows interface: flexible strategies for multiple sequence alignment aided by quality analysis tools[J]. Nucleic Acids Research, 1997, 25(24): 4876-4882.

[121] 王绍强, 于贵瑞. 生态系统碳氮磷元素的生态化学计量学特征[J]. 生态学报, 2008, 28(8): 3937-3947.

[122] 王淑平, 周广胜. 中国东北样带(NECT)土壤碳、氮、磷的梯度分布及其与气候因子的关系[J]. 植物生态学报, 2002, 26(5): 513-517.

[123] 赵一赢, 李月芬, 王月娇, 等. 草地退化演替阶段羊草叶片碳氮磷化学计量学研究[J]. 中国农学通报, 2016(11): 73-77.

[124] 张法伟, 李英年, 汪诗平, 等. 青藏高原高寒草甸土壤有机质、全氮和全磷含量对不同土地利用格局的响应[J]. 中国农业气象, 2009, 30(3): 323-326.

[125] 赵发珠. 黄土丘陵区退耕植被土壤 C、N、P 化学计量学特征与土壤有机碳库及组分的响应机制[D]. 杨凌: 西北农林科技大学, 2015.

[126] 刘亚迪, 范少辉, 蔡春菊, 等. 地表覆盖栽培对雷竹林凋落物养分及其化学计量特征的影响[J]. 生态学报, 2012, 32(22): 6955-6963.

[127] 李永华, 罗天祥, 卢琦, 等. 青海省沙珠玉治沙站 17 种主要植物叶性因子的比较[J]. 生态学报, 2005, 25(5): 994-999.

[128] 彭佩钦, 张文菊, 童成立, 等. 洞庭湖典型湿地土壤碳、氮和微生物碳、氮及其垂直分布[J]. 水土保持学报, 2005, 19(1): 49-53.

[129] 刘兴华, 陈为峰, 段存国, 等. 黄河三角洲未利用地开发对植物与土壤碳、氮、磷化学计量特征的影响[J]. 水土保持学报, 2013, 27(2): 204-208.

[130] WATER P K V D, LEAVITT S W, BETANCOURT J L. Leaf δ^{13}C variability with elevation, slope aspect, and precipitation in the southwest United States[J]. Oecologia, 2002, 132(3): 332-343.

[131] LOZANO-GARCÍA B, PARRAS-ALCÁNTARA L, BREVIK E C. Impact of topographic aspect and vegetation(native and reforested areas)on soil organic carbon and nitrogen budgets in Mediterranean natural areas[J]. Science of the Total Environment, 2015, 544(8): 963-970.

[132] CARLETTI P, VENDRAMIN E, PIZZEGHELLO D, et al. Soil humic compounds and microbial communities in six spruce forests as function of parent material, slope aspect and stand age[J]. Plant & Soil, 2009, 315(1-2): 47-65.

[133] 贺合亮, 阳小成, 王东, 等. 青藏高原东部窄叶鲜卑花灌丛土壤C、N、P生态化学计量学特征[J]. 应用与环境生物学报, 2015(6): 1128-1135.

[134] TESSIER J J, BOWYER J, BROWNRIGG N J, et al. Characterisation of the guinea pig model of osteoarthritis by in vivo three-dimensional magnetic resonance imaging[J]. Osteoarthritis & Cartilage, 2003, 11(12): 845-853.

[135] BUI E N, HENDERSON B L. C∶N∶P stoichiometry in Australian soils with respect to vegetation and environmental factors[J]. Plant & Soil, 2013, 373(1-2): 553-568.

[136] PAUL E A. Soil Microbiology, Ecology and Biochemistry[J]. 4th ed. Soil Science Society of America Journal, 2007, 79(6): 875-878.

[137] 牛得草, 董晓玉, 傅华. 长芒草不同季节碳氮磷生态化学计量特征[J]. 草业科学, 2011, 28(6): 915-920.

[138] 杨成德, 龙瑞军, 陈秀蓉, 等. 东祁连山不同高寒草地类型土壤表层碳、氮、磷密度特征[J]. 中国草地学报, 2008, 30(1): 1-5.

[139] 蒋婧, 宋明华. 植物与土壤微生物在调控生态系统养分循环中的作用[J]. 植物生态学报, 2010, 34(8): 979-988.

[140] 李婷, 邓强, 袁志友, 等. 黄土高原纬度梯度上的植物与土壤碳、氮、磷化学计量学特征[J]. 环境科学, 2015(8): 2988-2996.

[141] MARSCHNER H, RÖMHELD V. Strategies of plants for acquisition of iron[M]. Netherlands: Springer, 1995.

[142] NIKLAS K J, OWENS T, REICH P B, et al. Nitrogen/phosphorus leaf stoichiometry and the scaling of plant growth[J]. Ecology Letters, 2005, 8(6): 636-642.

[143] GÜSEWELL S, KOERSELMAN W. Variation in nitrogen and phosphorus concentrations of wetland plants[J]. Perspectives in Plant Ecology Evolution & Systematics, 2002, 5(1): 37-61.

[144] RONG Q, LIU J, CAI Y, et al. Leaf carbon, nitrogen and phosphorus stoichiometry of Tamarix chinensis Lour. in the Laizhou Bay coastal wetland, China[J]. Ecological Engineering, 2014, 76: 57-65.

[145] WU T G, YU M K, WANG G G, et al. Leaf nitrogen and phosphorus stoichiometry across forty-two woody species in Southeast China[J]. Biochemical Systematics & Ecology, 2012, 44(10): 255-263.

[146] CHAPIN F S, KEDROWSKI R A. Seasonal changes in nitrogen and phosphorus fractions and autumn retranslocation in evergreen and deciduous taiga trees[J]. Ecology, 1983, 64(2): 376-391.

[147] HEERWAARDEN L M V, TOET S, AERTS R. Nitrogen and phosphorus resorption efficiency and proficiency in six sub-arctic bog species after 4years of nitrogen fertilization[J]. Journal of Ecology, 2003, 91(6): 1060-1070.

[148] MCGRODDY M E, DAUFRESNE T, HEDIN L O. Scaling of C∶N∶P stoichiometry in forests worldwide: Implications of terrestrial Redfield- type ratios[J]. Ecology, 2004, 85(9): 2390-2401.

[149] PERAKIS S S, HEDIN L O. Nitrogen loss from unpolluted South American forests mainly via dissolved organic compounds[J]. Nature, 2002, 415(6870): 416-419.

[150] 叶万辉. 物种多样性与植物群落的维持机制[J]. 生物多样性, 2000, 8(1): 17-24.

[151] 李凯辉, 胡玉昆, 范永刚, 等. 环境因子对高寒草地植物群落分布和物种组成的影响[J]. 中国农业气象, 2007, 28(4): 378-382.

[152] DAHLGREN M, LAGERKVIST C I, FITZSIMMONS A, et al. A study of Hilda asteroids.II. Compositional implications from optical spectroscopy[J]. Astronomy & Astrophysics, 1997, 323(2): 606-619.

[153] USSIRI D A N, LAL R. Land Management Effects on Carbon Sequestration and Soil Properties in Reclaimed Farmland of Eastern Ohio, USA[J]. Open Journal of Soil Science, 2013, 3(1): 46-57.

[154] MARTÍNEZ-GARZA C, BONGERS F, POORTER L. Are functional traits good predictors of species performance in restoration plantings in tropical abandoned pastures[J]. Forest Ecology & Management, 2013, 303: 35-45.

[155] 杨澄. 桥山天然栎林树种多样性及生态位分析[J]. 西北林学院学报, 1998(4): 28-32.

[156] DE BELLO F D, JAN L, SEBASTIÀ M T. Variations in species and functional plant diversity along climatic and grazing gradients[J]. Ecography, 2006, 29(6): 801-810.

[157] GRACE R C. The matching law and amount-dependent exponential discounting as accounts of self-control choice[J]. Journal of the Experimental Analysis of Behavior, 1999, 71(1): 27- 44.

[158] HUBBELL S P, AHUMADA J A, CONDIT R, et al. Local neighborhood effects on long-term survival of individual trees in a neotropical forest[J]. Ecological Research, 2001, 16(5): 859-875.

[159] MORIN P. Identification of the bacteriologicalcontamination of a water treatment line used for haemodialysis and its disinfection[J]. Journal of Hospital Infection, 2000, 45(3): 218-224.

[160] CHEN S, BAI Y, LIN G, et al. Variations in life-form composition and foliar carbon isotope discrimination among eight plant communities under different soil moisture conditions in the Xilin River Basin, Inner Mongolia, China[J]. Ecological Research, 2005, 20(2): 167-176.

[161] FLANAGAN L B, WEVER L A, CARLSON P J. Seasonal and interannual variation in carbon dioxide exchange and carbon balance in a northern temperate grassland[J]. Global Change Biology, 2002, 8(7): 599-615.

[162] STERNBERG M, SHOSHANY M. Influence of slope aspect on Mediterranean woody formations: Comparison of a semiarid and an arid site in Israel[J]. Ecological Research, 2001, 16(2): 335-345.

[163] ZOU M, ZHU K H, YIN J Z, et al. Analysis on slope revegetation diversity in different habitats[J]. Procedia Earth & Planetary Science, 2012, 5(8): 180-187.

[164] GODÍNEZ-ALVAREZ H, HERRICK J E, MATTOCKS M, et al. Comparison of three vegetation monitoring methods: Their relative utility for ecological assessment and monitoring[J]. Ecological Indicators, 2009, 9(5): 1001-1008.

[165] WEBB A A, ERSKINE W D. A practical scientific approach to riparian vegetation rehabilitation in Australia[J]. Journal of Environmental Management, 2003, 68(4): 329-341.

[166] PORENSKY L M, LEGER E A, DAVISON J, et al. Arid old-field restoration: Native perennial grasses suppress weeds and erosion, but also suppress native shrubs[J]. Agriculture Ecosystems & Environment, 2014, 184(1): 135-144.

[167] STANTURF J A, PALIK B J, DUMROESE R K. Contemporary forest restoration: A review emphasizing function[J]. Forest Ecology & Management, 2014, 331: 292-323.

[168] MÅREN I E, KARKI S, PRAJAPATI C, et al. Facing north or south: Does slope aspect impact forest stand characteristics and soil properties in a semiarid trans-Himalayan valley[J]. Journal of Arid Environments, 2015, 121: 112-123.

[169] FERRETTI A R, BRITEZ R M D. Ecological restoration, carbon sequestration and biodiversity conservation: The experience

of the Society for Wildlife Research and Environmental Education(SPVS)in the Atlantic Rain Forest of Southern Brazil[J]. Fluessiges Obst, 1994, 129(3): 467- 476.

[170] FEREZ A P C, CAMPOE O C, MENDES J C T, et al. Silvicultural opportunities for increasing carbon stock in restoration of Atlantic forests in Brazil[J]. Forest Ecology & Management, 2015, 350: 40- 45.

[171] FAJARDO L, RODRÍGUEZ J P, GONZÁLEZ V, et al. Restoration of a degraded tropical dry forest in Macanao, Venezuela[J]. Journal of Arid Environments, 2013, 88(1): 236-243.

[172] SILES G, REY P J, ALCÁNTARA J M, et al. Effects of soil enrichment, watering and seedling age on establishment of Mediterranean woody species[J]. Acta Oecologica, 2010, 36(4): 357-364.

[173] ARMESTO J J, MARTINEZ J A. Relations between vegetation structure and slope aspect in the Mediterranean region of Chile[J]. Journal of Ecology, 1978, 66(3): 1-21.

[174] LORITE J, MOLINA-MORALES M, CAÑADAS E M, et al. Evaluating a vegetation-recovery plan in Mediterranean alpine ski slopes: A chronosequence-based study in Sierra Nevada(SE Spain)[J]. Landscape & Urban Planning, 2010, 97(97): 92-97.

[175] HU Z J, GE Z M, MA Q, et al. Revegetation of a native species in a newly formed tidal marsh under varying hydrological conditions and planting densities in the Yangtze Estuary[J]. Ecological Engineering, 2015, 83: 354-363.

[176] ZUCCA C, WU W, DESSENA L, et al. Assessing the effectiveness of land restoration interventions in dry lands by multitemporal remote sensing-a case study in ouled dlim(Marrakech, morocco)[J]. Land Degradation & Development, 2014, 26(1): 80-91.

第 5 章　水源涵养林生态系统保育工程

森林水文学研究主要涉及森林水文状况及与水相关的生态现象，研究的重点是水。水在森林生态系统中的循环与分配整合了能量流动和养分循环等生态过程，因而水文功能（水源涵养）是森林生态系统的作用中人们最为关注的一个重要服务功能。美国学者在 20 世纪 40 年代首次提出了森林水文学的概念，将其定义为一门专门研究森林植被对有关水文状况影响的科学，从而使森林水文学成为水文学的分支科学，也是陆地水文学与森林生态学交融形成的一门新型交叉学科。

森林生态系统涵养水源的方式主要表现在其高耸的树干和繁茂的枝叶组成的林冠层、林下茂密的灌草植物形成的灌草层和林地上富集的枯枝落叶层及发育疏松而深厚的土壤层截持和储蓄大气降水，从而对大气降水进行重新分配和有效调节，发挥森林生态系统特有的水文生态功能。森林植被通过林冠层、枯枝落叶层、根系层及森林生态系统的生理生态特性，影响流域降水的时空分配过程，以及流域径流成分、流域蒸发散、流域径流量及流域水量平衡变化。长期以来，国内外学者对森林涵养水源的多种功能进行了有意义的研究，取得了许多重要结果。

自从人们开始认识森林植被对于水源的涵养功能以来，经过多年的研究积累，已经形成了一定的研究基础，但是森林结构的不合理导致林分冠层的截留作用减弱，枯落物结构单一，吸滞水分能力降低，林地土壤层综合作用产生的调节蓄水效果下降，林分涵养水源功能呈总体下降趋势。祁连山森林水文学研究的基本方向应当是试验观测与模拟模型研究相结合，以地理信息系统、遥感技术和计算机在速度和容量上的迅速发展为背景，以过程耦合和尺度变换为理念，建立基于物理过程分布式参数的流域水文模型，为正确认识森林水源涵养潜能奠定理论基础。

过去对森林水源涵养的研究多集中在森林涵养水源能力机理方面，对不同林型及相同林型不同发育阶段水源涵养能力的研究较少。这样的研究结果往往不能代表整个林区，生产适用性差。通过分析和比较不同森林类型水源涵养系统中各组成要素的功能强弱来综合评价其水源涵养能力的强度，具有较强功能的各要素的合理组合，必然造就较强的系统功能。但实际工作中在较大的空间范围内，如何准确地评价水源涵养能力在空间上的分布和水源涵养的生态价值一直是生态系统水源涵养功能中的研究难点。

国外在恢复生态学的理论与技术方面都进行了大量的研究工作。美国是世界上最早开展生态恢复研究与实践的国家之一，早在 20 世纪 30 年代就成功恢复了一片温带高草草原；随后在 60~70 年代就开始了北方阔叶林、混交林等生态系统的恢复试验研究，探讨采伐破坏及干扰后系统生态学过程的动态变化及机制，取得了重要发现；在 90 年代开始了世界著名的佛罗里达大沼泽的生态修复研究与试验，至今仍在进行。欧洲国家，特别是中北欧各国（如德国）对大气污染（酸雨等）胁迫下的生态系统退化研究较早，从森林营养健康和物质循环角度开展了深入的研究，迄今已近 20 年，形成了独具特色的森林退化和研究分享网络，并开展了大量的恢复试验研究；英国对工业革命以来留下的大面采矿地及欧石楠灌丛地的生态恢复研究最早。北欧国家对寒温带针叶林采伐迹地植被恢复开展了卓有成效的研究与试验。在澳大利亚、非洲大陆和地中海沿岸的欧洲各国，研究的重点是干旱土地退化及人工重建。此外，澳大利亚对采矿地的生态恢复研究也是一个历史长、研究深入的重点方向；美国、德国等国学者对南美洲热带雨林、英国和日本学者对东南亚热带雨林采伐后的生态恢复也进行了较好的研究。

　　近年来西方恢复生态学研究进展可总结为如下三个方面：一是退化生态系统营养物质积累和动态，提出资源比率的变化最终可导致群落物种组成成分的变化，即资源比率决定生态系统的演替过程；二是外来物种对退化生态系统的适应对策；三是生态环境的非稳定性机制。

5.1　祁连山水源涵养林特征退化现状

5.1.1　祁连山水源涵养林特征

　　选择在祁连山哈溪-祁连-大黄山的天然云杉林及 20 世纪 70 年代、2002 年的人工云杉林中布设样地，调查水源涵养林植被特征、物种多样性、林分退化现状等。根据林分类型，水源涵养林可分为天然林和人工林。天然林选择典型样地 10 个，根据区域海拔不同设定高、中、低 3 个梯度，每个梯度布设 20 m×20 m 大样方，每个大样方布设3 个 10 m×10 m 中样方和 5 个 1 m×1 m 的小样方。抽样调查大样方内乔木高度、胸径、树龄，统计样方内所有植物种数量及株数；抽样调查样方内所有灌木高度、冠幅，统计所有植物种数及株数，抽样调查样方内草本高度、冠幅，统计所有植物种数及株数。人工林区分别在 20 世纪 70 年代、2002 年的人工云杉林地内选择 3 个样地，每个样地内布设 3 个 10 m×10 m 样方，每个样方内布设 5 个 1 m×1 m 的小样方；具体调查见表 5-1。

表 5-1　不同调查区水源涵养林及样地信息

样地名称	纬度	经度	海拔/m	地形地貌	林分特征
大南泥沟	37°26′50.1″N	102°33′1.3″E	2631	山地、阴阳坡	退耕地恢复
小脑皮沟	37°22′57.8″N	102°43′2.9″E	2840	山地、阴坡	人工云杉林
慢坡垭豁	37°22′16.3″N	102°40′33.9″E	2784	山地、半阳坡	天然云杉林
双龙沟	37°22′57.9″N	102°22′37.6″E	3273	山地、河漫滩	高寒灌木林
火烧台	37°22′36.8″N	102°24′57.1″E	3039	山地、半阳坡	圆柏天然林
清水沟口	37°20′56.7″N	102°27′16.9″E	2950	山地、半阴坡	圆柏、云杉混交
直河沟	37°27′52.9″N	102°29′40.7″E	2741	山地、阴坡	人工辅助云杉林

续表

样地名称	纬度	经度	海拔/m	地形地貌	林分特征
猫坨落	37°27′42.7″N	102°35′24.6″E	2643	山地、阴坡	天然云杉纯林
朱岔峡	36°57′5.7″N	102°34′21.1″E	2664	山地、阳坡	天然桦树纯林
五台岭	36°58′19.6″N	102°48′7.0″E	3561	山地、阴坡	天然灌木林
森林公园	36°59′5.8″N	102°55′52.2″E	2797	山前冲积扇	落叶松人工林
大黄山	38°25′52.9″N	103°14′48.5″E	2918	山地、阴坡	天然云杉纯林
祁连	37°40′36.0″N	102°21′14.0″E	2776	山地、半阴坡	林缘区造林
西沟河	37°40′14.0″N	102°19′38.9″E	2927	山地、半阳坡	天然灌木林
冰沟河	37°41′1.9″N	102°18′49.6″E	2759	山地、东北坡	天然云杉纯林
锅层掌	37°42′1.0″N	102°10′58.0″E	3066	山地、半阳坡	祁连圆柏纯林
大抓泥子	37°42′42.0″N	102°15′42.9″E	2954	山地、阳坡	高山草甸
天池	37°45′12.3″N	102°10′33.9″E	2930	山地、阳坡	云杉人工林

祁连山森林覆盖率为 37.6%，灌木林面积为 1.78×10^5 hm^2，占林业用地总面积的 71.3%，是山地森林的重要组成部分。杜鹃灌木林和吉拉柳灌木林分布在海拔 3000～3700 m 的亚高山区阴坡、半阴坡和沟谷地区；在海拔 2600 m 左右的中低山分布有金露梅灌木林。在海拔 2500～3300 m 的山地分布寒温带针叶林，类型有云杉林和祁连圆柏林，面积 1.33×10^5 hm^2，生长缓慢，更新困难。森林生态系统具有较强的敏感性和脆弱性，一旦遭到破坏，极易被灌木丛草原或草原更替，且很难恢复。

主要群落类型：祁连山东段主要植物种类和主要群落类型可分为草本层、灌木层和乔木层（表 5-2）。草本层物种最丰富，占植物种类的 50%～70%，其中常见物种包括禾本科的早熟禾、垂穗披碱草、针茅、羊茅等，蓼科的珠芽蓼，玄参科的中华马先蒿、藓生马先蒿、甘肃马先蒿、肉果草等，毛茛科的小花草玉梅、唐松草、露蕊乌头等，蔷薇科的多裂委陵菜、鹅绒委陵菜、东方草莓、四蕊草莓等，龙胆科的实生扁蕾，菊科的风毛菊、甘青蒿、苦荬菜、箭叶橐吾、火绒草、香青等，茜草科的六叶葎、拉拉藤等，豆科的黄花棘豆、高山野决明等，伞形科的小柴胡，莎草科的薹草，堇菜科的双花堇菜。灌木是祁连山东段重要的植物类群，从低山到高山都有灌木分布，种类也较丰富，占植物种类的 30%～40%，其中蔷薇科的种类最多也往往占主要优势，包括金露梅、银露梅、高山绣线菊、灰栒子、水栒子、红花蔷薇、窄叶鲜卑花等；近阳坡上分布有瑞香科的甘肃瑞香，在部分阴坡或半阴坡上，杜鹃花科的植物占优势，包括青海杜鹃、烈香杜鹃、千里香杜鹃、头花杜鹃、北极果等；此外，在乔木林下还广泛分布有小檗科的刺叶小檗、蔷薇科的银露梅、悬钩子、小叶忍冬，杨柳科的山生柳，虎耳草科的大叶茶藨子，豆科的狭叶锦鸡儿、鬼箭锦鸡儿等。乔木种类较单一，大部分地区以青海云杉为主，且占绝对优势，在部分近阳坡的山地分布大量祁连圆柏，在峡谷陡坡地带有桦木科的红桦和白桦，个别地段有斑块状山杨分布。

表 5-2　不同水源涵养林的植物群落特征

样地	草本层				灌木层				乔木层			
	主要物种	高度/cm	盖度/%	密度/(株丛/m²)	主要物种	高度/cm	盖度/%	密度/(株丛/m²)	主要物种	高度/cm	盖度/%	密度/(株丛/m²)
大南岔沟	狗娃花、甘青蒿、大叶蒿、箭叶橐吾、羊茅、车前、抱茎苦荬菜、垂穗披碱草等	23.4	90.8	305	红花蔷薇、银露梅、忍冬、密刺蔷薇、大叶茶藨子、小蘖等	91.5	17.5	3.08	青海云杉	550	63	0.09
小脑皮沟	甘青蒿、箭叶橐吾、鼠掌老鹳草、黄芪、日本毛连菜、羊芽等	13.6	94.5	412	银露梅、高山绣线菊、红花蔷薇、甘肃瑞香等	23.8	48.9	0.56	—	—	—	—
慢坡逆窟箐	珠芽蓼、小花草玉梅、小米草、唐松草、龙胆、圆叶蒲公英、小鹅草、董菜、东方草莓等	18.3	95.6	437	甘肃瑞香、金露梅、高山绣线菊、红花蔷薇、银露梅、小蘖、高山柳、悬钩子	44.0	32.7	0.92	青海云杉	480	48	0.03
双龙沟	珠芽蓼、中华马先蒿、黄花棘豆、细叶亚菊、肉果草、唐松草、小米草、董菜等	9.7	98.3	497	山生柳、金露梅、高山绣线菊、沙棘、剌叶小蘖等	79.6	13.4	0.46	祁连圆柏	163	41	0.09
火烧台	珠芽蓼、董菜、蒿草等	10.4	80.4	170	金露梅、银露梅、甘肃瑞香等	32.6	26.9	0.38	祁连圆柏	155	40	0.07
清水沟口	珠芽蓼、董菜、东方草莓、蒿草等	13.4	92.3	302	金露梅、银露梅、高山绣线菊、山生柳	55.5	28.3	0.33	青海云杉、祁连圆柏	780	38	0.08
直河沟	珠芽蓼、蒿草等	13.0	73.3	135	烈香杜鹃、金露梅、高山绣线菊、山生柳、银露梅、甘肃瑞香等	52.8	33.6	0.40	青海云杉	1250	53	0.18
猎虎落	苔藓、珠芽蓼、东方草莓、蒿草等	7.2	56.8	85	高山绣线菊、红花蔷薇、刺叶小蘖、银露梅、金露梅、悬钩子、灰枸子等	67.8	26.1	0.34	青海云杉	1683	58	0.05
朱岔峡	垂穗披碱草、东方草莓、小花风毛菊、点地梅、六叶葎、双花董菜等	12.9	77.0	156	黑果枸子、银露梅、红花蔷薇、红果枸子等	93.2	43.1	0.63	白桦、红桦	763	73.2	0.11

续表

样地	草木层				灌木层				乔木层			
	主要物种	高度/cm	盖度/%	密度/(株丛/m²)	主要物种	高度/cm	盖度/%	密度/(株丛/m²)	主要物种	高度/cm	盖度/%	密度/(株丛/m²)
五台岭	钉柱委陵菜、珠芽蓼、高山唐松草、高原毛茛、双花堇菜、火绒草等	3.3	88.5	411	头花杜鹃、烈香杜鹃、金露梅、千里香杜鹃、鬼箭锦鸡儿、头花杜鹃菊等	49.5	68.3	0.56	—	—	—	—
森林公园	紫花碎米荠、薹草、黄花堇菜、六叶葎、小花黄堇、箭叶橐吾、唐松草、珠芽蓼等	11.2	85.9	398	剌叶小檗、茶藨子、灰栒子、金露梅等	39.4	72.7	0.63	落叶松、青海云杉	935	84.2	0.16
大黄山	珠芽蓼、小花草玉梅、唐松草、羌活、黄精、薹生马先蒿、苔藓类、冷水花等	4.6	13.3	33	—	—	—	—	青海云杉	1700	89.3	0.21
祁连	旱熟禾、毛茛、露蕊乌头、独活、唐松草等、珠芽蓼、薹草、双花堇菜、二裂委陵菜、蕨草等	8.6	82.9	280	青海杜鹃、高山柳、甘肃瑞香、按叶锦鸡儿、烈香杜鹃、高山绣线菊、金露梅等	66.1	63.5	0.52	青海云杉	1392	72.6	0.13
西沟河	珠芽蓼、蕨豆、高山野决明、苔藓、唐松草、东方草莓、薹草、双花堇菜等	9.9	46.2	88	银露梅、高山绣线菊、刺叶小檗、甘肃瑞香、金露梅、北方极果等	52.0	38.7	0.44	青海云杉	1100	62.0	0.08
冰沟河	苔藓、火绒草、薹草、珠芽蓼、乌头、拉拉藤、旱熟禾、多裂委陵菜、双花堇菜、针茅等	8.7	91.4	356	剌叶小檗、银露梅、鬼箭锦鸡儿、烈香杜鹃等、金露梅、高山绣线菊等	63.8	63.6	0.89	青海云杉	1943	85.4	0.12
钢层峰	薹草、珠芽蓼、中华马先蒿、苔藓、珠芽蓼、四蕊草莓、黄花棘豆、火绒草等、双花堇菜、实生扁蕾等	5.7	77.3	146	金露梅、刺叶小檗、银露梅、高山绣线菊等	62.1	18.8	0.42	祁连圆柏、青海云杉、山杨等	800	74.5	0.18
大抓泥子	薹草、珠芽蓼、薹生马先蒿、黄芪、珠芽蓼、冷水花、小米胡、苔麻等	10.2	87.1	111	小叶忍冬、银露梅、高山绣线菊、刺叶小檗等	23.6	24.6	0.25	青海云杉	1463	63.6	0.15
天池	珠芽蓼、薹草、小花草玉梅、唐松草、野生马先蒿、牛毛草、火绒草、垂穗披碱草、针茅等	8.8	80.6	90	金露梅、高山绣线菊、高山柳等	59.3	27.9	0.30	青海云杉	320	83.0	0.44

5.1.1.1 不同地带植物群落盖度

项目区调查样方的植物群落总盖度大多在 90%以上，但不同地段植物群落类型及结构组成差异明显（图 5-1、图 5-2）。其中，大南泥沟、小脑皮沟、慢坡垭豁、双龙沟和清水

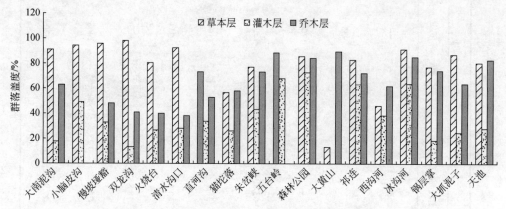

图 5-1　不同样地草本层、灌木层和乔木层的群落盖度

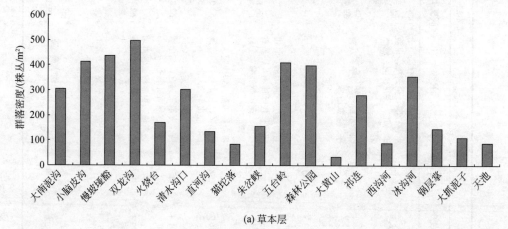

(a) 草本层

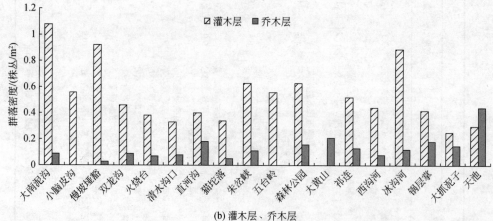

(b) 灌木层、乔木层

图 5-2　不同样地草本层、灌木层和乔木层的群落密度

沟口的草本层盖度最高，在 90.8%～98.3%，草本密度大，平均密度 302～497 株丛/m²。大黄山和西沟河的草本层盖度小，平均值分别为 13.3%和 46.2%，群落密度分别为 33 株丛/m² 和 88 株丛/m²；其他样地的盖度大多在 60%～90%，密度在 80～200 株丛/m²。草本层的所有样方平均盖度为 78.4%；所有样方的平均密度为 245 株丛/m²，平均高度较矮，所有样方内草本层的平均高度为 10.7 cm，一般在 8～12 cm。灌木层的平均盖度均较小，所有样方的平均盖度为 38.2%，大多在 50%以下，只有五台岭、森林公园、祁连和冰沟河的盖度较高，分别为 68.3%、72.7%、63.5%和 63.6%；相对草本层而言，灌木层的平均密度很小，所有样方的平均密度为 0.51 株丛/m²，大多在 0.3～0.9 株丛/m²。大南泥沟属于退耕地恢复治理区，样方内出现大量的灌木幼苗，因而密度较高，平均达到 1.08 株丛/m²。所有样方灌木层的平均高度为 56.3 cm，样地中灌木平均高度最高为 91.5 cm，最低为 23.6 cm，大多在 50～70 cm。祁连山东段的大多数乔木层由青海云杉、祁连圆柏组成，且青海云杉林居多。所有调查样地乔木层的平均高度为 967 cm，平均盖度为 64.3%，平均密度为 0.13 株丛/m²。

5.1.1.2　植被类型的空间格局

祁连山东段因受地形、地貌、气候和人类活动的综合影响，植物群落类型多样，在不同地段和不同坡位、坡向上，植被类型和密度均有较大差异（图 5-2）。大南泥沟为退耕地人工辅助生态恢复治理区，栽植有人工沙棘、青海云杉等，但在退耕地周边的浅山区仍分布有大量的天然云杉林。该样地草本层主要由狗娃花、甘青蒿、大叶蒿、箭叶橐吾等一年和两年生植物组成，灌木中优势种有红花蔷薇、银露梅、忍冬等。草本层的密度大，平均高度较高，但青海云杉的平均高度较矮，为 550 cm。小脑皮沟位于山体中上部，为阴坡，且受人工干预较严重。草本层主要由甘青蒿、箭叶橐吾、日本毛连菜、黄芪等组成，高度较矮（13.6 cm），密度较大（412 株丛/m²）；灌木主要有银露梅、高山绣线菊、红花蔷薇等，数量较少；没有乔木树种。慢坡垭豁、直沟河、大黄山、祁连、西沟河、冰沟河、大抓泥子和天池分布有大量的天然青海云杉林，部分区域有小面积的人工云杉林。在林龄较老的林分中，林下有大量的苔藓和耐阴植物，如冷水花、小花草玉梅、羌活、薹草、唐松草等，且林下草本层盖度一般较小，灌木稀疏，主要灌木有枸子、银露梅、红花蔷薇、刺叶小檗等，在较大的林窗下分布有杜鹃花科的植物，如青海杜鹃、烈香杜鹃、头花杜鹃、千里香杜鹃等，此外还有高山绣线菊、狭叶锦鸡儿等，部分云杉林下几乎没有灌木植物，如大黄山天然青海云杉林下灌木非常罕见。在近阳坡或半阴坡的中山地带，如双龙沟、火烧台、锅层掌等地，乔木以祁连圆柏或祁连圆柏与青海云杉的混交林为主；草本植物种类较丰富，常见种有珠芽蓼、中华马先蒿、火绒草、肉果草、黄花棘豆、双花堇菜等；部分林下有耐阴草本植物，如薹草、冷水花等。灌木种主要有山生柳、甘肃瑞香、金露梅、高山绣线菊、沙棘、刺叶小檗等。在朱岔峡，乔木主要由桦木科的白桦和红桦组成，形成天然桦树林；草本层主要包括垂穗披碱草、小花草玉梅、薹草、小花风毛菊、点地梅等；灌木类型丰富，包括黑果枸子、银露梅、红花蔷薇、红果枸子等。总体而言，在山体中上部，大多以青海云杉、祁连圆柏等乔木树种占优势，或以高山灌木树种，如杜鹃花科、蔷薇科的灌木树种占优势，在林缘和山体中下部的坡脚地带，多以草本占优势。在浅山地带，植被大多以草本占优势，灌木较稀疏。

5.1.1.3 青海云杉等典型群落结构特征及其多样性

研究区云杉天然林样方内共出现了 40 个种植物，分属于 19 科 35 属。云杉林植物群落垂直分布为三层：乔木层、灌木层、草本层；各层中物种组成分别为：乔木层 1 科 1 属 1 种，灌木层 6 科 10 属 13 种，草本层 13 科 24 属 26 种；研究区 20 世纪 70 年代人工林样方内出现了 35 种（人工云杉除外），其中灌木层 4 科 6 属 6 种，草本层 13 科 26 属 29 种；研究区 2002 年人工云杉林群落出现了 27 种（人工云杉除外），尚未出现灌木，草本层 14 科 24 属 27 种。根据 Curtis 等（1951）在森林群落分析中提出的重要值计算方法，得出研究区天然云杉林、20 世纪 70 年代人工林及 2002 年人工林乔木层、灌木层、草本层物种组成，3 种林型的乔木层均为云杉（表 5-3）。其中，天然林灌木层优势种为银露梅、红花蔷薇和金露梅，草本层优势种为薹草、珠芽蓼、高乌头、藓生马先蒿和小花草玉梅；20 世纪 70 年代人工林灌木层优势种为金露梅、银露梅和高山绣线菊，草本层优势种为珠芽蓼、黄花棘豆、小花草玉梅、薹草和披碱草；2002 年人工林草本层优势种为珠芽蓼、甘青蒿、箭叶橐吾、节节草和鹅绒委陵菜。

表 5-3　祁连山云杉林群落物种组成

林型	林层	物种组成
天然林	乔木层	青海云杉
	灌木层	银露梅、红花蔷薇、金露梅、鲜黄小檗、密刺蔷薇、忍冬、匙叶小檗、高山绣线菊、茶藨子、栒子
	草本层	薹草、珠芽蓼、高乌头、藓生马先蒿、小花草玉梅、东方草莓、小花风毛菊、白缘蒲公英、六叶葎、黄花棘豆
20 世纪 70 年代 人工林	乔木层	青海云杉
	灌木层	金露梅、银露梅、高山绣线菊、烈香杜鹃、山生柳、甘肃瑞香
	草本层	珠芽蓼、黄花棘豆、小花草玉梅、薹草、披碱草、针茅、火绒草、白缘蒲公英、藓生马先蒿、唐松草
2002 年 人工林	乔木层	青海云杉
	灌木层	—
	草本层	珠芽蓼、甘青蒿、箭叶橐吾、节节草、鹅绒委陵菜、薹草、黄芪、鼠掌老鹳草、早熟禾、小米草

注：根据物种重要值从大到小依次列出前 10 名。

按丹麦生态学家 Raunkiaer 的生活型系统进行天然云杉林及人工林 25 m² 样方内植物群落生活型谱分类（表 5-4）。祁连山天然云杉林、20 世纪 70 年代人工林及 2002 年人工林植物群落生活型谱变化较大。其中，3 种林型高位芽植物、地下芽植株及 1 年生草本的种数和比例两两之间均存在显著差异（$p < 0.05$），天然林与人工林地面芽植物种数间存在显著差异（$p < 0.05$），2002 年人工林与天然林和 20 世纪 70 年代人工林地面芽植物种数占比间存在显著差异（$p < 0.05$），其他的差异均不显著。此外，在天然林—20 世纪 70 年代人工林—2002 年人工林过程中，高位芽植物种类及百分比值逐渐增大，而地下芽和

1 年生草本植物种数及比例逐渐变小；3 种林型中地面芽植物种数最多，其占比均在 50%
以上。

表 5-4　祁连山青海云杉天然林、人工林群落生活型谱

林型	高位芽植物		地上芽植物		地面芽植物		地下芽植物		1 年生草本	
	种数	比例/%	种数	比例/%	种数	比例/%	种数	比例/%	种数	比例/%
天然林	14a	35.00a	0	0.00	20a	50.00a	3a	7.50a	3a	7.50a
20 世纪 70 年代人工林	7b	20.00b	0	0.00	21a	60.00b	3a	8.57ab	4b	11.43b
2002 年人工林	1c	3.70c	0	0.00	16b	59.26b	4b	14.81b	6c	22.22c

　　采用物种多样性指数对天然云杉林、20 世纪 70 年代人工林及 2002 年人工林特定样
方内乔木层、灌木层及草本层物种多样性进行统计分析（表 5-5）。三种林型乔木层完全
一样，物种只有云杉，但灌木层和草本层存在较大差异。在灌木层中，2002 年人工云杉
林中尚未出现任何灌木，天然林和 20 世纪 70 年代人工林均有多种灌木出现，且两者的
几个多样性指数差异显著（$p < 0.05$）；天然林所有多样性指数值均大于 20 世纪 70 年代
人工林的指数值，特别是物种数、物种丰富度及均匀度 Jsw 指数分别是 20 世纪 70 年代
人工林的 2.17、2.07 和 3.06 倍。在草本层中，3 种林型除物种丰富度和均匀度指数 Jsw
差异显著（$p < 0.05$）外，其余的指数间差异均不明显。

表 5-5　祁连山青海云杉天然林、人工林群落多样性比较

林型	林层	物种数	物种丰富度	物种多样性指数		均匀度指数	
		S	Dma	Simpson	Shannon-Wiener	Jsw	Jsi
天然 云杉林	乔木层	1a	—	—	—	—	—
	灌木层	13a	1.2101a	0.8957a	2.3943a	1.3019a	0.8759a
	草本层	26a	1.5953a	0.9026a	2.7937a	1.3627a	0.8856a
20 世纪 70 年代 人工 云杉林	乔木层	1a	—	—	—	—	—
	灌木层	6b	0.5849b	0.7442a	1.5315b	0.4255b	0.6434b
	草本层	29a	2.1545b	0.9027a	2.5346a	1.1787b	0.8922a
2002 年 人工 林云杉	乔木层	1a	—	—	—	—	—
	草本层	27a	2.2121b	0.9256a	2.7164a	1.1242b	0.9201a

5.1.1.4　云杉林结构

　　天然云杉林样方内云杉林株数按株高为 0～5 m、5～10 m、10～15 m、15～20 m、
20～25 m 的等级进行统计（图 5-3）。天然云杉林主要分布在 10～15 m 和 15～20 m
的高度等级，其株数占比分别高达 37.12% 和 31.44%；高度为 5～10 m 和 20～25 m 株
数几乎一样多，其占比分别为 11.35% 和 11.58%；高度等级 0～5 m 的株数最少，仅占
8.51%。

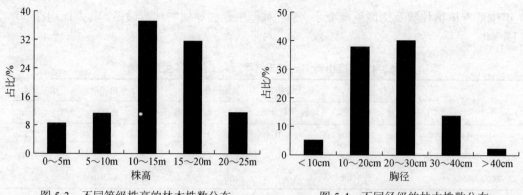

图 5-3　不同等级株高的林木株数分布　　　图 5-4　不同径级的林木株数分布

天然云杉林乔木层林木株数按胸径小于 10 cm、10～20 cm、20～30 cm、30～40 cm 和大于 40 cm 五个等级进行统计，并计算出不同径级株数占比（图 5-4）。天然云杉林乔木层林木主要分布在 10～20 cm 和 20～30 cm 两个径级内，其株数占比高达 38.02% 和 40.12%；其次为分布于 30～40 cm 径级内的林木，其株数占比为 14.07%；分布于小于 10 cm 和大于 40 cm 两个径级的株数最少，两者的占比和小于 8%。

5.1.2　祁连山山区灌木群落特征

5.1.2.1　物种组成和数量特征

祁连山东段乌鞘岭地区主要灌木林群落类型（优势树种组）有：金露梅（*Potentilla fruticosa*）、接骨木（*Sambucus williamsii*）、黄果悬钩子（*Rubus xanthocarpus* Bureau et Franch.）、旱柳（*Salix matsudana*）、绣线菊（*Spiraea* salicifolia L.）、栒子（*Cotoneaster* spp.）等灌木林群落。对乌鞘岭地区 64 个灌木林标准地中出现的植物种进行科、属的统计表明：高等植物 52 种，分属于 21 科 32 属，乔木种只有青海云杉和柳两种。其中菊科（Asteraceae）植物种类最多，为 8 属 11 种；蔷薇科（Rosaceae）和毛茛科（Ranunculacea）次之，分别分为 6 属 6 种和 3 属 5 种。萝藦科（Asclepiadaceae）、伞形科（Umbelliferae）、旋花科（Convolvulaceae）、忍冬科（Caprifoliaceae）、茜草科（Rubiaceae）、车前草科（Plantaginaceae）、鹿蹄草科（Pyrolaceae）、禾本科（Gramineae）、木贼科（Equisetaceae）等植物种类较少，基本为 1 科 1 属 1 种或 2 种。

从表 5-6 可以看出，除金露梅灌丛外，其他灌木树种在各群落类型中所占的株（丛）数比例较小，大多为单优群落。本次调查中，64 个样方共调查到 6 种灌木，隶属于 2 科 5 属。乌鞘岭地区灌木林群落在树种组成结构方面表现较为丰富，草本物种较灌木物种更为丰富，各群落中的平均物种数在 20 种以上。从科的角度而言，物种最多的科是蔷薇科，包含 2 个草本 4 种灌木；从属的角度而言，种数最多的属是委陵菜属、龙胆属、蓼属、绣线菊属、悬钩子属、栒子属，总计 1 种灌木。灌木林物种组成、重要值、相对盖度、相对多度等分析结果见表 5-6。

表 5-6 祁连山东段灌木群落结构特征分析表

物种名	科	相对多度/%	相对盖度/%	重要值/%
茜草 Rubia cordifolia Linn.	Rubiaceae	0.72	0.76	0.74
乌头 Aconitum carmichaeli Debx.	Ranunculaceae	0.72	1.51	1.12
披针叶薹草 Carex lanceolata Boott	Cyperaceae	2.88	1.44	2.16
毛茛 Ranunculus japonicas	Ranunculaceae	1.44	0.72	1.08
乳白香青 Anaphalislactea lacteal Maxim	Compositae	1.44	0.72	1.08
大蓟 Cirsium japonicum Fisch	Compositae	0.72	0.72	0.72
忍冬 Lonicera japonica	Caprifoliaceae	0.72	0.72	0.72
对叶草 Cynan chum hancockianum (Ma-xim.) Al. Iljinski	Asclepiadaceae	3.61	0.72	2.16
扁蓄 Polygonum aviculare L.	Polygonaceae	2.16	1.44	1.8
白花龙胆 Gentian algida Pall.	Gentianaceae	2.16	0.72	1.44
三花龙胆 Gentiana triflora Pall.	Gentianaceae	2.16	0.72	1.44
宽叶龙胆 Gentiana squarrosa Ledeb.	Gentianaceae	1.44	0.72	1.08
黄花棘豆 Oxytropis ochrocephala	Leguminosae sp.	0.72	0.72	0.72
艾蒿 Artemisia argyi	Asteraceae	0.61	0.72	0.67
车前草 Plantago asiatica L.	Plantaginaceae	1.23	0.72	0.97
齿叶风毛菊 Saussurea neoserrata Naka	Compositae	1.23	0.76	0.99
紫苑 Aster tataricus	Asteraceae	0.61	0.72	0.67
香蒿 Fragrant artemisia	Asteraceae	1.23	0.72	0.97
垂穗披碱草 Elymus nutans Griseb.	Gramineae	1.84	4.54	3.19
铃铃香青 Anaphalis hancockii Maxim	Compositae	1.23	0.72	0.97
巴天酸模 Rumex patientia Linn.	Polygonaceae	1.23	0.72	0.97
碎米马先蒿 Pedicularis cheilanthifolia Schrenk	Scrophulariaceae	1.23	0.72	0.97
披针薹草 Carex lancifolia C. B. Clarke	Cyperaceae	3.07	6.51	4.79
假芹活 Heracleum hemsleyanum Diels	Umbelliferae	0.61	0.72	0.67
唐松草 Thalictrum aquilegiifolium var. Sibiricum	Ranunculaceae	1.84	1.44	1.64
蓝星花 Tweedia caerulea	Convolvulaceae	1.23	0.72	0.97
羌活 Notopterygium incisum	Umbellales	0.61	0.72	0.67
水萝卜 Scrophularia ningpoensis Hemsl	Phytolaccaceae	1.84	1.44	1.64

续表

物种名	科	相对多度/%	相对盖度/%	重要值/%
蒲公英 Herba taraxaci	Asteraceae	1.23	1.01	1.12
龙胆 Gentiana scabra bunge	Asteraceae	1.84	1.44	1.64
鹿蹄草 Pyrolarotundifolia H.Andr.	Pyrolaceae	1.84	1.44	1.64
早熟禾 Poa annua L.	Poaceae	2.45	3.5	2.98
石龙芮 Ranunculus sceleratus L.	Ranunculaceae	2.45	2.46	2.46
蕨麻 Potentilla anserine	Rosaceae	2.45	4.59	3.52
蒿草 Artemisia sieversiana	Compositae	5.05	26.5	15.77
节节草 Equisetum ramosissimum	Equisetaceae	1.84	1.43	1.64
齿叶金光菊 Rudbeckia laciniata	Compositae	2.45	4.54	3.5
马先蒿 Pedicularis resupinata L.	Scrophulariaceae	1.23	1.96	1.59
细叶珠芽蓼 Polygonum viviparum var. angustum	Polygonaceae	1.84	2.44	2.14
老鹳草 Geranium wilfordii Maxim	Geraniaceae	1.84	2.37	2.11
草莓 Fragaria vesca Linn.	Rosaceae	1.84	1.36	1.6
箭叶橐吾 Ligularia sagitta	Asteraceae	1.84	1.36	1.6
珠芽蓼 Polygonum viviparum L.	Polygonaceae	3.07	14.18	8.62
甘肃棘豆 Oxytropis kansuensis Bunge	Leguminosae sp.	1.23	1.43	1.33
赖草 Leymus secalinus (Georgi) Tzvel	Poaceae	2.45	2.69	2.57
金露梅 Potentilla fruticosa	Rosaceae	2.45	15.63	9.04
接骨木 Sambucus williamsii	Caprifoliaceae	1.84	1.36	1.6
绣线菊 Spiraea salicifolia L.	Rosaceae	1.23	2.27	1.75
黄果悬钩子 Rubus xanthocarpus Bureauet Franch.	Rosaceae	1.84	3.65	2.75
栒子 Cotoneaster spp.	Rosaceae	0.72	0.72	0.72
垂柳 Salix babylonica	Salicaceae	1.84	1.8	—
青海云杉 Picea crassifolia	Pinaceae	1.84	19.68	—

5.1.2.2　灌木群落空间基本特征

林分空间结构是研究林木群落特征的一个重要因子，能够反映林木在空间上的分布格局和排列方式。在自身生物学、生态学特性的影响和周围环境的作用下，各灌木在种数、个体数、相对盖度和相对频度方面表现出显著的空间异质性。

（1）盖度。从表 5-6 中可以看出，嵩草的相对盖度最高，达 26.5%；其次是金露梅和珠芽蓼，相对盖度分别为 15.63% 和 14.18%，三者均大于 10%；最低盖度为 0.72%，有艾蒿、紫苑、乳白香青、大蓟、铃铃香青、蓝星花、黄花棘豆、车前草、巴天酸模、毛茛、枸子等 17 种物种，与最大盖度相差巨大，这主要是因为嵩草、金露梅和珠芽蓼三种植被类型分布的地域范围广泛，物候特性与乌鞘岭地区特殊的地理环境条件相适应。

（2）重要值。在研究区的 52 种植被中，嵩草、金露梅和珠芽蓼三种植被的重要值最高，分别为 15.77%、9.04% 和 8.62%，其他五种灌木植被分别为黄果悬钩子 2.75%，绣线菊 1.75%，接骨木 1.60%，忍冬和枸子均为 0.72%，其余草本重要值在 0.67%~4.79%。可见金露梅和绣线菊是乌鞘岭地区的主要灌木植被，嵩草和珠芽蓼是常见的草本植被。将每个样方出现的灌木物种数按 0~6 的数量级进行划分，统计结果如图 5-5 所示。金露梅在所有样方中出现的次数最多，频度为 78.5%；接骨木和黄果悬钩子次之，频度分别为 51.75% 和 39.5%；其余物种出现的频度均在 10% 以下。大多数样方中有 1~4 种灌木出现，这类样方占到总样方数的 81.5%。物种数在 5 以上的样方在总样方中的比例不足 10%。调查中有 3 个样方中没有灌木种出现。

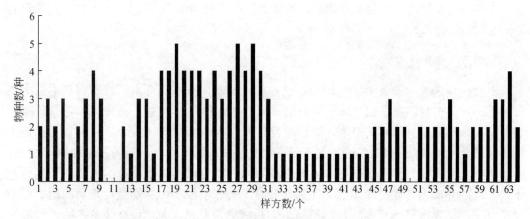

图 5-5　灌木物种在样方内的数量分布

（3）株高结构。从图 5-6 可以看出，除 2 种乔木和 6 种灌木之外，其余草本植被比较矮小，有些匍匐于地表，丛状分布、无明显主干，但各植株株高差异较小；其中，株高分布于 0.1~10 cm 的主要有车前草、蒲公英、龙胆、鹿蹄草、蕨麻、草莓、大蓟、对叶草、蒿蓄、香蒿、黄花棘豆、水萝卜等；其余草本植被株高均分布在 10~36 cm，主要有茜草、乌头、披针叶薹草、毛茛、乳白香青、紫苑、香蒿、珠芽蓼等 20 多种。此外，金露梅、枸子、绣线菊、忍冬、接骨木、黄果悬钩子 6 种灌木的株高分布在 20~50 cm。总体上，乌鞘岭地区灌木林群落的株高集中分布于 0.1～30 cm，占调查总数的 88.7%。各灌木种的株高相差较大，其中枸子和黄果悬钩子株高最大，忍冬最小；金露梅 （丛）和绣线菊（丛）密度较大，多呈灌丛分布于水分条件和光照条件较好地段，形成覆盖度较高的群落；株（丛）数密度最低的为接骨木、黄果悬钩子和忍冬，多呈单株分布。

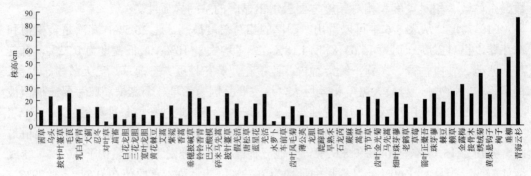

图 5-6　灌木林各植被株高

（4）物种丰富度。乌鞘岭地区属于高寒草原类型，因此其灌木林物种丰富度较低，物种组成单一。本书共 64 个标准地，其中灌木纯林（1 个灌木树种）比例为 26.6%；由 2 个灌木树种组成的标准地数量为 17 个，占调查总数的 26.6%；由 3 个灌木树种组成的标准地数量为 13 个，占调查总数的 20.3%；由 4 个灌木树种组成的标准地数量为 11 个，占调查总数的 17.1%；由 5 个灌木种组成的标准地数量为 3 个，占调查总数的 4.7%；由 6 个灌木植物种组成的标准地数量为 0。大部分标准地的物种丰富度为 1～4 种，占调查总数的 83.2%。

5.1.2.3　垂直结构

研究区内的灌木群落并非均匀的单层结构，群落内分布有乔木、灌木和草本三类高等植物。青海云杉和旱柳属于研究区内最高大的植物种；其次是 6 种灌木和毛茛、垂穗披碱草和珠芽蓼等高株秆的草本，树形较为高大，平均冠幅在 10 cm×10 cm 以上；最大冠幅（灌丛）达 91 cm×120 cm，处于最底层的是其他矮秆草本，有的甚至匍匐于地表。特别指出，受寒冷气候和放牧等其他条件的影响，研究区内灌木植被的冠幅和密度均较小，上层的乔灌木对底层草本的光照和养分分配的影响较小，特别是对光照的遮挡影响较小，下层草本接受的光照较其他草原生态系统更为充足，因此该地区草本植被较灌木更加丰富，植物体无论是在纵向的高度生长，还是横向的基径、冠幅生长较上层灌木都相差不大，研究内部垂直分层结构较为明显。

祁连山东段乌鞘岭地区主要灌木林群落类型有：金露梅、忍冬、绣线菊、枸子、接骨木、黄果悬钩子等灌木林群落，分属于 21 科、32 属、52 种。受祁连山特殊地理环境的影响，乌鞘岭地区灌木林群落的树种组成单一，优势树种在群落中所占的比例较大，常形成单一优势群落；乌鞘岭地区灌木林群落的平均盖度在 0.72%～26.5%，各灌木林群落类型（优势树种组）的平均盖度在 62% 以上；灌木林群落的树高分布于 10～78 cm，大多数分布于 10～30 cm；乌鞘岭灌木林群落的物种丰富度较为单一，绝大部分群落的物种丰富度为 1～3 种，灌木纯林（1 个灌木树种）比例为 26.6%。受寒冷气候和放牧等其他条件的影响，研究区内灌木植被的冠幅和密度均较小，草本植物的高度生长、基径和冠幅生长与上层灌木都相差不大，且较灌木物种更加丰富。

5.1.3　水源涵养林退化现状

5.1.3.1　水源涵养林退化现状分析

通过对祁连山北坡水源涵养林类型、分布的调查分析，指出了水源涵养林的退化现状。

（1）水源涵养林面积减少。在祁连山中山区，毁林耕种致使水源涵养林面积减少。这种退化林地连片分布，森林几乎完全消失，林地已完全转换为耕种，但土地经过耕种，土壤结构良好，土层相对较厚。这类退化林地主要分布在海拔 2600 m 以下区域，在调查区 50%以上面积都有不同程度的开垦。20 世纪 80 年代之前，由于开垦耕种，致使森林覆盖率由 20 世纪 50 年代的 22.4%减少到目前的 14.4%，浅山区 70 km 范围内的森林已荡然无存。森林面积由 $31.6 \times 10^4 hm^2$ 下降到 $12.0 \times 10^4 hm^2$，完整的天然森林生态系统已完全退化。

（2）林缘破碎。在祁连山中山区，由于耕种放牧，90%以上的林缘植被受到不同程度的破坏，水土流失加剧。在低海拔的青海云杉林缘，乔木有山杨和白桦形成的混交林，灌木有鬼箭锦鸡儿、吉拉柳、金露梅、鲜黄小檗、甘青锦鸡儿；草本主要有中国马先蒿、鲜生马先蒿、圆穗蓼和针茅等。由于长期以来的人为干扰，水源涵养林区林分结构简单，灌木林退化严重，多年生草本成为建群种并形成了优势群落，林缘区有 50～100 m 无林区，坡中部出现细沟，坡缘破碎，水源涵养功能下降，保护和恢复区域水源涵养林已刻不容缓。

（3）林窗增大。在哈溪林区，10%的森林中有面积超过 30 m×30 m 的较大林窗，更新相对困难，使水源涵养林从内部退化。在哈溪大南泥沟等地调查不同面积的云杉林的林窗与其分布植物种数量发现：当林窗形状为圆或长宽比例相近时，林窗面积与其内植物种数相关性较大（图 5-7）。林窗面积 4 m² 和 400 m² 是物种数变化的拐点。在林窗面积≤4 m² 或≥400 m² 时，植物种数据趋于稳定。物种变化最大时林窗面积是 9～400 m²，在此范围，植物种数大致随着林窗面积的增加而增多，即在改造云杉林结构时，林窗面积应该控制在 4～9 m²。

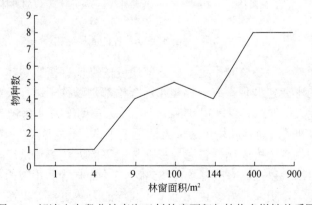

图 5-7　祁连山东段北坡青海云杉林窗面积与植物多样性关系图

（4）更新困难。由于气候原因，祁连山地区的云杉、圆柏等水源涵养林树种种子成熟度不够，又由于耕种等人为干扰破坏，土壤裸露粗质化，理化性质发生改变，黏粒成分降低，腐殖质层遭到破坏，有机质含量减少，种子着床、萌发、生长、越冬受到影响，导致更新苗无法存活或者存活很少，加之放牧啃食、践踏，更新十分困难。

5.1.3.2　祁连山水源涵养林存在问题

祁连山水源涵养林存在的问题主要包括以下几个方面。

（1）水源涵养林林分密度大、质量较低且分化严重。经调查发现，研究区缺乏科学系统的林木培育技术和经营管理措施，现实林分密度过大、质量下降、林木分化严重。从年龄组成来看（图 5-8），祁连山水源涵养林林分以中龄林为主，其面积占全林分的58.4%；近熟林和成熟林占全林分的 33.9%；而幼龄林和过熟林比例很小。从树种组成来看，在山区青海云杉林占水源涵养林的 24.8%，祁连圆柏林占 3.7%，灌木林占 67.4%，其他类型占 4.1%，可见灌木林是水源涵养林的重要组成部分。水源涵养林林分以天然林占绝对优势，面积比例为 98.0%，但树种单一，生物多样性低，稳定性较差，不利于森林的可持续经营和整体功能的持续发挥。从林分郁闭度结构来看，林区郁闭度过高，中郁闭度（0.4~0.6）的林分面积比例达到 63.8%、高郁闭度（0.7 以上）的林分面积比例为27.2%。尤其是青海云杉和祁连圆柏林现实林分密度过大，一方面林分内林木分化严重，有相当数量的林木濒于死亡，蓄积枯损量累计达 $1.66×10^4$ m^3，对降水的分配作用也大为减弱；另一方面因密度过大限制了林下幼苗的天然更新，林分质量下降，难以形成结构稳定的复层林，进而使森林涵养水源的生态功能减弱，自然灾害的抵御能力也随之下降。

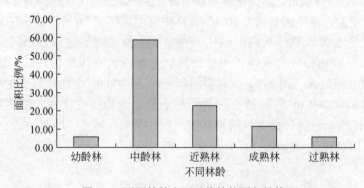

图 5-8　不同林龄水源涵养林的面积结构

（2）天然更新差，后备资源不足。林分郁闭度的高低直接影响林木种子的繁殖及天然更新。保护区的主要建群种青海云杉和祁连圆柏都是以种子进行天然更新，当青海云杉林内地被物盖度大于 50%，厚度超过 5 cm，或林分郁闭度大于 0.5，或病虫害及冻害严重，或牲畜的践踏和啃食过度，均可造成天然更新不良。薛定刚等[1]对西营河试验区和祁连山森林更新的调查研究表明，青海云杉在林冠下的天然更新是极差的，更新不良和无更新的面积达 47.2%以上，有些林场占 85%左右，而林缘和山坡的带状集材道，因人为干扰、放牧等原因，更新良好。由此可见，纯粹的天然更新效果在一定程度上不及人为干扰后的更新。目前，保护区郁闭度在 0.7 以上的林地占 27.2%，郁闭度为 0.4～0.6 的林地占 63.8%。郁闭度较高，林内枯落物较多，阻碍了幼苗根系与土壤的接触，造成大量幼苗死亡，林内缺少幼树；祁连圆柏幼苗多分布于母树周围的庇荫处，由于缺少人工抚育，加上牲畜践踏的影响，幼苗很难成活，天然更新不良，导致保护区乔木林幼龄林面积仅占乔木林面积的 4.8%，蓄积量仅占 0.7%，后备资源严重不足。

（3）病虫害种类虽少，但危害严重。祁连山保护区成灾的病害种类有青海云杉叶锈病、云杉美景梢锈病、针叶树苗木立枯病、落叶松枯梢病以及山杨黑斑病五种，其中以青海云杉叶锈病为主。并且病害随海拔增加而逐渐加重。孤立木、疏林、林缘及林冠上部病情较重，郁闭度大于 0.7 的林内，病情较轻。青海云杉叶锈病在甘肃省天祝县天然林发病总面积约 $2.8 \times 10^4 \, \text{hm}^2$；祁连山北坡西段受害面积约 $0.8 \times 10^4 \, \text{hm}^2$，此病不仅危害云杉天然林，而且危害人工幼林、苗圃。病株针叶早期脱落，次年迟发芽或不发芽，新梢的年生长量只有健康株的 10%，病情重的林分生长衰弱、叶色黄绿、枝叶稀疏、球果少、种子不饱满、发芽率低，影响天然更新和育苗造林。

5.2　水源涵养林林木引种及快速繁育工程

5.2.1　祁连山水源涵养林树种引种及适应性

引进云杉属的蓝云杉、川西云杉、白扦、白云杉、红皮云杉和欧洲云杉 6 种 4 年生实生苗，进行不同云杉引种适应性试验。通过其抗寒性、抗旱性、耐盐碱性、抗病虫性观测试验研究，以几种云杉在荒漠过渡带正常生长的关键因子为评价指标，根据每个关键因子进行综合指标排序，建立云杉生长适应性评价体系。

（1）建立适应性评价体系。采用系统工程论中的层次分析法（analytic hierarchy process，AHP），以几种云杉在绿洲荒漠过渡带正常生长的关键因子为评价指标，将适应性评价定为第 1 层，抗逆性、保存率、生长状况 3 个指标定为第 2 层；与第 2 层相对应的各项分指标定为第 3 层。通过各种云杉对关键因子的适应程度打分，其中表现最好的为 3 分，表现良好的为 2 分，较差的为 1 分，不适应的为 0 分。根据 3 年不同云杉种的保存数量计算保存率，根据 3 年各云杉种株高、地径的生长情况计算生长量，依据保存率和生长量来研究其适应性。

（2）抗逆性研究。分别对参试树种的抗寒性、抗旱性和耐盐性进行试验研究。其中抗寒性通过对各云杉种的苗木受冻情况调查，研究其安全越冬性；抗旱性：选择 7～8 月停止浇水，测定土壤 30 cm 处的含水量，观察苗木表现情况；耐盐性：测定 6 种云杉种在 pH>7 状况下能否正常生长，这也是引种栽培成功的关键，通过引种地土壤的 pH 分析，以及各云杉种在该土壤上的生长状况，得出 6 种云杉种的耐盐性强弱。

根据每个关键因子进行层次排序，结果显示：蓝云杉、白扦的得分最高，说明蓝云杉、白扦具有较高的适应性（表 5-7）。3 年的测试结果表明：蓝云杉、白扦的抗逆性最强，蓝云杉保存率最高，白扦、白云杉次之，红皮云杉、欧洲云杉较差。蓝云杉、白云杉和白扦的平均株高生长量要高于川西云杉、红皮云杉和欧洲云杉，地径生长量各云杉接近。由此初步确定蓝云杉、白扦可作为干旱区云杉造林植物种的最佳选择。

表 5-7　云杉种的抗性、生长量及保存率比较评价

树种	抗性、生长量及保存率打分								总分
	抗寒性	抗旱性	抗霜性	耐盐性	抗病虫性	株高生长量	地径生长量	保存率	
蓝云杉	3	3	3	3	3	3	2	3	23
白扦	3	3	3	3	3	3	3	2	23
白云杉	2	3	1	3	2	3	2	2	20
川西云杉	2	2	0	2	2	2	3	2	15
欧洲云杉	0	3	2	2	3	2	3	0	15
红皮云杉	1	2	0	3	2	1	3	1	13

5.2.2　云杉属树种的抗逆性测定

引进白扦、川西云杉、粗枝云杉、恩氏云杉、黑云杉、红皮云杉、蓝云杉、青扦 8 种云杉属植物种叶为研究材料，用 70%乙醇研磨浸提，测得其叶片中多酚含量、黄酮含量，以及其提取液对 ABTS 自由基、DPPH 自由基、超氧阴离子（O_2^-）自由基、羟基自由基（·OH）的清除能力，以探讨云杉属植物引进种对其生长环境的适应性，以及抗氧化性与生长环境所呈现的规律性。为开发和利用云杉属植物的大量引进、栽培等方面提供理论依据。

材料：试验所用的 8 种云杉属材料（样品 1~8）依次是红皮云杉、蓝云杉、粗枝云杉、川西云杉、白扦、青海云杉、青扦、沙地云杉。

多酚含量测定：参照 Folin-Ciocalteu 比色法[2]进行测定。

黄酮含量测定：参照文献［3，4］的方法。

DPPH 自由基清除能力测定：参照文献［5］的方法。

ABTS 自由基清除能力测定：参照文献［6］的方法。

O_2^-自由基清除能力测定：参照文献［7］的方法。

·OH 自由基清除能力测定：参照文献［8］的方法。

5.2.2.1　几种云杉属植物叶片提取液多酚含量的比较

8 种云杉属植物叶中多酚含量见图 5-9。由图 5-9 可知，8 个样品中多酚含量的差异较明显，其中，样品 8 多酚含量与其他样品相比较差异极显著（$p<0.01$），样品 2 和样品 7 比较差异不显著（$p>0.05$）。样品 8 多酚含量较高，为 0.275 mg/g，样品 3 最低，为 0.15 mg/g。多酚含量排列顺序为：样品 8＞样品 2＞样品 7＞样品 1＞样品 5＞样品 6＞样品 4＞样品 3。

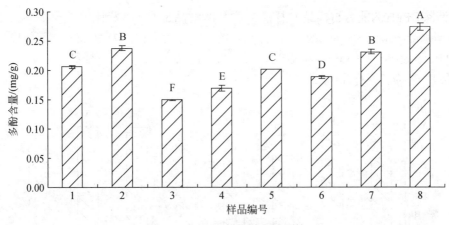

图 5-9　不同云杉多酚含量比较

1-红皮云杉；2-蓝云杉；3-粗枝云杉；4-川西云杉；5-白扦；6-青海云杉；7-青扦；8-沙地云杉

不同大写字母代表不同云杉的显著性差异（$p<0.05$），图 5-10~图 5-14 同

5.2.2.2　几种云杉属植物叶片提取液黄酮含量的比较

由图 5-10 可知，8 个样品中黄酮含量的差异比较明显。其中，样品 8 黄酮含量与其他样品相比较差异极显著（$p<0.01$），样品 1、样品 5、样品 7、样品 2 比较差异不显著（$p>0.05$）。样品 8 黄酮含量最高为 553.286 mg/g，样品 4 含量最低为 217.776 mg/g，8 种样品黄酮含量的顺序为：样品 8＞样品 7＞样品 1＞样品 5＞样品 2＞样品 6＞样品 3＞样品 4。

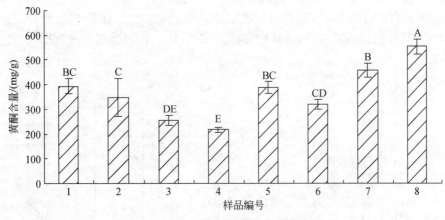

图 5-10　不同云杉黄酮含量比较

1-红皮云杉；2-蓝云杉；3-粗枝云杉；4-川西云杉；5-白扦；6-青海云杉；7-青扦；8-沙地云杉

5.2.2.3　几种云杉属植物叶片提取液对 DPPH 自由基清除作用

DPPH 自由基是一种稳定的有机自由基,被广泛作为抗氧化剂评价自由基清除活力的一种工具,已成功应用于多种天然提取物抗氧化活性的评价。8 种云杉属植物叶片提取液对 DPPH 的清除能力见图 5-11。8 个样品提取液清除 DPPH 的能力差异较大。样品 7 和

样品6清除DPPH的能力与样品1、样品3、样品4、样品5、样品8相比较差异显著($p<0.01$)。样品 7 清除能力最高为，89.35%，而样品 4 的清除能力最低，为 69.89%，其他样品的清除能力在 69.89%～89.35%。清除能力依次为：样品 7＞样品 6＞样品 2＞样品 1＞样品 5＞样品 8＞样品 3＞样品 4。

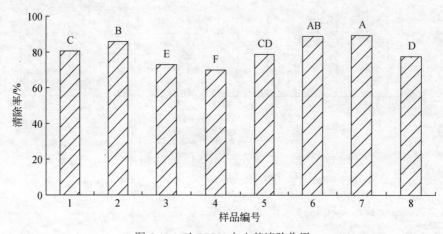

图 5-11　对 DPPH 自由基清除作用

1-红皮云杉；2-蓝云杉；3-粗枝云杉；4-川西云杉；5-白扦；6-青海云杉；7-青扦；8-沙地云杉

5.2.2.4　几种云杉属植物叶片提取液对 ABTS 自由基清除作用

由图 5-12 可知：8 个样品提取液清除 ABTS 的能力比较好，但差异性不明显，其中样品 4 清除 ABTS 的能力与其他样品相比差异显著（$p<0.01$）。样品 4 的清除能力最低，为 97.96%，其他的样品清除能力相对较高且差距不大，在 99.29%～99.86%。

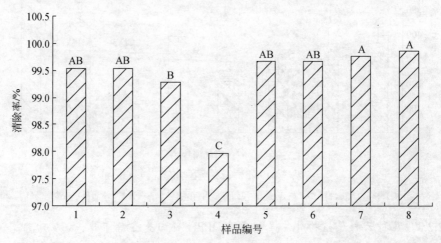

图 5-12　对 ABTS 自由基清除作用比较

1-红皮云杉；2-蓝云杉；3-粗枝云杉；4-川西云杉；5-白扦；6-青海云杉；7-青扦；8-沙地云杉

5.2.2.5　几种云杉属植物叶片提取液对 O_2^- 自由基清除作用

8 种云杉属植物叶提取液对 O_2^- 的清除能力见图 5-13。8 个样品提取液清除 O_2^- 的差异比较明显。其中,样品 7 清除 O_2^- 离子自由基的能力与其他样品相比较差异极显著($p<0.01$),而样品 1、样品 2、样品 3 之间差异不显著 ($p>0.05$)。相比较而言,样品 7 清除 O_2^- 的能力较强。

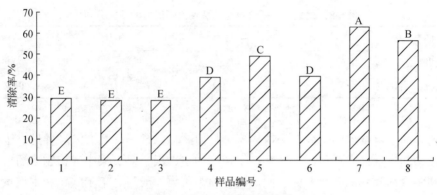

图 5-13　对 O_2^- 清除作用比较

1-红皮云杉；2-蓝云杉；3-粗枝云杉；4-川西云杉；5-白扦；6-青海云杉；7-青扦；8-沙地云杉

5.2.2.6　几种云杉属植物叶片提取液对·OH 清除作用

·OH 是毒性最大的活性氧,能引起细胞内的 DNA 氧化损伤,也是引起衰老和某些疾病的重要原因之一。因此,从天然产物中寻找·OH 清除剂,对保护 DNA 的氧化损伤、延缓衰老、防止某些疾病的发生具有非常重要的意义。8 个样品提取液清除羟基自由基的差异不明显。样品 1 清除·OH 能力与其他 7 中样品相比差异显著 ($p<0.01$),样品 1 清除·OH 能力最高,而样品 6 最低,只有 0.22%,如图 5-14 所示。

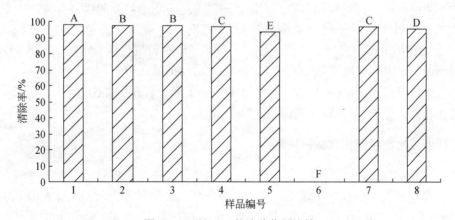

图 5-14　对·OH 的清除作用比较

1-红皮云杉；2-蓝云杉；3-粗枝云杉；4-川西云杉；5-白扦；6-青海云杉；7-青扦；8-沙地云杉

5.2.2.7 云杉属植物叶片黄酮与多酚含量与抗氧化活性分析

相关性分析表明，黄酮含量与 DPPH、ABTS、O_2^- 清除能力、·OH 清除能力之间有一定的相关性，相比较而言，黄酮与 ABTS、O_2^- 清除能力之间相关性较高（$r>0.653$）；多酚含量与 ABTS、O_2^- 清除能力之间相关性较高（$r>0.522$），与 DPPH、·OH 清除能力之间有较弱正相关（表 5-8）。

表 5-8 黄酮与多酚含量与清除自由基能力的相关分析

指标	DPPH	ABTS	O_2^-	· OH
黄酮	0.379	0.733*	0.653	0.175
多酚	0.431	0.572	0.522	0.187

注：皮尔逊相关，双尾检验；*表示相关性显著，$p<0.05$。

植物多酚是自然界广泛分布的植物次生代谢产物，是一类具有苯环并结合了多个羟基化学结构的化合物的总称，广泛存在于植物的皮、根、叶、果中。植物多酚根据苯环的数量和结合到苯环上的元素的不同，可分为类黄酮、酚酸、单宁、芪和木质素类。同种植物的不同生长阶段和部位多酚含量和种类各不相同，同时也与植物生长的环境因素有关。对引种的 8 种云杉属植物叶片提取液中多酚、黄酮含量进行测定，8 种云杉属植物叶片提取液中多酚含量、黄酮含量大体呈现相同的走势，其中样品 8 和样品 7 的含量最高，样品 3、样品 4 的含量相对较低。这种差异可能与品种有关。

植物多酚不仅具有抗氧化、抗肿瘤、抗癌和预防心血管疾病等多种生理功能，在植物抗逆境生理生态上也具有重要的作用。8 种引进的云杉属植物叶片提取液对 DPPH、ABTS、O_2^-、·OH 均有不同的清除作用，样品 7 的提取液对 DPPH、ABTS、O_2^- 自由基的清除能力较强，其次为样品 8。从黄酮和多酚含量来看，样品 8 的黄酮和多酚含量高于样品 7，但从抗氧化分析来看，样品 7 的抗氧化性高于其他样品，说明样品 7 在引种适应过程中产生的多酚、黄酮结构与种类不同，同时与提取物中复杂的成分有关。

相关性分析表明，多酚和黄酮含量与 ABTS、O_2^- 清除能力之间相关性较高，与 DPPH、·OH 清除能力之间有较弱正相关，提示多酚和黄酮含量与清除 ABTS、O_2^- 自由基密切相关。多酚和黄酮可能是清除 ABTS、O_2^- 的物质基础。

以上分析可以说明，8 种引种云杉中从多酚和黄酮含量和抗氧化方面综合考虑，青扦最适宜在祁连山林地引种栽培，其次为沙地云杉。

5.2.3 祁连山水源涵养林造林树种筛选

试验选择青海云杉、祁连圆柏、金露梅、沙棘、锦鸡儿、枸杞、山杏 7 个树种，进行树种筛选。根据各树种的生理学特性、适生条件，分阴坡和阳坡进行适应性试验，采用 50 cm×50 cm×80 cm 鱼鳞坑整地，春季造林，株行距 1.5 m×1.5 m。造林后进行围栏封育，防止人畜践踏危害，每年于夏秋两季进行中耕除草、树穴修复及抚育管理。试验采用随机区组设计，3 次重复，每小区栽植 50 株。分别于当年春季、秋季，第 2、3 年秋季苗木生长期结束后调查苗高、地径和成活（保存）率，并对影响苗木生长和成活的制约因素进行分析。

（1）苗木成活率分析。由表 5-9 可知，阴坡树种的成活率显著高于阳坡，当年成活率达 87%以上，第 3 年保存率达 75%以上（沙棘除外），表现出较强的适应性。阳坡地第 1 年各树种的成活率较高，达 84%以上，而第 2、3 年树种成活率均有不同程度的下降，第 3 年乡土树种除锦鸡儿外，均需补植；引进树种枸杞、山杏保存率最低（不足 50%），明显不适应当地的气候条件。阴坡苗木成活率高于阳坡的主要原因是阴坡土壤和水分条件较优越。

表 5-9　不同树种在哈溪林区造林生长状况

坡型	树种	第 1 年			第 2 年			第 3 年		
		苗高/cm	地径/cm	成活率/%	苗高/cm	地径/cm	保存率/%	苗高/cm	地径/cm	保存率/%
阴坡	青海云杉	45.40	1.13	95.56	47.76	1.24	90.7	51.23	1.25	87.90
	沙棘	43.35	0.40	95.45	57.74	0.83	81.33	123.43	1.54	74.45
	金露梅	34.00	0.37	87.00	39.22	0.45	83.00	49.77	0.46	77.79
阳坡	祁连圆柏	48.12	0.99	84.33	58.44	1.15	73.89	60.43	1.33	70.52
	枸杞	77.67	0.57	87.76	88.78	0.61	59.90	88.80	0.62	44.33
	山杏	189.90	1.37	87.90	190.11	1.49	73.30	170.00	1.64	43.66
	锦鸡儿	35.93	0.29	88.61	40.52	0.35	87.72	50.22	0.37	86.39

树种死亡的主要原因是干旱、病虫、鼠害等，其中干旱、霜冻等自然灾害造成的死亡树种约占死亡株率的 42.3%，云杉扁叶蜂、鼠兔等病虫危害造成的死亡树种约占死亡株率的 33.3%，由栽植不当等造成的死亡树种占死亡株率的 15.6%，其他原因造成的死亡树种占 8.8%。因此，该区干旱是影响苗木成活的重要因素，其次为病虫鼠害；从成活率、生长率、自繁能力等多重指标观察分析，青海云杉、祁连圆柏、锦鸡儿、金露梅、沙棘等 5 个树种苗木生长旺盛，根系发达，成活率高，自身萌蘖和更新能力较好，适应性极强，可作为造林首选乡土树种。

（2）苗木生长量分析。由表 5-9 可知，除山杏外，各试验树种栽植当年高生长量较低，以后呈逐年递增趋势。由于栽植当年苗木根系、枝条受到不同程度的损伤和破坏，苗木的自我恢复和修复过程一般需要 1~2 年，之后苗木进入生长旺盛期。阴坡试验树种高生长量由高到低依次为沙棘、青海云杉、金露梅，阳坡试验树种高生长量由高到低依次为沙棘、祁连圆柏、锦鸡儿。山杏、枸杞作为当地引进栽培的经济树种，其高生长量均呈现逐年下降的趋势，主要是试验区年生长积温和光照不足，生长期短，当年新梢的木质化程度低，受冻害所致，苗木越冬困难。当年生枝条经过一个冬季后几乎干枯，翌年春季在主干和基部重新萌发，经过一个生长期季后，再干枯，再萌发生长，其生长量和苗高逐年下降，逐渐生长为丛枝状，苗木在养分逐渐消耗的过程中死亡或濒于死亡。

（3）苗木生物量分析。在试验栽植的第 3 年，对表现较好的锦鸡儿、金露梅、青海云杉、沙棘等 4 个试验树种，调查其地下、地上干物质积累的储量和分布。从苗木根系的垂直分布来看，各树种根系分布均达到土壤水分活跃层（0~30 cm）的下限，对提高苗木的抗旱性十分有利。锦鸡儿、沙棘为深根性树种，沙棘根系深度为 105 cm、锦鸡儿

为 64 cm，它们可以在枯水季节有效吸收土壤水分传输层（60～80 cm）和蓄水层（80 cm
以下）的水分，最大限度地提高苗木在干旱季节的存活率，适宜在干旱阳坡及半阳坡造
林。从苗木根系的横向分布来看，沙棘、青海云杉、金露梅的根系分布范围较广，根系
较发达，可起到固土蓄水的作用，是理想的水源涵养树种。从地下和地上干物质合成量
及生长量分析，云杉、沙棘较大的高生长量可有效缩短幼林的郁闭期，同时其较大的冠
幅有利于苗木有效拦截天然降水，形成树冠截流，减少雨滴对土壤的溅击侵蚀，从而减
少水土流失，不同树种干物质积累量分析如表 5-10 所示。

表 5-10　不同树种干物质积累量分析

树种	冠幅/cm²	根幅/cm²	根深/cm	地上部分		地下部分	
				鲜重/g	干重/g	鲜重/g	干重/g
青海云杉	866.00	3378.80	40	277.50	122.34	120.20	57.88
锦鸡儿	85.56	170.58	64	3.35	1.47	2.24	1.10
沙棘	3585.5	9098.3	105	230.00	110.21	155.00	57.38
金露梅	145.4	2361.9	44	15.85	7.78	10.66	5.33

　　总之，祁连山抗旱造林中，应尽量选用乡土树种，阴坡宜采用的造林树种有：青海
云杉、金露梅、沙棘，其根系范围广，根系发达，能起到有效固土蓄水的作用，适宜在
水土条件较好的阴坡及半阴坡营造水源涵养树种；阳坡宜采用的树种有：祁连圆柏、沙
棘，锦鸡儿等，其根系垂直分布较深，能够吸收土壤深层水分，最大限度地提高苗木在
干旱季节的存活率，适宜在干旱阳坡及半阳坡营造水土保持林。

　　山杏、枸杞的当年成活率较高，以后逐年下降，生长不良，明显不适应当地的气候
条件，因此不适宜在祁连山区栽培。在祁连山山区造林，围栏封育是一项非常必要和有
效的幼林抚育管理措施，而土壤水分条件、林木病虫鼠害是影响苗木成活和保存率的重
要因素，其中干旱是苗木成活的首要限制因子，其次是病虫鼠害。

5.2.4　祁连山水源涵养林树种快速繁育技术研究

　　青海云杉和祁连圆柏两树种苗期和幼林期生长慢，严重影响其遗传改良进程，特别
是遗传评价进程，因此青海云杉和祁连圆柏的扦插育苗技术成为加速育种成活的关键之
一，也可为两树种的抚育改造和管理提供理论依据。

5.2.4.1　青海云杉和祁连圆柏扦插试验

　　试验以黏土作为基质，采用全光照人工间歇式喷雾装置，选用吲哚丁酸（IBA）、
生根粉（ABT）、绿色植物生长调节剂（GGR）三种植物激素（不同浓度浸泡时间组合）
对不同株龄青海云杉和祁连圆柏插穗进行处理，处理后青海云杉和祁连圆柏插穗成活率
最大值均出现在植物激素 ABT 200 mg/L 处理 200 min 时，当 ABT 浓度过大时，对插穗
根系生长具有明显的抑制作用。植物激素对插穗根系生长状况的影响表明：不同激素处
理的插穗生根率、根长、生根数、根系效果指数差异较为显著，生根率为 ABT＞IBA＞

GGR。不同株龄的插穗生根对激素的响应结果表明：青海云杉插穗根系生长情况受母株株龄的影响较大，而祁连圆柏不太明显。

　　扦插试验中，青海云杉和祁连圆柏的扦插基质均为黏土。采用安装有人工间歇式喷雾设备的长方形插床。扦插前用 5% 的高锰酸钾土壤消毒后，将插穗浸入不同处理溶液中，浸入深度 4 cm，随处理随扦插，扦插株行距 5 cm×5 cm，扦插深度≤5 cm。扦插时，剪取饱满、健壮的 1 年生嫩枝，插穗长度 10～12 cm，切口平削，保留全部针叶。每个株龄的插穗分别用 IBA 200 mg/L、GGR 200 mg/L、ABT 50 mg/L、ABT 100 mg/L、ABT 200 mg/L、ABT 500 mg/L 处理，每种溶液处理的时间分别为 5～30 s、30 min、60 min、120 min、300 min（表 5-11），扦插期间始终保持苗床湿润。

表 5-11　青海云杉和祁连圆柏嫩枝扦插激素试验设计

激素	浓度/（mg/L）	处理时间	编号
IBA（A）	200	5～30 s、30 min、60 min、120 min、300 min	A1、A2、A3、A4、A5
ABT（B）	50	5～30 s、30 min、60 min、120 min、300 min	B1、B2、B3 B4、B5
ABT（C）	100	5～30 s、30 min、60 min、120 min、300 min	C1、C2、C3、C4、C5
ABT（D）	200	5～30 s、30 min、60 min、120 min、300 min	D1、D2、D3、D4、D5、
ABT（E）	500	5～30 s、30 min、60 min、120 min、300 min	E1、E2、E3、E4、E5
GGR（F）	200	5～30 s、30 min、60 min、120 min、300 min	F1、F2、F3、F4、F5

　　1. 激素处理对不同株龄青海云杉和祁连圆柏嫩枝扦插的成活率影响

　　扦插 60 天后，分别对株龄为 7 年和 30 年的青海云杉扦插苗进行调查，从试验结果（图 5-15、图 5-16）可以看出，不同激素浓度和同一激素浓度不同处理时间对青海云杉扦插苗成活具有很大的影响，生长 7 年的青海云杉插条，经 ABT 50～200 mg/L 处理时，成活率随着处理浓度的增大而增大，且在 ABT 浓度 200 mg/L、时间为 120 min 时成活率最大，为 78%，其次为该浓度 60 min 的处理，成活率为 53%；当 ABT 浓度增加至 500 mg/L 时，各个处理时间的成活率迅速下降；IBA 和 GGR 处理时成活率最大均为浓度 200 mg/L、浸泡 60 min，其值分别为 33% 和 26%。对于生长 7 年和 30 年的青海云杉嫩枝扦插，最大值均为 ABT 200 mg/L、120 min 的处理，但 30 年插穗最大值仅为 48%。

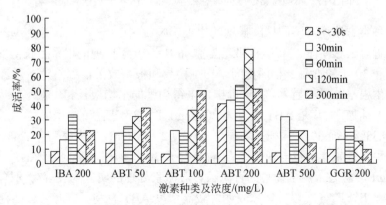

图 5-15　不同激素浓度处理对青海云杉（7 年）成活率的影响

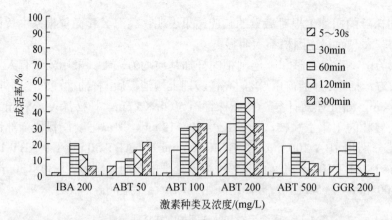

图 5-16　不同激素浓度处理对青海云杉（30 年）成活率的影响

对祁连圆柏扦插苗成活率的调查发现（图 5-17、图 5-18），生长 16 年的祁连圆柏，经 ABT 100 mg/L 处理 120 min 后，插穗成活率最大，为 86%（图 5-17），其次为该浓度处理下 30 min 和 300 min，成活率，均为 61%，ABT 200 mg/L 处理 120 min 时该树种的成活率也较大。生长 16 年的祁连圆柏经 ABT 50～200 mg/L 处理时，成活率变化也表现出和 7 年的青海云杉、30 年的祁连圆柏同样的规律性，即随着 ABT 处理浓度的增大而增大。此外，IBA 和 GGR 对插穗成活率的影响较小。

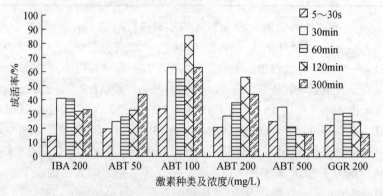

图 5-17　不同激素浓度处理对祁连圆柏（16 年）成活率的影响

2. 激素种类、浓度对不同株龄插穗的生根影响

试验中青海云杉 7 年、30 年和祁连圆柏 16 年、30 年插穗的根系生长情况见表 5-12，株龄为 7 年和 30 年的青海云杉插穗间平均生根数和根系效果指数差异不显著，而平均根总长和平均生根率差异极显著。7 年母株上采得插穗的平均根长和生根率远远大于 30 年母株上采得的插穗，尤其是 ABT 浓度为 200 mg/L 时，7 年插穗的平均根总长为 39.56 cm、生根率为 69.33%，而 30 年插穗平均根总长仅为 21.65 cm、生根率为 46.24%。此外，平均生根数和根系效果指数也表现为 7 年插穗大于 30 年插穗，激素处理的最大值为 ABT 浓度 200 mg/L。总之，两个株龄的青海云杉对激素处理的响应均表现为同样的规律性，即 D＞C＞A、B＞E、F。以上现象表明，较高浓度 ABT 有利于青海云杉插穗生根，IBA

次之，GGR 和高浓度 ABT 对插穗生根具有抑制作用。

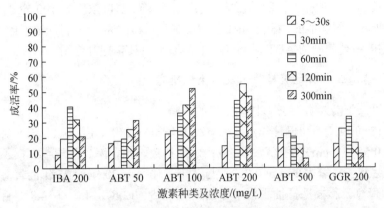

图 5-18 不同激素浓度处理对祁连圆柏（30 年）成活率的影响

表 5-12 激素种类、浓度对不同株龄插穗根系生长状况的影响

树种名称	年龄/年	调查类别	激素处理种类					
			A	B	C	D	E	F
青海云杉	7	平均生根数/（条/株）	4.66b	4.52b	8.73a	10.43a	2.32b	2.11b
		平均根总长/（cm/株）	11.93c	13.63c	29.05b	39.56a	12.43c	11.99c
		平均生根率/%	30.01c	53.88a	66.12b	69.33a	44.09b	22.67c
		根系效果指数	1.85b	2.05b	8.45a	11.67a	0.96b	0.84b
	30	平均生根数/（条/株）	2.33b	3.45b	8.77a	8.97a	2.19b	1.09b
		平均根总长/（cm/株）	9.42c	13.04b	19.77b	21.65a	6.41c	7.33c
		生根率/%	26.41c	33.09b	41.33a	46.24a	31.37b	18.32c
		根系效果指数	0.73c	1.50b	5.78a	7.67a	0.47c	0.27c
祁连圆柏	16	平均生根数/（条/株）	8.66b	10.98a	11.88a	13.26a	7.02b	7.55b
		平均根总长/（cm/株）	27.01b	29.66b	37.11a	37.27a	22.91b	17.66c
		生根率/%	77.29b	77.99b	82.11a	85.91a	63.01b	66.44b
		根系效果指数	7.80b	10.86a	14.70a	16.47a	5.36b	4.44b
	30	平均生根数/（条/株）	7.92b	5.01b	11.01a	11.77a	5.33b	7.22b
		平均根总长/（cm/株）	22.59b	19.65b	30.81a	33.42a	11.33b	28.33a
		生根率/%	69.06a	65.39a	73.21a	71.04a	50.49b	55.18b
		根系效果指数	5.96b	3.28b	11.31a	13.11a	2.01b	6.82b

注：同行数据中不同小写字母表示显著性差异（$p<0.05$）。表 5-13～表 5-17 同。

采自祁连圆柏 16 年和 30 年两种株龄插穗的平均生根数、根总长、生根率及根系效果指数大于青海云杉上采得的插穗，但两株龄的插穗对不同激素处理的响应表现得与青海云杉略有不同，总体规律为 C、D＞A、B＞E、F。株龄为 16 年和 30 年的祁连圆柏插穗的平均根总长和平均生根率差异较为显著，平均生根数和根系效果指数差异不显著，插穗根系生长的各个指标受株龄的影响较小。此外，当 ABT 浓度为 100 mg/L 和 200 mg/L 时，两种处理下不同株龄的插穗根系生长状况最好，其次为 IBA 和低浓度的 ABT 处理下的插穗，GGR 和高浓度的 ABT 对祁连圆柏插穗生根具有抑制作用。

5.2.4.2　青海云杉扦插繁殖技术及其生根研究

1. 不同母株年龄对青海云杉扦插生根的影响

由表 5-13 可知，不同母株年龄（7 年、10 年、15 年、20 年和 25 年）对青海云杉插穗（直径为 0.5~1.0 cm）生根特性（根系效果指数、生根率、生根数、根长及根部腐烂率）的影响达到了显著水平（$p<0.05$）。与 7 年、10 年、20 年和 25 年的青海云杉插穗相比，15 年的青海云杉插穗扦插生根率分别提高 23.5、12.6、14.5 和 34.8 个百分点；平均生根数分别提高 2.4、1.6、3.4 和 4.6 个；特别是基部腐烂率分别降低 36.9、12.7、26.2 和 47.4 个百分点，表现出了较好的生根特性。值得注意的是，随着母株年龄的增加，青海云杉插穗扦插生根率表现出的先增加、后降低的无性繁殖生理特性。

表 5-13　青海云杉不同母株年龄插穗的生根表现

母株年龄/年	根系效果指数	生根率/%	平均生根数（一级根系）	平均根长/cm	总根长/cm	根部腐烂率/%
7	1.4±0.3 b	39.7±2.6c	4.1±0.3c	3.5±0.6c	77.6±8.7b	57.3±6.2c
10	2.3±0.4a	50.6±5.1b	4.9±0.3b	4.6±0.4b	96.5±10.2a	33.1±4.4b
15	3.6±0.5c	63.2±4.6a	6.5±0.6a	5.5±0.2a	118.8±9.7a	20.4±3.6a
20	0.8±0.2d	48.7±5.4d	3.1±0.3d	2.6±0.4d	73.4±5.9d	46.6±7.7d
25	0.3±0.1d	28.4±2.9e	1.9±0.3e	1.4±0.3e	49.4±5.9d	67.8±8.1de

2. 不同扦插类型对 15 年生青海云杉插穗扦插生根的影响

表 5-14 可知，不同类型插穗（嫩枝、硬枝和根系）对 15 年青海云杉扦插生根特性（根系效果指数、生根率、生根数、根长及根部腐烂率）的影响达到了显著水平（$p<0.05$），与直径为 0.3~0.5 cm 的嫩枝、直径大于 1 cm 的硬枝和直径为 0.5~1.0 cm 的根插穗相比，直径为 0.5~1.0 cm 的嫩枝扦插生根率分别提高 14.8、34.4 和 26.8 个百分点；平均生根数分别是直径为 0.3~0.5 cm 的嫩枝和直径大于 1 cm 的硬枝插穗生根率的 1.4 倍和 2.3 倍；特别是根部腐烂率分别降低 22.9、37.3 和 74.0 个百分点，表现出了较好的生根特性。值得注意的是，青海云杉的根系插穗不生根，根部腐烂率几乎达到 100%，根插穗不存在扦插生根的无性繁殖生理特性。

表 5-14　青海云杉嫩枝、硬枝和根系扦插的生根表现

类型（直径）	根系效果指数	生根率/%	平均生根数（一级根系）	平均根长/cm	总根长/cm	根部腐烂率/%
嫩枝 0.3~0.5 cm	2.4±0.5 b	52.7±3.8b	5.0±0.5b	4.7±0.4b	93.6±7.7b	47.4±6.2c
嫩枝 0.5~1.0 cm	4.0±0.7a	67.5±5.2a	6.8±0.4a	5.9±0.6a	126.5±9.2a	24.3±3.0d

续表

类型（直径）	根系效果指数	生根率/%	平均生根数（一级根系）	平均根长/cm	总根长/cm	根部腐烂率/%
硬枝大于 1.0 cm	0.6±0.1c	33.1±2.5c	2.9±0.3c	3.0±0.3c	56.1±4.3c	61.6±5.7b
根系 0.5～1.0 cm	0	40.7±3.3c	0	0	0	98.3±7.1a

3. 不同扦插位置对 15 年生青海云杉嫩枝插穗扦插生根的影响

由表 5-15 可知，不同部位（顶端、上部、中部和下部）对 15 年生青海云杉嫩枝插穗（直径：0.5～1.0 cm；长度：15 cm）生根特性（根系效果指数、生根率、生根数、根长及根部腐烂率）的影响也达到了显著水平（$p<0.05$）。与中部和下部的嫩枝插穗相比，处于青海云杉顶端和上部的嫩枝扦插生根率分别提高 32.1、19.5 和 49.8、37.2 个百分点；平均生根数分别提高了 3.6、1.8 和 5.0、3.2 个；特别是根部腐烂率分别降低 23.8、10.8 和 40.3、24.7 个百分点，表现出了较好的生根特性。然而，尽管青海云杉顶端和上部的嫩枝表现出了较好的生根特性，但是采集了顶端枝条后，青海云杉的树体结构会遭到破坏，因此在选择较好部位的嫩枝插穗时，上部的嫩枝是一个不错的选择。

表 5-15　青海云杉不同扦插部位的生根表现

位置	根系效果指数	生根率/%	平均生根数（一级根系）	平均根长/cm	总根长/cm	根部腐烂率/%
顶端	6.2±0.7 d	86.3±5.3a	8.6±0.4a	7.2±0.3a	141.3±8.4a	10.3±1.1a
上部	4.0±0.6b	73.7±6.0b	6.8±0.3b	5.9±0.2b	125.5±9.1b	23.3±1.9c
中部	2.3±0.4c	54.2±3.9c	5.0±0.7c	4.6±0.2c	101.3±6.96c	34.1±2.9b
下部	1.0±0.2a	36.5±4.6d	3.6±0.6d	2.7±0.3d	53.1±7.8d	50.7±5.6d

4. 青海云杉插穗（嫩枝和硬枝）内源激素含量与生根率的关系

从表 5-16 可知，内源激素（IAA、ABA 和 KT）显著影响不同年龄（7 年、10 年、15 年、20 年和 25 年）青海云杉一年生硬枝和嫩枝插穗的扦插生根率。随着年龄的增加，青海云杉硬枝和嫩枝插穗中 IAA 和 KT 含量显著降低，而 ABA 含量则呈现显著增加的趋势。此外，随着年龄的增加，青海云杉硬枝插穗中 IAA、ABA 和 KT 含量，特别是 ABA 含量要显著高于嫩枝，但是扦插生根率要显著低于嫩枝。值得注意的是，IAA/ABA 比值对青海云杉硬枝和嫩枝插穗的扦插生根率有显著影响，7 年、10 年、15 年、20 年和 25 年的青海云杉嫩枝中 IAA/ABA 比值分别是同年龄青海云杉硬枝中 IAA/ABA 比值的 7.8 倍、8.5 倍、7.9 倍、6.8 倍和 5.7 倍。总之，青海云杉的扦插生根率并不是由单一的内源激素决定的，而是由 IAA/ABA 的比值决定的。青海云杉年龄越大，IAA/ABA 的比值越小，嫩枝和硬枝的扦插生根率也就越低。

表 5-16　青海云杉插穗中 IAA、ABA、KT 含量及 IAA/ABA 和 IAA/KT 比值与生根率的关系

年龄/年	IAA 含量/（μg/kg）		ABA 含量/（μg/kg）		KT 含量/（μg/kg）		IAA/ABA		IAA/KT	
	硬枝	嫩枝	硬枝	嫩枝	硬枝	嫩枝	硬枝	嫩枝	硬枝	嫩枝
7	663±50a	573±43a	245±21e	27±3e	338±33a	267±21a	2.7	21.2	1.96	2.15

年龄/年	IAA 含量/（μg/kg）		ABA 含量/（μg/kg）		KT 含量/（μg/kg）		IAA/ABA		IAA/KT	
	硬枝	嫩枝	硬枝	嫩枝	硬枝	嫩枝	硬枝	嫩枝	硬枝	嫩枝
10	604±37ab	546±41ab	312±23cd	34±4d	317±29ab	243±22ab	1.9	16.1	1.91	2.25
15	537±39b	511±34ab	357±34c	43±4c	296±27ab	223±18ab	1.5	11.9	1.81	2.29
20	474±32c	415±35c	441±25b	55±5b	261±22b	187±21b	1.1	7.5	1.82	2.22
25	322±22d	236±10d	572±49a	69±6a	224±18bc	171±17bc	0.6	3.4	1.44	1.38

5. 青海云杉插穗营养物质含量与生根率的关系

从表 5-17 可知，营养物质（全碳和全氮）显著影响不同年龄（7 年、10 年、15 年、20 年和 25 年）青海云杉 1 年生硬枝和嫩枝插穗的扦插生根率。随着年龄的增加，青海云杉硬枝和嫩枝插穗中全氮含量显著增加，而全碳含量则呈现显著降低的趋势。值得注意的是，随着年龄的增加，全碳/全氮比值对青海云杉硬枝和嫩枝插穗的扦插生根率有显著影响，7 年、10 年、15 年、20 年和 25 年的青海云杉嫩枝中全碳/全氮比值分别比同年龄青海云杉硬枝中全碳/全氮比值高 97.2%、119.6%、106.9%、82.7% 和 104.2%。总之，青海云杉的扦插生根率并不是由单一的内含物（营养物质）决定的，而是由全碳/全氮的比值决定的。青海云杉年龄越大，全碳/全氮的比值越小，嫩枝和硬枝的扦插生根率也就越低。

表 5-17　青海云杉插穗中全碳、全氮含量及全碳/全氮值与生根率的关系

年龄/年	全碳含量/（mg/g）		全氮含量/（mg/g）		全碳/全氮	
	硬枝	嫩枝	硬枝	嫩枝	硬枝	嫩枝
7	286.3±12.4a	248.4±12.7a	13.2±0.6cd	5.8±0.5cd	21.7±1.7a	42.8±3.4a
10	248.5±13.1b	239.6±13.4ab	14.8±0.9bc	6.5±0.4c	16.8±1.1b	36.9±2.7b
15	221.2±11.7c	226.8±13.0ab	13.9±0.7c	6.9±0.6bc	15.9±1.3bc	32.9±2.1bc
20	191.6±12.2d	183.1±12.6c	15.1±1.1b	7.9±0.6b	12.7±1.4c	23.2±2.0d
25	132.7±12.7e	155.8±11.5d	18.4±1.0a	10.6±0.9a	7.2±1.0 d	14.7±1.2e

青海云杉扦插繁殖的类型、位置及年龄效应及对寒冷生境的适应性：青海云杉是祁连山区适应性最强的多年生乔木树种，由于其生长在寒冷环境中，恶劣的环境条件（低温、多风天气及长期的降雪等）使得其生长状况相当复杂，形成了对寒冷生境的特殊适应方式。云杉属树木的种群主要依靠有性繁殖来维持稳定，由于自身的生物特性和生存环境，其有性繁殖远远落后于无性繁殖。从植物对环境的适应对策来看，在较大的环境压力下，青海云杉的有性繁殖局限性很大，其强有力的无性繁殖特性占据了绝对优势。青海云杉的无性繁殖存在显著的年龄、类型和位置效应，15 年生青海云杉上部的嫩枝插穗（直径：0.5～1.0 cm；长度：15 cm）表现出较高的扦插生根率和低的根部腐烂率。值得注意的是，在青海云杉扦插繁殖过程中，随着母株年龄的增加，插穗扦插生根率逐渐降低。造成这种结果的原因可能是 15 年的青海云杉正处于青壮年期，其上部的枝条个体

发育比中部和下部更幼嫩，枝条中积累的大量营养物质具有较强的新陈代谢能力、高含量的内源激素和较活跃的细胞分生组织能力，有利于插穗快速生根。该结论与青海云杉、红皮云杉和欧洲云杉扦插繁殖中的年龄效应结果一致，而与青海云杉、红皮云杉、杉木、挪威云杉、马尾松扦插繁殖中的位置效应结果不一致，造成此类差异可能与母株本身的遗传特性、健康营养状况、激素水平、枝条在母株上所处的位置、分布或取样的方法等有关，真正的原因还有待进一步研究。

6. 植物生长激素与生根

自 1934 年荷兰生理学家温特（Went）发表关于植物生长激素对于不定根形成具有促进作用的论文之后，许多学者发现内源生长素含量高的嫩枝比冬季休眠枝更容易生根，带有芽和叶的插穗比去掉芽和叶的插穗生根率高。这是因为芽和叶中产生的生长素，通过极性运输积累在插穗基部的缘故。试验研究表明：内源生长素对青海云杉插穗的生根率起着重要的作用。不同内源激素对青海云杉插穗扦插生根的作用不一样，特别是内源激素的比值对插穗生根的影响更大。不论是采用云杉硬枝还是嫩枝作为插穗，随着青海云杉母树年龄的增大，IAA 和 KT 含量及 IAA/ABA、IAA/KT 与生根率正相关，而 ABA 含量与生根率负相关，ABA 含量在硬枝中很高，而在嫩枝中很低。郭素娟等[9]在白皮松插穗生根试验中也得到了相似的结果。詹亚光等[10]研究表明，IAA/ABA 随白桦母树年龄的增加而降低，可用 IAA/ABA 比值作为衡量白桦插穗生根能力的指标。郑均宝[11]研究表明，IAA/ABA 比值可作为树木扦插后生根难易的判断标准，在 IAA/ABA 比值较大时，有利于不定根的形成，反之则抑制根源基的形成。综上所述，青海云杉扦插能否生根并不是由单一的某种内源激素决定，而是内源激素之间综合作用的结果。青海云杉插穗内高浓度的 IAA 含量和低浓度的 ABA 含量使得 IAA/ABA 比值相对较高，这是导致青海云杉嫩枝插穗扦插成活率高而硬枝插穗成活率低的主要因素之一。

7. 营养物质与生根

在生态系统中，碳和氮是最基本的营养物质之一，二者形成一个巨大的、复杂的碳氮循环系统。在这一系统中，碳氮比作为一个重要的指标可以体现植物的营养利用效率（nutrient use efficency，NUE），是植物生命过程的重要维持者和调节者，同时也是枯枝落叶分解速率的调节因素之一。插穗生根时需要一定的营养物质，一般脂肪利用得少，而碳水化合物和氮素化合物则利用得多。用蔗糖和尿素或其他氮素化肥水溶液处理插穗，促进生根效果较好。许多试验证明，发育良好粗壮的插穗进行扦插比生长较差纤细的插穗容易生根。采用曲枝、环剥及刻伤等方法处理插穗，其生根率大大提高。这说明插穗内的营养物质对根原始体的分化有重要意义。插穗生根与碳水化合物和含氮化合物的比率有关，比率高，则生根率高。青海云杉扦插生根与碳氮比显著相关，碳氮比越高，插穗的扦插生根率就越高；此外，母树年龄越大，碳氮比越低，插穗的扦插生根率也就越低。有的学者认为插穗内的营养条件并不是不定根形成的决定性因素，当插穗内碳水化合物、含氮化合物与植物生长素的比例关系达到一定水平时，才有利于插穗的生根。可见，插穗生根在很大程度上依赖于被采枝条的发育程度，即采条时期。正确地选择采条时期是扦插成功的关键，生产实践中经常参考下列形态解剖指标确定扦插采条时期，如枝条的弹性、表皮和叶片的颜色、枝条的木质化程度、皮孔的发育程度等。

15 年生青海云杉的上部嫩枝（直径：0.5～1.0 cm；长度：15 cm）可有效地提高青海云杉的扦插生根率及促进根系的生长，插穗中 IAA/ABA 和总碳/总氮比值是影响青海云杉扦插生根的主要原因之一。因此，通过使用生长调节剂、合理的施肥措施及碳水化合物对插穗进行催芽处理可以更好地提高插穗的扦插生根率和改善根系的生长状况。

5.3　退化水源涵养林地生态修复与建植技术

5.3.1　祁连山东段退化水源涵养林生态修复模式

5.3.1.1　林缘区退化水源涵养林生态恢复模式

采用坡地鱼鳞坑和坡脚水平沟营造青海云杉和祁连圆柏，形成坡面流水收集、坡底沟缘"锁"边的水源涵养林恢复体系。鱼鳞坑增加表层土壤蓄水力，水平沟则增加了 20～40 cm 土层含水量，而单位面积土壤干扰则增加了 40 cm 以下土层含水量。人工造林增加了植被盖度，提高了土壤蓄水量，减少了水土流失，增加了水源涵养能力，造林地水土流失模数降低了 10%～15%。

5.3.1.2　祁连山东段林缘区退耕地生态恢复模式

采取水平沟、鱼鳞坑、穴状覆膜等方式整地，选取沙棘、叉子圆柏、互叶醉鱼草等抗旱树种造林，实施"灌木造林+灌草补播+围栏封育"的生态恢复技术措施后，调查分析不同树种及不同整地方式的造林成活率、保存率，不同生态恢复模式下植物种数量、植被盖度变化及生态恢复效果。分析结果认为：叉子圆柏和沙棘是祁连山东段林缘区退耕地造林较为适宜的树种，穴状覆膜和容器苗造林是适宜干旱山区退耕地生态恢复的造林方式，"灌木造林+灌草补播+围栏封育"技术是祁连山东段水源涵养林林缘区退化土地植被恢复比较理想的生态恢复模式，即选用沙棘或叉子圆柏人工造林+金露梅补播+披碱草（早熟禾）撒播技术是东段水源涵养林林缘区退耕地生态恢复的有效途径和方式。

5.3.1.3　小流域生态系统的水源涵养林保育技术体系

通过祁连山北坡森林生态系统的调查研究，分析了水源涵养林生态系统的退化类型，提出了在高山区封育、灌木林抚育，严重退化区采取金露梅+早熟禾补播技术；中山区林缘退化水源涵养林生态恢复；低山区人工造林+人工辅助封育，形成了小流域生态系统的水源涵养林保育技术体系，为水源涵养林管理和恢复生态提供参考。

5.3.2　祁连山东段退化水源涵养林地生态修复技术

5.3.2.1　林缘区退化水源涵养林生态修复技术

采用坡地鱼鳞坑和坡脚水平沟营造青海云杉和祁连圆柏，形成坡面流水收集，坡底沟缘"锁"边造林的水源涵养林恢复体系。

　　生态治理过程中，实行了退耕还林，大于 25°坡地退耕还林，为了防止水土流失，在阴半阳坡营采用沟植和穴植造祁连圆柏，阳坡和岗地营造叉子圆柏和冲沟营造云杉。

　　水源涵养林林缘水土流失区，将水土保持工程措施与造林技术结合，形成坡面流水收集、坡底沟缘"锁"边的水源涵养林缘功能恢复体系。根据立地条件，林缘营造锁边林，根据坡位，将造林地分成不同区域，在坡的下部开挖水平沟 1~3 条，沟内造林密度为 1 株/m^2，将林缘和沟沿"锁"住，减少水土流失，增加水源涵养能力。

　　从不同整地方式土壤含水量差异（表 5-18）可知，鱼鳞坑最大土壤含水量在表层，相对未造林地的含水量提高了 8.24%；水平沟土壤含水量在 20~40 cm 土层，相对未造林地提高了 26.53%。在林窗内建立单位面积 1 m×1 m 的苗床，0~40 cm 土层的土壤含水量低于未破坏区域的含水量，但 40~60 cm 土层的土壤含水量高于未破坏区域含水量35.82%，建立单位面积苗床地可增加土壤水分下渗，增加土壤涵养水源能力。人工造林后植被盖度达到 50%~60%，水土流失模数降低 10%~15%。

表 5-18　退化水源涵养林地不同整地方式土壤含水量差异率

整地方式	土壤含水量差异率/%		
	0~20 cm	20~40 cm	40~60 cm
鱼鳞坑	8.24	4.92	4.12
水平沟	5.78	26.53	11.66
单位面积苗床	-9.68	-17.45	35.82

　　调查哈溪林区造林效果发现：以鱼鳞坑或水平沟方式造林、叉子圆柏造林成活率及保苗率均在 90%以上；祁连圆柏造林成活率及保苗率均为 65%；青海云杉造林成活率及保苗率均在 90%以上。而调查祁连林区的造林效果发现：以鱼鳞坑方式造林、叉子圆柏造林成活率及保苗率均在 85%以上；祁连圆柏造林成活率及保苗率均为 65%；青海云杉造林成活率及保苗率均在 68%以上。因此，在造林时坡中上位选择鱼鳞坑、坡脚选择水平沟整地，阴坡选择树种有青海云杉、叉子圆柏；阳坡选择祁连圆柏、叉子圆柏等（表 5-19~表 5-21）。

表 5-19　哈溪林区东坡造林成活率及保苗率情况

造林类型	坡向和坡度	整地方式	树种	成活率/%	保苗率/%
祁连圆柏、叉子圆柏混交造林	东坡，坡度 30°	鱼鳞坑	叉子圆柏	98.33	91.50
			祁连圆柏	71.33	68.49
		水平沟	叉子圆柏	96.00	90.25
			祁连圆柏	67.67	76.25

表 5-20 哈溪林区西坡造林成活率及保苗率情况

造林类型	坡向和坡度	整地方式	树种	成活率/%	保苗率/%
祁连圆柏、云杉、油松、山杨混交造林	西坡，坡度34°	鱼鳞坑	祁连圆柏	68.42	65.15
			青海云杉	92.91	87.50
			油松	92.90	22.75
		水平沟	青海云杉	96.00	92.25
			油松	93.35	24.50
			山杨	91.5	82.25

表 5-21 祁连林区造林成活率及保苗率情况

造林类型	坡向和坡度	整地方式	树种	成活率/%	保苗率/%
沙棘、叉子圆柏、青海云杉混交造林	北坡，坡度35°	鱼鳞坑	叉子圆柏	90.50	86.75
			沙地云杉	82.67	68.56
			青海云杉	75.64	73.24
			祁连圆柏	70.67	67.25

5.3.2.2　祁连山东段林缘区退耕地生态恢复技术

在祁连山东段的祁连林场岔山，采取水平沟、鱼鳞坑、穴状覆膜等方式整地，选取沙棘、叉子圆柏、互叶醉鱼草等抗旱树种，密度 2 m×2 m、2 m×3 m 造林，实施"灌木造林+灌草补播+围栏封育"的生态恢复技术措施。结果认为：叉子圆柏和沙棘是东段林缘区退耕地造林较为适宜的树种，穴状覆膜和容器苗造林是适宜干旱山区退耕地生态恢复的造林方式，"灌木造林+灌草补播+围栏封育"技术是东段水源涵养林林缘区退化土地植被恢复比较理想的生态恢复模式，即选用沙棘或叉子圆柏人工造林+金露梅补播+披碱草（早熟禾）撒播技术是东段水源涵养林林缘区退耕地生态恢复的有效途径和方式。

根据祁连山东段林缘区退耕地现状，在祁连林场的岔山，采用水平沟、鱼鳞坑、穴状覆膜等整地方式，选取沙棘、叉子圆柏、互叶醉鱼草等不同抗旱树种造林，并实行"灌木造林+灌草补播+围栏封育"技术生态恢复措施。

林缘区退耕地不同造林方式的效果分析：通过在祁连山林缘区退耕地，采用灌木造林生态恢复技术模式，选取抗旱乡土树种沙棘、叉子圆柏、互叶醉鱼草等灌木作为造林树种，造林密度为 2 m×2 m 和 2 m×3 m，1∶1 行间混交，"品"字形配置，采取水平沟、鱼鳞坑、穴状覆膜等方式整地，选取容器苗或植苗造林，集成示范抗旱造林整地技术、泥浆浸根苗木保温技术、树穴覆膜集水造林技术等，个别地段采用了人工灌水措施。调查发现：叉子圆柏的造林成活率最高，达到95.50%，保存率达到90.50%；沙棘次之；互叶醉鱼草的造林成活率最低，达到64.83%，保存率达到59.28%（表5-22）。

表 5-22 东端林缘区退耕地不同树种造林效果分析

树种	造林时间	造林密度	成活率/%	保存率/%
沙棘	5 月上旬	2 m×3 m 2 m×2 m	84.26	80.32
叉子圆柏	5 月上旬	2 m×3 m 2 m×2 m	95.50	90.50
互叶醉鱼草	5 月上旬	2 m×3 m 2 m×2 m	64.83	59.28

由表 5-22 确定叉子圆柏、沙棘是祁连山东段林缘区退耕地造林的较为适宜的树种。通过调查不同整地方式的造林效果发现，穴状覆膜的造林成活率和保存率较高，分别达到 87.53%和 83.18%；而采取容器苗造林的成活率和保存率最高，分别为 89.36%和 84.32%（表 5-23），是适宜干旱山区退耕地生态恢复的造林方式。

表 5-23 东端林缘区退耕地不同整地方式造林效果分析

整地方式	造林时间	造林密度	成活率/%	保存率/%
水平沟	5 月上旬	2 m×3 m 2 m×2 m	81.46	75.23
鱼鳞坑	5 月上旬	2 m×3 m 2 m×2 m	83.50	80.25
穴状覆膜	5 月上旬	2 m×3 m 2 m×2 m	87.53	83.18
容器苗	5 月上旬	2 m×3 m 2 m×2 m	89.36	84.32

林缘区退耕地林草补播的生态恢复效果分析：通过对沙棘造林地实施林草补播技术，选取垂穗披碱草、早熟禾等草本植物种进行补播，播种密度分别为 1.0～1.5 kg/亩[①]、0.5～0.8 kg/亩。植被的补播恢复促进了林缘区退化土地的土壤良性循环和植被的自然演替，实现了水源涵养林林缘区退化土地植被的有效恢复。

对林缘区退化土地沙棘人工造林、沙棘人工造林+金露梅补播、沙棘人工造林+金露梅补播+披碱草（早熟禾）撒播 3 种生态模式的生长状况和群落特征进行了调查分析。沙棘人工造林+金露梅补播+披碱草（早熟禾）撒播在生态恢复 10 年后，其群落物种数可达 20 种，生态恢复区植被盖度可达 41.50%；而沙棘人工造林及沙棘人工造林+金露梅补播，其群落物种数仅为 15 种和 18 种（表 5-24）。因此，从生态恢复的速度、群落植被盖度及生态系统的稳定性来看，灌木造林+灌草补播技术是祁连山水源涵养林林缘区退化土地植被恢复比较理想的生态恢复模式，即选用沙棘人工造林+金露梅补播+披碱草（早熟禾）撒播是祁连山水源涵养林林缘区退化土地生态恢复的有效方式。

---

① 1 亩≈666.67m²。

表 5-24　林缘区退化土地不同生态恢复模式分析表

恢复模式类型	恢复时间	造林密度	恢复年限/年	植物种类/种	植被盖度/%
沙棘人工造林	2002 年	2 m×3 m	10	15	35.40
沙棘人工造林+金露梅补播	2005 年	2 m×3 m	3	18	39.20
沙棘人工造林+金露梅补播+披碱草（早熟禾）撒播	2003 年	2 m×3 m	3	20	41.50

通过灌木造林技术模式、灌草补播技术模式、围栏封育技术模式的集成试验示范和有效恢复，在祁连山东段建立水源涵养林林缘区退耕地综合生态恢复技术模式，极大地促进了林缘区退耕地的植被及生态的快速恢复，示范区的平均植被盖度由 30%提高到 41.5%，造林成活率 85%～92%，保存率达到 80%～91%。

5.4　水源涵养林植被空间配置与结构优化技术

5.4.1　祁连山中段水源涵养林植被空间配置与结构优化技术

针对祁连山水源涵养林功能退化问题，进行空间配置与结构优化试验示范，根据不同自然地带和立地类型的树种组成、层次结构、密度等关键因子，确定祁连山水源涵养林乔灌草合理配置比例，调整和优化水源涵养林结构，提高群落生物多样性，促进祁连山水源涵养林逐步向稳定群落演替。

5.4.1.1　乔木型水源涵养林结构优化研究与试验示范

针对青海云杉林稀疏的林分结构，采取补植、补种青海云杉、华北落叶松、幼树抚育等措施，提高生物多样性，增加林分稳定性及水源涵养能力，促使林分结构向稳定的原生状态转化，提高祁连山北坡以乔木为主的森林生态系统的涵养水源能力和水土保持能力。

结合树种的生物学特性和造林地立地条件，确定青海云杉、华北落叶松为试验树种，根据造林地降水量小、蒸发量大的特点，选择山区节水保墒造林法造林。造林后乔灌木盖度达到 50%～55%，增加 30%。乔灌木有青海云杉、华北落叶松、银露梅、金露梅、小叶锦鸡儿、绣线菊、雀儿舌、甘青锦鸡儿；草本植物有薹草、油蒿、狭叶米口袋、香青、野首蓿、甘青老鹳草、马先蒿、冰草、红花乳白香青、柴胡、东方草莓、秋唐松草、野蒜。

针对阴坡、半阴坡（海拔 2800～3000 m）青海云杉林稀疏的林分结构，采取补植、补种青海云杉、华北落叶松、幼树抚育等措施，提高林分稳定性及水源涵养能力，形成"青海云杉+华北落叶松"属生态型乔木混交模式。该模式特征为：青海云杉、华北落叶松每亩共栽植 168 株，配置比例为 2：1，即青海云杉 112 株，华北落叶松 56 株，密度达到 2 m×2 m，"品"字形配置，每个鱼鳞坑栽植 1 株；株间混交。最后可以使乔灌木盖度达到 50%～55%，增加 30%。

5.4.1.2　乔灌混交型水源涵养林结构优化技术

1. 乔灌混交型"云杉+金露梅+银露梅"模式

针对林（农）牧交错带农牧业生产活动对森林生态系统干扰较大、不利于水源涵养林生态功能发挥等问题，通过在金露梅、银露梅为主的灌木疏林地栽植云杉，补植金露梅、银露梅，采取多种方式进行人工补造、抚育管理（造林后可进行局部松土、施肥等抚育措施），调整乔灌比例，优化乔灌混交型水源涵养林空间配置，形成生态型乔灌混交模式，提高林地自然恢复能力。

该模式特征为：造林树种选择青海云杉、金露梅、银露梅，每亩栽植云杉 111 株，栽植金露梅、银露梅 222 株（根据原有密度补植），乔灌木配置比例为 1∶2，株间混交密度为 1 m×1 m，采用干旱山区节水保墒造林法造林。造林后植被总盖度可以达到 60%～70%，增加 10%～20%。形成乔灌木（包括云杉、金露梅、银露梅、绣线菊、爬地柏）和草本（包括珠芽蓼、铁线莲、薹草、香青、小茴香、大黄、棘豆、蒲公英、蕨麻、野芹菜、麻茵子）组成的高寒群落。

"云杉+金露梅+银露梅"属生态型乔灌混交模式。该模式是针对林（农）牧交错带农牧业生产活动对森林生态系统干扰较大、不利于水源涵养林生态功能发挥等问题建立的，通过在阴坡、半阴坡以金露梅、银露梅为主的灌木疏林地（海拔 2800～3100 m）栽植云杉，补植金露梅、银露梅，采取多种方式进行人工补造、抚育管理，调整乔灌比例，优化乔灌混交型水源涵养林空间配置。

2. 乔灌混交型"云杉+沙棘"模式

造林树种主要为青海云杉、沙棘，每亩栽植云杉 111 株，栽植沙棘 111 株（根据原有密度补植），乔灌木配置比例为 1∶1，株行距 1.5 m×2 m，株间混交，采用干旱山区节水保墒造林法造林。造林后植被盖度达到 60%～70%，增加 20% 左右。造林后群落结构主要有乔灌木（包括云杉、沙棘、金露梅、银露梅、绣线菊、爬地柏）和草本（包括珠芽蓼、薹草、铁线莲、香青小茴香、大黄、甘肃棘豆、蒲公英、马先蒿、乌头、冰草）等。

"云杉+沙棘"属生态经济型乔灌混交模式。通过在阴坡、半阴坡灌木疏林地（海拔 2800～3000 m）栽植云杉和沙棘，采取多种方式进行人工补造、抚育管理、干旱山区节水保墒造林法造林等措施，调整乔灌比例，提高林分对光热水汽的利用效率，提高林地自然恢复能力。

5.4.1.3　灌木型水源涵养林结构优化技术

1. "沙棘+柠条"模式

"沙棘+柠条"模式选择造林树种为沙棘、柠条，每亩栽植灌木 333 株，即沙棘 111 株、柠条 222 株。灌木配置比例为 1∶2。每个鱼鳞坑栽植 1 株，株行距 1 m×2 m，株间混交或行间混交。造林后植被盖度达到 50%～60%，增加 25%～30%。灌木有沙棘、柠条，盖度 50%。造林后群落结构主要有草本，包括燕麦、冰草、苦豆子、野菊花、醉马草、蒲公英、早熟禾、野苜蓿等，盖度达 32%。

　　该造林模式属生态经济型灌木混交模式。该模式针对浅山区水土流失等问题，在海拔 2600～2900 m 的阳坡、半阳坡，营建灌木型水源涵养林，选择适应性强、生长旺盛、根系发达、固土力强的沙棘和柠条为主要造林树种进行人工栽植，调整植被结构，提高植被盖度，实现植被有序分布，促使灌木林发挥应有的生态功能。

　　2. 灌木混交型 "沙棘+金露梅+银露梅" 模式

　　针对林（农）牧交错带农牧业生产活动对森林生态系统干扰较大、不利于水源涵养林生态功能发挥等问题，通过封育、在灌木疏林栽植沙棘，补植补造金露梅、银露梅，采取多种方式进行抚育管理等措施，调整乔灌草比例，优化灌木混交型水源涵养林空间配置，提高林分对光热水汽的利用效率，加快林地自然恢复速度。

　　该模式造林采用干旱山区节水保墒造林法造林，采用株间混交或行间混交，每亩栽植灌木 333 株，即沙棘、金露梅、银露梅各 111 株，灌木配置比例为 1∶1∶1，栽植密度 1 m×2 m。

　　造林后植被盖度由 45%～55% 提高到 60%～70%，增加 15%。造林后群落组成有乔灌木（包括沙棘、金露梅、银露梅、绣线菊、爬地柏）和草本（包括珠芽蓼、铁线莲、薹草、香清、小茴香、大黄、棘豆、蒲公英、蕨麻、野芹菜、麻荫子）等。

　　"沙棘+金露梅+银露梅" 属生态经济型灌木混交模式。该模式在海拔 2800～3000 m 的阳坡、半阳坡金露梅、银露梅灌木疏林，栽植沙棘，并补植金露梅、银露梅，调整植被结构，优化灌木混交型水源涵养林空间配置，提高林分对光热水汽的利用效率，加快林地自然恢复速度。

5.4.2　祁连山东段水源涵养林林分结构优化配置

　　森林植被涵养与调节水的功能，并不是森林本身能够制造水，而是表现为森林与降水的关系，即森林植被对降水进行再分配。水源涵养林的涵养水源功能主要表现在森林冠层、枯落物层及土壤层对降水的拦截和滞留作用。降水落地之前，林冠层的截留作用不仅减少了林下径流量，而且推迟了产流时间。林冠截留功能受树种组成、林分郁闭度、覆盖层、降雨量及降雨强度等多种因素影响。不同森林生态系统，树冠对降雨截留的能力不同。枯落物的持水性取决于其在林地上的积累量及其本身的持水能力。林地土壤的水分储蓄量和储蓄方式受其物理性质影响很大。水分在土壤的非毛管孔隙和毛管孔隙中的运动和贮存方式不同，非毛管孔隙贮蓄水量是评价林地涵养水源的重要指标之一。土壤总蓄水量是毛管孔隙和非毛管孔隙蓄水量之和，反映了土壤储蓄和调节水分的潜在能力。优化配置小流域水源涵养林体系可以有效地提高流域植被的水源涵养功能。一般认为流域内森林覆盖率不能低于 50%，并且禁伐性水源涵养林不能低于 30%，但是要强调比例和分布的合理性。

　　植被类型结构的优劣直接影响水源涵养林体系的整体效益，优化的植被类型结构也会为防护林体系的经营管理提供理论指导。运用层次分析的方法对祁连山区水源涵养林的植被类型结构进行建模分析，通过各植被类型的重要性排序，确定合理的植被类型结构，使该区的植被类型结构进一步量化，为该区的水源涵养林的高效空间配置和经营管理提供理论依据。

　　层次分析方法大体经过五个步骤：①明确问题，建立层次结构；②构造判断矩阵；③层次单排序；④层次总排序；⑤一致性检验。其中后三个步骤在整个过程中需要逐层进行。

5.4.2.1　总体设计

　　为了运用层次分析法进行系统分析，将所包含的因素分组，每一组作为一个层次，按照最高层、若干有关的中间层和最底层的形式排列起来。最高层表示解决问题的目的，即层次分析法所要达到的目标；中间层表示采用某种措施和政策来实现预定目标所涉及的中间环节，一般又分为策略层、约束层、准则层等；最低层表示解决问题的措施或政策，表明上一层与下一层元素之间的联系。如果某个元素与下一层次所有元素均有联系，那么称这个元素与下一层次存在完全层次关系。经常存在不完全层次关系，即某个元素只与下一层次的部分元素有联系。层次之间可以建立子层次。子层次从属主层次的某个元素，它的元素与下一层次的元素有联系，但不形成独立层次，层次结构往往用结构图形式来表示。

　　（1）构造判断矩阵：任何系统分析都以一定的信息为基础。层次分析法的信息基础主要是人们对每一层次各元素的相互重要性给出的判断，将这些判断用数值表示出来，写成矩阵形式即判断矩阵。判断矩阵是层次分析法的出发点，也是关键的一步。

　　判断矩阵表示针对上一层次某元素，本层次有关元素之间的相对重要性，假定 A 层中元素 A_K 与下一层次中元素 B_1，B_2，$\cdots$，B_n 有联系，构造的判断矩阵取如表 5-25 所示的形式。

表 5-25　矩阵及计算结果表

A_K	B_1	B_2	$\cdots$	B_n
B_1	b_{11}	b_{12}	$\cdots$	b_{1n}
B_2	b_{21}	b_{22}	$\cdots$	b_{2n}
$\vdots$	$\vdots$	$\vdots$		$\vdots$
B_n	b_{n1}	b_{n2}	$\cdots$	b_{nn}

　　表 5-25 中，b_{ij} 表示对于 A_K 而言，b_i 对 b_j 相对重要性的数值表现，通常 b_{ij} 取 1，2，$\cdots$，9 及它们的倒数，1 表示 B_i 和 B_j 一样重要；3 表示 B_i 比 B_j 重要一点；5 表示 B_i 比 B_j 重要；7 表示 B_i 比 B_j 重要得多；9 表示 B_i 比 B_j 极端重要；它们之间的数 2、4、6、8 及各数的倒数有相应的类似意思。显然，任何判断矩阵都有应满足：

$$b_{ij}=1/b_{ij}, \quad i, j=1, 2, \cdots, n \tag{5-1}$$

　　因此，对于 n 阶判断矩阵，仅需要对 n（n-1）个元素给出数值。

　　（2）层次单排序：所谓层次单排序是指，根据判断矩阵计算对于上一层某元素而言本层次与之有联系的元素重要性次序的权值。它是对层次所有元素对上一层次而言的重要性进行排序的基础。

层次单排序可以归结为计算判断矩阵的特征值和特征向量问题，即对判断矩阵 B，计算满足 $BW=\lambda_{max}W$ 的特征值与特征向量。式中，λ_{max} 为 B 的特征值，W 为对应于 λ_{max} 的正规化特征向量 W 的分量 W_i，即相应元素单排序的权值。

为了检验判断矩阵的一致性，需要计算它的一致性指标 CI，定义

$$CI=\frac{\lambda_{max}-n}{n-1} \tag{5-2}$$

显然，当判断矩阵具有完全一致性时，CI = 0。如果 $\lambda_{max}-n$ 越大，CI 就越大，矩阵的一致性就越差。为了检验判断矩阵是否具有满意的一致性，需要将 CI 与平均随机一致性指标 RI 进行比较。对于 1～9 阶矩阵，RI 值如表 5-26 所示。

表 5-26　多阶判断矩阵平均随机一致性指标 RI 值

阶数	1	2	3	4	5	6	7	8	9
RI	0.00	0.00	0.58	0.90	1.12	1.24	1.32	1.41	1.45

对于一、二阶判断矩阵，RI 只是形式上的，当阶数大于 2 时，判断矩阵的一致性指标 CI 与同阶平均随机一致性的指标 RI 之比称为判断矩阵的随机一致性比例，记为 CR，当 CR= CI /RI≤0.10 时，判断矩阵具有满意的一致性，否则就需要对判断矩阵进行调整。

（3）层次总排序：利用同一层次中所有层次单排序的结果，就可以计算针对上一层次而言本层次所有元素重要值的权值，这就是层次总排序。层次总排序需要从上到下逐层顺序进行，对于最高层下面的第二层，其层次单排序即为总排序。假定上一层次所有元素 A_1，A_2，$\cdots$，A_n 的总排序已完成，得到的权值分别为 a_1，a_2，$\cdots$，a_m，与 a_i 对应的本层次元素 B_1，B_2，B_n 单排序的结果为 b_{1i}，b_{2i}，b_{ni}。若 B_j 与 A_i 无关，则 $b_{ji}=0$，层次总排序表如表 5-27 所示。

表 5-27　层次总排序值表

层次 A	A_1	A_2	$\cdots$	A_m	B 层次总排序
层次 B	a_1	a_2	$\cdots$	a_m	$I=1$，2，$\cdots$，m
B_1	b_1^1	b_1^2	$\cdots$	b_1^m	$\sum a_i b_1^i$
B_2	b_2^1	b_2^2	$\cdots$	b_2^m	$\sum a_i b_2^i$
$\vdots$	$\vdots$	$\vdots$		$\vdots$	$\vdots$
B_n	b_n^1	b_n^2	$\cdots$	b_n^m	$\sum a_i b_m^i$

显然，$\displaystyle\sum_{j=1}^{m}\sum_{i=1}^{n}a_i b_j^i =1$，即层次总排序仍是归一化正规向量。

（4）一致性检验：为了评价总排序计算结果的一致性如何，需要计算与层次单排序类似的检验，即：CI，层次总排序一致性指标；RI，层次总排序随机一致性指标；CR，层次总排序随机一致性比例。它们的表达式分别为

$$CI=\sum_{i=A}^{m}a_iCI_i \tag{5-3}$$

式中，CI_i 为与 a_i 对应的 B 层次中判断矩阵的一致性指标。

$$RI=\sum_{i=1}^{m}a_iRI_i \tag{5-4}$$

式中，RI_i 为与 a_i 对应的 B 层次中判断矩阵的随机一致性指标。

$$CR=CI/RI \tag{5-5}$$

同样，当 CR≤0.10 时，结果认为总排序的计算结果具有满意的一致性；否则认为排序结果不合理，需要重新调整判断矩阵。

水源涵养林植被空间配置的是在地块-坡面和沟道-流域-区域的不同尺度上形成一个稳定的、健康的具有最佳水源涵养功能的植被体系。影响植被水源涵养功能的因素众多，包括植被、土壤、地质、蒸发、降雨过程、地形地貌等因素。在不同的流域或区域中，各影响因子的组合及组合力度是不同的，因此对水源涵养功能的贡献率也是不同的。即使在同一流域或区域，各影响因子随着时间的变化也不是固定不变的，尤其是降雨过程和气象条件具有很大的随机性和不确定性。径流过程的空间异质性和变异性增加了径流过程的复杂性和非线件，正是不同流域产流过程研究和尺度转换的首点及难点所在。

水源涵养林空间配置在每个尺度上要考虑的要素是不同的。在区域尺度上，植被配置应考虑适合区域发展需要的最佳森林覆盖度（包括抵御洪灾、减轻土壤侵蚀、满足区域经济发展等方面）；在小流域尺度上，植被配置从分析流域的主要生态环境现状入手，确定防护目标（减少水土流失、减轻风沙灾害等），综合考虑流域的经济和社会因素进行植被的配置，主要考虑各防护林林种的比例；在坡面和沟道尺度上，植被配置主要考虑的是如何使地表径流量最小、侵蚀量最少、水源涵养功能最强；而在小区单元上，植被配置要考虑局部的微地形因子包括海拔、坡度、土地利用方式、土层厚度、侵蚀程度、坡位、坡向、坡型、土壤质地等。无论是哪一个尺度，其最终目的是要使得防护林植被体系发挥最大的水源涵养功能。

5.4.2.2　配置的原则

配置的原则主要包括以下四个方面。①功能最优，效益最大的原则：以景观生态学、防护林学、经济学、土壤学、生物学等理论为基础，依据小流域生态系统的特点，综合考虑生态系统的社会、生态、经济等三个要素，以达到整体最优的目的。②因地制宜，因害设防的原则：小流域尺度水源涵养林植被的配置，应通观全局，从分析小流域生态系统的特点入手，配置相应的防护林林种，构建植被体系的基本骨架；兼顾不同的立地条件类型，配置相应的次级防护林林种，形成次级网络。实现因地制宜，因害设防，层层布设，综合治理。③多样性原则：多样性指一个特定系统中环境资源的变异性和复杂

性。景观多样性是指景观单元在结构和功能方面的多样性，反映了景观的复杂程度，包括斑块多样性、类型多样性和格局多样性。多样性既是景观生态规划的准则又是景观管理的结果。④把水资源永续利用同森林的生态效益结合起来，着重综合效益。从整个水系入手，以小流域为单元，把整个水路基地置于林木的庇护之下。根据水路网形状特征和性质，划分不同地域单元、配置不同类型结构的林木、发挥不同的防护作用。

5.4.2.3　水源涵养林层次结构分析研究

建立如图 5-19 所示的层次结构。根据层次分析方法的原理，对水源涵养林的水源涵养功能与不同植被类型的内在关系进行系统分析，以获取最佳的水源涵养功能作为植被类型结构优化的最终目标，是层次结构的目标层，即第一层。水源涵养优劣主要取决于林地枯落物的拦蓄降水、土壤的储水和林冠层截留降水三个方面，只有这三个方面合理搭配，涵养功能才能最优，这是总目标的策略层，即第二层。水源涵养功能具体落实到植被类型，构筑合理的植被类型结构组成是解决问题的根本措施所在，是实现总目标的措施层，即第三层。

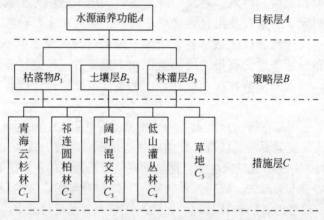

图 5-19　水源涵养林层次结构分析图

构造判断矩阵：对不同的植被类型，根据它们对水源涵养林的林地枯落物拦蓄降水、土壤的储水和林冠层截留降水三大主要功能的贡献进行专家打分，采用 9 分制，得出层次单排序和植被类型总排序结果，见表 5-28～表 5-32。

表 5-28　判断矩阵 *A-B* 和排序结果

A	B_1	B_2	B_3	权重	一致性检验
B_1	1	0.333	0.5	0.167	LB=3；λ_{max}=3.018
B_2	3	1	1	0.500	CI=0.009；RI=0.58
B_3	2	1	1	0.333	CR=0.016<0.1

表 5-29　判断矩阵 B_1-C 和排序结果

B_1	C_1	C_2	C_3	C_4	C_5	权重	一致性检验
C_1	1	0.5	0.5	0.333	3	0.122	LB=5；λ_{max}=5.022
C_2	2	1	1	0.5	5	0.221	CI=0.006
C_3	2	1	1	0.5	5	0.221	RI=1.12
C_4	3	2	2	1	7	0.391	CR=0.005＜0.1
C_5	0.333	0.2	0.2	0.1429	1	0.045	

表 5-30　判断矩阵 B_2-C 和排序结果

B_2	C_1	C_2	C_3	C_4	C_5	权重	一致性检验
C_1	1	0.5	0333	0.333	2	0.106	LB=5；λ_{max}=5.027
C_2	2	1	0.5	0.5	4	0.189	CI=0.007
C_3	3	2	1	1	5	0.324	RI=1.12
C_4	3	2	1	1	5	0.324	CR=0.006＜0.1
C_5	0.5	0.25	0.2	0.2	1	0.057	

表 5-31　判断矩阵 B_3-C 和排序结果

B_3	C_1	C_2	C_3	C_4	C_5	权重	一致性检验
C_1	1	3	1	2	2	0.273	LB=5；λ_{max}=5.112
C_2	0.333	1	0.2	0.5	1	0.082	CI=0.028
C_3	1	5	1	4	5	0.413	RI=1.12
C_4	0.5	2	0.25	1	1	0.142	CR=0.025＜0.1
C_5	0.5	1	0.2	0.5	1	0.090	

表 5-32　策略层–措施层层次总排序

措施层 C	策略层 B			措施层 C 总权值	一致性检验
	B_1	B_2	B_3		
	0.167	0.500	0.333		
C_1	0.122	0.106	0.273	0.164	CI=0.014
C_2	0.221	0.189	0.082	0.159	
C_3	0.221	0.324	0.413	0.336	RI=1.12
C_4	0.391	0.324	0.142	0.275	CR=0.0125＜0.1
C_5	0.045	0.057	0.090	0.066	

由于层次单排序和总排序的结果均具有满意的一致性，因此认为排序结果可靠。

以上分析表明，水源涵养林植被类型结构中，青海云杉林权值为 0.164，祁连圆柏林权值为 0.159，阔叶混交林权值为 0.336，低山灌木林权值为 0.275，草地权值为 0.066。将各植被类型的权值作为各植被类型分布面积所占林地总面积的百分比来和植被类型现状进行对比。

从表 5-33 可以看出，草地比例比层次分析结果大得多，青海云杉林、祁连圆柏林、阔叶混交林和低山灌丛的比例均远小于分析结果应占的比例，因此应大幅度消减草地规模，增加青海云杉林、祁连圆柏林、阔叶混交林和低山灌丛的面积，从而为上游区进一步发挥水源涵养功能奠定物质基础。由此可看出，祁连山区水源涵养功能增加的潜力巨大，植树造林增加森林面积的任务极其繁重和紧迫。

表 5-33　水源涵养林植被类型结构现状和层次分析结果

项目	面积与所占比例	植被类型				
		青海云杉林	祁连圆柏林	阔叶混交林	低山灌丛林	草地
现状	面积/（×10⁴hm²）	13.280	0.015	0.012	41.257	433.000
	所占比例/%	2.71	0.30	0.25	8.42	88.32
层次分析结果	面积/（×10⁴hm²）	80.40	77.95	164.73	134.82	32.36
	所占比例/%	16.4	15.9	33.6	27.5	6.6

5.5　不同配置模式森林生态系统恢复特征

选择三种类型的生态修复林地：乔木混交型（即青海云杉+华北落叶松）、乔灌混交型（即青海云杉+沙棘）、灌木混交型（即沙棘+柠条），作为恢复林地代表类型，分别与各自的对照林地作比较，研究森林生态系统恢复特征。

5.5.1　不同模式森林生态系统植被恢复特征

在生态系统中，群落的物种组成直观地反映了其处于的恢复阶段。因此，可通过对群落物种组成变化的研究，来探讨其恢复速率，并对群落的健康状况进行评价（表 5-34）。

（1）灌木混交林：林地灌木增加了 2 种，灌木层从无到有，平均层高 58cm，由人工沙棘和柠条组成，盖度为 40%；草本层由 8 个物种组成，分属于 3 个科 8 个属。与对照相比，增加了 2 种，草本层盖度由 25%提高到 32%，按照科内物种数排列依次为禾本科（Poaceae）有 4 个种、菊科（Asteraceae）有 2 个种、豆科 2 个种，优势草本植物为燕麦、冰草、醉马草等。林地群落中以阳性草本植物为主，由于灌木植物的充分发展，多年生中性植物进一步增加。

（2）乔灌混交林：人工木本植物云杉、沙棘得到发展，木本植物（乔灌木）盖度由 15%提高到 30%~40%。草本植物物种也由恢复前的 8 个种增加到 11 个，草本层盖度由 50%提高到 68%。草本植物按照科内物种数排列，主要科为蓼科（2 个种）、毛茛科（2 个种）、菊科（2 个种），其次莎草科、玄参科、豆科、禾本科、伞形科（各 1 个种）。主要草本物种依次为珠芽蓼、薹草、铁线莲、马先蒿等，物种组成明显呈现中生的趋势。乔木、灌木层植被无论是层高、盖度、生物量都有了明显的发展，在提供遮阴的同时，增加了系统保水固土能力，改善了小气候，因而草本植物出现中生性物种。

表 5-34　不同恢复林地类型高等植物种类

	灌木混交林	对照	乔灌混交林	对照	乔木混交林	对照
乔木	—	—	青海云杉 Picea crassifolia（松科云杉属）	青海云杉 Picea crassifolia（松科云杉属）华北落叶松 Larix rupprechtii Mayr（松科落叶松属）	青海云杉 Picea crassifolia（松科云杉属）华北落叶松 Larix principis-rupprechtii Mayr（松科落叶松属）	青海云杉 Picea crassifolia（松科云杉属）
灌木	沙棘 Hippophae rhamnoides Linn.（胡颓子科沙棘属）柠条 Caragana korshinskii Kom.（豆科锦鸡儿属）	—	沙棘 Hippophae rhamnoides Linn.（胡颓子科沙棘属）银露梅 Potentilla glabra Lodd.（蔷薇科委陵菜属）金露梅 Potentilla fruticosa（蔷薇科委陵菜属）绣线菊 Spiraea salicifolia L.（蔷薇科绣线菊属）爬地柏 Sabina procumbens (Endl.) Iwata et Kusaka（柏科圆柏属）	银露梅 Potentilla glabra Lodd.（蔷薇科委陵菜属）金露梅 Potentilla fruticosa（蔷薇科委陵菜属）绣线菊 Spiraea salicifolia L.（蔷薇科绣线菊属）爬地柏 Sabina procumbens (Endl.) Iwata et Kusaka（柏科圆柏属）	银露梅 Potentilla glabra Lodd.（蔷薇科委陵菜属）金露梅 Potentilla fruticosa（蔷薇科委陵菜属）小叶锦鸡儿 Caragana microphylla Lam（豆科锦鸡儿属）绣线菊 Spiraea salicifolia L.（蔷薇科绣线菊属）雀儿舌头 Leptopus chinensis (Bunge) Pojark（大戟科雀舌木属）甘青锦鸡儿 Caragana tangutica（豆科锦鸡儿属）	银露梅 Potentilla glabra Lodd.（蔷薇科委陵菜属）金露梅 Potentilla fruticosa（蔷薇科委陵菜属）小叶锦鸡儿 Caragana microphylla Lam（豆科锦鸡儿属）绣线菊 Spiraea salicifolia L.（蔷薇科绣线菊属）
草本	燕麦 Avena sativa L.（禾本科燕麦属）冰草 Agropyron cristatum（禾本科冰草属）醉马草 Achnatherum inebrians（禾本科芨芨草属）	燕麦 Avena sativa L.（禾本科燕麦属）冰草 Agropyron cristatum（禾本科冰草属）醉马草 Achnatherum inebrians（禾本科芨芨草属）	珠芽蓼 Polygonum viviparum L.（蓼科蓼属）薹草 Carex tristachya（莎草科薹草属）铁线莲 Clematis florida Thunb（毛茛科铁线莲属）	珠芽蓼 Polygonum viviparum L.（蓼科蓼属）甘肃棘豆 Oxytropis kansuensis Bunge（豆科棘豆属）针茅 Stipa capillata Linn（禾本科针茅属）	薹草 Carex tristachya（莎草科薹草属）油蒿 Artemisia ordosica（菊科蒿属）香青 Anaphalis sinica Hance（菊科香青属）	油蒿 Artemisia ordosica（菊科蒿属）薹草 Carex tristachya（莎草科薹草属）白蒿 Artimisiae vestina（菊科）香青 Anaphalis sinica Hance（菊科香青属）野苜蓿 Medicago falcata Linn.（豆科苜蓿属）

续表

	灌木混交林	对照	乔灌混交林	对照	乔木混交林	对照
草本	蒲公英 Taraxacum mongolicum Hand.-Mazz.（菊科蒲公英属）	蒲公英 Taraxacum mongolicum Hand.-Mazz.（菊科蒲公英属）	马先蒿 Pedicularis reaupinanta L.（玄参科马先蒿属）	薹草 Carex tristachya（莎草科薹草属）	狭叶米口袋 Gueldenstaedtia editia（豆科米口袋属）	冰草 Agropyron cristatum（禾本科冰草属）
	早熟禾 Poa annua L.（禾本科早熟禾属）	早熟禾 Poa annua L.（禾本科早熟禾属）	甘肃棘豆 Oxytropis kansuensis Bunge（豆科棘豆属）	野苜蓿 Medicago falcate Linn.（豆科苜蓿属）	野苜蓿 Medicago falcate Linn.（豆科苜蓿属）	山丹花 Lilium pumilum（单子叶植物纲百合属）
	野菊花 Dendranthema indicum（菊科菊属）	野菊花 Dendranthema indicum（菊科菊属）	冰草 Agropyron cristatum（禾本科冰草属）	乌头 Aconitum carmichaeli Debx（毛茛科乌头属）	甘青老鹳草 Geranium pylzowianum Maxim.（牻牛儿苗科老鹳草属）	狼毒 Stellera chamaejasme Linn.（瑞香科狼毒属）
	苦豆子 Sophora alopecuroides L.（豆科槐属）		小茴香 Foeniculum vulgare（伞形科茴香属）	野菊花 Dendranthema indicum（菊科菊属）	马先蒿 Pedicularis reaupinanta L.（玄参科马先蒿属）	火绒草 Leontopodium japonicum（菊科火绒草属）
	野苜蓿 Medicago falcata Linn.（豆科苜蓿属）		大黄 Rheum palmatum L.（蓼科大黄属）	冰草 Agropyron cristatum（禾本科冰草属）	冰草 Agropyron cristatum（禾本科冰草属）	黑萼棘豆 Oxytropis melanocalyx Bunge（豆科棘豆属）
			蒲公英 Taraxacum mongolicum Hand.-Mazz.（菊科蒲公英属）		红花兜巴香青 Anaphalis lactea Maxim. f rosea Ling（菊科香青属）	
			乌头 Aconitum carmichaeli Debx（毛茛科乌头属）		柴胡 Bupleurum chinense Umbelliferae（伞形科柴胡属）	
			香青 Anaphalis sinica Hance（菊科香青属）		野蒜 Allium macrostemon Bunge（百合科葱属）	
					秋唐松草 Thalictrum thunbergii DC.（毛茛科唐松草属）	
					东方草莓 Fragaria orientalis Losinsk（蔷薇科草莓属）	

表 5-35　不同类型恢复林地群落的物种组成

林地类型	总数	乔木种		灌木种		草本种	
		数量	盖度/%	数量	盖度/%	数量	盖度/%
灌木混交林	10	—	—	2	40	8	32
对照	6	—	—	0	—	6	25
乔灌混交林	17	1	16	5	30	11	68
对照	12	0	—	4	15	8	50
乔木混交林	21	2	40	6	25	13	70
对照	15	1	20	4	20	10	60

（3）乔木混交林：木本植物覆盖率增大，开始向更高层次发展。乔木增加 1 种，乔木层盖度由 20% 提高到 40%；灌木增加 2 种，灌木层盖度由 20% 提高到 25%；草本层增加 3 种，草本植物的盖度由 60% 提高为 70%。草本层由 13 个物种组成，分属于 10 个科，按照科内物种数排列，主要科为菊科（3 个种）、豆科（2 个种），其次为毛茛科、莎草科、玄参科、禾本科、伞形科、百合科、蔷薇科、牻牛儿苗科（各 1 个种）。优势草本物种依次为薹草、油蒿、香青等，物种组成明显呈现中生的趋势。物种组成向中生偏阴生过渡。

随着退化程度的减弱，群落的科、属、种均有明显变化。在乔木混交林和乔灌混交林地，群落科的数量呈现较为明显的增长趋势。这是因为在以乔木为优势种的群落中，林地郁闭度增大，群落内空气湿度及土壤湿度增大，原有阳性植物逐渐减少，由阴性植物及半阴性植物取而代之。这一变化在草本层的表现最为明显。

群丛（association）是植被分类的基本单位，具有种类成分相同、结构和群落生态相同、层片配置相同、季相变化和群落外貌相同、处于相同的演替阶段、具有相似的演替趋势的特点。根据我国植被的分类原则和调查样地的群落外貌、种类组成、重要值和结构特征，采用群丛为分类单位，对本节涉及的三种恢复林地的植被类型进行划分（表 5-36）。随着退化程度的降低，植被类型明显地反映出草本群落、灌木群落、乔木群落的发展过程。

表 5-36　不同恢复林地植被类型分类

林地类型	植被类型
灌木混交林	沙棘-柠条 燕麦-醉马草-蒲公英
对照	燕麦-冰草-醉马草
乔灌混交林	青海云杉-沙棘 银露梅-金露梅-绣线菊-爬地柏 薹草-珠芽蓼-铁线莲-马先蒿
对照	银露梅-金露梅-绣线菊-爬地柏 珠芽蓼-甘肃棘豆-针茅-薹草

林地类型	植被类型
乔木混交林	青海云杉-华北落叶松 银露梅-金露梅-箭叶锦鸡儿-绣线菊 薹草-油蒿-香青
对照	青海云杉 银露梅-金露梅-箭叶锦鸡儿-绣线菊 油蒿-薹草-白蒿

退化林地修复后，经过植物的适应与环境的共同作用，植物种类及数量明显增加，群落的科、属、种均有明显变化。这是因为在以乔木为优势种的群落中，林地郁闭度增大，群落内空气湿度及土壤湿度增大，原有阳性植物逐渐减少，由阴性植物及半阴性植物取而代之。这一变化在草本层表现最为明显。人工植被逐步稳定下来，生态系统进行正向演替，这些植被一方面适应环境，另一方面改变环境使其更适于自身发展。

灌木混交型的恢复林地灌木增加了 2 种，灌木层从无到有，盖度为 40%；草本增加了 2 种，草本层盖度由 25%提高到 32%。林地群落中以阳性草本植物为主，由于灌木植物的充分发展，多年生中性植物进一步增加。

乔灌混交型的恢复林地木本植物（乔灌木）盖度由 15%提高到 30%～40%。草本植物 3 种，草本层盖度由 50%提高到 68%。物种组成明显呈现中生的趋势。乔木层、灌木层植被无论是层高、盖度、生物量都有了明显的发展，在提供遮阴的同时，增加了系统保水固土能力，改善了小气候，因而草本植物出现中生性物种。

乔木混交型的恢复林中，木本植物覆盖率增大，开始向更高层次发展。乔木增加 1 种，乔木层盖度由 20%提高到 40%；灌木增加 2 种，灌木层盖度由 20%提高到 25%；草本增加 3 种，草本植物的盖度由 60%提高为 70%。物种组成呈现中生偏阴生过渡。

5.5.2　不同程度恢复森林生态系统主要环境因子

不同的森林是不同环境因子作用的产物，是在长期的发展演化过程中，对气候条件的逐渐适应和植被与环境综合作用的结果。同时，森林也在不断地影响和改变着环境气候，形成特有的不同于森林外环境的森林小环境，是森林群落质量的综合反应，也是植被恢复程度及状况评价的一个重要指标。

5.5.2.1　空气温度变化特征

不同类型恢复林地内夏季（7 月）空气温度日变化曲线见图 5-20～图 5-22，在一天中不同的观测时段，不同类型恢复林地群落内空气温度日变化具有明显的规律。

首先，到达峰值的时间不同。一般情况下，随着日出后气温的逐渐上升，对照林地内空气温度升温快，最先出现峰值，一般在正午时分；随后恢复林地群落内空气温度到达峰值的时间渐慢，推迟至 15:00。表明植物群落对林地内空气温度的变化具有明显的缓冲作用，群落复杂的结构对气温变化的缓冲作用较强，群落内空气温度变化比较平缓。相反，植被盖度越小，群落结构越简单，气温的波动越快，变化越剧烈。其次，恢复林地群落与对照空气温度日变化图中各温度曲线呈现出明显的弧形，说明同一时刻恢复林地与对照林地空气温度之间的差异值随气温的升高而增加，即早晚气温差异低，白天高。这是由于植被稀疏的林地气温在太阳辐射作用下的变化较植被茂盛的林地更为剧烈。

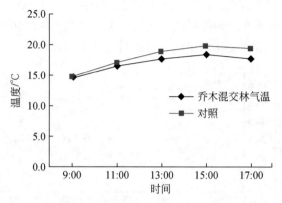

图 5-20　乔木混交林空气温度日变化

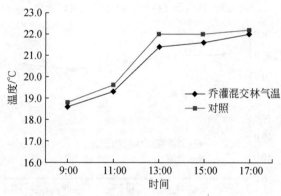

图 5-21　乔灌混交林空气温度日变化

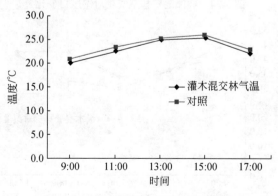

图 5-22　灌木混交林空气温度日变化

5.5.2.2　空气相对湿度日变化特征

　　不同程度退化林地群落内空气相对湿度在夏季（7 月）的日变化见图 5-23～图 5-25。可以看出，不同恢复林地空气相对湿度日变化的趋势基本相同，均呈不规则"U"形变化。清晨（9：00 时）出现一个较高值，随后逐渐下降，到中午（13：00～15：00）即气温最高、太阳辐射较强时，空气湿度达到最低值。之后，随着气温的降低和太阳辐射强度的减弱，空气湿度又逐渐回升。这种变化规律同气温的日变化正好相反。

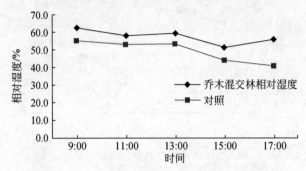

图 5-23　乔木混交林空气相对湿度度日变化

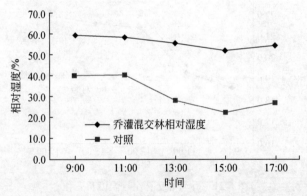

图 5-24　乔灌混交林空气相对湿度日变化

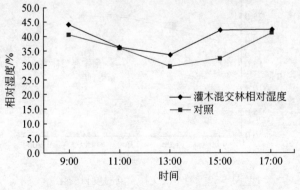

图 5-25　灌木混交林空气相对湿度日变化

乔木混交林和乔灌混交林森林群落的空气相对湿度日最低值出现在 15:00, 15:00 后呈现上升的趋势；灌木混交林森林群落的空气相对湿度日最低值出现在 13:00，13:00 后呈现上升的趋势，且变化幅度剧烈；说明群落植被对空气湿度的日变化起重要的作用。

乔木混交林和乔灌混交林森林群落具有较高的相对湿度，而灌木混交林群落的空气相对湿度较低，并且各类型恢复林地空气相对湿度均较对照的值高。明显地反映出森林生态系统的恢复程度越高、结构越复杂和林冠层越高的群落，保湿与增湿作用越显著。

5.5.2.3　土壤温度日变化特征

不同类型恢复林地群落内 8 月地表温度日变化曲线见图 5-26～图 5-28。通过图 5-26～图 5-28 可以看出，在同一时刻、同一土壤深度，恢复林地与其之间的土壤温度存在明显差异。一般情况下恢复林地的土壤温度低于对照林地（图 5-29～图 5-31）。

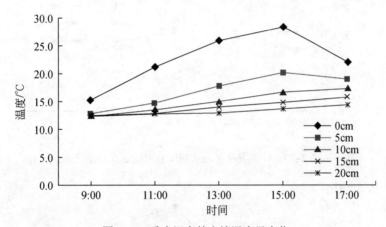

图 5-26　乔木混交林土壤温度日变化

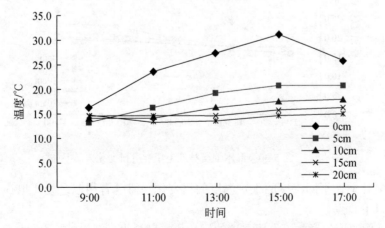

图 5-27　乔木混交林地（对照）土壤温度日变化

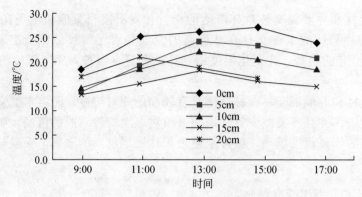

图 5-28　乔灌混交林地土壤温度日变化

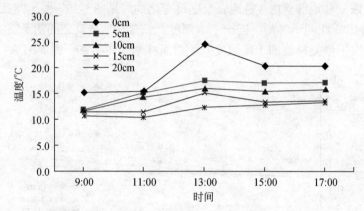

图 5-29　乔灌混交林地（对照）土壤温度日变化

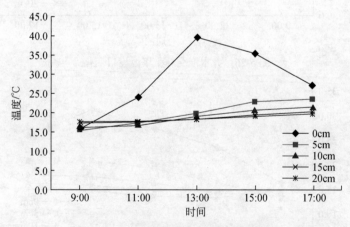

图 5-30　灌木混交林地土壤温度日变化

不同恢复林地在不同深度的土壤温度的日变化规律既有相似之处，也存在明显的差异，表现在以下几点。

（1）随土壤深度的增加，土壤温度的日变化幅度减小。例如，7 月乔木混交林与对照林地 0 cm、5 cm、10 cm、15 cm 和 25 cm 深度土壤温度平均日变化幅度（日较差）分别为 10 ℃、7.5 ℃、3.9 ℃、3.1 ℃和 1.3 ℃；对照林地分别为 14.5 ℃、7.5 ℃、5 ℃、1.5 ℃和 0.7 ℃。

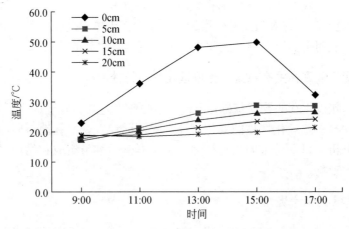

图 5-31　灌木林混交（对照）地土壤温度日变化

（2）随土层深度的增加，各恢复林地土壤温度达到日最高值的时间滞后。例如，7 月乔木混交林 0 cm、5 cm 深度土壤温度达到最高值的时间均为 15:00；10 cm、15 cm、20 cm 深度时土壤温度达到最高值时的时间均推迟到 17:00 以后，即土层越深，各退化林地的土壤温度达到日最高值的时间越晚。

（3）群落地上覆被显著地影响土壤温度的变化。在所有土层深度，恢复林地导致群落土壤温度的日变化与各自的对照林地也有明显差异，上层植被越好，土壤温度的日变化幅度越小。恢复程度越高的森林群落，林冠层对太阳辐射的截留不断增强，林下的枯枝落叶降低了林下的地表温度的变化并减缓夜间下垫面向大气放热的过程，其隔热保温作用越强，说明植被可以减缓土壤温度变化幅度。由此可知，恢复林地的群落土壤温度比对照林地内的土壤温度更加稳定。

综上所述，随着林地恢复程度的加强，林内空气相对湿度增大，气温、地表温度和土壤温度降低；各环境因子的变幅越小、环境状况越稳定，越有利于植物的生长发育。

对照林地因植被结构单一，覆盖率低，环境热容量小，升温和降温的速度快，林地内气温变化较剧烈；而恢复后的林地，由于植被覆盖的增加，群落内层次分化复杂，浓密的林冠，截留了太阳的辐射，降低了风速，削弱了空气的热量交换，使群落内的气温变化更加缓和。

各恢复林地空气相对湿度日变化的趋势为早晚高、中午低，与气温日变化正好相反。恢复程度较高的林地空气湿度的日变化幅度比恢复程度较低的群落小而平缓；且其日变化出现最低值的时间在恢复程度较高林地晚于恢复程度较低的林地，即群落植被对空气湿度的变化起重要的缓冲作用。恢复程度高的林地显示出低温高湿，且温度、湿度的日变化幅度较小的特点，显示出环境状况最稳定的特点，最有利于植被的充分发展。

在同一时刻、同一土壤深度，各类恢复林地与其对照林地之间的土壤温度存在显著差异。总体上表现为恢复程度高的林地的土壤温度小于对照林地的。上层植被越好，土壤温度的日变化幅度越小；恢复程度高的群落土壤温度比恢复程度低的群落更加稳定。随土壤深度的增加，土壤温度的日变化幅度减小，林地土壤温度达到日最高值的时间滞后，但其差异较小，没有气温变化那样显著。各种恢复林地与对照土壤温度的变异系数（差异）在上午最小，随着太阳高度的增加气温上升，土壤温度在各种恢复林地与对照的差异逐渐加大，表明土壤温度同气温和光照强度间具有明显的相关性。

5.5.3 不同程度恢复森林生态系统的土壤理化性质特性

土壤是林木赖以生存的物质基础，土地质量的变劣是森林衰退的主要表征因子之一。研究不同恢复程度土壤理化性质的变化规律，对不同程度恢复林地不同深度土壤化学养分各指标进行分析，以探讨不同恢复林地上植物群落的种类组成和结构对林下土壤各项化学指标的相互影响。

5.5.3.1 土壤物理性质特性

从土壤水分含量、土壤容重、土壤孔隙度三个方面，对不同程度恢复林地下的土壤物理性质变化特征进行比较分析。

土壤自然含水量即湿度能较好地反映在自然状况下土壤水分和林内湿润状况，并影响凋落物与土壤表层的物质和能量交换及土壤盐基养分的淋溶，它与各林地生物多样性和郁闭度有关。各种恢复林地土壤含水量平均增幅依次为 12.0%、16.1%、18.1%（表 5-37）。

表 5-37　土壤含水量的变化情况

土壤深度	含水量/%		增长率/%	含水量/%		增长率/%	含水量/%		增长率/%
	灌木混交林	对照		乔灌混交林	对照		乔木混交林	对照	
0～20 cm	20.1	18.7	7.9	38.4	35.9	6.9	31.0	27.9	11.0
20～40 cm	22.2	18.4	20.6	44.5	38.2	16.4	33.3	28.2	18.1
40～60 cm	16.8	15.6	7.6	50.7	40.6	24.9	27.6	22.0	25.3
平均	—	—	12.0			16.1			18.1

灌木混交林郁闭度相对低，枯枝落叶所形成的腐殖质较少，保水能力提高缓慢。乔灌混交林地和乔木混交林中，林内郁闭度较大，土壤层水分蒸发相对较小，各物种组成和空间结构均达到一个相对稳定状态，枯枝落叶也较为丰富，对雨水的拦截及蓄积较大，故土壤含水量增幅大。这是由于随着样地植被草地-灌木-乔木的变化发展，林地内植被盖度增加从而增加了枯枝落叶。枯枝落叶的增加提高了土壤表层的腐殖质含量，故土壤水分含量随着恢复程度的提高而逐渐增加。总之，各类恢复林地都有不同程度的蓄水能力。

土壤容重是土壤物理性质中最重要的因素之一，土壤的容重指单位体积原状土壤（包括孔隙体积在内）的干重，一般是用来鉴定土壤颗粒间排列的紧实度的一个指标，也是土壤物理性质的一个重要的表征因子。土壤的容重大小，取决于土壤质地、结构、孔隙度、结持度和腐殖质含量等自然因素，人类活动的干扰也会改变土壤的容重特征。退化灌木混交林、乔灌混交林和乔木混交林地土壤上层容重依次为 1.162 g/cm³、0.754 g/cm³ 和 1.105 g/cm³；中层土壤容重依次为 1.156 g/cm³、0.713 g/cm³ 和 1.044 g/cm³；下层土壤容重依次为 1.243 g/cm³、0.876 g/cm³ 和 1.170 g/cm³，均表现为中层土壤容重小于于上、下层土壤，这主要与上层土壤为根系分布层有关。灌木混交林、乔灌混交林和乔木混交林地土壤容重平均降幅依次为 3.9%、13.2% 和 8.9%（表 5-38）。

表 5-38　土壤容重的变化情况

土壤深度	土壤容重/（g/cm³）		降幅/%	土壤容重/（g/cm³）		降幅/%	土壤容重/（g/cm³）		降幅/%
	灌木混交林	对照		乔灌混交林	对照		乔木混交林	对照	
0～20 cm	1.162	1.235	5.9	0.754	0.922	18.3	1.105	1.175	6.0
20～40 cm	1.156	1.230	6.0	0.713	0.796	10.4	1.044	1.162	10.1
40～60 cm	1.243	1.243	0.0	0.876	0.984	10.9	1.170	1.291	9.3
平均	—	—	3.9	—	—	13.2	—	—	8.9

　　随着林地恢复程度的提高，土壤上、下层容重均呈现明显下降趋势。这是因为随着退化程度的降低，土壤表层植被状况逐渐改善，乔木树种的增加所形成的大面积林冠减少了雨滴对地面的侵蚀；同时地表植被的增加使地表枯枝落叶层大量增加，凋落物的分解增加了土壤有机质，土壤有机质含量越高，团粒结构越多，土壤单粒排列越疏松，孔隙度越大，通气性能越好，土壤容重越低；加之灌木层与乔木层产生的根系分割挤压和土壤微生物、动物的活动，使林内土壤产生大量水稳性团聚体和粒径较大的微团粒，形成良好的土壤结构，使土壤的抗蚀性和抗冲性增强，因此土壤容重呈下降趋势，这也说明退化程度的减轻有利于土壤物理性质向良性的方向发展。

　　土壤孔隙度是土壤中养分、水分、空气和微生物等迁移的通道、贮存的库和活动的场所，也是植物根系生长的场所，而它的组成则直接影响土壤通气透水性和根系穿插的难易程度，并对土壤中水、肥、气、热和微生物活性等发挥着不同的调节功能，是表征土壤结构的重要指标之一。恢复灌木混交林、乔灌混交林和乔木混交林地土壤上层孔隙度依次为 49.8%、58.0% 和 49.8%；中层土壤孔隙度依次为 54.4%、65.8% 和 57.3%；下层土壤孔隙度依次为 53.4%、63.4% 和 50.9%，均表现为中层土壤孔隙度大于上、下层土壤，这主要与上层土壤为根系分布层有关（表 5-39）。灌木混交林、乔灌混交林和乔木混交林地土壤孔隙度与其对照相比平均增幅依次为 7.5%、8.0% 和 8.8%。随着植被覆盖率的增加，林内枯枝落叶层大量增加，凋落物的分解加快，增加了大量土壤有机质，而土壤有机质和腐殖质是土壤微团聚体形成的重要胶结剂，在一定程度上增加了土壤孔隙度。

表 5-39　土壤孔隙度的变化情况

土壤深度	土壤孔隙度/%		增长率/%	土壤孔隙度/%		增长率/%	土壤孔隙度/%		增长率/%
	灌木混交林	对照		乔灌混交林	对照		乔木混交林	对照	
0～20 cm	49.8	45.7	9.0	58.0	53.2	9.0	49.8	45.7	9.0

续表

土壤深度	土壤孔隙度/%		增长率/%	土壤孔隙度/%		增长率/%	土壤孔隙度/%		增长率/%
	灌木混交林	对照		乔灌混交林	对照		乔木混交林	对照	
20~40 cm	54.4	50.5	7.7	65.8	61.0	7.8	57.3	51.8	10.8
40~60 cm	53.4	50.4	5.9	63.4	59.1	7.2	54.3	50.9	6.7
平均	—	—	7.5	—	—	8.0	—	—	8.8

5.5.3.2　土壤化学性质

土壤 pH 是土壤最基本的理化性质之一，影响着土壤中许多化学反应和化学过程，从而影响植物和微生物所需养分的有效性，支配着化学物质在土壤中的行为，在土壤生态系统物质循环、能量流动、土壤质量及生产力的维持方面具有重要作用。祁连山大黄山土壤 pH 偏碱性，均在 8.17~9.00（表 5-40）。土壤 pH 是衡量土壤酸碱性的指标，自然条件下土壤的酸碱性主要取决于土壤盐基状况，而土壤盐基状况又取决于淋溶过程和复盐基过程的强弱。在西北山区多年平均降雨量为 400~600 mm 的情况下，土壤淋溶过程和复盐基过程较弱，对土壤 pH 影响不大，因此土壤 pH 实际上由成土母质和生物过程控制。成土母质和生物过程在所研究区域的变异较小，降幅仅在 0.2%~3.3%，因此土壤 pH 的变化也不大，其变化范围为 8.17~9.00，偏碱性，并呈现一定的变化规律：第一，土壤 pH 随土壤深度的增加而降低；第二，随退化程度的减弱，土壤 pH 也呈现下降趋势。这一方面是因为在植被恢复的过程中，地表的植物枯落物逐渐增加，土壤表层大量的枯枝落叶在微生物的作用下发生分解，此过程向表层土壤释放各种有机酸，显著降低了表层土壤的 pH；另一方面，林地土壤腐殖质含量高，其中的腐殖酸等也能使土壤 pH 有较大程度的降低。

表 5-40　土壤 pH 的变化情况

土壤深度	pH		降幅/%	pH		增长率/%	pH		增长率/%
	灌木混交林	对照		乔灌混交林	对照		乔木混交林	对照	
0~20 cm	8.70	9.00	3.30	8.23	8.34	1.30	8.32	8.46	1.70
20~40 cm	8.69	8.80	1.30	8.21	8.30	1.10	8.27	8.41	1.70
40~60 cm	8.66	8.68	0.20	8.17	8.29	1.40	8.32	8.44	1.40
均值	—	—	1.60	—	—	1.30	—	—	1.60

土壤有机质含量反映了土壤肥力水平的高低，土壤有机质的变化也直接反映了土壤肥力的演变过程。土壤有机质是土壤的重要组成物质基础，也是植物矿质营养和有机营养的重要源泉，不能直接被植物吸收，是营养元素特别是氮素存在的主要场地。土壤有机质在分解过程中产生的多种有机酸能促进土壤矿物质的风化，有利于某些养分的释放和活化，提高其有效性。同时，土壤有机质可改善土壤的物理性质，促进土壤团粒结构

的形成，改善土壤结构，协调土壤水、肥、气、热状况，以及对酸、碱、有毒物的缓冲能力。因此，土壤有机质直接影响土壤的保水保肥性、供肥耐肥性和耕作性，是土壤良好的缓冲剂。

不同植被恢复模式下土壤有机质含量随深度的变化也不一致（表 5-41），各种植被恢复模式都能明显增加土壤中的有机质含量，提高土壤肥力水平。与各自的对照相比，灌木混交林、乔灌混交林和乔木混交林地有机质含量平均增长率分别为 32.5%、39.3% 和 38.4%。几种植被恢复模式土壤有机质含量均随深度增加而减低。不同类型中，0~20 cm 土层，有机质增加幅度最大，乔灌混交林有机质含量最高，为 6.686 g/kg，乔木混交林次之为 5.939 g/kg，灌木混交林最低，仅为 1.917 g/kg。与对照地相比，灌木混交、乔灌混交和乔木混交林地有机质含量平均增长率分别为 45.7%，48.3% 和 45.1%。从土壤剖面 0~60 cm 土层有机质垂直分异来看，自上而下均表现为逐渐降低的趋势。从有机质含量均值来看，三种恢复林地类型 0~60 cm 土壤层有机质含量和 0~20 cm 土层规律一致。

表 5-41　土壤有机质含量的变化情况

土壤深度	土壤有机质含量/%		增长率/%	土壤有机质含量/%		增长率/%	土壤有机质含量/%		增长率/%
	灌木混交林	对照		乔灌混交林	对照		乔木混交林	对照	
0~20 cm	1.917	1.316	45.7	6.686	4.509	48.3	5.939	4.092	45.1
20~40 cm	1.713	1.249	37.1	6.061	4.375	38.5	5.431	3.948	37.6
40~60 cm	1.493	1.303	14.6	5.088	3.884	31.0	4.179	3.151	32.6
均值	—	—	32.5	—	—	39.3	—	—	38.4

随着林地恢复程度的提高，土壤有机质含量持续增加，且增幅较大。造成这种差异的原因在于林地的恢复程度不同，植被的组成特征和生物量就存在一定的差别。随着植被丰富度的提高，林内植被盖度和物种丰富度相对较大，凋落物量呈上升趋势，继而导致所固定和转化有机质的效率及其含量均存在差异，土壤有机质含量呈现出相应的时空变化。林地恢复程度越高，将碳素固定和转化到土壤中的效率就越高。此外，由于恢复程度高的群落内各环境因子更稳定，有利于土壤微生物的生长和对凋落物的分解，从而影响土壤有机质含量的水平和分布状况。

如表 5-41 所示，土壤浅层有机质含量显著大于土壤深层。这主要是由于植被根系大多集中在土壤表层，植被通过光合作用和碳循环活动向土壤中输送和固定的碳素也主要分布于表层土壤；此外，土壤微生物分解枯枝落叶后产生的有机质也是通过表层向下层转移。因此，土壤有机质含量随土壤深度增加而降低。

氮是植物生长发育所必需的大量营养元素之一，也是植物从土壤中吸收量最大的矿质元素。氮素在森林生态系统中是一种限制植物生长的重要元素，因为氮素一方面是植物从土壤中需求量最大的元素，另一方面又是最易通过淋溶或挥发而从森林土壤中损失的元素。土壤氮素主要来源于土壤有机碎屑，通过微生物降解而形成植物可利用的有效态氮，因此全氮是用于衡量土壤供氮能力的指标之一。

　　土壤中全氮含量随着林地恢复程度的提升，浅层和深层均呈上升趋势，且浅层土壤全氮含量的增加幅度明显高于深层，与土壤有机质含量变化趋势非常相似（表 5-42）。各种恢复样地浅层土壤全氮含量顺序依次为乔灌混交林＞乔木混交林＞灌木混交林；深层土壤各类退化全氮含量大小顺序与浅层土壤相同。同时，结果还显示，各恢复阶段土壤浅层全氮含量始终高于深层土壤，且浅层土壤全氮含量随退化程度的降低，其差异加大，即浅层土壤全氮含量的增加大于深层土壤。

表 5-42　土壤全氮含量的变化情况

土壤深度	全氮含量/%		增长率/%	全氮含量/%		增长率/%	全氮含量/%		增长率/%
	灌木混交林	对照		乔灌混交林	对照		乔木混交林	对照	
0～20 cm	0.146	0.122	19.7	0.464	0.378	22.8	0.399	0.339	17.7
20～40 cm	0.131	0.118	11.0	0.398	0.332	19.9	0.362	0.308	17.5
40～60 cm	0.122	0.115	6.1	0.321	0.302	6.3	0.321	0.272	9.9
均值	—	—	12.3	—	—	16.3	—	—	15.1

　　随植被的正向发展，乔木种逐渐占主要优势，凋落物的积累和土壤表层覆盖量增加，微生物活动加强，促进了腐烂矿化过程，被释放出来氮的输入量也随之增加，因此土壤氮与凋落物的积累有关，植被的恢复可以增加土壤中氮含量。此外，深层土壤氮的变化同样受输入量影响。例如，乔灌混交林浅层土壤全氮量从 0.378 mg/kg 上升至 0.464 mg/kg，而深层土壤全氮量从 0.302 mg/kg 上升至 0.321 mg/kg。分别提高了 22.8%和 6.3%。深层土壤全氮含量随退化程度降低而递增的速率减缓，主要与养分富积于表层和乔木树种深层吸收有一定关系。土壤有机质和全氮是土壤肥力的主要指标。此外，土壤有机质与土壤全氮在含量上呈明显的正相关关系。

　　水解氮是衡量土壤氮素供应能力的一个重要指标，在化学形态上包括有机质中易分解出的比较简单的有机态氮和速效氮，是易水解的蛋白质氮、氨基酸氮、酸胺氮、吸附代换态 NH_4-N、水溶态 NH_4-N 和水溶态 NO_3-N 的总和，一般可以代表植物在近期内可利用的氮素。恢复的乔灌混交林、乔木混交林和灌木混交林土壤浅层水解氮含量依次为 69.67 mg/kg、372.32 mg/kg 和 293.97 mg/kg，各阶段浅层土壤水解氮含量均大于深层土壤，但深浅层土壤水解氮增幅差别不大，如表 5-43 所示。恢复的乔灌混交林、乔木混交林和灌木混交林土壤深层土壤水解氮含量依次为 33.42 mg/kg、243.52 mg/kg 和 160.02 mg/kg，各恢复类型林地浅层土壤水解氮含量均大于深层土壤，但自上而下土壤水解氮增幅逐渐减小。因此，各种恢复林地土壤中水解氮含量随植被状况的改善而显著上升，浅层到深层土壤速效氮增加幅度呈下降趋势，其趋势与土壤全氮相对应，并随有机质而消长。

表 5-43　土壤水解氮含量的变化情况

土壤深度	水解氮含量/（mg/kg）		增长率/%	水解氮含量/（mg/kg）		增长率/%	水解氮含量/（mg/kg）		增长率/%
	灌木混交林	对照		乔灌混交林	对照		乔木混交林	对照	
0～20 cm	69.67	37.87	84.0	372.32	179.09	107.9	293.97	151.31	94.3

续表

土壤深度	水解氮含量/（mg/kg）		增长率/%	水解氮含量/（mg/kg）		增长率/%	水解氮含量/（mg/kg）		增长率/%
	灌木混交林	对照		乔灌混交林	对照		乔木混交林	对照	
20～40 cm	50.32	30.52	64.9	289.83	175.31	65.3	203.45	123.00	65.4
40～60 cm	33.42	27.44	21.8	243.52	172.54	41.1	160.02	110.39	45.0
均值	—	—	56.9	—	—	71.5	—	—	68.2

　　土壤速效钾含量在各类退化林地的变化浅层、深层含量较其他养分指标差异稍大。随植被状况的改善，有效钾含量持续增加，且各恢复类型表层土壤速效钾含量均大于下层土壤。但灌木混交林上下层土壤速效钾增幅几乎同步，如表 5-44 所示。乔灌混交林和乔木混交林下层增速略低。例如，乔灌混交林表层含量由之前的 367.1 mg/kg 增至恢复阶段的 783.3 mg/kg，增长率为 113.4%，下层含量则由 210.3 mg/kg 增至 368.7 mg/kg，增长率为 75.3%，这可能与 40～60 cm 深度处乔木根系对钾的利用有关。

表 5-44　土壤速效钾含量的变化情况

土壤深度	速效钾含量/（mg/kg）		增长率/%	速效钾含量/（mg/kg）		增长率/%	速效钾含量/（mg/kg）		增长率/%
	灌木混交林	对照		乔灌混交林	对照		乔木混交林	对照	
0～20 cm	240.8	120.1	100.5	783.3	367.1	113.4	331.3	160.1	106.9
20～40 cm	180.1	94.9	89.8	426.9	220.7	93.4	189.9	99.8	90.3
40～60 cm	127.1	69.8	82.1	368.7	210.3	75.3	94.9	59.7	59.0
均值	—	—	90.8	—	—	94.0	—	—	85.4

　　土壤速效磷在各恢复类型中的含量稍有上升，在深浅层土壤中的含量变化幅度较小，如表 5-45 所示。土壤中磷属于矿质营养，基本来源是含磷矿物和有机质分解，与氮素有很大的差别，氮素基本来源是成土母质和一部分有机质的矿化，因此磷在生态系统中物质循环不如氮素强烈。大部分植物生长所需的磷是在土壤的表层。土壤中的磷被吸收以后又以凋落物的形式归还土壤，因此大部分退化林地土壤表层中的速效磷含量高于深层。同时，磷在土壤中多以难溶性或固定性形态存在，迁移速度慢，移动距离短，因此土壤表层与深层的差异很小。有效磷的含量在恢复程度高的林地中大于恢复程度低的林地，说明植被能有效地改善和促进土壤有效磷的含量。

表 5-45　土壤速效磷含量的变化情况

土壤深度	速效磷含量/（mg/kg）		增长率/%	速效磷含量/（mg/kg）		增长率/%	速效磷含量/（mg/kg）		增长率/%
	灌木混交林	对照		乔灌混交林	对照		乔木混交林	对照	
0～20 cm	1.52	1.24	22.6	9.40	7.48	25.7	5.49	4.53	21.2
20～40 cm	1.42	1.24	14.5	8.41	7.12	18.1	3.21	2.82	13.8
40～60 cm	1.42	1.28	10.9	5.77	5.16	11.8	3.16	2.77	14.1
均值	—	—	16.0	—	—	18.5	—	—	16.4

土壤营养成分除了随林地恢复程度的不同而呈现有规律的变化外，在年度内由气温的高低、降水的多少、土壤微生物的活跃程度，使土壤有机质腐质化累积和矿化的速度呈现季节性变化规律。这一变化规律需要在今后进行补充研究。

土壤含水量、容重等物理性质指标，随着物种多样性的增加而得到改善，部分土壤营养功能指标（如有机质含量和 Ca、Mg、P 含量等）也随乔木、灌木层物种多样性的增加而增加。再次证明了生物同环境因子的协同进化理论，即生物与环境间的相对平衡，就是生物、环境之间相互适应与协调的过程。将此理论用于指导西北亚高山退化林地人工恢复重建过程中，可以通过乔、灌、草的合理配置，有目的地增加群落物种多样性，达到促进水源涵养林区水、土壤肥力等生态功能的恢复。

5.6　祁连山水源涵养林生态恢复技术

5.6.1　退化生态系统封育恢复技术

退化生态系统封育恢复技术包括封育技术、补播技术等，其中封育分为围栏封育和不围栏封育两种。四周地形陡峭或有可利用障碍物时，不封也可达到禁牧的目的，可封而不围；封育区平坦开阔，无任何可利用的障碍物时，不利于管护的地块只能围栏封育。围栏封育需要购置一定的材料，如刺线、角铁或水泥桩，然后将需封育的地块围起来加以保护。

5.6.1.1　封育区选择

采用封育管护技术有利于具有一定数量，且萌蘖能力强、根茎繁殖容易、自然下种成苗快等特征的植物的恢复。研究区具有封育恢复条件的地块，分布有金露梅、银露梅，绣线菊、珠芽蓼、铁线莲、委陵菜等植物，植被盖度在 20%以上。在限制人畜活动后，植被能快速恢复。

在封育区围栏时，最好选择地势平坦开阔或缓起伏的地块，以便于架设围栏，为植被自然更新与恢复创造条件。对于地形破碎或水土流失严重，且植被具有可恢复特征的地段，可采用封而不围的方式，通过加强管护恢复植被。同时，选择封育区时，应考虑生态效益和经济效益，围栏效果好、生态效益和经济效益高的应进行围栏封育，反之则可采取封而不围的方式。

5.6.1.2　封育技术

封育方式包括全封、半封、轮牧三种。其中，全封要求在封育期间禁止一切不利于林草植被生长繁育的人畜活动；半封仅在植物生长与繁殖期间适用；轮牧是在条件较好、植被退化程度较轻的地块，根据植被状况，将资源利用与植被恢复相结合，制定合理的放牧制度，适度放牧，促进植被恢复。按照封育期限长短可分为长期封育与短期封育。长期封育时间在 8 年以上，主要针对植被覆盖度低，水土流失严重的地块，当植被恢复到预期效果时，便可适度利用；短期封育时间在 3 年以内，主要针对植被轻度或中度退化的地块。

5.6.2　退化水源林生态系统人工修复技术

5.6.2.1　集雨整地技术

微集雨整地是利用径流原理，通过改变微地形，将雨水以径流或人工产流的方式收集起来，达到蓄水保墒、提高造林成活率、改善造林地生态用水环境、对自然降水实行时间与空间有效补偿措施的目标，微集雨整地技术是实现雨水径流富集、储存、高效管理使用的重要环节。微集雨整地技术首先使土壤变得疏松，提高了土壤的蓄水能力，在整地过程中对造林地的局部地段翻垦，改变了造林地土壤结构，有利于苗根的伸展。其次，由于整地切断了土壤毛细管，可以减少土壤水分蒸发，起到保墒作用。最后，在山地条件下合理的整地措施本身就是一项水土保持措施，可以增加入渗速率、减缓流速、拦蓄地表径流、减少土壤侵蚀。在坡面整地，应考虑坡面特点，尽可能减少对坡面的破坏。

鱼鳞坑整地技术：在地势较陡和支离破碎，且不便于修筑水平沟的坡面上，挖掘有一定蓄水容量、交错排列、类似鱼鳞状的半圆形或月牙形土坑，达到汇集降水、减少水土流失的目的。鱼鳞坑整地对地表植被破坏较小，是坡面治理的重要整地方法。具体方法是在山坡上挖类似鱼鳞状的半圆形或月牙形土坑，坑宽 0.8～1.5 m，坑长 0.6～1.0 m，在坡面"品"字形配置，坑距 2.0～3.0 m。在鱼鳞坑中间挖宽 0.2 m、深 0.5 m 的坑。挖坑时先把表土堆放在坑的上方，把生土堆放在坑的下方，按要求规格挖好坑后，再把熟土回填。在坑下沿用生土围成高 20～25 cm 的半环状土埂，在坑的上方左右两角各斜开一道小沟，以便引蓄更多的雨水。

水平沟整地技术：主要用于坡面整齐，坡度小于 25° 的缓坡。采用"等高线，沿山转，宽 2 m，长不限，心上打埂，活土回填"的方法进行整地。水平沟整地由于沟深、容积大，能够拦蓄较多的地表径流，也可改善整地穴内土壤的光照条件、降低土壤水分蒸发。

水平沟整地的具体方法：沿等高线开挖宽 0.8 m、深 0.8 m 的水平沟，在水平沟下利用沟内挖出的土拍实外埂，形成埂高 0.5 m、上宽 0.4 m 的地埂，埂侧坡 60°～70°；将沟内侧上方表土铲下拍碎，填入水平沟内至开挖口上沿 0.1 m 处，水平沟宽 2 m，隔坡的宽度由坡度确定，应遵循"坡度越大，隔坡宽度越长"的原则，通常宽度为 6～8 m。

5.6.2.2　抗旱造林技术集成技术

该技术主要包括微集雨整地技术、雨季直播技术、覆膜技术、生根粉使用技术、保水剂技术、多树种配置技术、春夏秋三季造林、容器苗造林等技术，通过"三填土两踩踏一提苗"的栽植方法和浇足底水灌好定根水，可有效并迅速促发新根，而且削弱地上部分的蒸腾作用，促进苗木体内水分平衡，防止林木生理干旱，提高成活率。多树种配置技术主要通过多个树种的合理配置，不仅提高了林分的稳定性，而且促进了林分水土保持功能的快速发挥。

保持土壤水分平衡是维系植物体内水分平衡、促进植被稳定健康生存的关键。树木栽植后会有部分不能成活，其根本原因是失去了植物的水分平衡。植物体内经常进行着大量的水分交换，不断地靠根系从土壤中吸收水分，靠输导系统在体内分布与传导水分，仅把从土壤中吸收的很少的一部分水分加以保留和利用，而把绝大部分的水通过叶面散失到大气中。这就是植物的"水分平衡"。

在祁连山实施造林时，保持人工林与自然植被复合生态系统水分平衡的关键有两点。首先是根据坡度、坡向调整集雨坡面的大小，调节坡面微集雨工程蓄水能力；然后是调控林草耗水量，主要措施为选择抗旱节水树种，减小单株林木耗水量，同时通过调整造林密度，使人工林与自然植被的耗水量与降水量达到平衡状态。坡度较大时，容易产流的地块，可适当增加造林密度，便可有效地采用集雨整地技术分段截流，控制水土流失；坡度较小时，可适当地减小造林密度，增加隔坡的宽度，有利于水资源的截存。

5.7　祁连山中段北坡水源涵养林保育

5.7.1　退化水源涵养林生态系统封育

本模式以生态系统自然恢复为手段，以恢复自然植被为核心，将植被盖度在大于20%，且具有萌蘖或天然下种条件的退化水源涵养林实行封育治理，采取封育管护技术，杜绝或降低人和牲畜活动，加速恢复植被，使生态系统得以休养生息，并通过专人管护、责任到人等方式加强管护，充分利用生态系统的自我修复能力，逐步将植被恢复到初始状态，最终实现减少流域水土流失、改善生态环境的目的（图5-32）。

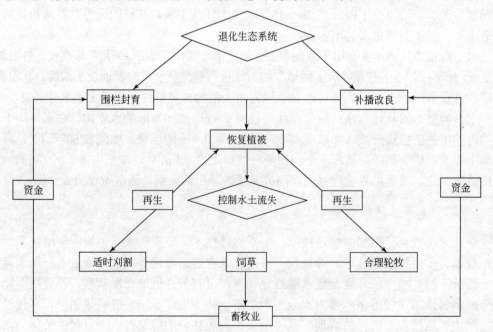

图5-32　退化水源林生态系统封育恢复模式结构

通过实施退化水源涵养林生态系统封育恢复技术，在充分认识生态系统受损原因的基础上，依靠生态系统的自选择、自组织、自适应、自调节、自发展的功能，通过限制人畜对生态系统的压力，使植被自我恢复，加速生态系统的顺向演替过程，使退化植被结构和功能逐步适应当地气候与土壤环境，从而实现生态系统良性循环的目的。

退化生态系统封育恢复模式保持了原有植被与地形原貌，具有投入少、见效快的特点。封育恢复模式适用于具有一定植物数量，植被盖度在 20%以上，分布具有萌蘖能力强、根茎繁殖容易、自然下种成苗快等特征的植物，而且在当前社会与经济条件下，应开发利用价值较低的地块。这也是其他退化生态系统恢复的一项基础辅助措施。

5.7.2　退化水源涵养林生态系统人工修复

以不同整地方式和不同树种配置模式相结合，再结合生态经济林与自然植被复合和生态林与自然植被复合两种类型，总结提出六种退化水源林生态系统人工修复植被配置模式：退化生态系统人工修复模式将自然恢复与人工林建设相结合、生物措施与工程措施相结合、生态效益与经济效益相结合，以水资源就地利用为手段，以促进植被快速恢复、增加植被盖度、控制水土流失、改善生态系统（图 5-33）。通过增加荒坡微型积水工程，达到植被快速恢复、群落结构与多样性稳定、水土流失减少或降低、土壤养分与土地生产力恢复的主要目的。尽可能保护原生植被，采用水平沟、鱼鳞坑等模式整地，分段截留坡面雨水资源，减少降水大面积汇流，改善土壤结构，增加土壤蓄水保墒作用，使坡面不但成为汇集降水的集水场，也为原生植被的自然恢复提供条件，有效防止或降低水资源流失；在坡面同时采用封育技术、人工生态林与经济林建设等技术，最终形成人工林与自然植被复合生态系统，提高降水资源利用率，促进林草生长，增加植被盖度，提高固土能力，减少土壤流失，就地改善生态环境，提高经济收入。

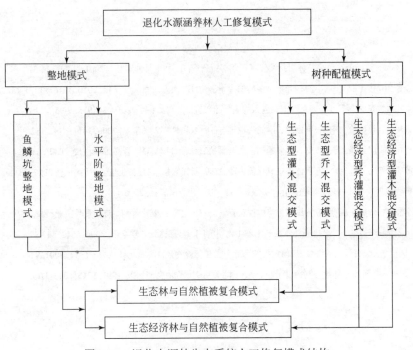

图 5-33　退化水源林生态系统人工修复模式结构

生态型乔木林混交模式（模式1）："青海云杉+华北落叶松"。主要突出生态效益。该模式阴性树种与阳性树种混交，充分利用地力，林分生产率较高，冠层厚，叶面积指数较大，枯落物较多，防护效能较高，稳定性较强。

生态型乔灌混交模式（模式2）："云杉+金露梅+银露梅"。主要突出生态效益。该模式可较充分利用空间，有利于在不同层次不同范围利用光照、水分和养分，林分稳定，涵养水源和保持水土能力较强。

生态经济型乔灌混交模式（模式3）："云杉+沙棘"。主要突出生态效益，兼顾经济效益。模式的特点是层次结构合理，固定土壤、控制水土流失效果显著。形成的乔灌结合型人工林与自然草被立体复合植被系统生物多样性丰富、生态功能完善。

生态经济型灌木林混交模式（模式4）："沙棘+柠条"。主要突出生态效益，兼顾经济效益。该模式将灌草结合、株间和行间混交，形成的人工灌水混交林与自然植被复合生态系统具有树种多样、群落稳定、生态功能突出、成林快、生物多样性丰富、防护效果强的特点。

退化水源涵养林生态系统人工修复模式的特点：将人工植被建设与原生植被保育相结合，微集雨整地工程与植树造林相结合，生态建设与经济发展相结合，突出生态修复，达到快速恢复退化生态系统。原生植被保育主要体现在保留自然坡面上的原生植被，使自然坡面成为人工林生长的蓄水坡；工程建设主要表现在坡面微集雨工程与造林整地相结合；人工适度干扰表现在结合坡面特点，少整地，种植生态林，快速提高林草覆盖度。

退化生态系统人工修复模式适用范围：退化水源涵养林生态系统人工修复模式适用于海拔2600～3100 m、降水量在400 mm左右植被退化的干旱半干旱山区。

参 考 文 献

[1] 薛定刚, 程林波. 祁连山水源涵养林可持续发展经营对策研究[J]. 甘肃林业科技, 2001, （3）: 34-37.

[2] 龚文菲, 汪铁山, 林敬明, 等. 小油桐叶中总多酚的含量测定[J]. 南方医科大学学报, 2010, 30(6): 1321-1322.

[3] 李彩霞, 李小龙, 李琼, 等. "黑美人"土豆色素稳定性的研究[J]. 食品科学, 2010, 31(9): 89-95.

[4] 孙墨珑, 宋湛谦, 方桂珍, 等. 核桃楸总黄酮的提取工艺[J]. 东北林业大学学报, 2006, 34(1): 142-152.

[5] 李德海, 王振宇, 周亚嫌, 等. 红皮云杉多酚的提取及其抗氧化活性研究[J]. 食品工业科技, 2012, 11: 51.

[6] 吕英华, 苏平, 那宇, 等. 桑椹色素体外抗氧化能力研究[J]. 浙江大学学报(农业与生命科学版), 2007, 33(1): 102-107.

[7] 王学奎. 植物生理生化实验原理和技术[M]. 2 版. 北京: 中国林业出版社, 2006.

[8] 高海宁, 李彩霞, 张勇, 等. 唐古特白刺果浆中原花青素提取工艺及抗氧化性研究[J]. 食品工业科技, 2010, （10）: 109-112.

[9] 郭素娟, 凌宏勤, 李凤兰. 白皮松插穗生根的生理生化研究[J]. 北京林业大学学报, 2004, 26(2): 43-47.

[10] 詹亚光, 杨传平, 金贞福, 等. 白桦插穗生根的内源激素和营养物质[J]. 东北林业大学学报, 2001, 9(4): 1-4.

[11] 郑均宝. 几种木本植物插穗生根与内源IAA、ABA的关系[J]. 植物生理学报, 1991, 17(3): 313-316.

第6章 祁连山天然草地生态系统恢复与保护技术

草地生态系统是祁连山水源涵养区的生态主体,但近年来草地出现了严重退化现象,导致其生态服务功能下降,从而影响区域生态环境和水源涵养。20世纪80年代中期,甘肃省祁连山区天然草地面积为1324×10⁴ hm²,到2008年天然草地面积为486.9×10⁴ hm²,其中退化草地面积为374.75×10⁴ hm²,占草地面积的76.97%;牧草盖度下降了11.1%,产量下降了30.4%[1]。青海省祁连山水源涵养区(不包括青海湖流域及柴达木盆地北部地区)的天然草地总面积为368×10⁴ hm²,退化草地面积占草地总面积的60.8%,其中重度退化的占30.27%,中度退化的占33.93%,轻度退化的占35.80%[2]。草地的退化,导致发生严重鼠害。青海省鼠害面积为311.75×10⁴ hm²,在祁连山高寒草地的主要害鼠物种为高原鼠兔(*Ochotona curzoniae*)、高原鼢鼠(*Eospalax fontanierii*)和田鼠(*Microtus arvalis*)。在鼠害严重的草地,风蚀和水蚀导致草地水土流失严重,草地荒漠化严重,从而造成超载-草场退化的恶性循环。因此,保护草地生态环境,是祁连山水源涵养区生态环境保护与综合治理工程的重要任务之一。

6.1 祁连山草地土壤特性及降水入渗

6.1.1 试验区的植被组成

试验区位于100°09′E~101°06′E、37°44′N~38°16′N,属青海省祁连县,海拔2678~4948 m(图6-1)。北部为祁连山脉中段最北支脉走廊南山,呈西北-东南走向,山体多由火山岩、千枚岩、绿色硬砂岩、紫色砂砾岩组成。有大量古冰川遗迹分布在海拔3500 m以上,4300 m以上有现代冰川发育。南部为托来山,又称托勒山等,呈西北-东南走向,山体多由火山岩、千枚岩、绿色硬砂岩、砾砂岩组成,海拔4800 m以上有现代冰川发育;海拔4500 m以上高山由于有现代冰川的存在而受到冰侵,有古冰斗和古冰碛物存在;海拔4000~4500 m高山距离冰川较远,直接受到冰川侵蚀,但气温较低,多发生寒冻剥蚀。走廊南山与托来山之间为八宝河断陷盆地,即八宝河谷地所在区域。

该区类似其他祁连山山区,垂直带谱明显,生长着块状和片状分布的高山灌丛及乔木林,植被属于山地森林草原。高山垫状植被带分布在海拔4000~4500 m;3800~4000 m为高山草甸植被带;3200~3800 m分布着高山灌丛草甸;在气温较高,海拔较低的2800~3200 m才分布着山地森林草原。阳坡一般分布着草场(图6-1),而阴坡多林地,主要树种有青海云杉,并零星分布着祁连圆柏。以上这些山地植被对径流的形成、调蓄河流水量及涵养水源发挥着重要作用。

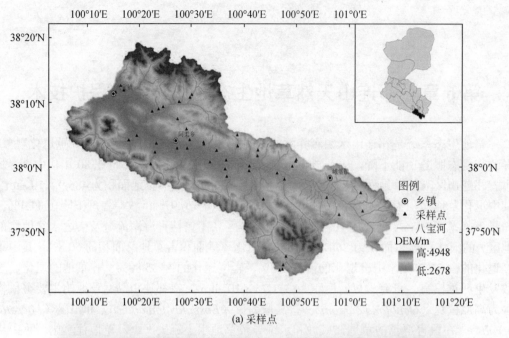

(a) 采样点

(b) 样方

图 6-1　采样点及样方（见彩图）

　　八宝河流域两种高寒草地类型的生物量如表 6-1 所示。两种类型的草地生物量变化范围为 1624.10～4779.58 g/m²，变异系数为 48.05%。其中，高寒草甸的生物量最大，为 4779.58 g/m²，占总量的 74.64%；高寒草甸地上生物量平均为 222.26 g/m²，地下生物量平均为 4557.32 g/m²，地下生物量大约是地上生物量的 21 倍。

表 6-1　八宝河流域生物量

植被类型	样本数	覆盖度/%	地上生物量/（g/m²）	地下生物量/（g/m²）	总干物重/（g/m²）
草甸	38	95.8	222.26±105.64	4557.32±2403.34	4779.58
草地	30	96.2	211.29±97.23	1412.81±612.65	1624.10

　　高寒草原生物量平均为 1624.10 g/m²，占总量的 25.36%；高寒草原地上生物量平均为 211.29 g/m²，地下生物量平均为 1412.81 g/m²，地下生物量大约是地上生物量的 7 倍。总体上，流域内的草地生物量平均为 3201.84 g/m²，其中地上生物量平均为 216.78 g/m²，地下生物量平均为 2985.07 g/m²，后者大约是前者的 14 倍。

　　为分析区域植被生物量指数空间分布规律，苏玉波等[3]基于实地采集的数据为基础，利用统计分析方法，对单位面积地上植被生物量（above-ground biomass，AGB）的实测值与所对应的实测植被指数（NDVIGS）进行相关性分析；再通过地面所测的植被光谱数据（NDVIGS）与遥感多光谱数据（NDVILD）进行相关关系分析并建立了模型，各相关性都通过极显著水平（0.01）的 F 检验（$F=104.07, p<0.01, n=40$）。各表达式见式（6-1）~式（6-3）。

$$AGB=36.09e^{3.186NDVIGS} \tag{6-1}$$
$$NDVIGS=0.679NDVILD+0.056 \tag{6-2}$$
$$AGB=36.09e^{2.163NDVILD}+0.178 \tag{6-3}$$

　　通过式（6-3）得到流域高寒草地植被地上生物量空间分布，如图 6-2 所示。可以看出，生物量整体上分布在流域中部，并且在河流南岸较集中，而西部和东部及东南地区生物量较低；这是由于河流南岸光照较北岸低，土壤水分蒸发较弱，植被生长较好；研究区西部两侧为高山，草场面积较小，而东部由于海拔较高，植被生长受到限制。在河

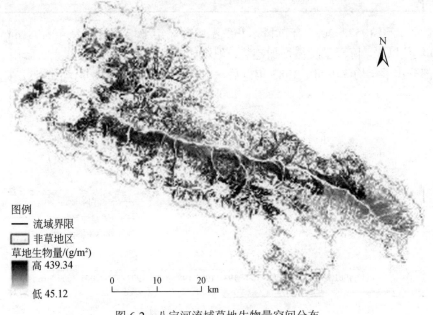

图 6-2　八宝河流域草地生物量空间分布

流干流沿岸生物量低值成斑块状分布，生物量最大值分布在各支流的中上游区，八宝河流域各主要支流下游面积较小，分布于主干道河谷内，为主要的牧场及生活居住区，而中上游进入山区，多有灌丛生长。研究还发现，流域内高寒草地生物量随海拔的不同有所差异；生物量在阴坡、半阴坡、坡度较缓的地区集中且呈现最大值。

据金晓媚等[4]对黑河上游山区植被的空间分布特征研究显示：当高程在 3200～3600 m 时，NDVI 均大于 0.5，植被长势较好；而高程大于 3600 m 和小于 3200 m 时，植被长势相对较差。总体上，植被长势从 2000 m 开始随高程的增加而变好，在 3400 m 处达到峰值，而后随高程的增加逐渐变差。

6.1.2　试验区的水文特征

6.1.2.1　降水特征

祁连水文站有建站至今的实测水文资料，用其 33 年（1968～2000 年）实测平均流量进行计算，多年平均流量为 42.33 m³/s，其多年平均流量年内分配见表 6-2。

表 6-2　祁连站多年平均流量年内分配

月份	流量/（m³/s）	月份	流量/（m³/s）
1	11.00	8	87.56
2	11.56	9	60.58
3	13.18	10	38.16
4	26.89	11	20.07
5	46.64	12	13.98
6	77.35	全年	42.33
7	100.98		

统计研究区 1957～2015 年的降水和气温数据，年平均降雨量为 405.08 mm。自 20 世纪 50 年代以来，降雨呈缓慢增加趋势，但增加幅度较小。1983 年以前，降雨 5 年滑动平均大部分小于年均降雨量，1983 年以后，大部分大于年均降雨量（图 6-3）。

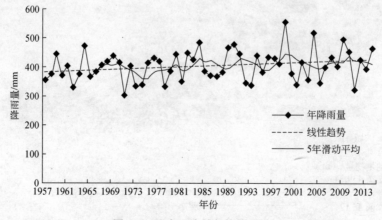

图 6-3　八宝河流域年均降雨量

自 1998 年以后,降雨距平值大于 100 mm 的年份频繁出现,降雨波动幅度加剧。年降雨量在一个相对较稳定的状态下,有利于研究降雨入渗。但降雨入渗不仅和降雨量有关,还和雨型(雨强)有很大关系。以地面为界面,降雨通过植物截留到达界面时发生再分配,包括入渗、填洼和地表径流。阴雨绵绵的天气具有较小的雨强,当雨强小于入渗率时,将不发生填洼和地表径流过程,降雨完全入渗,此时入渗率等于雨强。当雨强大于入渗率时,将发生入渗、填洼和地表径流过程。据李岩瑛[5]分析,研究区正位于暴雨集中区内。春季降雨量平均 22.43 mm,5 年滑动平均在 1985 年以前波动幅度较大,以后波动幅度较小,较为平稳(图 6-4)。

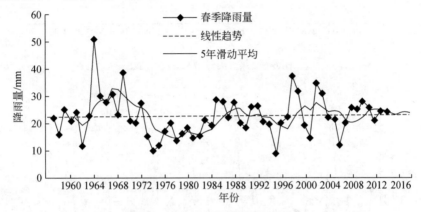

图 6-4　八宝河流域春季降雨量

夏季平均降雨量 86.54 mm,在 1975 年以前降雨平稳,1975 年以后波动幅度增加,但增加趋势不明显(图 6-5)。

秋季平均降雨量 25.78 mm,5 年滑动平均降雨量在 1970 年之前平稳,20 世纪 70～80 年代末呈下降趋势,1990～2010 年呈增加趋势,2010 年以后有所下降,整体呈波动变化(图 6-6)。

冬季平均降雨量 1.25 mm,主要以降雪为主,波动幅度大,但增加趋势不明显(图 6-7)。

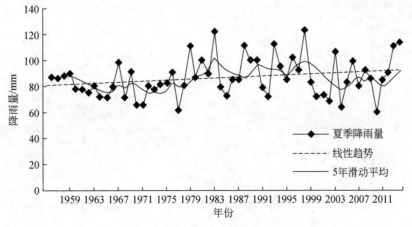

图 6-5　八宝河流域夏季降雨量

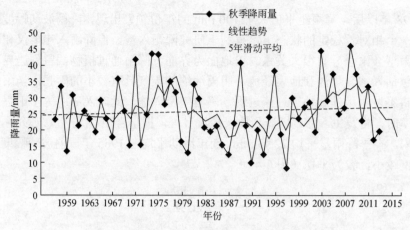

图 6-6　八宝河流域秋季降雨量

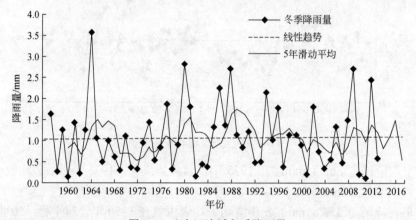

图 6-7　八宝河流域冬季降雨量

从不同季节分析，研究区降雨量主要集中在夏季，春秋次之，冬季最小。研究区气温在 1985 年之前较为平稳，之后呈上升趋势，特别是 1997 年之后上升趋势明显（图 6-8），1997 年出现明显的波动。

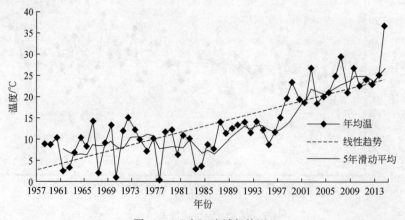

图 6-8　八宝河流域年均温

春季气温平均 2.4℃，自 20 世纪 90 年代以来呈现出增加趋势，5 年滑动平均自 80 年代中期以来一直呈增加趋势（图 6-9）。

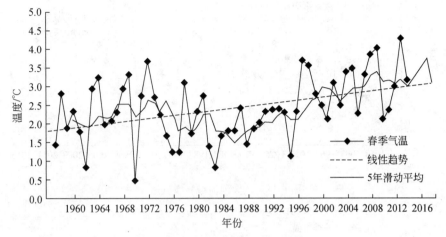

图 6-9　八宝河流域春季气温

夏季气温平均 12.16 ℃，1990 年以来 5 年滑动平均呈现出增加趋势，1998 年为转折点，之后气温绝大多数高于平均值（图 6-10）。

秋季气温平均 1.25 ℃，1957～2010 年气温的 5 年滑动平均值呈增加趋势，1987 年之前气温增加缓慢，之后增加幅度加大，1998～2010 年气温均高于平均值，2010～2013 年气温有所回落（图 6-11）。

冬季气温自 1957 年以来呈增加趋势，年际变化不大，呈现出平稳增加态势（图 6-12）。

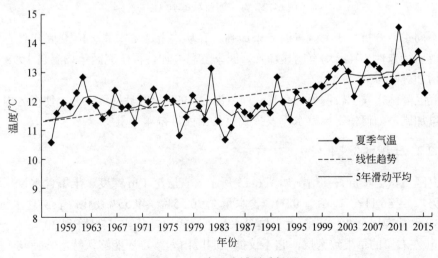

图 6-10　八宝河流域夏季气温

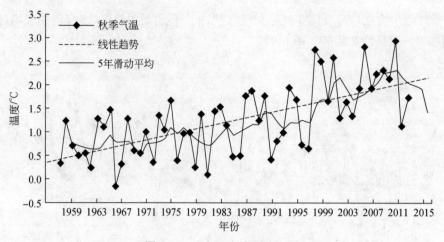

图 6-11　八宝河流域秋季气温

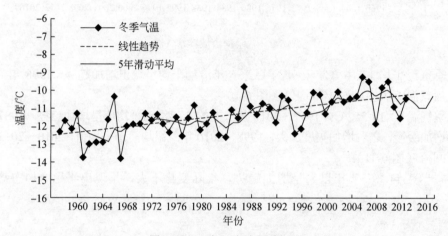

图 6-12　八宝河流域冬季气温

从不同季节分析，研究区气温夏季最高，春秋次之，冬季最小。1998 年在春夏秋三季均表现出特殊性，气温均有明显增加，四季气温叠加使得研究区年均温自 1998 年始呈现明显增加。

研究区降雨未发生较明显的变化，而气温自 1997 年之后持续上升，使得区内土壤植被蒸散量加剧，如何使得土壤水库发挥调蓄作用就显得尤为重要。

6.1.2.2　土壤水分变化特征

研究区土壤含水量整体情况如图 6-13 所示。表层至 1 m 深度，土壤含水量呈幂函数递减趋势，$y = 46.11x^{-0.34}$，$R^2 = 0.99$，含水量在 20.35%~47.55%变化。表层含水量最大，达 47.55%，从表层至 30 cm 深度土壤含水量下降较快，从 47.55%降到 30.78%。表层有一 10 cm 左右厚的草根致密层，它不仅能阻碍降雨入渗，还能够保持水分使其不被快速蒸发。正是这一致密层的存在使得土壤在 30 cm 深度范围内，水分由上而下快速变化。30 cm 以下变化较小，从 30.78%降到 20.35%。

对不同植被类型的各土壤深度土壤水分求平均值，对比不同植被类型下各土壤层含水量。

从不同植被类型土壤含水量变化（图 6-13）可以看出，研究区灌丛草地各层土壤含水量均高于草甸和草地植被类型下的土壤含水量，变化趋势基本一致，从表层向下逐渐减少，灌丛多分布于半阴坡、阴坡，蒸发量较小，使得土壤含水量较高，而草甸和草地多位于河谷盆地和阳坡，蒸发量较大，含水量较低。灌丛草地表层土壤含水量较大，原因在于灌丛草地表层疏松，腐殖质含量较大，且处于阴坡、半阴坡区域，灌丛的遮蔽使土壤水分蒸发较少，灌丛草地表层含水量较大。

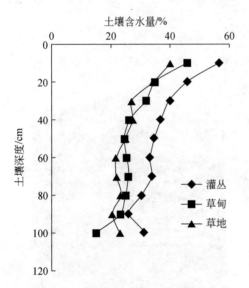

图 6-13 不同植被类型土壤含水量变化　　图 6-14 不同地形土壤含水量变化

坡顶土壤含水量在 0～60 cm 深度范围内高于山坡和河谷地带；0～30 cm 范围内，山坡土壤含水量大于河谷。而 70 cm 左右土壤含水量基本一致，继续向下表现出坡顶土壤含水量最小。需要说明的是，不同地形中讨论的坡顶并不是研究区裸露的岩石山顶。这里坡顶指的是研究区内有植被分布的小坡坡顶。研究区内坡顶相对山坡比较平缓，土层较山坡深厚，而宽阔的河谷多为冲积形成，土质紧密，高于河床且距离河床较远，使得坡顶土壤含水量反而高于山坡和河谷（图 6-14）。

用土壤 0～10 cm、10～20 cm 和 20～30 cm 含水量求平均值代表土壤表层含水量，运用 surfer 软件做空间分布图。整体范围内，受太阳光照射影响，阳坡蒸发较强，表现出阴坡土壤含水量高于阳坡，即北坡高于南坡（图 6-15）。

土壤层深为 10 cm、20 cm、30 cm 的含水量空间分布，整体水平为表层土壤含水量明显高于下层，呈递减趋势（图 6-16）。受地形、植被等因素影响，大范围土壤含水量较低的范围内有土壤含水量较高的小范围存在，特别是两个小河流形成的冲积扇交汇所夹区域。所夹区域处于较大坡度转向较小坡度位置。在重力作用下，较大坡度土壤水分向坡

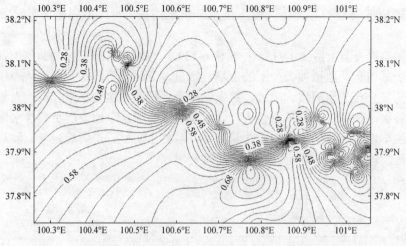

图 6-15　研究区土壤含水量空间分布

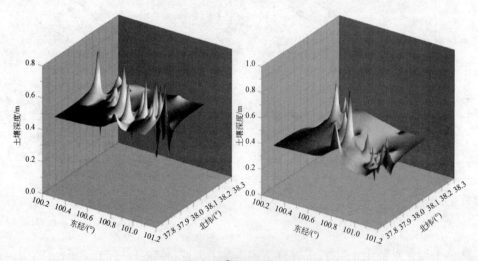

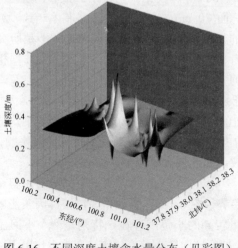

图 6-16　不同深度土壤含水量分布（见彩图）

麓运移，在坡度转折区域速度减缓，使得坡度转折区土壤含水量增加。另外，受冲积扇交汇的影响，所夹区域通向河谷的通道被截断，冲积扇相对于转折区土壤密实，进一步降低了土壤水分运移速度，更加剧了转折区即所夹区域土壤的含水量，从而表现出大范围土壤含水量较低的范围内有土壤含水量较高的小范围存在。

6.1.2.3　水分特征曲线

土壤水分特征曲线是反映土壤水势与土壤含水量之间关系的基本土壤水力参数，是研究土壤水分入渗、蒸发、土壤侵蚀及溶质运移过程的关键[6, 7]。通过土壤水分特征曲线能了解土壤的持水性、土壤水分有效性，可应用数学物理方法对土壤水分运动进行定量分析[8]。了解土壤水分特征曲线，对于研究土壤水分的贮存、保持、运动、供应、土壤-植物-大气连续体（soil-plant-atmosphere continum，SPAC）中的水分动态、土壤水分与林木吸水之间关系的机理与状况都具有重要意义[9]。土壤水分特征曲线的研究较多[8-11]，但高寒地区草地土壤水分的特征研究相对较少。

试验地土壤水分特征曲线样点位置见表 6-3，试验地土壤机械组成划分为黏粒（粒径<0.005 mm）、粉粒（0.005～0.05 mm）、砂粒（0.05～1 mm）和细砾（>1 mm）四个等级，采用日本（KOKUSAN）H-1400PF 型离心机测定土壤水分特征曲线。

表 6-3　土壤水分特征曲线样点位置

样点	经度	纬度	海拔/m
样点 1	101°06′34.10″E	37°50′35.56″N	3710
样点 2	101°02′14.90″E	37°52′37.80″N	3513
样点 3	100°48′10.40″E	37°59′27.40″N	3275
样点 4	100°44′32.70″E	38°00′19.94″N	3176
样点 5	101°02′47.40″E	37°52′11.30″N	3507
样点 6	100°32′34.90″E	38°02′08.00″N	3073
样点 7	100°21′02.60″E	38°05′10.10″N	2994
样点 8	100°25′03.50″E	38°03′26.80″N	2978

将土样置于水中进行饱和处理，称量其初始质量后放入离心机的离心盒中，转速按 400 r/min、500 r/min、800 r/min、900 r/min、1000 r/min、1800 r/min、2300 r/min、3000 r/min、3500 r/min、4000 r/min、5600 r/min、7200 r/min、12500 r/min 依次递增，每个转速离心 60 min 后称重，得到一系列土壤含水量与土壤水基质势相对应的关系点。试验结束后放入干燥箱内在 105 ℃下干燥 8 h，称量并计算土壤含水量（表 6-4）。

表 6-4　样点特征与土壤性质

样点	序号	黏粒含量/%	粉粒含量/%	砂砾含量/%	石砾含量/%	有机质含量/(g/kg)	含水量/%	容重/(kg/m³)	紧实度/kPa
样点 1	1	26.769	60.711	12.326	0.195	7.54	48.76	0.765	912
样点 2	2	26.084	63.444	10.472	0	6.56	46.64	0.81	1228

样点	序号	黏粒含量/%	粉粒含量/%	砂砾含量/%	石砾含量/%	有机质含量/(g/kg)	含水量/%	容重/(kg/m³)	紧实度/kPa
样点 3	3	24.725	50.997	23.814	0.464	8.46	—	1.383	1720
样点 4	4	8.974	26.821	58.883	5.322	5.91	10.07	1.084	2176
样点 5	5	16.391	61.669	20.526	1.414	4.63	38.26	0.955	1053
样点 6	6	23.893	59.462	16.553	0.093	4.24	13.81	0.893	772
样点 7	7	28.906	61.831	9.263	0	7.8	32.26	0.869	1158
样点 8	8	20.976	50.297	28.612	0.114	5.76	38.48	1.222	1404

　　土壤水分特征曲线是指土壤水的基质势或土壤水吸力随土壤含水量变化的关系曲线，它表示土壤水的能量和数量间的关系，是研究土壤水分的保持和运动所用到的反映土壤持水特性的曲线[10]。土壤水分特征曲线的高低反映了土壤持水能力的强弱，即曲线越高，持水能力越强；曲线越低，持水能力越弱[11]（图 6-17）。

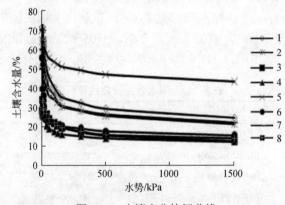

图 6-17　土壤水分特征曲线

　　图 6-17 反映出 5 号样点土壤持水能力最强，4 号样点土壤持水能力最弱。整个样地土壤水分特征曲线分成三类：样点 5 土壤水分特征曲线处于第一梯队，远高于其他样点；其饱和含水量较高，在 1500 kPa 作用力下仍保持较高含水量，达 43%。样点 1、样点 2 和样点 7 处于第二梯队，其初始饱和含水量较高，在 1500 kPa 作用力下仍保持 20% 以上含水量。其他样点处于第三梯队，在 1500 kPa 作用力下保持 10%~15% 含水量。总体而言，该研究区土壤的水分特征曲线高低变化较大。在试验初期，各土壤含水量下降较快，土壤水分特征曲线较陡，随土壤水吸力逐渐增大，曲线呈现变缓趋势。试验区草地土壤水分特征曲线可以分为急速下降、缓慢下降和基本平稳 3 个明显的阶段。

　　样点 4 和样点 5 均处于河流出山口的河谷地带、阳坡，植被类型相同，均为草甸草原。造成 5 号样点土壤持水能力远大于 4 号样点的主要原因在于二者土壤粒径：4 号砂粒含量大，占 58.8%，而黏粒含量较小，为 8.9%，不利于保持土壤水分；5 号粉粒含量大，占 61.6%，黏粒含量也较高，为 12.1%，有效地保持了土壤水分（图 6-18）。

　　利用 spass 软件对其与影响因素进行相关分析（表 6-5），可以看出土壤持水能力与粉粒、含水量呈较显著的正相关关系，与容重和紧实度呈较显著的负相关关系，同时与砂砾含量也具有一定的相关性。

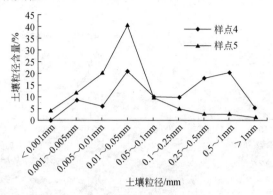

图 6-18　样点 4 和样点 5 土壤粒径分布

表 6-5　影响因素相关分析

因素	黏粒含量/%	粉粒含量/%	砂砾含量/%	石砾含量/%	有机质含量/(g/kg)	含水量/%	容重/(kg/m³)	紧实度/kPa
黏粒含量/%	1							
粉粒含量/%	0.788*	1						
砂砾含量/%	-0.899**	-0.977**	1					
石砾含量/%	-0.903**	-0.876**	0.916**	1				
有机质含量/(g/kg)	0.495	0.034	-0.203	-0.203	1			
含水量/%	0.319	0.566	-0.512	-0.404	-0.054	1		
容重/(kg/m³)	-0.307	-0.520	0.495	0.199	0.191	-0.649	1	
紧实度/kPa	-0.624	-0.884*	0.837*	0.746*	0.267	-0.539	0.649	1

* 表示在 0.05 水平上显著，** 表示在 0.01 水平上显著。

为定量研究土壤水分特征曲线，前人提出了许多模拟方程[12-17]。其中，Gardner 等[12]的幂函数方程具有待定参数较少的优点，在实际应用中较方便。因此，采用如下方程进行拟合：

$$y=ax^{-b} \tag{6-4}$$

式中，y 为土壤质量含水量（g/g）；x 为土壤吸力（kPa）；a、b 均为系数。

对图 6-19 数据进行拟合分析，得到研究区 20 cm 深度土壤水分特征曲线的表达式，土壤水分特征曲线拟合如图 6-19 所示。

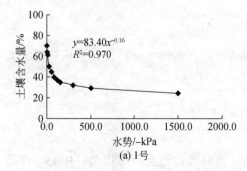

(a) 1 号

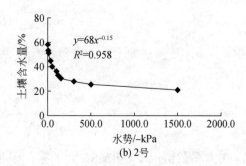

(b) 2 号

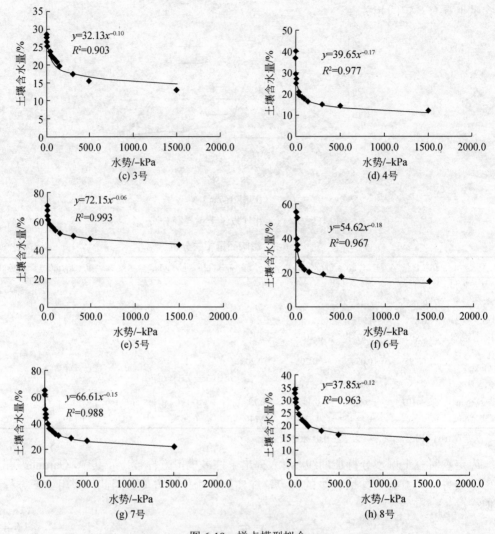

图 6-19 样点模型拟合

对水文特征曲线拟合值与实测值进行误差平方和（sum of square for error，SSE）和均方根误差（root mean square error，RMSE）分析，以检验拟合效果。

$$\mathrm{SSE}_i = \sum_{j=1}^{n} [I(m)_j - I(p)_j]^2 \tag{6-5}$$

式中，$I(m)_j$ 是测量的土壤含水量；$I(p)_j$ 是拟合的土壤含水量；良好的模型通常有低 SSE 值。

$$\mathrm{RMSE}_i = \sqrt{\frac{\sum_{j=1}^{n} [I(p)_j - I(m)_j]^2}{n}} \tag{6-6}$$

在大多数情况下，RMSE 大于零；但是对于完美的适合度的模型，RMSE 接近于零甚至等于零。这意味着所有观察到的累积渗透值应和模型预测累积渗透值接近或完全一样。

研究区土壤水分特征曲线拟合方程参数、回归系数、SSE 和 RMSE 如表 6-6 所示，R^2 在 0.903～0.993，SSE 最大为 0.0201，RMSE 均在 0.04 以下，说明该模型拟合很好地描述了采样点土壤水分特征曲线。拟合方程参数 a 值在 32.13～83.40，b 值在 0.06～0.18。

表 6-6　拟合模型相关参数

样点	SSE	RMSE	R^2	a	b	饱和含水量	变化量比重
样点 1	0.0201	0.0393	0.970	83.40	0.16	0.882	0.72
样点 2	0.0141	0.0329	0.958	68.00	0.15	0.698	0.69
样点 3	0.0031	0.0155	0.903	32.13	0.10	0.344	0.63
样点 4	0.0025	0.0140	0.977	39.65	0.17	0.541	0.77
样点 5	0.0006	0.0071	0.993	72.15	0.06	0.765	0.43
样点 6	0.0080	0.0249	0.967	54.62	0.18	0.692	0.78
样点 7	0.0044	0.0184	0.988	66.61	0.15	0.783	0.72
样点 8	0.0028	0.0146	0.963	37.85	0.12	0.394	0.64

对方程参数与影响因素进行相关分析（表 6-5），可以看出 a 值与含水量呈现出较强的正相关关系，与容重呈现出显著的负相关关系，与紧实度有较强的负相关关系。另外与粉粒有一定的正相关关系，与砂砾呈一定的负相关关系。同时 a 值与土壤水分特征曲线的高低呈现出明显的正相关关系。研究过程中发现，土壤水分特征曲线模拟方程的系数 a 与饱和含水量呈现正相关关系，参数 b 与土壤水势加大时土壤失水率呈正相关关系（图 6-20）。也就是说，在试验区内，土壤饱和含水量越高，土壤水分特征曲线初始值越大，曲线初始水平越高。土壤失水率越低，曲线下降水平越小，曲线坡度相对比较缓和，曲线最终水平越高。

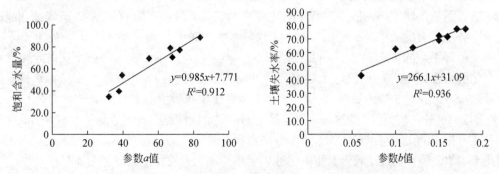

图 6-20　模拟方程系数与饱和含水量、土壤失水率关系

根据植物与土壤水分的关系，一般将土壤吸力范围划为三段：吸力值小于 100 kPa 为低吸力段；吸力值在 100～1500 kPa 为中吸力段；吸力值大于 1500 kPa 为高吸力段。吸力值 1500 kPa 以下的中、低吸力段相当于有效水的下限范围，是能被植物吸收利用的范围[18]。低吸力段的水分移动性强、有效性高，占土壤有效水含量的大部分，在

水分管理上有特殊意义，受到人们的很大关注[19]，因此本节只讨论低吸力段和中吸力段特征曲线。

土壤样点 3 号和 8 号同体积土壤含水量较小，分别为 47.54 g 和 48.10 g；5 号最大，为 73.11 g（表 6-7）。在低吸力段末，同体积土壤含水量 5 号最大，说明 5 号在这一吸力作用下失去的水分较少，占总含水量的 29.80%；失水量较大的是 6 号和 4 号，在较低吸力作用下土壤失去大部分水分，即占土壤有效水含量的大部分在较低吸力作用下就已散失掉。虽然低吸力段的水分移动性强，有效性高，能被植物吸收利用，但也容易散失，在干旱前期土壤对于干旱的抗逆性不高，不利于植被生长。

表 6-7　不同吸力段土壤含水量

变量	1	2	3	4	5	6	7	8
同体积含水量/g	67.49	56.55	47.54	58.68	73.11	61.84	68.05	48.10
低吸力段末含水量/g	30.97	29.50	29.94	19.15	51.30	19.76	29.78	26.89
低吸力段失水率/%	54.10	47.80	37.00	67.40	29.80	68.00	56.20	44.10
中吸力段末含水量/g	18.97	17.32	17.48	13.24	41.44	13.71	19.21	17.28
中吸力段失水率/%	17.80	21.50	26.20	10.10	13.50	9.80	15.50	20.00

在中吸力段末，同体积土壤含水量仍是 5 号最大，说明 5 号在这一吸力作用下失去的水分较少。中吸力段末是有效水的下限范围，是能被植物吸收利用的范围，因此在干旱前期，5 号样点土壤能够为植被提供较充足的水分。

综上所述，土壤持水能力与土壤质地有着密切关系，与粉粒呈正相关关系，与砂砾含量也具有一定的负相关性，这与程云等[20]研究结果一致。土壤颗粒越粗，其比表面积越小，形成的孔隙也就越大，土壤持水能力就越小，这正是样点 4 土壤持水能力小的原因之一。土壤持水能力与含水量呈较显著的正相关关系，在相同气象条件下，特别是干旱前期，土壤含水量的高低本身就反映出土壤持水能力的大小。

据陈丽华等研究，在脱湿过程中，土壤水分特征曲线模拟方程的系数 a 表征曲线高低，即持水能力的大小，a 值越大表示土壤持水能力越强；当 a 值不变时，处于 0 和 1 之间（可等于）的 b 值越大，则曲线越靠近 y 轴，它反映了土壤水势值变化时土壤含水量变化的快慢程度[21]。研究区土壤水分特征曲线拟合方程的 a 值反映出 1 号样点持水能力最强，5 号第二，3 号为最弱；b 值反映出 6 号在土壤水势值增大时土壤含水量变化最快，5 号最慢。另外，4 号样点虽然 a 值不是最小的，但是该样点的 b 值达到了 0.17，因此整体来看 4 号样点的土壤持水能力最差。3 号样点和 8 号样点的 a 值最小，同时 b 值也较大，因此土壤水分特征曲线比较低且下降迅速，土壤持水能力较差，仅略强与 4 号样点。

土壤水分特征曲线的高低反映了土壤持水能力的强弱[11]，整体来看 5 号最高，持水能力最强，1 号第二。这是由于 1 号和 5 号的饱和含水率高，而 5 号的失水率最低，1 号的失水率较高。因此，土壤水分特征曲线的高低不仅与 a 值有关，还与 b 值有关，这与拟合方程在数学上的含义保持了一致。正如样点 1 与 5 的 a、b 值反映出的情况一致，拥有最高 a 值的 1 号比 a 值排名第二的 5 号有较大的 b 值，随土壤水势增加土壤含水量下降加快，导致 1 号的特征曲线整体水平较 5 号低。

通过以上分析，研究区土壤水分特征曲线高低差别较大，即区内土壤持水性差异大。与粉粒、含水量、容重和紧实度呈较显著的相关关系。在脱湿过程初期，土壤含水量变化较大，而土壤水势变化范围却较小；在脱湿过程后期，土壤含水量较小时，土壤水势的变化范围很大。

土壤水分特征曲线均呈很好的幂函数曲线，模拟方程的系数 a 与饱和含水率呈现正相关关系，相关系数达 0.912；b 与土壤水势加大时土壤失水率呈正相关关系，相关系数达 0.936。研究区内土壤持水性差异大，导致土壤对干旱前期的抗逆性差异大。

6.1.2.4 土壤有机质

有机质含量计算公式为

$$
\begin{cases}
\text{土壤有机碳含量} = \dfrac{\dfrac{c \times 5}{V_0} \times (V_0 - V) \times 10^{-3} \times 3.0 \times 1.1}{m \times k} \times 1000 \\
\text{土壤有机质含量} = \text{土壤有机碳含量} \times 1.724
\end{cases}
\tag{6-7}
$$

式中，c 为 0.8000 mol/L（1/6 $K_2Cr_2O_7$ 标准溶液的浓度）；5 为重铬酸钾标准溶液加入的体积（mL）；V_0 为空白滴定用去的 $FeSO_4$ 溶液体积（mL）；V 为样品滴定用去的 $FeSO_4$ 溶液体积（mL）；3.0 为 1/4 碳原子的摩尔质量（g/mol）；10^{-3} 为毫升换算成升的系数；1.1 为氧化校正系数；m 为风干土壤样品的质量（g）；k 为将风干土换算成烘干土的系数；1.724 为土壤有机碳换算成土壤有机质的平均换算系数。

研究区不同土壤深度有机质整体分布情况见图 6-21。

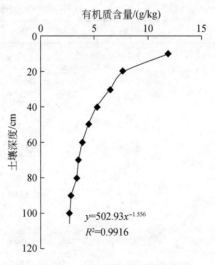

图 6-21 　 土壤有机质垂直变化

表层至 1.0 m 深度，土壤有机质含量呈幂函数递减趋势，$y = 12.29x^{-0.63}$，$R^2 = 0.99$，有机质含量在 2.71～11.87 g/kg 变化，表层有机质含量最大，达 11.87 g/kg。不同植被类型的各土壤深度土壤有机质含量如图 6-22 所示。

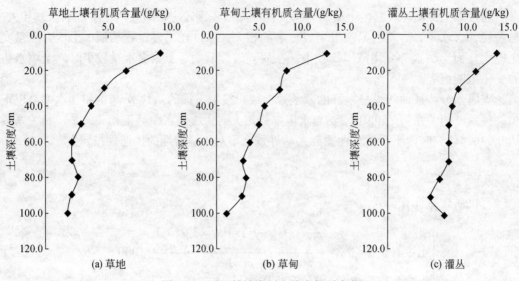

图 6-22　不同植被类型土壤有机质变化

灌丛土壤有机质含量高于草甸和草地，草甸土壤有机质含量除在 90 cm 以下有所降低，低于草地外，其余土层有机质含量均高于草地（表 6-8）。这是不同植被造成的，草甸根系集中于表层，在表层 10 cm 左右范围形成致密层，如同厚厚的结皮；而草地根系较深，能够补充土壤较深部位（90～100 cm）的有机质。

表 6-8　不同植被类型土壤有机质含量

土壤深度/cm	土壤有机质含量/（g/kg）		
	草地	草甸	灌丛
0～10	9.075	12.998	13.671
10～20	6.370	8.288	11.004
20～30	4.683	7.493	8.727
30～40	3.613	5.679	7.997
40～50	2.796	5.083	7.468
50～60	2.138	4.008	7.562
60～70	2.090	3.109	7.438
70～80	2.504	3.429	6.36
80～90	2.011	2.989	5.195
90～100	1.793	1.097	7.007

不同地形下，有机质含量也有差异。坡顶土壤有机质自表层向下逐渐递减；河谷土壤在垂直方向上，有机质呈减小趋势；而山坡土壤有机质呈先减小后增加趋势（图 6-23）。土壤表层有机质含量坡顶＞山坡＞河谷；在 60 cm 范围内有机质含量坡顶大于山坡和河谷，30～60 cm，山坡土壤有机质与河谷土壤有机质不差上下；60 cm 向下，土壤有机质

含量发生较大变化，山坡呈现出增加趋势，并大于坡顶和河谷，并且坡顶和河谷土壤有机质继续下降（表6-9）。

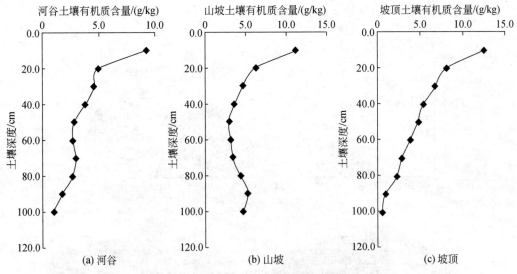

图 6-23　不同地形土壤有机质垂直变化

表 6-9　不同地形土壤有机质含量

土壤深度/cm	土壤有机质含量/（g/kg）		
	河谷	坡顶	山坡
0～10	9.226	12.474	11.144
10～20	4.914	8.119	6.235
20～30	4.515	6.801	4.681
30～40	3.747	5.387	3.612
40～50	2.762	4.767	2.958
50～60	2.666	3.856	3.167
60～70	2.915	2.823	3.406
70～80	2.573	2.326	4.422
80～90	1.688	0.954	5.25
90～100	1.000	0.516	4.719

土壤有机质以 10～20 cm 土层有机质含量平均值为代表，运用 surfer 软件对研究区有机质做空间分布，如图 6-24 所示。

有机质空间分布，阴坡、半阴坡有机质含量较高，阳坡有机质含量较低。对土壤表层 10 cm、20 cm 和 30 cm 深度土壤有机质做空间分布图，整体水平表层土壤有机质含量明显高于下层，呈递减趋势（图 6-25）。

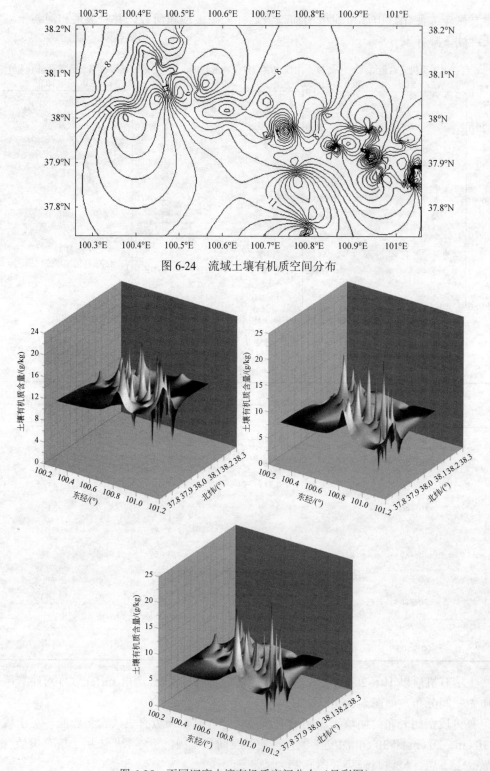

图 6-24　流域土壤有机质空间分布

图 6-25　不同深度土壤有机质空间分布（见彩图）

6.1.2.5　土壤机械组成

参照美国制粒径分级标准：1～2 mm、0.5～1 mm、0.25～0.5 mm、0.1～0.25 mm、0.05～0.1 mm、0.002～0.05 mm 和＜0.002 mm。同时，将粒径分为砂粒（0.05～2 mm）、粉粒（0.002～0.05 mm）和黏粒（＜0.002 mm）。

研究区土壤黏粒含量最大 22.78%，最小 0.23%，平均 8.28%。以研究区土壤质地做土壤质地分类三角表（图 6-26）。根据三角表显示，研究区土壤大部分属于粉土或粉壤土。对样点统计可知，粉土占 49.59%，粉壤土占 45.45%。

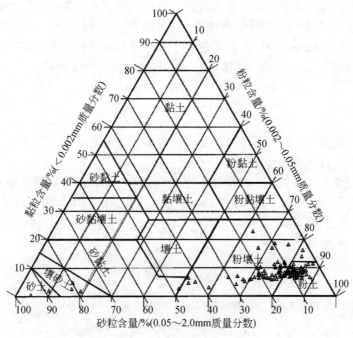

图 6-26　土壤质地分类三角表

按照不同植被类型和地貌部位进行分类，然后求黏粒、粉粒和砂粒的含量平均值（表6-10）。

表 6-10　不同植被类型和地貌部位各粒径土壤含量

深度/cm	粒径/μm	不同粒径土壤含量/%					
		草地	草甸	灌丛	河谷	坡顶	山坡
20	<2	8.826	8.223	7.862	8.886	7.657	9.024
	2～50	81.607	75.017	76.009	74.822	82.477	76.192
	>50	9.566	16.761	16.129	16.292	9.866	14.785
40	<2	10.033	8.176	6.961	9.070	7.931	8.913
	2～50	78.823	72.995	72.775	75.868	78.690	73.325
	>50	11.143	18.829	20.265	15.062	13.379	17.762

　　在 20 cm 深度上，灌丛黏粒含量较小，为 7.862%，质地相对较粗；草地黏粒含量较大，为 8.826%，砂粒含量较小。在 40 cm 深度，草地黏粒含量增大；灌丛黏粒含量继续减小，砂粒含量增大。土壤粒径大，具有较大的孔隙，利于土壤水分的入渗。仅从土壤粒径来看，灌丛土壤拥有较高的入渗率。不同地形下，坡顶相对于河谷和山坡黏粒含量较小。

　　土壤分形理论是指一种由不同颗粒组成和自相似结构的多孔介质，具有自相似特征或分形特征[22, 23]。所谓分形可以用实例简单地理解。例如，我国海岸线长度，如果以 50 m 测量一条直线距离来计算将得到一个数值，再不断提高精度，分别以 25 m、10 m、5 m 等距离测量一条直线来计算，就会得到一系列逐渐变大的数据，照此继续细分下去，我国海岸线将会逐渐变长。随着分形理论的不断发展，分形理论在土壤学中也得到广泛的应用。1983 年，Mandelbrot[24] 首先建立了二维空间的颗粒大小分形特征模型。此后，Tyler 等[25] 在此基础上进行推广，建立了三维空间的体积分维模型：

$$V(r > R) = C_V \left[1 - \left(\frac{R}{\lambda_V} \right)^{3-D} \right] \tag{6-8}$$

式中，V 为颗粒的体积；r 为测定的尺度；R 为某一特定的粒径；C_V 和 λ_V 分别为描述形状和尺度的常量；D 为分形维数。

　　受当时测量条件的限制，无法快速而准确地测量土壤粒径分布的体积和数量。因此，Tyler 等[25] 和杨培岭等[26] 分别对式（6-8）做了修改。他们认为具有自相似结构的多孔介质-土壤，由大于某一粒径 $d_i(d_i > d_{i+1}, \ i = 1, 2, \cdots, n)$ 的土粒构成的体积 $V(\delta > d_i)$ 可由类似 Katz 的公式表示，即

$$V(\delta > d_i) = A \left[1 - (d_i / k)^{3-D} \right] \tag{6-9}$$

式中，δ 为码尺；A 和 k 分别为描述形状和尺度的常数。

　　通常粒径分析资料是由一定粒径间隔的颗粒质量分布表示的。以 $\overline{d_i}$ 两筛分粒级 d_i 与 d_{i+1} 间土粒平均直径，忽略各粒级间土粒密度 ρ 的差异，即 $\rho_i = \rho \ (i = 1, 2, \cdots)$，则

$$W(\delta > \overline{d_i}) = V(\delta > \overline{d_i}) \rho = \rho A \left[1 - (d_{i+1} / k)^{3-D} \right] \tag{6-10}$$

式中，$W(\delta > \overline{d_i})$ 为大于 d_i 的累积土粒质量；W_0 为土壤各粒级质量的总和。由定义有 $\lim\limits_{i \to \infty} \overline{d_i} = 0$，则由式（6-10）得

$$W_0 = \lim\limits_{i \to \infty} (\delta > \overline{d_i}) = \rho A \tag{6-11}$$

　　由式（6-10）和式（6-11）可推导出

$$\frac{W(\delta > \overline{d_i})}{W_0} = 1 - \left(\frac{\overline{d_i}}{k} \right)^{3-D} \tag{6-12}$$

　　设 $\overline{d_{\max}}$ 为最大粒级土粒的平均直径。$W(\delta > \overline{d_i}) = 0$，代入式（6-12）有 $k = \overline{d_{\max}}$。由此得出土壤颗粒的质量分布与平均粒径间的分形关系式：

$$\frac{W(\delta > \overline{d_i})}{W_0} = 1 - \left(\frac{\overline{d_i}}{d_{\max}}\right)^{3-D} \qquad 或 \qquad \left(\frac{\overline{d_i}}{d_{\max}}\right)^{3-D} = \frac{W(\delta > \overline{d_i})}{W_0} \qquad (6\text{-}13)$$

由于不同粒径的土壤颗粒质量或重量可以通过比重计法等方法测得，式（6-10）在土壤领域的应用成为可能。但是随着研究的深入，该式中的不合理假设，尤其是关于不同粒级的颗粒具有相同的密度这一假设受到一些学者[27]的质疑。

王国梁等[28]提出土壤颗粒体积分形维数。据式（6-8），土壤颗粒的总体积可表示为

$$V_{\mathrm{T}} = V(r>0) = C_{\mathrm{V}}\left[1 - \left(\frac{0}{\lambda_{\mathrm{v}}}\right)^{3-D}\right] = C_{\mathrm{V}} \qquad (6\text{-}14)$$

由式（6-8）和式（6-11）可得到

$$\frac{V(r>R)}{V_{\mathrm{T}}} = 1 - \left(\frac{R}{\lambda_{\mathrm{v}}}\right)^{3-D} \qquad (6\text{-}15)$$

对常量 λ_{v} 的估计，只需要取土壤粒径分级中最大的粒级值（用 RL 表示）即可。当 $R = \mathrm{RL}$ 时，$V(r>R)=0$，故 $\dfrac{V(r>R)}{V_{\mathrm{T}}} = 0$。此时，$\lambda_{\mathrm{v}}$ 在数值上等于最大的粒级值 RL。

将 $r>R$ 的形式转化为 $r<R$，得到

$$\frac{V(r<R)}{V_{\mathrm{T}}} = \left(\frac{R}{\lambda_{\mathrm{v}}}\right)^{3-D} \qquad (6\text{-}16)$$

王国梁等[28]提出的土壤颗粒体积分形维数与 Tyle 等[22]及杨培岭等[26]得到的质量体积分形维数的计算公式在形式上完全相似，不同的是这里用体积代替了质量。在体积分形维数计算中不再需要做不同粒级的土壤颗粒具有相同的密度这一假设，因此更具有合理性。同时，在其研究中还得出土壤颗粒体积分形维数与土壤颗粒体积百分含量具有显著的对数相关关系的结论。

利用王国梁等[28]提出的方法计算土壤颗粒组成的分形维数。

计算过程为：首先对式（6-13）做对数处理得，$3-D = \dfrac{\lg(R/\lambda_{\mathrm{v}})}{\lg[V(r<R)/V_{\mathrm{T}}]}$。求出土壤样品不同粒径 d_i 的 $\lg(R/\lambda_{\mathrm{v}})$ 和 $\lg[V(r<R)/V_{\mathrm{T}}]$ 值，然后以前者为横坐标，后者为纵坐标做散点图，经直线回归后求得斜率 K，最后用公式 $D= 3-K$ 求出各种植物群落的土壤颗粒分形维数。

对采样点土壤求其分形维数，结果显示数值在 2.556～2.717 变化，平均为 2.669，极差值为 0.161，变异系数为 1.37%，变化幅度小。

应用统计软件对分形维数与土壤黏粒、粉粒、砂粒颗粒含量进行回归分析，得出土壤粒径分布分形维数与黏粒含量呈现出强正相关关系，其线性相关系数达到 0.962，对数相关系数达到 0.9906（图 6-27）。同时，土壤粒径分布分形维数与粉粒含量、砂粒含量之间也有较强的相关性（图 6-28、图 6-29），相关系数分别是 0.6963、0.7733。只是土壤粒径分布分形维数与砂粒含量呈负相关关系，而与粉粒含量呈正相关关系。

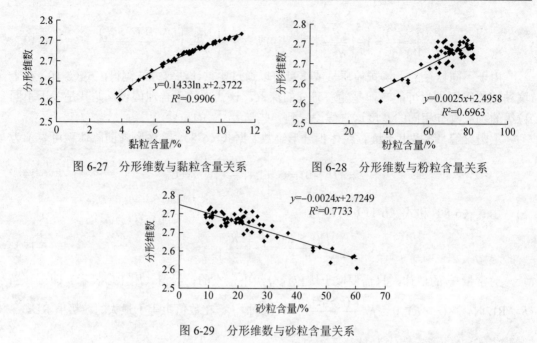

图 6-27 分形维数与黏粒含量关系   图 6-28 分形维数与粉粒含量关系

图 6-29 分形维数与砂粒含量关系

通过分析可以得出以下结论：研究区内土壤质地越粗分形维数越小，质地越细分形维数越大，这与已有的研究结论一致[28, 29]。土壤粒径分布分形维数与土壤砂粒含量呈显著负相关关系，与土壤粉粒含量呈显著正相关关系，与黏粒含量呈显著对数关系。

魏茂宏等[29]对三江源腹地的高寒草甸土分形维数与植被退化关系进行了试验研究，结果显示随着高寒草甸植被退化加剧，土壤黏粒含量加大，而极粗砂含量减小。与此同时土壤分维数由 2.71 左右上升到 2.95 左右。提出了分形维数 2.81 可作为江河源区高寒草甸开始退化的判断标准，当分形维数大于 2.81 时，随着分形维数增大，草地退化加剧。

研究区草甸植被分布广泛，流域内分维数在 2.556～2.717，植被覆盖良好，未有明显的植被退化。这也与当地农业模式相适应，研究区为以畜牧业为主的冬夏季牧场，在海拔较低的河谷地带，夏季牧民很好地保护了植被的生长。同时采取围栏模式，划区到户，使得草场产量与养殖数量达到平衡，有利于保护草地可持续发展。

6.1.3 土壤水分入渗分析

6.1.3.1 影响因子对土壤水分入渗理论分析

影响降水入渗的首要因子为降水过程，降水到达地面首先是蒸发返回进入大气圈，然后是形成地表径流，最后才是通过入渗补给地下水。降雨来到地面时，受植被的截留影响后，有时雨水入渗到土壤层中，但不形成地表径流；有时雨水不但入渗到土壤层中，而且还形成地表径流，但入渗土壤中的水分无补给地下水过程；有时雨水入渗到土壤层中，不但形成地表径流，而且补给地下水。

土壤入渗性能是土壤固有的特性，不同土壤有不同的入渗能力。当降水强度超过某一土壤的入渗能力时，超过入渗能力的那部分降水才能转化为地表径流。降水从地表渗入土壤包气带，又从包气带渗入饱水带或潜水含水层的过程为降水入渗补给过程[30]。不难看出，降雨入渗是降雨补给地下水的必需环节。降雨不断补给地下水，使得地下水位上升，乃至于土壤达到饱和，这一过程也影响土壤的入渗。虽说土壤入渗是土壤的固有特性，但当地下水位上升时，土壤不同层次入渗发生显著变化；地下水位线是一个入渗率零通量界面，也就是说，在这一界面无法观测到入渗过程；土壤饱和时，入渗就不再发生，降雨与地下水联系起来。

下渗又称入渗，是指水从地表渗入土壤和地下的运动过程。一般而言，降雨到达地表以后会发生水平和垂直两个方向的运动，水平运动可发生在地表和土壤内，垂直方向则是渗入地下。在雨强较小情况下，良好的土壤表面一般观测不到地表径流，原因是降雨完全渗入地下；在雨强相对较大情况下，土壤比较干燥时，也由于降雨完全入渗而观察不到雨水形成地表径流的流动。耿鸿江将这种水分透过土壤表层面沿垂直方向渗入土壤中的现象均称为下渗[31]。

下渗现象的定量表示是下渗率，可以根据时间点的不同分析初始入渗率（简称初渗率）、平均入渗率和稳定入渗率（简称稳渗率）。影响下渗率的主要因素是初始土壤含水量、供水强度和土壤质地、结构等。廖松等[32]表述下渗容量或下渗能力是指在供水强度充分大时，但这一充分大，绝不能影响入渗。例如，较大的雨强使得土壤受到冲击而发生堵塞土壤孔径而减小入渗率的情况。

在天然条件下，降雨复杂多变，常出现间歇。因此，在天然条件下，不可能保证在降雨期间都能按下渗容量下渗。在降雨期间如果出现降雨强度小于当时的下渗容量时，下渗率将等于雨强。只有当雨强等于或大于当时的下渗容量时，下渗率才等于下渗容量。图 6-30 所示为不同雨强变化条件下的下渗率[33]。

图 6-30（a）为任一时刻的降雨强度都大于或等于同时刻的地面下渗容量的情形；图6-30（e）为任一时刻降雨强度都小于同时刻的地表下渗容量时的下渗曲线；图 6-30（b）～（d）为降雨过程中降雨强度时而大于、时而小于同时刻地面下渗容量的情况。天然条件下的下渗过程极为复杂，影响因素除降水外还有土壤质地、坡度、土地利用/覆盖条件和温度等。

以土壤表面为界面，降雨到达此界面时将发生降雨的再分配，如蒸发、填洼、入渗、地表径流等。当降雨停止后，土壤表层积水面因蒸发或径流或下渗不断减少，直到土壤表面无积水时，以土壤表层为界面的下渗过程才算结束。土壤层以上水分入渗结束并不

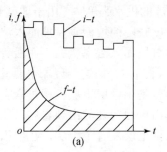

(a)

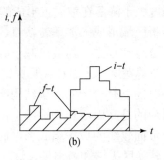

(b)

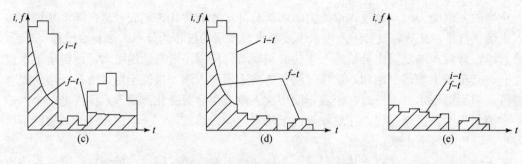

图 6-30　不同雨强变化条件下入渗率

代表土壤内部水分移动终止，恰恰相反，土壤内部土壤水分由于运移速度较慢，在相当长的时间内还会发生移动，包括向上或向下及水平方向的移动。在此期间，水分在土壤剖面内进行着再分配。一种情况是地下水埋深无限大，湿润锋以下的土壤将不断地从上部土壤中吸取水分，也可能出现土壤水被完全蒸散发而发生向上运动情况；另一种情况是土层较薄而无明显的地下水位线，并受到岩石等隔水层的阻隔，当土壤中有较大水分移动时出现地下水浸出情况。另外还有地下水位埋深较小，不超过几米，下渗后的土壤水再分配可能出现向地下水排泄的情况。

　　土壤质地是土壤最基本的物理属性，组成土壤的粗细颗粒含量不同，导致土壤毛管分布特征不同，并制约着土壤持水性、导水性及孔隙度等土壤特性，进而制约着土壤水分的入渗性能。质地越粗的土壤，其透水性越强，入渗性越好[34]。

　　人类活动与土地利用对入渗的影响主要指人类活动造成的土地覆盖变化和土地利用方式的不同造成的入渗发生较大差异。居民生活用地增加了不透水性使得入渗大幅度减小，而耕地表层受翻耕而变得疏松，从而增加土壤表层的入渗能力。

　　本区高山草甸植被，其根系在土壤表层形成 10 cm 左右的致密层，有土壤结皮的功效，可降低雨水快速下渗，同时保护渗入的水分不易散失。灌丛草地植被根系进入土壤层较深，从而较大范围地改善土壤结构进而达到改变土壤入渗性能的作用。根据于玲的研究，植被对降雨入渗补给量的影响分为增加入渗补给量和减小入渗补给量两个方面[35]。

　　坡度的增大使降雨对地面的供水强度降低。同样强度为 i 的降雨，若落在平坦地面上，则降雨对地面的供水强度仍为 i。但如果落在坡角为 a 的坡地上，则供水强度将变为 $i \cdot \cos a$，a 越大，即坡度越陡，供水强度越小。本书供水量指的是垂直于地面方向的雨强。因为 $0° < a < 90°$，故 $i \cdot \cos a < i$。因此同样的降雨强度 i 降落在平坦地面上形成的对下渗的供水强度大于降落在坡面上形成的对下渗的供水强度[36]。由于坡度对下渗的影响，在坡面发生转折区域形成入渗率转换点，在坡度较陡的坡面垂直坡面入渗率较小，沿着坡面的土壤水分运动较强；当坡度减小时，垂直坡面入渗率变大，而沿着坡面的土壤水分运动变弱，使得在这一区域往往形成饱水带（图 6-31）。这一现象主要发生在八宝河主河道两侧，同时需要有一定的土壤结构配合，就是土壤层下层也相对紧实，无明显透水层。与之相对应的是高山坡积物地带，由于高山坡面较陡的山顶岩石风化而形成的较大砾石层堆积于坡面较缓的坡积裙底部，而坡积裙上层发育了土壤，在坡积裙底部形成通道，致使坡面转换区无饱和带出现，这一现象出现在研究区内冰沟小流域上游。

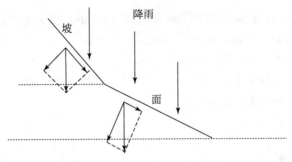

图 6-31　坡度对降雨入渗的影响

6.1.3.2　土壤水分入渗过程

1. 20 cm 深度土壤水分入渗过程

通过原位入渗试验（表 6-11），得到以下试验点入渗过程：1 号（ar10）样点 5 cm 水头的初渗率为 0.187 cm/min，稳渗率为 0.061 cm/min；10 cm 水头的初渗率为 0.201 cm/min，稳渗率为 0.087 cm/min。不同水头的初渗率和稳渗率相差不大，分别为 0.014 cm/min 和 0.026 cm/min（图 6-32）。

表 6-11　原位入渗试验点

样号	样点	东经	北纬	海拔/m
1	ar10	100°32′34.9″	38°02′8.0″	3073
2	ar20	100°35′48″	38°01′56.4″	3107
3	ar30	100°21′2.6″	38°05′10.1″	2994
4	ar40	100°25′3.5″	38°03′26.8″	2978
5	eb31	100°48′10.4″	37°59′27.4″	3275
6	eb40	100°44′32.783″	38°0′19.944″	3176
7	eb50	101°2′47.467″	37°52′11.303″	3507
8	eb60	100°55′47.231″	37°59′10.6357″	3528

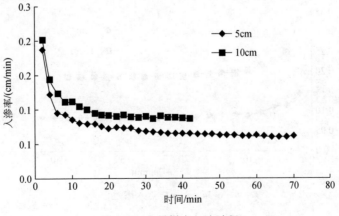

图 6-32　1 号样点入渗过程

2 号（ar20）样点 5 cm 水头的初渗率为 0.431 cm/min，稳渗率为 0.117 cm/min；10 cm 水头的初渗率为 0.316 cm/min，稳渗率为 0.148 cm/min（图 6-33）。2 号样点 10 cm 水头的初始阶段入渗率低于 5 cm 水头，但 5 cm 水头的入渗率下降较 10 cm 快，10 min 后，10 cm 水头的入渗率又高于 5 cm 水头。不同水头的初渗率相差较大，稳渗率相差不大，分别为 0.115 cm/min 和 0.031 cm/min。

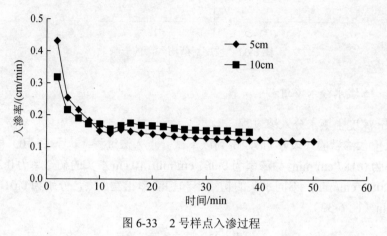

图 6-33　2 号样点入渗过程

3 号（ar30）样点 5 cm 水头的初渗率为 0.144 cm/min，稳渗率为 0.084 cm/min；10 cm 水头的初渗率为 0.331 cm/min，稳渗率为 0.186 cm/min（图 6-34）。不同水头的初渗率和稳渗率相差较大，分别为 0.187 cm/min 和 0.102 cm/min。

4 号（ar40）样点 5 cm 水头的初渗率为 0.086 cm/min，稳渗率为 0.036 cm/min；10 cm 水头的初渗率为 0.101 cm/min，稳渗率为 0.057 cm/min（图 6-35）。不同水头的初渗率和稳渗率相差不大，分别为 0.015 cm/min 和 0.021 cm/min。

5 号（eb30）样点 5 cm 水头的初渗率为 0.057 cm/min，稳渗率为 0.033 cm/min；10 cm 水头的初渗率为 0.063 cm/min，稳渗率为 0.040 cm/min（图 6-36）。不同水头下初渗率和稳渗率相差不大，分别为 0.006 cm/min 和 0.007 cm/min。

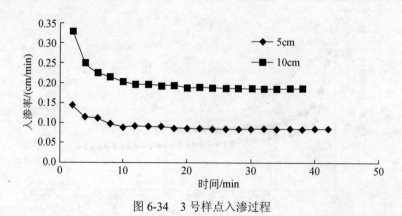

图 6-34　3 号样点入渗过程

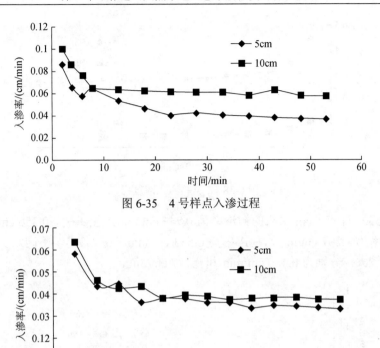

图 6-35　4 号样点入渗过程

图 6-36　5 号样点入渗过程

6 号（eb40）样点 5 cm 水头的初渗率为 0.474 cm/min，稳渗率为 0.234 cm/min；10 cm 水头的初渗率为 0.589 cm/min，稳渗率为 0.319 cm/min（图 6-37）。不同水头下初渗率相差较大，稳渗率相差不大，分别为 0.115 cm/min 和 0.085 cm/min。

7 号（eb50）样点 5 cm 水头的初渗率为 0.446 cm/min，稳渗率为 0.267 cm/min；10 cm 水头的初渗率为 0.101 cm/min，稳渗率为 0.042 cm/min，10 cm 水头下入渗率整体低于 5 cm 水头（图 6-38）。不同水头下初渗率和稳渗率相差较大，分别为 0.345 cm/min 和 0.225 cm/min。

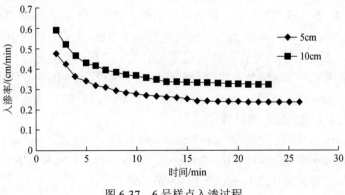

图 6-37　6 号样点入渗过程

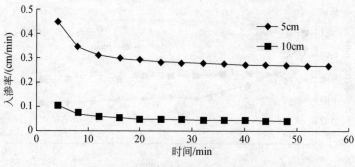

图 6-38　7 号样点入渗过程

8 号（eb60）样点 5 cm 水头的初渗率为 0.747 cm/min，稳渗率为 0.356 cm/min；10 cm 水头的初渗率为 1.207 cm/min，稳渗率为 0.533 cm/min（图 6-39）。不同水头下初渗率和稳渗率相差较大，分别为 0.460 cm/min 和 0.177 cm/min。

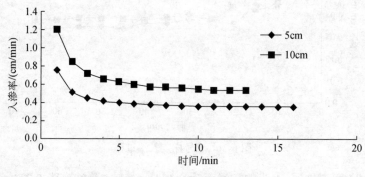

图 6-39　8 号样点入渗过程

通过原位测试，在 20 cm 深度 5 cm 水头下，高寒草地土壤初始入渗率平均为 0.32 cm/min，稳定入渗率平均为 0.15 cm/min；0～10 min 土壤入渗率呈现明显减小过程；10～30 min 土壤入渗减小缓慢；30 min 以后入渗率逐渐达到稳定。

在 20 cm 深度 10 cm 水头下，草地土壤初始入渗率平均为 0.35 cm/min，稳定入渗率平均为 0.19 cm/min；整个入渗过程也表现出如下特征：0～10 min 土壤入渗率呈现明显减小过程；10～30 min 土壤入渗率减小缓慢；30 min 以后入渗率逐渐达到稳定。

整体来看，除 2 号和 7 号样点，其他样点初始入渗率和稳定入渗率整体表现出 10 cm 高于 5 cm 水头的特征。10 cm 水头所产生的水势高于 5 cm 水头，故而 10 cm 水头入渗率高于 5 cm 水头入渗率。入渗率在入渗初期变化明显，随着试验的进行，土壤逐渐达到饱和，入渗率变化越来越小。整个入渗过程可分为三个阶段：0～10 min 的入渗速率急剧变化阶段，10～30 min 的入渗速率缓慢变化阶段和 30 min 以后的逐渐达到稳定入渗阶段。

2. 40 cm 深度土壤水分入渗过程

1 号样点 5 cm 水头的初渗率为 0.187 cm/min，稳渗率为 0.067 cm/min；10 cm 水头的初渗率为 0.316 cm/min，稳渗率为 0.147 cm/min（图 6-40）。不同水头下初渗率相差较大，稳渗率相差不大，分别为 0.129 cm/min 和 0.080 cm/min。

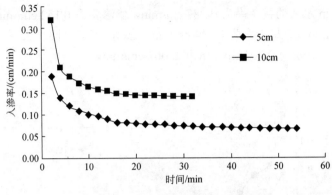

图 6-40　40 cm 深度 1 号样点入渗过程

　　4 号样点 5 cm 水头的初渗率为 0.069 cm/min，稳渗率为 0.043 cm/min，入渗过程中入渗率变化较小；10 cm 水头的初渗率为 0.144 cm/min，稳渗率为 0.068 cm/min（图 6-41）。不同水头下初渗率和稳渗率相差不大，分别为 0.075 cm/min 和 0.025 cm/min。

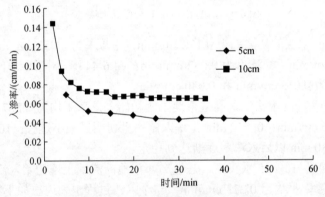

图 6-41　40 cm 深度 4 号样点入渗过程

　　5 号样点 5 cm 水头的初渗率为 0.719 cm/min，稳渗率为 0.325 cm/min；10 cm 水头的初渗率为 1.150 cm/min，稳渗率为 0.671 cm/min（图 6-42）。不同水头下初渗率和稳渗率相差较大，分别为 0.431 cm/min 和 0.346 cm/min。

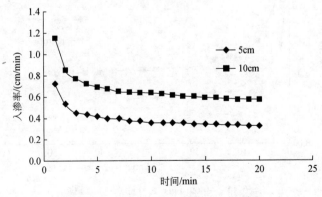

图 6-42　40 cm 深度 5 号样点入渗过程

6 号样点 5 cm 水头的初渗率为 0.287 cm/min，稳渗率为 0.142 cm/min；10 cm 水头的初渗率为 0.489 cm/min，稳渗率为 0.144 cm/min（图 6-43）。不同水头下初渗率相差较大，稳渗率相差不大，分别为 0.202 cm/min 和 0.002 cm/min。

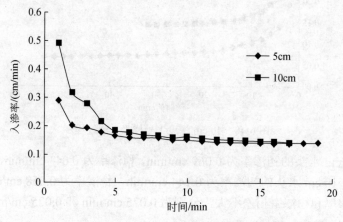

图 6-43　40 cm 深度 6 号样点入渗过程

8 号样点 5 cm 水头的初渗率为 0.172 cm/min，稳渗率为 0.052 cm/min；10 cm 水头的初渗率为 0.185 cm/min，稳渗率为 0.082 cm/min（图 6-44）。不同水头下初渗率和稳渗率相差不大，分别为 0.013 cm/min 和 0.030 cm/min。

在 40 cm 深度 5 cm 水头下，高寒草地土壤初始入渗率平均为 0.287 cm/min，稳定入渗率平均为 0.126 cm/min；0～10 min 土壤入渗率呈现明显减小过程；10～30 min 土壤入渗率减小缓慢；30 min 以后入渗率逐渐达到稳定。

在 40 cm 深度 10 cm 水头下，八宝高寒草地河流域土壤初始入渗率平均为 0.446 cm/min，稳定入渗率平均为 0.222 cm/min；整个入渗过程也表现出如下特征：0～10 min 土壤入渗率呈现明显减小过程；10～30 min 土壤入渗率减小缓慢；30 min 以后入渗率逐渐达到稳定。

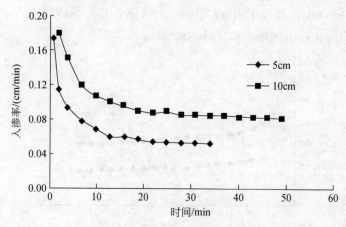

图 6-44　40 cm 深度 8 号样点入渗过程

对比不同水头土壤入渗过程，10 cm 水头初始入渗率和稳定入渗率整体表现出高于 5 cm 水头的特征，其原因与 20 cm 水头一致，由水头大小引起。同时，二者初始入渗率与稳定入渗率变化趋势具有一致性。入渗率在入渗初期变化明显，随着试验的进行，土壤逐渐达到饱和，入渗率变化越来越小。整个入渗过程也可分为三个阶段：入渗速率急剧变化阶段、缓慢变化阶段和稳定入渗阶段。

对比 20 cm 和 40 cm 深度土壤入渗率平均值，在 5 cm 水头下，土壤初始入渗率和稳渗率在 20 cm 深度处的平均值 0.32 cm/min、0.15 cm/min 高于 40 cm 深度处的 0.287 cm/min、0.126 cm/min。而在 10 cm 水头下，40 cm 深度的初始入渗率和稳渗率的平均值 0.446 cm/min、0.222 cm/min 高于 20 cm 的 0.35 cm/min、0.19 cm/min。

6.1.3.3　土壤入渗率与影响因子相关性

1. 含水量因子

20 世纪 50 年代，国外学者对入渗与土壤初始含水量的关系已进行研究。Philip[37] 在分析土壤初始含水量对土水势、瞬时入渗率、累积入渗量、土壤水分剖面及湿润峰的影响时，发现入渗初期土壤入渗率随土体含水量的增加而减小，随时间的延续，含水量对入渗率的影响越来越弱，直至可以忽略。

近年来，国内学者也对降水入渗与土壤含水量的关系进行了诸多研究，贾志军等[38]、王全九等[39]、陈洪松[40]、余蔚青等[41]、刘金涛等[42]、曹辰等[43]、刘汗等[44] 分别在野外坡地或室内模拟环境下，利用径流-入流-产流法、双环法或环刀法对地表水入渗参数及入渗过程与土壤初始含水量的关系进行了研究。随着初始含水量的增高，初始入渗率减小。刘汗等[44] 采用双环入渗法测量入渗，结果表明，初始入渗率随着土壤含水量增加而增加。

在初始含水量对稳定入渗率的影响上，也存在不同的研究结果。解文艳等[45] 认为稳定入渗率和饱和导水率随土壤初始含水量的增加而降低，但余新晓等[46] 对长江上游亚高山暗针叶林的研究发现，土壤非饱和导水率随初始含水量的增加呈指数关系递增。王全九等[39] 利用环刀法测定入渗时发现，土壤饱和导水能力随初始含水量增加而增大，湿润土壤的饱和导水能力明显大于干燥土壤的饱和导水能力。

本节研究认为：5 cm 水头 20 cm 深度处初渗率与土壤含水量呈正相关关系，但相关性弱，R^2 仅为 0.145。稳渗率与土壤含水量呈正相关关系，但相关性较弱，R^2 为 0.268。其相关性比初渗率与土壤含水量的相关性强（图 6-45）。对比初渗率和稳渗率与土壤含水量关系，发现初渗率随着含水量的增加而增加的趋势略小于稳渗率随含水量的增加而增大的趋势。

由图 6-46 可以看出，5 cm 水头 40 cm 深度处，初渗率与土壤含水量呈负相关关系，R^2 为 0.381，相关性较弱。稳渗率与土壤含水量也呈负相关关系，R^2 为 0.289，相关性较弱。二者随含水量的增加其减小趋势一致。

10 cm 水头 20 cm 深度处，初渗率与含水量呈负相关关系，R^2 为 0.062，相关关系弱。稳渗率与含水量无相关关系（图 6-47）。

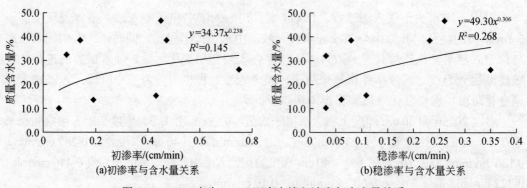

图 6-45　5 cm 水头 20 cm 深度土壤入渗率与含水量关系

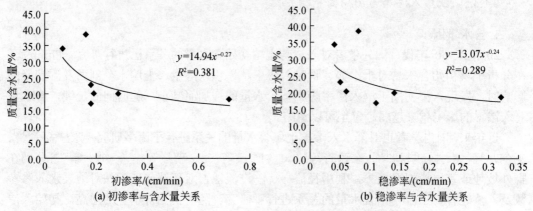

图 6-46　5 cm 水头 40 cm 深度土壤入渗率与含水量关系

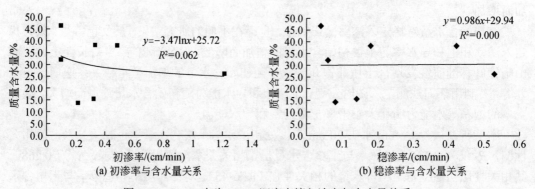

图 6-47　10 cm 水头 20 cm 深度土壤入渗率与含水量关系

　　图 6-48 反映出 10 cm 水头 40 cm 深度处，初渗率与土壤含水量呈负相关关系，幂函数关系较强，R^2 为 0.569。稳渗率与土壤含水量呈负相关关系，幂函数关系较强，R^2 表现为 0.589。对比 b_1 和 b_2 曲线，可以看出：初渗率和稳渗率随土壤含水量的增加而减小的趋势基本一致。

　　对土壤入渗率与含水量的相关分析显示：20 cm 深度和 40 cm 深度，入渗率和含水量相关关系不一致。在 5 cm 水头 20 cm 深度上，初始入渗率和稳定入渗率随含水量的增加有增大的趋势；而 40 cm 深度上，二者随含水率增大呈现出减小趋势。

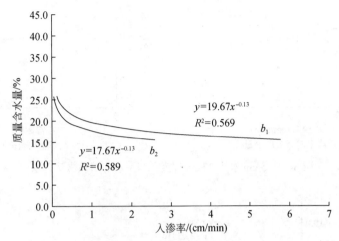

图 6-48　10 cm 水头 40 cm 深度土壤入渗率与含水量关系

b_1：初渗率；b_2：稳渗率

在 10 cm 水头 20 cm 深度和 40 cm 深度上入渗率和含水量相关关系较一致，整体表现出入渗率随含水量的增加而减小的趋势。

2. 有机质因子

土壤有机质具有一定的黏结力，能够使相对松散的土壤颗粒通过有机质自身的胶结作用形成团粒结构，故而对土壤结构的形成有很大影响，从而影响土壤的入渗性能。王国梁等[47]研究发现，在一定范围内，有机质与水稳性团聚体表现出明显的线性相关关系，因此土壤有机质会间接影响土壤入渗性能的大小。吴发启等[48]也证实了土壤稳定入渗速率与土壤有机质之间存在极显著相关关系。单秀枝等[49]研究发现土壤饱和导水率与有机质之间的相关关系是否显著依赖于有机质含量的大小。

李雪转等[50]研究表明：土壤有机质对大田土壤入渗能力的影响十分明显，随着土壤有机质含量的增加，土壤累积入渗量呈现出增加趋势。未耕原茬地的土壤有机质含量由 0.55% 增加到 1.05% 时，土壤累积入渗量由 7.52 cm 增加到 11.62 cm。犁耕翻松地土壤有机质含量由 0.55% 增加到 1.05% 时，土壤累积入渗量由 12.12 cm 增大到 17.12 cm。同时，研究还表明土壤质地为壤土时，随着土壤有机质含量的增大，土壤入渗能力也增大。

本节研究认为：5 cm 水头 20 cm 深度处，初渗率与土壤有机质含量呈负相关关系，$R^2=0.299$。稳渗率与土壤有机质含量呈负相关关系，$R^2=0.105$，较初渗率与有机质关系弱（图 6-49）。二者随有机质含量的增加，减小趋势一致。

由图 6-50 可以看出，在 5 cm 水头 40 cm 深度处，初渗率与土壤有机质含量呈指数函数式负相关，$R^2=0.8203$。稳渗率与土壤有机质含量也呈指数式负相关，$R^2=0.6175$。对比 b_1 和 b_2 曲线，可以看出其下降趋势基本一致。

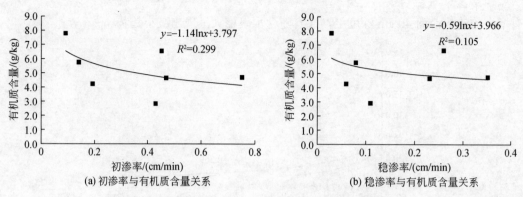

(a) 初渗率与有机质含量关系　　　　　　　(b) 稳渗率与有机质含量关系

图 6-49　5 cm 水头 20 cm 深度入渗率与有机质含量关系

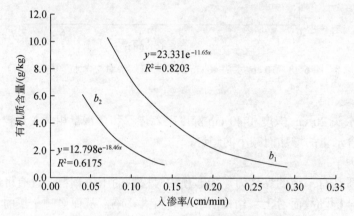

图 6-50　5 cm 水头 40 cm 深度入渗率与有机质含量关系

b_1：初渗率；b_2：稳渗率

　　比较 5 cm 水头下不同深度处的入渗率与有机质含量关系发现，40 cm 深度入渗率与有机质含量关系强于 20 cm 深度。10 cm 水头 20 cm 深度处，初渗率与土壤有机质含量呈负相关关系，R^2 为 0.345，相关性不强。稳渗率与有机质含量呈负相关关系，R^2 为 0.229，相关性较弱。二者随有机质含量的增加，减小趋势一致（图 6-51）。

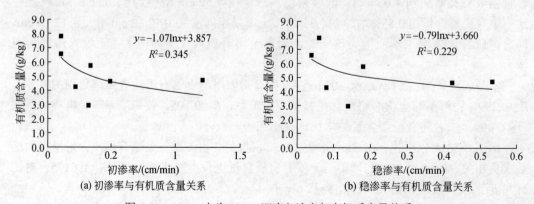

(a) 初渗率与有机质含量关系　　　　　　　(b) 稳渗率与有机质含量关系

图 6-51　10 cm 水头 20 cm 深度入渗率与有机质含量关系

10 cm 水头 40 cm 深度处，初渗率与有机质含量呈负相关关系，对数关系比线性关系显著，R^2 为 0.2474。稳渗率与有机质含量同样呈负相关关系，对数关系比线性关系显著，R^2 为 0.2008（图 6-52）。对比 b_1 和 b_2 曲线，可以看出其下降趋势基本一致，说明初渗率和稳渗率随着有机质的增加减小趋势一致。

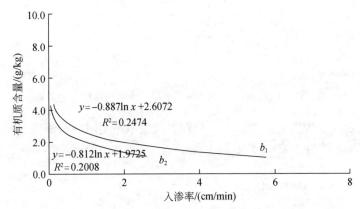

图 6-52　10 cm 水头 40 cm 深度土壤入渗率与有机质含量关系

b_1：初渗率；b_2：稳渗率

对土壤入渗率与有机质含量做相关分析，结果显示：20 cm 深度和 40 cm 深度，入渗率和有机质含量相关关系一致。初始入渗率和稳定入渗率随有机质含量的增加呈现出减小趋势，20 cm 处入渗率与有机质含量的相关性小于 40 cm 处二者的相关性。

3. 粒度因子

研究表明[51, 52]，土壤入渗与土壤质地相关性较高，并且质地越粗的土壤，透水性能越强，入渗速度从始到终快，黏土则相反；但也有学者认为，机械组成与土壤稳定入渗速率之间虽然存在相关性，但均不显著。田积莹[53]、吴发启等[48]、余树全等[54]对此进行了大量研究。解文艳等[52]采用自制双套环入渗仪对农田土壤进行研究，土壤质地对大田土壤入渗能力的影响明显。土壤质地由轻变重，土壤入渗能力减小。随着土壤质地的变重，累积入渗量减小，并且它们之间存在着对数关系。李卓等[55]用自然土壤中添加沙粒及人工黏土的方法改变土壤黏粒含量进行试验。研究发现，土壤黏粒含量对土壤入渗能力有较大影响，入渗能力随黏粒含量增多而呈递减趋势。稳定入渗速率、90 min 累积入渗量与小于 0.001 mm 的土壤黏粒及小于 0.01 mm 的物理性黏粒含量分别呈现出幂函数负相关、指数负相关关系，与黏粒含量的相关性相对更为显著。

本节按照砂粒（0.05～2 mm）、粉粒（0.002～0.05 mm）和黏粒（<0.002 mm）将土粒分成三级，分别与不同水头和深度下初渗率与稳渗率做相关性分析。

5 cm 水头 20 cm 深度处，初渗率与黏粒含量呈负相关关系，R^2 为 0.422。稳渗率与黏粒含量也呈现出负相关关系，R^2 为 0.393。在相同坐标下，随着黏粒含量的增加初渗率减小速度大于稳渗率随黏粒含量增加而减小的速度，即初渗率随着黏粒含量的增加其减小速度较快（图 6-53）。

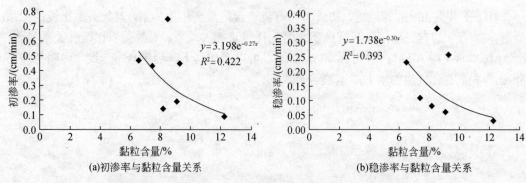

图 6-53　5 cm 水头 20 cm 深度土壤入渗率与黏粒含量关系

　　5 cm 水头 20 cm 深度处，初渗率与粉粒含量关系不明显。稳渗率与粉粒含量关系呈弱的负相关关系，R^2 为 0.028（图 6-54）。

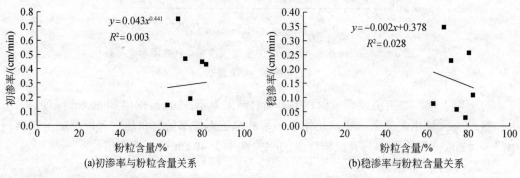

图 6-54　5 cm 水头 20 cm 深度土壤入渗率与粉粒含量关系

　　5 cm 水头 20 cm 深度处，初渗率与砂粒含量关系呈弱的正相关关系，R^2 为 0.042。稳渗率与砂粒含量呈弱的正相关关系，R^2 为 0.115（图 6-55）。

　　5 cm 水头 40 cm 深度处，初渗率与黏粒含量关系呈负相关关系，R^2 为 0.435。稳渗率与黏粒含量呈负相关关系，R^2 为 0.503（图 6-56）。

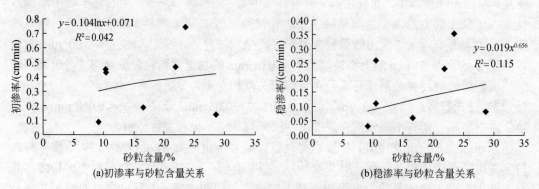

图 6-55　5 cm 水头 20 cm 深度土壤入渗率与砂粒含量关系

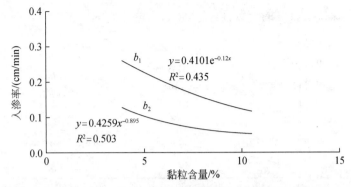

图 6-56　5 cm 水头 40 cm 深度土壤入渗率与黏粒含量关系

b_1：初渗率；b_2：稳渗率

　　5 cm 水头 40 cm 深度处，初渗率与粉粒含量呈负相关关系，R^2 为 0.362。稳渗率与粉粒含量呈负相关关系，R^2 为 0.779。对比 b_1 和 b_2 曲线，可以看出：两条线几乎成平行下降趋势，说明初渗率随粉粒增加而减小的幅度和稳渗率随着粉粒的增加而减小的幅度相差不大（图 6-57）。

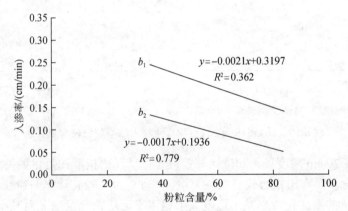

图 6-57　5 cm 水头 40 cm 深度土壤入渗率与粉粒含量关系

b_1：初渗率；b_2：稳渗率

　　5 cm 水头 40 cm 深度处，初渗率与砂粒含量呈正相关关系，R^2 为 0.6165。稳渗率与砂粒含量呈正相关关系，R^2 为 0.8391。稳渗率与砂粒含量关系较初渗率与砂粒关系显著（图 6-58）。对比 b_1 和 b_2 曲线可以看出：初渗率随砂粒含量增加而增大的趋势大于稳渗率随砂粒含量增加而增大的趋势。

　　在 5 cm 水头 20 cm 深度上，土壤入渗率与黏粒和粉粒呈负相关关系，但与粉粒相关性弱，与砂粒呈现出正相关关系。40 cm 深度上，土壤入渗率与黏粒和粉粒呈负相关关系。与 20 cm 深度比较，土壤入渗率与粉粒相关性较强，与砂粒也呈现出正相关关系。

　　10 cm 水头 20 cm 深度处，初渗率与黏粒含量呈指数式负相关关系，R^2 为 0.408。稳渗率与黏粒含量也呈现出负相关关系，但为幂函数式相关，R^2 为 0.436，较初渗率与黏粒含量关系略强（图 6-59）。在相同坐标下，初渗率和稳渗率随着黏粒含量的增加而减小的幅度差别不大，保持了较好的一致性。

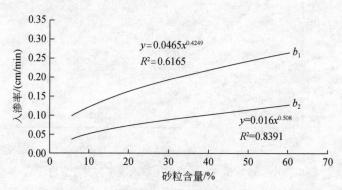

图 6-58　5 cm 水头 40 cm 深度土壤入渗率与砂粒含量关系

b_1：初渗率；b_2：稳渗率

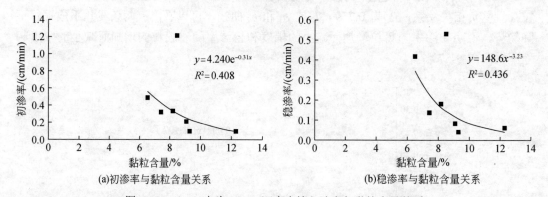

(a)初渗率与黏粒含量关系　　(b)稳渗率与黏粒含量关系

图 6-59　10 cm 水头 20 cm 深度土壤入渗率与黏粒含量关系

10 cm 水头 20 cm 深度处，初渗率与粉粒含量呈现出指数式负相关关系，R^2 为 363。稳渗率与粉粒含量呈现出指数式负相关关系，R^2 为 0.397，较初渗率与粉粒含量关系密切，但随着粉粒含量的增加初渗率减小速度大于稳渗率随粉粒含量增加而减小的速度，即初渗率随着粉粒含量的增加而减小速度较快（图 6-60）。

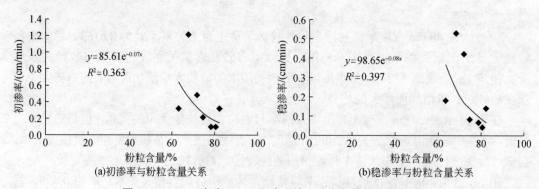

(a)初渗率与粉粒含量关系　　(b)稳渗率与粉粒含量关系

图 6-60　10 cm 水头 20 cm 深度土壤入渗率与粉粒含量关系

10 cm 水头 20 cm 深度处，初渗率与砂粒含量呈现出幂函数式正相关关系，R^2 为 0.536。

稳渗率与砂粒含量也呈现出幂函数式正相关关系，R^2 为 0.558，较初渗率与砂粒含量关系密切，但随着砂粒含量的增加初渗率增加速度大于稳渗率随砂粒含量增加而增加的速度（图 6-61）。

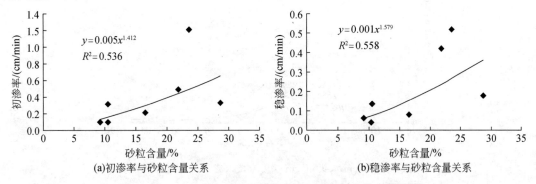

图 6-61　10 cm 水头 20 cm 深度土壤入渗率与砂粒含量关系

10 cm 水头 40 cm 深度处，初渗率与黏粒含量呈幂函数式负相关关系，R^2 为 0.850。稳渗率与黏粒含量也呈现出幂函数式负相关关系，R^2 为 0.825。对比 b_1 和 b_2 曲线，可以看出：在黏粒含量较小阶段，初渗率随黏粒含量增加而减小的趋势明显快于稳渗率随黏粒含量增大而减小的趋势；当黏粒含量较大时，初渗率和稳渗率随着黏粒含量增加而增大的幅度不大（图 6-62）。

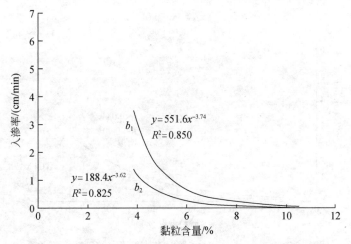

图 6-62　10 cm 水头 40 cm 深度土壤入渗率与黏粒含量关系

b_1：初渗率；b_2：稳渗率

10 cm 水头 40 cm 深度处，初渗率与粉粒含量呈幂函数式负相关关系，R^2 为 0.837。稳渗率与粉粒含量也呈现出幂函数式负相关关系，R^2 为 0.741。对比 b_1 和 b_2 曲线，可以看出：在粉粒含量较小阶段，初渗率随粉粒增加而减小的趋势明显快于稳渗率随粉粒含量增加而减小的趋势；当粉粒含量较大时，初渗率和稳渗率随着粉粒含量增加而增大的幅度不大（图 6-63）。

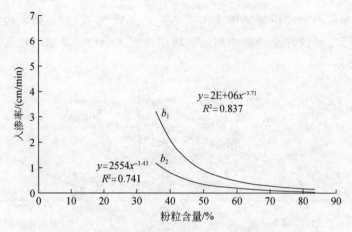

图 6-63　10 cm 水头 40 cm 深度土壤入渗率与粉粒含量关系

b_1：初渗率；　b_2：稳渗率

　　10 cm 水头 40 cm 深度处，初渗率与砂粒含量呈现出指数函数式正相关关系，R^2 为 0.794。稳渗率与砂粒含量也呈现出指数函数式正相关关系，R^2 为 0.697。对比 b_1 和 b_2 曲线，可以看出：在砂粒含量较小阶段，初渗率和稳渗率随着砂粒含量增加而增大的幅度不大；当砂粒含量超过 40% 以后，初渗率随砂粒含量增加而增大的趋势明显快于稳渗率随砂粒含量增加而增大的趋势（图 6-64）。

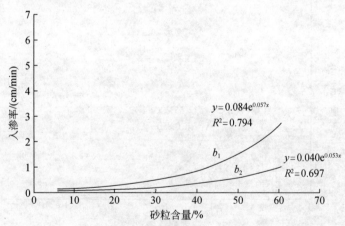

图 6-64　10 cm 水头 40 cm 深度土壤入渗率与砂粒含量关系

b_1：初渗率；　b_2：稳渗率

　　在 10 cm 水头 20 cm 和 40 cm 深度上，土壤入渗率与黏粒和粉粒含量呈负相关关系，与砂粒含量呈现出正相关关系。

　　对比 5 cm 和 10 cm 水头，土壤入渗率在 5 cm 水头下 20 cm 深度上与土壤水分呈正相关关系，在 40 cm 深度上呈负相关关系，而 10 cm 水头下均表现出负相关关系。入渗率与有机质含量均表现出负相关关系，在 5 cm 水头 40 cm 深度上表现尤为突出。入渗率与黏粒和粉粒含量呈负相关关系，与砂粒含量呈现出正相关关系。

6.1.4　入渗模型拟合

6.1.4.1　入渗模型

土壤水分入渗的数学模型有许多种，其使用条件各异[56]。本书通过对常用入渗公式进行分析，结合前人的研究成果，选择经验性模型 Kostiakov 模型、Horton 模型和具有明确的物理意义的 Philip 模型，对入渗试验数据较为完整和可靠的试验过程进行拟合，并利用均方根误差分析拟合效果。

Kostiakov 模型：

$$f(t) = at^{-b} \tag{6-17}$$

式中，$f(t)$ 为入渗速率；t 为入渗时间；a、b 为拟合的参数。

Horton 模型：

$$f(t) = f_c + (f_1 - f_c)e^{-kt} \tag{6-18}$$

式中，f_c 为土壤稳定入渗率；f_1 为初始入渗率；k 为常数。

Philip 模型：

$$f(t) = f_c + 1/2st^{-1/2} \tag{6-19}$$

式中，s 为经验参数。

6.1.4.2　入渗模型拟合

用 Kostiakov、Horton 和 Philip 模型分别进行典型入渗过程模拟。不同深度和水头下典型入渗过程模拟参数见表 6-12。

表 6-12　不同深度和水头下典型入渗过程模拟

深度/m	水头/m	样点	Kostiakov 模型 $f(t)=at^{-b}$	r	Horton 模型 $f(t)=(f_1-f_c)e^{-kt}+f_c$	r	Philip 模型 $f(t)=1/2st^{-1/2}+f_c$	r
20	5	ar10	$y=0.1659t^{-0.2504}$	0.935	$f(t)=0.13e^{-0.0955262t}+0.06$	0.914	$f(t)=0.048313229t^{-1/2}+0.06$	0.972
		ar20	$y=0.3970t^{-0.3336}$	0.936	$f(t)=0.32e^{-0.113713462t}+0.11$	0.906	$f(t)=0.13140967t^{-1/2}+0.11$	0.961
		ar30	$y=0.1414t^{-0.1550}$	0.934	$f(t)=0.06e^{-0.102151167t}+0.08$	0.925	$f(t)=0.035843571t^{-1/2}+0.08$	0.976
		ar40	$y=0.0981t^{-0.2547}$	0.976	$f(t)=0.05e^{-0.048856321t}+0.03$	0.937	$f(t)=0.064823954t^{-1/2}+0.03$	0.976
		eb30	$y=0.0718t^{-0.1925}$	0.947	$f(t)=0.02e^{-0.032135465t}+0.03$	0.888	$f(t)=0.036437824t^{-1/2}+0.03$	0.967
		eb40	$y=0.5314t^{-0.2717}$	0.983	$f(t)=0.24e^{-0.159710182t}+0.23$	0.982	$f(t)=0.116099483t^{-1/2}+0.23$	0.994
		eb50	$y=0.5048t^{-0.171}$	0.940	$f(t)=0.18e^{-0.072994547t}+0.26$	0.935	$f(t)=0.123708666t^{-1/2}+0.26$	0.976
		eb60	$y=0.6251t^{-0.2309}$	0.933	$f(t)=0.39e^{-0.328013596t}+0.35$	0.941	$f(t)=0.098445775t^{-1/2}+0.35$	0.967
20	10	ar10	$y=1.069t^{-0.25}$	0.94	$f(t)=0.12e^{-0.102992084t}+0.08$	0.93	$f(t)=0.0712413135t^{-1/2}+0.08$	0.98
		ar20	$y=0.99t^{-0.24}$	0.95	$f(t)=0.18e^{-0.120177289t}+0.14$	0.88	$f(t)=0.0978545235t^{-1/2}+0.14$	0.95
		ar30	$y=0.295t^{-0.20}$	0.91	$f(t)=0.16e^{-0.142047565t}+0.05$	0.93	$f(t)=0.0656437055t^{-1/2}+0.18$	0.97
		ar40	$y=0.317t^{-0.16}$	0.92	$f(t)=0.05e^{-0.089086049t}+0.05$	0.88	$f(t)=0.048728312t^{-1/2}+0.05$	0.92
		eb30	$y=0.103t^{-0.17}$	0.92	$f(t)=0.03e^{-0.034881944t}+0.05$	0.83	$f(t)=0.053976318t^{-1/2}+0.03$	0.95

续表

深度/m	水头/m	样点	Kostiakov 模型 $f(t)=at^{-b}$	r	Horton 模型 $f(t)=(f_1-f_c)e^{-kt}+f_c$	r	Philip 模型 $f(t)=1/2st^{-1/2}+f_c$	r
20	10	eb40	$y=0.073t^{-0.17}$	0.91	$f(t)=0.28e^{-0.154011605t}+0.31$	0.98	$f(t)=0.15342736t^{-1/2}+0.31$	0.99
		eb50	$y=0.652t^{-0.24}$	0.98	$f(t)=0.06e^{-0.084605317t}+0.04$	0.97	$f(t)=0.0482324045t^{-1/2}+0.04$	0.99
		eb60	$y=0.163t^{-0.39}$	0.99	$f(t)=0.04e^{-0.042047565t}+0.05$	0.89	$f(t)=0.0102384935t^{-1/2}+0.05$	0.97
40	5	ar10	$y=0.202t^{-0.29}$	0.99	$f(t)=0.13e^{-0.080802151t}+0.06$	0.95	$f(t)=0.088969296t^{-1/2}+0.06$	0.99
		ar40	$y=0.084t^{-0.18}$	0.93	$f(t)=0.03e^{-0.060407129t}+0.04$	0.92	$f(t)=0.0303919775t^{-1/2}+0.04$	0.97
		eb31	$y=0.125t^{-0.23}$	0.97	$f(t)=0.4e^{-0.2357161381t}+0.32$	0.95	$f(t)=0.138136312t^{-1/2}+0.32$	0.99
		eb40	$y=0.246t^{-0.20}$	0.95	$f(t)=0.14e^{-0.262475995t}+0.14$	0.94	$f(t)=0.043399612t^{-1/2}+0.14$	0.98
		eb50	$y=0.171t^{-0.17}$	0.91	$f(t)=0.08e^{-0.054538074t}+0.08$	0.90	$f(t)=0.068755059t^{-1/2}+0.08$	0.95
		eb60	$y=0.151t^{-0.32}$	0.98	$f(t)=0.12e^{-0.161258616t}+0.05$	0.95	$f(t)=0.048555363t^{-1/2}+0.05$	0.99
40	10	ar10	$y=0.314t^{-0.25}$	0.95	$f(t)=0.18e^{-0.186508952t}+0.14$	0.97	$f(t)=0.056463883t^{-1/2}+0.14$	0.97
		ar40	$y=0.132t^{-0.22}$	0.91	$f(t)=0.08e^{-0.126737015t}+0.06$	0.89	$f(t)=0.0400282815t^{-1/2}+0.06$	0.95
		eb31	$y=1.003t^{-0.20}$	0.97	$f(t)=0.59e^{-0.235083762t}+0.56$	0.94	$f(t)=0.20702745t^{-1/2}+0.56$	0.99
		eb40	$y=0.414t^{-0.40}$	0.97	$f(t)=0.35e^{-0.292333024t}+0.14$	0.96	$f(t)=0.0995550385t^{-1/2}+0.14$	0.99
		eb60	$y=0.197t^{-0.24}$	0.98	$f(t)=0.10e^{-0.097631605t}+0.08$	0.97	$f(t)=0.052209183t^{-1/2}+0.08$	0.99

从表 6-12 中可以看出：

（1）Kostiakov 模型与实测值的相关分析结果显示，模型中的参数 a 变化于 0.07～0.63。对拟合数值与实测数据做相关关系分析，其相关系数均在 0.93 以上。a 的大小也反映了初始入渗率与稳定入渗率之差的大小，a 大说明初始入渗率与稳定入渗率之差大，a 小说明初始入渗率与稳定入渗率之差小。b 变化在 0.15～0.34，b 值越大入渗速率随时间减少越快[57]，说明试验样点入渗速率变化整体不是很剧烈。

Horton 模型的相关分析表明，模型中参数 k 变化于 0.032135465～0.328013596。由于 k 值反映了入渗曲线的斜率变化情况，k 值越大，入渗速率减小越快[56]。据此，eb60 在入渗初期入渗率迅速下降。ar20、ar30 和 eb40 的 k 值在 0.1～0.2，其他小于 0.1。对拟合数值与实测数据做相关关系分析，其相关系数均在 0.90 以上。

Philip 模型拟合值与实测值的相关分析，其参数 s 变化于 0.071687142～0.26281934。对拟合数值与实测数据做相关关系分析，其相关系数均在 0.96 以上。

（2）20 cm 深度 10 cm 水头下，Kostiakov 模型与实测值的相关分析结果显示，模型中的参数 a 变化于 0.073～1.069。对拟合数值与实测数据做相关关系分析，其相关系数均在 0.90 以上。a 的大小也反映了初始入渗率与稳定入渗率之差的大小，a 大说明初始入渗率与稳定入渗率之差大，a 小说明初始入渗率与稳定入渗率之差小。b 变化在 0.16～0.39，b 值越大入渗速率随时间减少越快[57]，说明试验样点入渗速率变化整体不是很剧烈。

Horton 模型的相关分析表明，模型中参数 k 变化于 0.034881944～0.42047565。由于 k 值反映了入渗曲线的斜率变化情况，k 值越大，入渗速率减小越快[56]。据此，eb60 在入渗初期入渗率迅速下降。ar10～ar30 和 eb40 的 k 值在 0.1～0.2，其他小于 0.1。

　　Philip 模型拟合值与实测值的相关分析，其参数 s 变化于 0.020476987～0.30685472。对拟合数值与实测数据做相关关系分析，其相关系数均在 0.92 以上。

　　（3）40 cm 深度 5 cm 水头下，Kostiakov 模型与实测值的相关分析结果显示，模型中的参数 a 变化于 0.084～0.246。对拟合数值与实测数据做相关关系分析，其相关系数均在 0.91 以上。a 的大小也反映了初始入渗率与稳定入渗率之差的大小，a 大说明初始入渗率与稳定入渗率之差大，a 小说明初始入渗率与稳定入渗率之差小。b 变化在 0.17～0.32，b 值越大入渗速率随时间减少越快[57]，说明试验样点入渗速率变化整体不是很剧烈。

　　Horton 模型的相关分析表明，模型中参数 k 变化于 0.054538074～0.262475995。由于 k 值反映了入渗曲线的斜率变化情况，k 值越大，入渗速率减小越快[56]。

　　Philip 模型拟合值与实测值的相关分析表明，其参数 s 变化于 0.060～0.178。对拟合数值与实测数据做相关关系分析，其相关系数均在 0.95 以上。

　　（4）40 cm 深度 10 cm 水头下，Kostiakov 模型与实测值的相关分析结果显示，模型中的参数 a 变化于 0.132～1.003。对拟合数值与实测数据做相关关系分析，其相关系数均在 0.90 以上。a 的大小也反映了初始入渗率与稳定入渗率之差的大小，a 大说明初始入渗率与稳定入渗率之差大，a 小说明初始入渗率与稳定入渗率之差小。b 变化在 0.20～0.40，b 值越大入渗速率随时间减少越快[57]，说明试验样点入渗速率变化整体不是很剧烈。

　　Horton 模型的相关分析表明，模型中参数 k 变化于 0.097631605～0.292333024。由于 k 值反映了入渗曲线的斜率变化情况，k 值越大，入渗速率减小越快[56]。据此，40 cm 深度 10 cm 水头下试验点入渗过程中入渗率减小的变化幅度较小。Philip 模型拟合值与实测值的相关分析，其参数 s 变化于 0.080056563～0.4140549。对拟合数值与实测数据做相关关系分析，其相关系数均在 0.95 以上。

　　综合以上各种情况，在 5 cm 水头下，20 cm 深度 Kostiakov 模型与实测值的相关分析结果显示，模型中的参数 a 变化于 0.07～0.63，40 cm 深度模型中的参数 a 变化于 0.084～0.246，其差值较 20 cm 深度 a 值变化更小。根据 a 所代表的含义，说明 20 cm 深度各样点初渗率与稳渗率相差有的大，有的小，变化较大。而 40 cm 深度处各样点初渗率与稳渗率差较 20 cm 深度小，相对比较稳定。20 cm 深度 Kostiakov 模型拟合参数 b 变化在 0.15～0.34，而 40 cm 深度 b 值变化在 0.17～0.32，较 20 cm 深度小。依据 b 值反映入渗速率随时间减少的快慢来看，40 cm 深度较 20 cm 深度各样点入渗率随时间增加其减小变化幅度较小。

　　5 cm 水头下，20 cm 深度 Horton 模型拟合参数 k 变化于 0.032135465～0.328013596。40 cm 深度参数 k 变化于 0.054538074～0.262475995；同样小于 20 cm 深度变化范围。说明 20 cm 深度上，土壤入渗速率有的减小很快，有的减小很慢，而 40 cm 深度上各样点入渗速率减小相对较为稳定。

　　10 cm 水头下，20 cm 深度 Kostiakov 模型拟合参数 a 变化于 0.073～1.069，b 变化于 0.16～0.39。40 cm 深度参数 a 变化于 0.132～1.003，b 变化于 0.20～0.40，其 a 值变幅较 20 cm 小，同样说明其各样点初渗率与稳渗率差值较稳定，入渗率随时间增加而减小变化的幅度较小。不同水头下 Kostiakov 模型拟合参数变化规律表现出一致性。

10 cm 水头下，20 cm 深度 Horton 模型拟合参数 k 变化于 0.034881944～0.42047565，40 cm 深度参数 k 变化于 0.097631605～0.292333024。同样说明 40 cm 深度上，土壤入渗速率减小相对 20 cm 深度较为稳定，与 5 cm 水头拟合参数的规律也表现出一致性。

6.1.4.3 土壤特性对入渗模型参数的影响

Horton 模型参数 k 随着土壤有机质、黏粒、粉粒含量的增加而减小，与土壤有机质、黏粒含量表现出幂函数式负相关关系，与砂粒含量呈现出对数式正相关关系，随着砂粒含量的增加而增大，与土壤含水量关系不密切（图 6-65）。

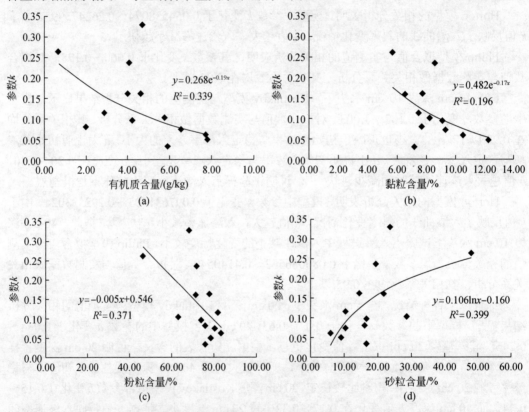

图 6-65　Horton 模型参数与土壤特征指标关系

Philip 模型参数 s 与土壤各特征指数没有明显的相关性。Kostiakov 模型参数 a 与土壤有机质、黏粒含量呈现出成幂函数式负相关关系，土壤有机质、黏粒含量越大，参数 a 越小；与砂粒含量也有一定的相关性，成指数式相关；与土壤含水量和粉粒含量为表现出较好的相关性。Kostiakov 模型参数 b 与土壤有机质含量、含水量呈现出负相关关系，随着有机质含量、含水量的增加而减小；与粉粒含量表现出正相关关系；与黏粒和砂粒含量没有明显的相关性（图 6-66）。

另外，模型参数与初渗率和稳渗率也表现出了一定的相关性，特别是 Kostiakov 模型参数 a 与土壤初渗率、稳渗率的相关性分别达到 95.69% 和 92.46%，呈显著的正相关关系。但参数 b 与初渗率和稳渗率没有明显的相关性（图 6-67）。

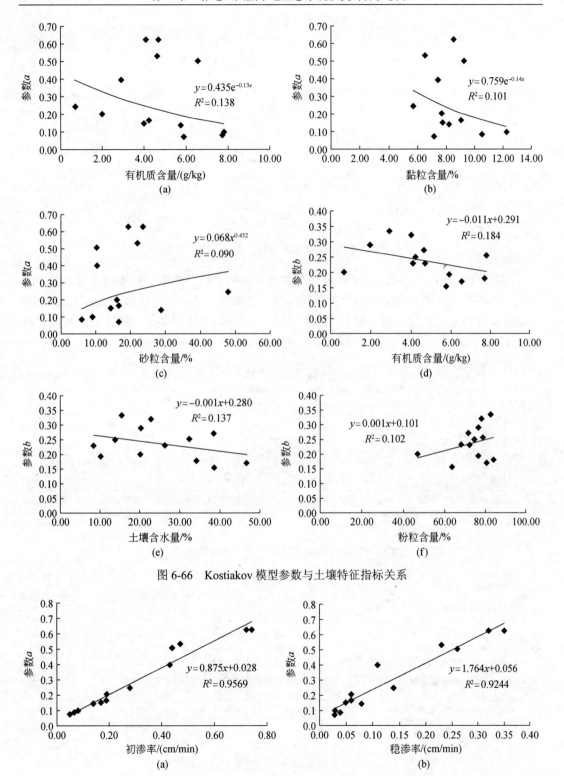

图 6-66　Kostiakov 模型参数与土壤特征指标关系

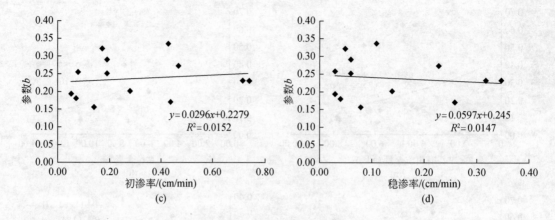

图 6-67　Kostiakov 模型参数与土壤入渗率关系

同时，Philip 模型参数 s、Horton 模型参数 k 也和土壤初渗率、稳渗率表现出较好的相关性，随着初渗率和稳渗率的增加其模型参数也增加。参数 k 与初渗率成多项式相关，与稳渗率成指数式相关（图 6-68）。参数 s 与初渗率成指数式相关，与稳渗率成对数式相关（图 6-69）。

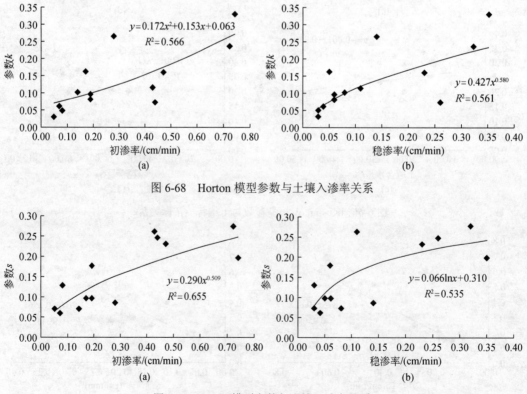

图 6-68　Horton 模型参数与土壤入渗率关系

图 6-69　Philip 模型参数与土壤入渗率关系

6.1.4.4　入渗模型拟合效果

通过比较预测累积渗透值和测量值之间的差异及剩余误差分析来评估渗透模型的拟合程度。这些模型性能的评价指标如下。

利用 SSE 评估土壤入渗模型。

$$\mathrm{SSE}_i = \sum_{j=1}^{n} \left[I(m)_j - I(p)_j \right]^2 \tag{6-20}$$

式中，$I(m)_j$ 为测量的累积土壤入渗值；$I(p)_j$ 为预测的累积入渗的土壤入渗值，良好的模型通常 SSE 值低。模型效率（EF）是另一个来评价模型拟合优度的指数，可以由以下方程计算出：

$$\mathrm{EF} = (1 - D_1 / D_0) \times 100 \tag{6-21}$$

$$D_1 = \sum_{j=1}^{n} \left[I(m)_j - I(P)_j \right]^2 = \mathrm{SSE}_i \tag{6-22}$$

$$D_0 = \sum_{j=1}^{n} \left[I(m)_j - \overline{I(m)_j} \right]^2 \tag{6-23}$$

式中，$\overline{I(m)_j}$ 为平均观测数值。当 D_1 大于 D_0 时，EF 是负值，在这种情况下，EF 将被设定为零。因此 EF 的范围是 0～100。当 EF 是 100 时，预测的累积渗透值与实测累积渗透值完全一致。

威尔莫特指数（W）是威尔莫特在 1981 年首次提出的，并用于评估模型。W 的范围是 0～1。当 W 值为 1 时，显示在同一时间里预测和实测浸润渗透之间相一致；当值 W 为 0 时，意味着结果相反。W 说明了预测值与观测值之间的相似程度，可以简化为

$$W = 1 - \frac{\sum_{j=1}^{n} \left[I(p)_j - I(m)_j \right]^2}{\sum_{j=1}^{n} \left[\left| I(p)_j - \overline{I(m)_j} \right| + \left| I(m)_j - \overline{I(m)_j} \right| \right]^2} \tag{6-24}$$

在本节研究中，残差分析包括平均误差（mean error，ME）和 RMSE。

$$\mathrm{ME}_i = \sum_{j=1}^{n} \frac{I(p)_j - I(m)_j}{n} \tag{6-25}$$

ME 可以显示高估或低估了评估模型观测值的累积渗透。

$$\mathrm{RMSE}_i = \sqrt{\frac{\sum_{j=1}^{n} \left[I(p)_j - I(m)_j \right]^2}{n}} \tag{6-26}$$

在大多数情况下，RMSE 大于零；但是对于完美的适合度的模型，RMSE 接近于零甚至等于零。这意味着所有观察到的累积渗透值应和模型预测累积渗透值接近或完全一样。

最后，运用 ME（绝对值的平均值）RMSE、EF、W 和 SSE 的平均值来比较各模型的拟合效果。在本节研究中，拥有较低的 ME、RMSE 和 SSE 值的平均值和较高的 EF 和 W 的平均值的模型就是最适合草地土壤的渗透模型。

1. 20 cm 深度不同水头入渗拟合评估

5 cm 水头下三个土壤入渗模型的 SSE、RMSE 和 R 值如表 6-13 所示。

从 SSE 和 RMSE 值看出，Kostiakov 模型的 SSE 和 RMSE 值最低，拟合最好；Horton 模型 SSE 和 RMSE 值偏大，Philip 模型是最差的模型。该结果与程艳涛研究结果一致[58]。从 R 值看出，Philip 模型的预测渗透量和测量渗透量之间有较好的相关性，但其 SSE 和 RMSE 值较小。

表 6-13　5 cm 水头 20 cm 深度下拟合评估参数

样点	Kostiakov 模型			Horton 模型			Philip 模型		
	SSE	RMSE	R	SSE	RMSE	R	SSE	RMSE	R
ar10	0.0027	0.0088	0.935	0.0047	0.0115	0.914	0.0111	0.0178	0.972
ar20	0.0165	0.0217	0.936	0.0221	0.0251	0.906	0.0623	0.0422	0.961
ar30	0.0006	0.0052	0.934	0.0006	0.0055	0.925	0.0021	0.0100	0.976
ar40	0.0001	0.0031	0.976	0.0003	0.0052	0.937	0.0003	0.0049	0.976
eb30	0.000059	0.0015	0.947	0.0001	0.0024	0.888	0.0002	0.0026	0.967
eb40	0.0034	0.0116	0.983	0.0071	0.0168	0.982	0.0576	0.0480	0.994
eb50	0.0037	0.0162	0.940	0.0041	0.0171	0.935	0.0178	0.0357	0.976
eb60	0.0215	0.0366	0.933	0.0193	0.0347	0.941	0.1041	0.0806	0.967
平均	0.0061	0.0131	0.9480	0.0073	0.0148	0.9285	0.0319	0.0302	0.9736
排名	1	1	2	2	2	3	3	3	1

注：SSE 是平方和误差；RMSE 是均方根误差；R 是相关系数。

表 6-14 列出在每个测试点评估土壤入渗模型的 ME、EF 和 W 值。基于整体平均值，Kostiakov 模型和 Philip 模型系统地低估了累积渗透；Horton 模型的 ME 平均值的绝对值是 0.0014，Philip 模型的 ME 平均值的绝对值是 0.0070，Kostiakov 模型的 ME 平均值的绝对值最小，为 0.0006，较好地估算了渗透量。Kostiakov 模型的 EF 和 W 最好，Horton 模型较好，Philip 模型次之。

表 6-14　5 cm 水头 20 cm 深度下拟合评估参数

样点	Kostiakov 模型			Horton 模型			Philip 模型		
	ME	EF	W	ME	EF	W	ME	EF	W
ar10	−0.0004	85.3298	0.9528	0.0032	74.7901	0.9445	−0.0042	39.6480	0.6223
ar20	−0.0013	84.2735	0.9475	0.0048	78.8570	0.9476	−0.0079	40.4977	0.6283
ar30	−0.0002	86.6040	0.9589	0.0007	85.2393	0.9602	−0.0023	51.2507	0.7274
ar40	−0.0001	95.2944	0.9876	0.0008	87.1208	0.9664	−0.0015	88.4915	0.9617
eb30	−0.000036	99.9961	0.9999	−0.0002	99.9909	0.9999	−0.0004	99.9893	0.9999
eb40	−0.0004	96.3631	0.9901	−0.0021	92.4118	0.9760	−0.0121	38.0542	0.6099
eb50	−0.0004	87.8195	0.9639	0.0016	86.4117	0.9586	−0.0085	41.0051	0.6351
eb60	−0.0017	85.6710	0.9552	0.0026	87.1478	0.9602	−0.0189	30.5572	0.5260
平均	−0.0006	90.1689	0.9695	0.0014	86.4962	0.9642	−0.0070	53.6867	0.7138
排名	1	1	1	3	2	2	2	3	3

注：ME 是平均误差；EF 是模型效率；W 是威尔莫特指数。

　　为了进一步比较三个模型在 20 cm 深度 5 cm 水头下的总体性能，对土壤入渗模型的各评价指标进行排序，模型各指标排序之和为模型所得总分，依据所得总分对模型进行拟合程度排序（表 6-15）。综合考虑 SSE、RMSE、R、ME、EF 和 W 值，Kostiakov 模型在研究草地土壤入渗中拟合程度最好。

表 6-15　5 cm 水头 20 cm 深度模型拟合评估排名

项目	Kostiakov 模型	Horton 模型	Philip 模型
分数	7	14	15
排名	1	2	3

　　10 cm 水头下三个土壤入渗模型的 SSE、RMSE 和 R 值如表 6-16 所示。从 SSE 和 RMSE 值看出，Kostiakov 模型的 SSE 和 RMSE 值最低，拟合最好；Horton 模型 SSE 和 RMSE 值较低，Philip 模型最差。从 R 值看出，Philip 模型的预测渗透量和测量渗透量之间有较好的相关性，但其 SSE 和 RMSE 值较小。

表 6-16　10 cm 水头 20 cm 深度下模型拟合评估参数

样点	Kostiakov 模型			Horton 模型			Philip 模型		
	SSE	RMSE	R	SSE	RMSE	R	SSE	RMSE	R
ar10	0.0015	0.0066	0.95	0.0023	0.0081	0.93	0.0064	0.0135	0.98
ar20	0.0053	0.0123	0.91	0.0070	0.0142	0.88	0.0129	0.0192	0.95
ar30	0.0036	0.0130	0.92	0.0031	0.0122	0.93	0.0132	0.0250	0.97
ar40	0.0003	0.0048	0.92	0.0004	0.0058	0.88	0.0005	0.0061	0.92
eb30	0.0001	0.0022	0.91	0.0002	0.0028	0.83	0.0001	0.002	0.95
eb40	0.0040	0.0126	0.98	0.0074	0.0172	0.98	0.0595	0.0488	0.99
eb50	0.0001	0.0024	0.99	0.0004	0.0052	0.97	0.0017	0.0110	0.99
eb60	0.0304	0.0436	0.97	0.0434	0.0521	0.97	0.2795	0.1322	0.99
平均	0.0057	0.0122	0.9438	0.0080	0.0147	0.9213	0.0467	0.0322	0.9675
排序	1	1	2	2	2	3	3	3	1

　　表 6-17 列出了在每个测试点评估土壤入渗模型的 ME、EF 和 W 值。基于 ME 整体平均值，Kostiakov 模型高估了累积渗透，Philip 模型低估了累积渗透；Philip 模型的 ME 平均值的绝对值是 0.0071，Kostiakov 模型的 ME 平均值的绝对值为 0.0010，Horton 模型的 ME 平均值的绝对值为 0，较好地估算了渗透量。Kostiakov 模型的 EF 和 W 最高，Horton 模型较好，Philip 模型次之。

表 6-17　10 cm 水头 20 cm 深度下模型拟合评估参数

样点	Kostiakov 模型			Horton 模型			Philip 模型		
	ME	EF	W	ME	EF	W	ME	EF	W
ar10	−0.0003	89.3324	0.9677	0.0011	84.1665	0.9606	−0.0025	55.3753	0.761
ar20	−0.0002	80.3347	0.9357	0.0012	73.8083	0.9344	−0.0030	51.9823	0.7346

样点	Kostiakov 模型			Horton 模型			Philip 模型		
	ME	EF	W	ME	EF	W	ME	EF	W
ar30	0.0012	83.8466	0.9478	0.0021	85.8291	0.9614	-0.0055	40.4067	0.6284
ar40	0.0006	85.7686	0.9567	-0.0006	79.7243	0.9483	-0.0018	77.1388	0.9084
eb30	0.0002	80.9740	0.9395	-0.0002	66.9663	0.9099	-0.0002	83.7194	0.9422
eb40	0.0025	96.2646	0.9899	-0.0001	93.0556	0.9787	-0.0114	44.3426	0.6680
eb50	0.0003	97.2710	0.9926	-0.0002	87.3480	0.9560	-0.0022	42.7613	0.6534
eb60	0.0040	92.8609	0.9792	-0.0035	89.8088	0.9672	-0.0299	34.3456	0.5712
平均	0.0010	88.3316	0.9636	0	82.5884	0.9521	-0.0071	53.7590	0.7334
排序	2	1	1	1	2	2	3	3	3

依据三个模型在 20 cm 深度 10 cm 水头下的总体性能，对土壤入渗模型的各评价指标进行排序，模型各指标排序之和为模型所得总分，依据所得总分对模型进行拟合程度排序（表 6-18）。综合考虑 SSE、RMSE、R、ME、EF 和 W 值，Kostiakov 模型在研究草地土壤入渗中拟合程度最好。

表 6-18　10 cm 水头 20 cm 深度模型拟合评估排名

项目	Kostiakov 模型	Horton 模型	Philip 模型
分数	8	12	16
排名	1	2	3

2. 40 cm 深度不同水头入渗率模拟评估

5 cm 水头下 40 cm 深度三个土壤入渗模型的 SSE、RMSE 和 R 值如表 6-19 所示。

表 6-19　5 cm 水头 40 cm 深度下模型拟合评估参数

样点	Kostiakov 模型			Horton 模型			Philip 模型		
	SSE	RMSE	R	SSE	RMSE	R	SSE	RMSE	R
ar10	0.0007	0.0050	0.97	0.0026	0.0099	0.95	0.0065	0.0155	0.99
ar40	0.0001	0.0028	0.87	0.0001	0.0031	0.92	0.0003	0.0051	0.97
eb31	0.0126	0.0251	0.94	0.0172	0.0294	0.95	0.0900	0.0671	0.99
eb40	0.0025	0.0115	0.91	0.0025	0.0116	0.94	0.0133	0.0265	0.98
eb50	0.0010	0.0058	0.83	0.0012	0.0064	0.90	0.0023	0.0090	0.95
eb60	0.0006	0.0068	0.97	0.0015	0.0106	0.95	0.0071	0.0233	0.99
平均	0.0029	0.0095	0.92	0.0042	0.0118	0.94	0.0199	0.0244	0.98
排序	1	1	3	2	2	2	3	3	1

从 SSE 和 RMSE 值看出，Kostiakov 模型的 SSE 和 RMSE 值最低，拟合最好；Horton 模型 SSE 和 RMSE 值偏大，Philip 模型最差。从 R 值看出，Philip 模型的预测渗透量和测

量渗透量之间有较好的相关性，但其 SSE 和 RMSE 值最小。

表 6-20 列出了在每个测试点评估土壤入渗模型的 ME、EF 和 W 值。基于 ME 平均值，Kostiakov 模型和 Horton 模型高估了累积渗透，Philip 模型低估了累积渗透；Philip 模型的 ME 平均值的绝对值是 0.0063，Horton 模型的 ME 平均值的绝对值为 0.0019，Kostiakov 模型的 ME 平均值的绝对值为 0.0006，较好地估算了渗透量。Kostiakov 模型的 EF 和 W 最高，Horton 模型较好，Philip 模型次之。

表 6-20　5 cm 水头 40 cm 深度下模型拟合评估参数

样点	Kostiakov 模型			Horton 模型			Philip 模型		
	ME	EF	W	ME	EF	W	ME	EF	W
ar10	0.0001	96.3931	0.9900	0.0022	85.7692	0.9686	−0.0041	65.0005	0.8312
ar40	0.0003	86.3981	0.9586	0.0001	83.6446	0.9508	−0.0011	54.5559	0.7548
eb31	0.0013	92.3304	0.9778	0.0049	89.4850	0.9722	−0.0172	45.0851	0.6757
eb40	0.0013	88.4489	0.9651	0.0010	88.2424	0.9662	−0.0066	38.1640	0.6099
eb50	0.0005	80.8616	0.9381	0.0007	76.4816	0.9436	−0.0015	54.3063	0.7500
eb60	−0.0001	95.8361	0.9882	0.0023	89.9590	0.9745	−0.0075	51.4683	0.7392
平均	0.0006	90.0447	0.9696	0.0019	85.5970	0.9627	−0.0063	51.4300	0.7268
排序	1	1	1	2	2	2	3	3	3

三个模型在 40 cm 深度 5 cm 水头下的总体性能，对土壤入渗模型的各评价指标进行排序，模型各指标排序之和为模型所得总分，依据所得总分对模型进行拟合程度排序（表 6-21）。综合考虑 SSE、RMSE、R、ME、EF 和 W 值，Kostiakov 模型在研究草地土壤入渗中拟合程度最好。

表 6-21　5 cm 水头 40 cm 深度模型拟合评估排名

项目	Kostiakov 模型	Horton 模型	Philip 模型
分数	8	12	16
排名	1	2	3

10 cm 水头下三个土壤入渗模型的 SSE、RMSE 和 R 值如表 6-22 所示。从 SSE 和 RMSE 值看出，Kostiakov 模型的 SSE 和 RMSE 值最低，拟合最好；Horton 模型 SSE 和 RMSE 值偏大，Philip 模型最差。从 R 值看出，Philip 模型的预测渗透量和测量渗透量之间有较好的相关性，但其 SSE 和 RMSE 值最小。

表 6-22　10 cm 水头 40 cm 深度下模型拟合评估参数

样点	Kostiakov 模型			Horton 模型			Philip 模型		
	SSE	RMSE	R	SSE	RMSE	R	SSE	RMSE	R
ar10	0.0039	0.0121	0.95	0.0032	0.0110	0.97	0.0216	0.0283	0.97
ar40	0.0012	0.0111	0.91	0.0014	0.0117	0.89	0.0033	0.0183	0.95
eb31	0.0302	0.0388	0.97	0.0401	0.0447	0.94	0.1875	0.0968	0.99

样点	Kostiakov 模型			Horton 模型			Philip 模型		
	SSE	RMSE	R	SSE	RMSE	R	SSE	RMSE	R
eb40	0.0091	0.0177	0.97	0.0115	0.0199	0.96	0.0830	0.0536	0.98
eb60	0.0005	0.0064	0.98	0.0007	0.0074	0.97	0.0066	0.0226	0.99
平均	0.009	0.0172	0.956	0.0114	0.0189	0.946	0.0604	0.0439	0.976
排序	1	1	3	2	2	2	3	3	1

表 6-23 列出了在每个测试点评估土壤入渗模型的 ME、EF 和 W 值。基于 ME 平均值，Kostiakov 模型和 Horton 模型高估累积渗透，Philip 模型低估累积渗透；Philip 模型的 ME 平均值的绝对值是 0.0105，Horton 模型的 ME 平均值的绝对值为 0.0024，Kostiakov 模型的 ME 平均值的绝对值为 0.0007，较好地估算了渗透量。Kostiakov 模型的 EF 和 W 最高，Horton 模型较好，Philip 模型最差。

表 6-23　10 cm 水头 40 cm 深度下模型拟合评估参数

样点	Kostiakov 模型			Horton 模型			Philip 模型		
	ME	EF	W	ME	EF	W	ME	EF	W
ar10	0.0008	86.8568	0.9590	−0.0004	89.1250	0.9659	−0.0052	27.4889	0.4946
ar40	−0.0005	79.5636	0.9308	0.0021	77.4838	0.9377	−0.0051	44.8923	0.6703
eb31	0.0023	91.3408	0.9749	0.0070	88.5216	0.9700	−0.0247	46.2134	0.6859
eb40	0.0004	92.8513	0.9786	0.0015	90.9347	0.9732	−0.0101	34.7016	0.5734
eb60	0.0007	95.4682	0.9873	0.0017	93.9892	0.9835	−0.0074	44.1827	0.6725
平均	0.0007	89.2161	0.9661	0.0024	88.0109	0.966	−0.0105	39.4958	0.6193
排序	1	1	1	2	2	2	3	3	3

三个模型在 40 cm 深度 10 cm 水头下的总体性能，对土壤入渗模型的各评价指标进行排序，模型各指标排序之和为模型所得总分，依据所得总分对模型进行拟合程度排序（表 6-24）。综合考虑 SSE、RMSE、R、ME，EF 和 W，Kostiakov 模型在研究草地土壤入渗中拟合程度最好。

表 6-24　10 cm 水头 40 cm 深度模型拟合评估排名

项目	Kostiakov 模型	Horton 模型	Philip 模型
分数	7	13	16
排名	1	2	3

比较不同深度、不同水头下三个模型的评估，不难发现 Kostiakov 模型在研究区具有良好的可应用性。模型中参数 b 一般为 0.16～0.33，均值为 0.24，变异系数为 6.59%，变化幅度不大。

6.1.5　土壤水分入渗率空间分布特征

6.1.5.1　土壤转换函数的建立

土壤入渗特性受到土壤结构、土壤质地、地形地貌和土地利用方式等因素的影响，且存在强烈的空间变异性，准确获得较大尺度上的土壤入渗特性参数一直是农业、土壤、水科学等诸多领域所关注的重要问题。建立区域土壤入渗特性与易测定的土壤物理特性之间的函数关系，即土壤转换函数，是获取较大尺度上土壤入渗特性参数的重要途径。

土壤水力学参数与土壤基本理化性质之间关系的研究中，已构建了一系列利用土壤理化形状参数来估算土壤水分入渗率或入渗模型参数的方法，即土壤转换函数法（pedo-transfer functions，PTFs）。目前，土壤转换函数用到的土壤基础理化性质主要有质地，即土壤黏粒、粉粒和砂粒百分含量、土壤有机质含量及土壤容重、孔隙度等。土壤转换函数模型有统计回归模型、函数参数回归模型等类型。

统计回归模型是对实测的土壤水运动参数与土壤物化特征参数进行统计分析，在两者之间建立特定的函数关系，例如，刘继龙等[59]以杨凌一级阶地上进行的入渗试验为基础，利用多重分形和联合多重分形方法，研究分析土壤入渗特性在多尺度上的空间变异性及与土壤物理特性的相关性，得出稳定入渗率与黏粒、粗粉粒含量和土壤容重的相关性最显著；前 30 min 累积入渗量与黏粒和粗粉粒含量的相关性最显著。并在此基础上建立了土壤稳定入渗率、累积入渗量与各相关因子间的函数关系式-土壤转换函数。

函数参数回归模型是以试验数据为基础，利用回归分析法或迭代法等对函数关系式进行模拟，确定出各函数关系式的参数，然后利用统计分析技术建立这些参数与土壤基本理化性质数据之间的关系，即为函数参数回归模型。武世亮等[60]等在杨凌示范区对区域尺度土壤入渗参数空间变异性规律进行了研究。以土壤基本物理特性为自变量，Philip 入渗公式的标定公式的参数 α_A 为因变量，利用多项式逐步回归分析法，将部分对标定因子 α_A 影响较小的变量剔除，建立估算标定因子 α_A 的土壤转换函数，并通过验证，其结果较好地解决了区域尺度内土壤入渗参数的点面转换问题。

贾宏伟等[61]也在这方面做了一定研究，在野外原位入渗试验的基础上，建立了简化 Philip 入渗模型，并建立了入渗系数 α 和稳定入渗率与各因子间的土壤转换函数。研究结果显示，石羊河流域土壤入渗系数 α 和稳定入渗率主要受土壤粗粉粒含量、砂粒含量及初始含水量的影响，尤其初始含水量的影响比较大，而土壤有机质含量、黏粒含量及容重等对其影响较小。

采用 SPSS 软件对初渗率和稳渗率与各影响因素进行回归分析，排除砂粒含量等因子，建立与黏粒、粉粒、有机质和含水量的回归模型，即土壤转换函数。模型各参数见表 6-25。

表 6-25　建立回归模型的参数

样本数/个	不同粒径土壤颗粒含量/%		有机质含量/（g/kg）	含水量/%	f_i/（cm/min）	f_c/（cm/min）
	<0.002μm	0.002~0.05μm				
1	5.00	49.53	5.81	12.35	0.16	0.07
2	6.52	71.64	4.63	38.26	0.47	0.23

续表

样本数/个	不同粒径土壤颗粒含量/%		有机质含量/ (g/kg)	含水量/%	f_1/ (cm/min)	f_c/ (cm/min)
	<0.002μm	0.002~0.05μm				
3	9.28	80.34	6.56	46.64	0.45	0.26
4	9.07	74.39	4.24	23.81	0.19	0.06
5	7.43	82.13	2.90	15.43	0.43	0.11
6	8.18	63.17	5.76	38.48	0.14	0.08
7	10.26	78.58	7.80	32.26	0.09	0.03
8	10.03	81.23	3.78	28.32	0.19	0.08
9	9.52	78.78	5.12	32.78	0.09	0.03
10	3.87	35.71	2.21	16.77	0.18	0.11
11	5.68	46.49	0.68	20.06	0.29	0.14
12	10.24	75.31	6.71	38.40	0.16	0.08
13	7.72	77.88	4.02	22.80	0.18	0.05
14	7.66	76.27	1.99	20.15	0.19	0.06
15	10.50	83.57	7.72	34.14	0.07	0.04

所建立的回归模型如下：

$$f_1 = 0.132 - 0.084x_1 + 0.009x_2 - 0.019x_3 + 0.007x_4$$
$$f_c = 0.095 - 0.035x_1 + 0.002x_2 - 0.008x_3 + 0.006x_4$$

(6-27)

式中，x_1 为黏粒含量（%）；x_2 为粉粒含量（%）；x_3 为有机质含量（%）；x_4 为含水量（%）。

模型均通过了 $F<0.05$ 检验，说明模型具有一定的可信度。同时，通过回归模型计算得出 f_1 和 f_c，并与实测值进行比较（图6-70）。

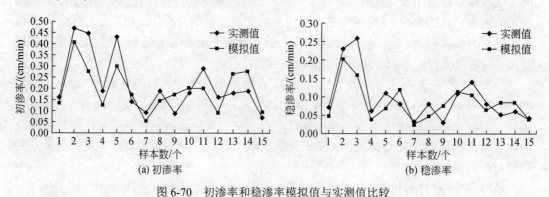

图 6-70 初渗率和稳渗率模拟值与实测值比较

6.1.5.2 土壤入渗模拟

根据建立的土壤转换函数，计算出其他点的初渗率和稳渗率。祁连山地区草地初渗率模拟值最小为 0.007 cm/min，最大为 0.568 cm/min，平均为 0.288 cm/min，其模拟值主要集中在 0.2~0.4 cm/min，呈正态分布。稳渗率模拟值最小为 0.011 cm/min，最大为 0.354

cm/min，平均为 0.138 cm/min，其模拟值主要集中在 0.1～0.2 cm/min（图 6-71）。

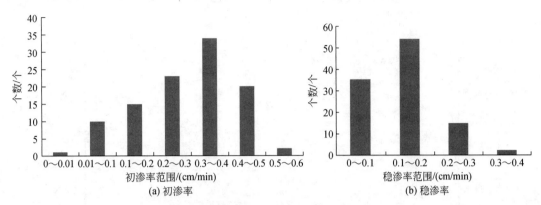

图 6-71　模拟初渗率和稳渗率数值分布

对不同植被类型和不同地形的初渗率、稳渗率等求平均值（表 6-26），进而分析其特征。不难发现草地的初渗率略高于灌丛和草甸，但它们的差别较小，最大为 0.03 cm/min。在不同地形下，坡顶入渗强于河谷和山坡，原因在于，坡顶相对平缓，而且受季节性冻融的影响，坡顶有较大裂隙存在，加剧了水分的入渗。

表 6-26　不同植被类型和不同地形下初渗率和稳渗率的平均值

植被和地形	f_i	f_c	不同粒径下土壤颗粒含量/%			有机质含量 /（g/kg）	含水量/%
			<2 μm	2～50 μm	>50 μm		
草地	0.30	0.13	8.83	81.61	9.57	6.37	0.34
草甸	0.27	0.13	8.22	75.02	16.76	8.29	0.35
灌丛	0.28	0.15	7.86	76.01	16.13	11.00	0.46
河谷	0.33	0.14	8.89	74.82	16.29	4.91	0.29
坡顶	0.35	0.16	7.66	82.48	9.87	8.12	0.40
山坡	0.28	0.13	9.02	76.19	14.78	6.24	0.35

6.1.5.3　黑河上游土壤水分入渗率空间分布

在模拟各点的入渗率后，利用 surfer 软件对研究区土壤初渗率和稳渗率做空间分布。研究区中初渗率分布没有明显的规律，初渗率呈现出斑块状分布，这与区域微地形有密切关系（图 6-72）。

土壤稳渗率分布表现出了一定的规律，阴坡强于阳坡，在河谷地带也呈现出斑块状分布（图 6-73）。

总之，通过 SPSS 软件，建立初渗率和稳渗率与黏粒含量、粉粒含量、有机质含量、含水量等因子的回归模型，并做评价分析，通过 $F < 0.05$ 检验。在研究区各大量调查数据的支持下，通过模型计算各观测点土壤入渗率，利用 surfer 软件进行空间分析，从而实现祁连山地区小流域草地土壤入渗率由点到面的转换，并可以解释流域土壤入渗率的空间分布特征。

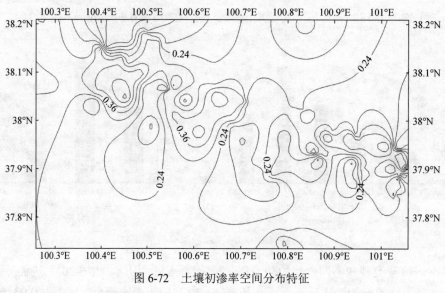

图 6-72　土壤初渗率空间分布特征

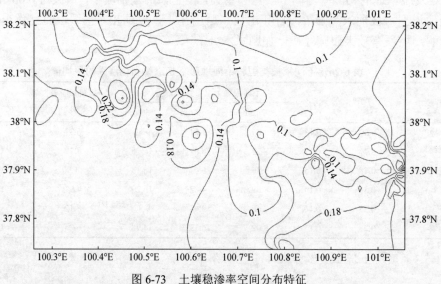

图 6-73　土壤稳渗率空间分布特征

6.2　祁连山天然草地保护技术

6.2.1　天然草地鼠害综合防控技术集成模式

　　高寒草甸退化过程中，未退化和轻度退化的物种数相对较多，中度退化草地最低；随着高寒草甸退化的加剧，草甸中的优势种和亚优势种演替趋势为高山嵩草+垂穗披碱草→垂穗披碱草+矮生嵩草→高山嵩草+美丽凤毛菊（*Saussureu pulchra*）→矮生忍冬（*Lonicera japonica*）+细叶亚菊（*Ajania tenuifolia*）等杂类草。通过鼠害控制和施肥处理恢复草地禾本科牧草成为优势种（表 6-27）。

表 6-27　不同退化程度高寒草甸植物物种组成及其重要值

物种	恢复草地	未退化	轻度退化	中度退化	重度退化
垂穗披碱草	0.5686	0.0894	0.1777	0.0544	0.0673
冷地早熟禾	0.1213	0.0253	0.0590	0.0395	0.0138
草地早熟禾	0.0149	0.0132	—	—	—
高山嵩草	0.0513	0.2989	0.1332	0.3334	0.0296
矮生嵩草	0.0269	0.0188	0.1403	0.0094	—
溚草	0.0147	0.0327	—	—	—
高原毛茛	0.0266	—	0.0399	—	—
雪白委陵菜	0.0114	0.045	0.0367	0.0487	—
婆婆纳	0.0248	—	0.0281	0.0129	0.0279
肉果草	0.0207	0.0276	0.0495	0.0079	0.0316
蓬子菜	0.0155	0.0024	0.0142	—	—
白苞筋骨草	0.0138	0.0043	0.0265	0.0446	0.0472
甘肃马先蒿	0.0227	—	0.0075	—	0.0362
矮火绒草	0.0022	0.0451	0.0382	0.0427	0.0211
美丽风毛菊	0.0028	0.0298	0.0611	0.1767	—
直梗唐松草	—	0.0023	0.0042	—	0.054
沙生风毛菊	—	0.0023	0.0061	—	0.0084
黄花棘豆	—	0.0252	0.0095	0.0068	0.0623
肋柱花	—	0.0259	0.0099	0.0551	0.0378
乳白香青	—	0.034	0.0088	—	—
珠芽蓼	—	0.0152	0.0140	—	—
矮生忍冬	—	0.0024	0.0292	0.0820	0.1887
小点地梅	—	0.0215	0.0028	—	—
二裂委陵菜	—	0.0261	0.0213	0.0405	0.0453
秦艽	—	0.0344	0.0185	—	—
囊谦女娄菜	0.0034	0.0157	0.0124	0.0120	—
海乳草	—	0.0182	0.0018	—	—
蒲公英	—	0.0348	0.0076	—	—
多枝黄耆	0.0078	—	0.0065	—	—
多裂委陵菜	0.0238	0.0452	0.0169	0.0251	0.1102
西藏微孔草	—	—	0.0042	—	—
细叶亚菊	0.0148	—	0.0093	—	0.1487
高山唐松草	—	0.0052	0.0029	—	—
羽叶点地梅	—	0.0085	0.0023	—	—
露蕊乌头	0.0054	0.0208	—	—	—
葵花大蓟	0.0066	—	—	—	—
乳白香青	—	0.008	—	0.0083	0.0517
线叶龙胆	—	0.0102	—	—	0.0134
无茎黄鹌菜	—	0.0108	—	—	—
莛苈	—	0.0045	—	—	—
物种数	21	33	32	17	18
总盖度/%	91.8	95.1	82.0	66.6	46.2

6.2.1.1 不同退化程度高寒草甸中地上植物量的变化

随着高寒草甸退化的加剧，植物群落的地上植物量逐渐减少，但未退化、恢复草地和轻度退化之间差异不显著（$p>0.05$），中度退化与重度退化之间无显著差异性（$p>0.05$），而未退化、恢复草地与轻度退化和中度退化与重度退化差异显著（$p<0.05=$；在草地从未退化向重度退化演替过程中，高寒草甸的优良牧草植物量逐渐减少，并且未退化草地中的优良牧草量与轻度退化、中度退化、重度退化草地中优良牧草的差异显著（$p<0.05$）。恢复草地中的优良牧草量显著（$p<0.05$）高于其他退化等级草地（图 6-74）。

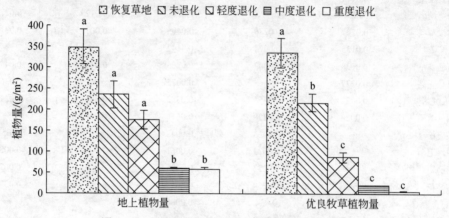

图 6-74 不同退化程度高寒草甸中的地上植物量

6.2.1.2 不同退化程度高寒草甸中鼠兔有效洞口密度的变化

随着高寒草甸退化的加剧，高原鼠兔的有效洞口密度先增加后减少（图 6-75），在中度退化时达到最大值（2391 个/hm²）；其中未退化与恢复草地中的鼠兔有效洞口密度差异不显著（$p>0.05$），但它们与轻度退化和中度退化草地中的差异显著（$p<0.05$），重度退化草地中的鼠兔有效洞口密度与中度退化中的差异显著（$p<0.05$），与未退化、恢复草地和轻度退化中的差异不显著（$p>0.05$）。

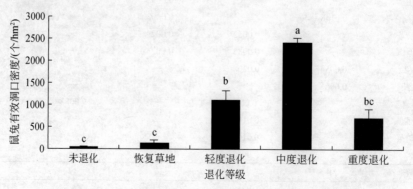

图 6-75 不同退化程度高寒草甸中鼠兔有效洞口密度

6.2.1.3　高寒草甸植被盖度与鼠兔洞口密度的关系

随着盖度的变化，鼠兔的有效洞口密度与草甸的盖度之间呈二次函数关系 $Y=-2.9251x^2+392.63x-11097$（$R^2=0.9138$，图 6-76）。随着草甸盖度的降低，鼠兔的有效洞口密度先升高，当草甸达到中度退化以后，鼠兔的有效洞口密度达到最大，随着退化程度加剧，草甸盖度的降低，鼠兔的有效洞口密度随之降低。草地未退化时，草地的盖度大，而高原鼠兔喜欢比较空旷的地方，高原鼠兔的洞口密度比较小；当草地严重退化后，高原鼠兔又由于缺少食物，数量较少。

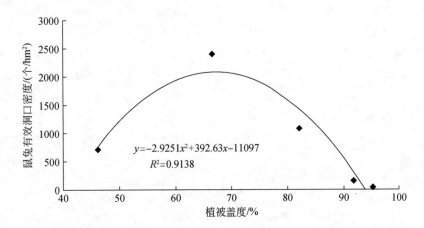

图 6-76　高寒草甸植被盖度与鼠兔洞口密度的关系

6.2.2　害鼠控制区和对照区的植物群落组成

采用如下方程分析植物的群落重要值。

Shannon-Wiener 多样性指数：

$$H = -\sum_{i=1}^{S} P_i \ln P_i \tag{6-28}$$

Pielou 均匀度指数：

$$E = H/\ln S \tag{6-29}$$

Simpson 优势度指数：

$$D = 1 - \sum P_i^2 \tag{6-30}$$

式中，P_i 为 n_i/N，n_i 为种 i 的个体数；N 为样本总个数；S 为物种数；物种重要值=（相对盖度+相对高度+相对生物量）/3×100%；物种丰富度指数=物种数=S。

由表 6-28 知，研究区植物的优势种为高山嵩草，次优势种主要以矮生嵩草为主，鼠害控制区优势种的优势度均略高于对照区，鼠兔危害较为严重的地区杂类草逐渐增多，高寒草甸中莎草科的优势地位将会降低，甚至被杂草所取代。

表 6-28　不同处理下高寒草甸植物物种及其重要值　　　　（单位：%）

物种	2013 年重要值		2014 年重要值	
	对照	控制区	对照	控制区
垂穗披碱草	4.82	3.15	3.74	3.94
冷地早熟禾	7.45	4.02	3.84	6.67
黄花棘豆	3.84	3.02	1.77	3.57
矮生嵩草	18.65	16.28	3.94	12.29
糙喙薹草	—	3.61	3.26	—
溚草	—	3.93	—	—
甘肃马先蒿	3.85	7.26	—	—
高山嵩草	27.57	30.25	27.69	27.88
高山唐松草	1.55	2.97	0.63	2.38
麻花艽		1.77		
婆婆纳	1.38	1.29	2.34	0.78
火绒草	2.78	2.59	6.17	7.96
雪白委陵菜	2.31	2.16	2.58	4.55
无茎黄鹌菜	1.97	1.12		1.59
紫花针茅	5.72	11.71	5.25	5.22
灰绿藜	2.44		2.12	—
肉果草	3.23	4.41	9.36	3.62
高原毛茛	—	4.76	—	—
二裂委陵菜	6.63	4.42	7.25	4.09
圆穗蓼	1.88	2.08	—	—
全缘叶绿绒蒿	—	3.68	—	—
蓬子菜	1.20	1.71	1.51	—
多裂委陵菜	2.72	1.68	3.78	3.16
蒲公英	—	—	2.95	1.07
直梗高山唐松草			1.98	—
沙生风毛菊	—	—	—	0.88
喉毛花			1.91	
西藏微孔草	—	—	1.48	—
西北黄耆			2.25	1.98
中华羊茅	—	—	4.19	6.33
科	10	12	11	7
属	13	19	18	13
种	18	22	22	18

由表 6-29 知，鼠害控制区的群落多样性指数、均匀度指数均高于对照区，而其生态优势度指数略低于对照区；鼠害控制区植物盖度大于对照区盖度（$p < 0.05$）。这说明在对照区由于鼠兔活动猖獗，损失牧草，对植物生长造成了一定的不良影响，使得草地覆盖度有所减少。

表 6-29　鼠害控制区和对照草地物种多样性

处理	时间	多样性指数	均匀度指数	生态优势度指数	盖度/%
试验区	2013 年	2.91	0.94	0.85	95.60±1.66a
	2014 年	2.51	0.85	0.88	92.67±1.45a
对照	2013 年	2.42	0.84	0.87	87.00±0.71b
	2014 年	2.67	0.86	0.89	76.67±3.53b

注：同列不同小写字母表示不同处理间差异显著（$p < 0.05$）。

6.2.3　控制害鼠对天然草地地上植物量的影响

从图 6-77 知，鼠害控制区的禾草地上植物量比对照区的增加了 2.1 g/m²，增幅为 23.9%，杂草增加了 10.74 g/m²，增幅为 87.4%；鼠害控制区的莎草、豆科草、地上总植物量比对照区的分别增加了 78 g/m²、2.89 g/m²、108.79 g/m²，增幅分别为 216.7%、180.6%、196.8%（$p < 0.05$）。鼠害控制区的不同功能群地上植物量与被大量鼠兔啃食过的对照区相比均有较大幅度增加，禾草、莎草、豆科草均是鼠兔喜食的牧草，经过对草原鼠兔数量的控制可以看出草地群落的地上植物量均有所增加。

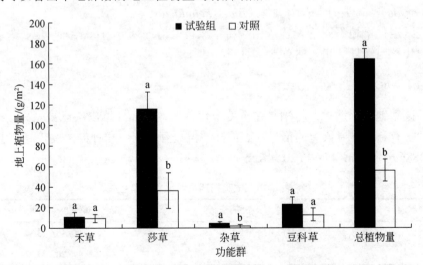

图 6-77　2013 年不同功能群地上植物量与总植物量的变化

从图 6-78 知，控制鼠害对天然草地地上植物量有显著的提高（$p < 0.05$＝，特别是可以显著提高禾草地上植物量（$p < 0.05$＝，而对莎草、杂草、豆科牧草植物量影响不显著（$p > 0.05$），但地上植物量均有所增加。鼠害控制区禾草比对照的地上植物量增加了 9.89 g/m²；鼠害控制区莎草比对照的地上植物量增加了 55.01 g/m²；鼠害控制区杂草比对照的地上植物量增加了 11.36 g/m^2；鼠害控制区豆科草比对照的地上植物量增加了 6.05 g/m^2；鼠害控制区地上总植物量比对照的增加了 82.36 g/m^2。

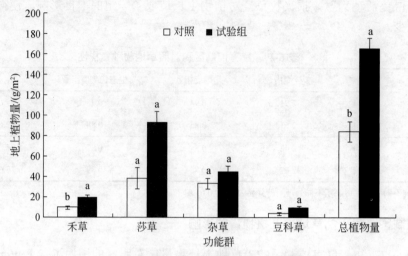

图 6-78　　2014 年不同功能群地上植物量

6.2.4　祁连山地区草地害鼠种群数量控制模式

研究区草地退化较为严重，其中大部分草地为中度退化类型。区内广泛分布有高原鼠兔，是高原鼠兔严重危害区域，高原鼢鼠亦有零星分布。最常见的兽类捕食者为沙狐（*Vulpes corsac*），鸟类捕食者为大鵟（*Buteo hemilasius*）。

研究区退化草地不同治理技术相应将草原害鼠治理划分为：人工草地、人工草地周边区、退化草地修复区和天然草地（对照）。

6.2.4.1　示范区高原鼠兔现状

实验区草地退化严重，特别是在重度退化草地，大部分草皮层已被剥离，次生裸地呈斑块状，有利于高原鼠兔的栖息，因而高原鼠兔有效洞口和种群密度较高（表 6-30），最高达 2886.67 个/hm^2 和 606.20 只/hm^2。

表 6-30　试验初期高原鼠兔种群数量

退化草地	有效洞口/（个/hm^2）	种群密度/（只/hm^2）
中度退化	562.67±62.52	118.16±13.13
重度退化	2886.67±161.51	606.20±33.92

6.2.4.2　高原鼠兔种群数量控制模式

针对草地退化严重，高原鼠兔种群数量较大的现实，采用 D 型肉毒素灭鼠、设置鹰架招鹰控鼠（图 6-79）及修复草地，营造不利于高原鼠兔生存的栖息地环境等模式，以期达到控制高原鼠兔种群数量的目标。高原鼠兔种群数量控制模式均在瓦日尕示范区进行。

(a) 鹰架

(b) 鹰巢

图 6-79　鹰架和鹰巢（见彩图）

（1）C 型肉毒素灭鼠+鹰架。采用 C 型肉毒素在野牛沟乡马守东牧场灭鼠，灭鼠面积 700 hm²；默勒镇的瓦日尕退化草地修复区和人工草地周边区，灭鼠面积 1000 hm²；2014 年在瓦日尕人工草地周边区域、退化草地修复区灭鼠，面积达 1333 hm²（表 6-31）。

表 6-31　高原鼠兔生物控制面积

年份	示范区	控制区域	面积/hm²
2013	野牛沟	退化草地修复区	700
	瓦日尕	人工草地周边区 退化草地修复区	1000
2014	瓦日尕	人工草地周边区 退化草地修复区	1333

鹰架设置后，瓦日尕示范区鸟类捕食者在鹰架停留次数、鹰巢中建巢繁殖数量、鹰架下捕食者排泄物如表 6-32 所示。从表 6-32 中可以看出，与 2012 年相比，2013 年和 2014 年不仅大鵟数量增加，而且建巢比例、幼体出生数量均明显增加，特别是在 2013 年，新增幼体达 7 个，总数量达 13 个。表明鹰架（巢）的设置可改善大鵟的栖息条件，有利于大鵟数量的增加。

表 6-32　草原大鵟活动情况统计

年份	大鵟数量/只	建巢比例/%	幼体数量/只	鹰架利用比例/%	年捕食鼠兔/只
2012	4	0	0	40	7300
2013	13	15	7	76	23725
2014	17	5	3	72	22775

（2）D 型肉毒素灭鼠+鹰架+人工草地。采用 D 型肉毒素和鹰架灭鼠后，高原鼠兔种群数量明显下降，但初期灭鼠效果调查时，其种群数量仍然在危害阈水平以上，没有达到控制目标。第二次肉毒素灭鼠后，灭洞率提高，高原鼠兔种群数量下降到危害阈水平以下，为 13 只/hm²（表 6-33）。

表 6-33　高原鼠兔灭效统计表

年份	瓦日尕示范区	灭鼠前有效洞数/个	灭鼠后有效洞数/个	灭洞率/%	鼠兔数量/（只/hm²）
2013	天然草地	1329.33±123.31	204.00±8.00	84.65	61
2014	天然草地	496.00±39.40	44.00±8.00	91.13	13

建立鹰架和使用 D 型肉毒素灭鼠后，高原鼠兔种群数量快速下降。但进入繁殖期（4月）后，随着时间的推移，高原鼠兔种群数量逐月上升（图 6-80），至 2013 年 10 月达到94 只/hm²，大大超过了危害阈水平。尽管在 2014 年采用 D 型肉毒素灭鼠后，种群数量快速下降，4～5 月种群数量在危害阈水平以下，但至 9 月，鼠兔密度仍然高于危害阈（35只/hm²）。

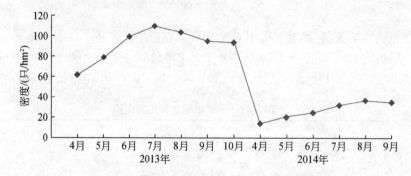

图 6-80　天然草地高原鼠兔种群数量变化

采用鹰架和 D 型肉毒素控制草原害鼠是目前较为常用的技术手段，从结果看，效果并非十分理想。在鼠兔种群数量较高，而防治范围有限的情况下，鼠兔种群数量的恢复十分迅速，即使采用 2 年连续防治，也难以达到长期控制的目标。究其原因主要是灭鼠后残留鼠的繁殖可使种群数量增加,而捕食者——大鵟活动范围较大,在鼠害密度较低时,它们会到密度较高的地方捕食，不能有效抑制鼠兔种群数量的增加；同时，由于防治面积有限，当部分区域采取防治措施，鼠兔种群数量下降后，附近的高原鼠兔会大量迁入该区域，同样导致鼠兔数量增加。

针对高原鼠兔种群数量较高，草地退化严重，并有大面积次生裸地存在的区域，由于栖息地植被低矮，比较适宜高原鼠兔生存，高原鼠兔种群数量可长期维持在高密度水平，采取建立人工草地，同时设置鹰架，并利用 D 型肉毒素对人工草地周边区域进行灭鼠，可迅速降低鼠兔种群数量（表 6-34）。

表 6-34　人工草地周边区域高原鼠兔灭效统计表

年份	瓦日尕示范区	灭鼠前有效洞数/个	灭鼠后有效洞数/个	灭洞率/%	鼠兔数量/（只/hm²）
2013	人工草地周边区域	645.33±28.94	74.67±10.07	88.43	22
2014	人工草地周边区域	332.00±143.16	3.67±0.58	98.90	1

建植人工草地过程中，高原鼠兔洞道系统遭到彻底破坏，加之长期的人为干扰，高原鼠兔在此期间易遭到捕食者捕食，多数迁出到周边区域，因此人工草地内高原鼠兔数量很少。当人工草地植物群落形成后，植被平均高度较高，郁闭度大，不适宜高原鼠兔生存，仅有个别鼠兔侵入，且种群数量长期维持在很低水平（图 6-81）。

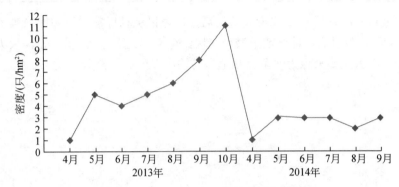

图 6-81　人工草地内高原鼠兔种群数量变化

人工草地建植后，采用 D 型肉毒素防治，并沿着周边间隔 100 m 设置鹰架，尽管在 2013 年高原鼠兔最高数量达到 39 只/hm^2，但在 2014 年种群数量最高仅为 13 只/hm^2，高原鼠兔种群数量可得到有效控制（图 6-82）。

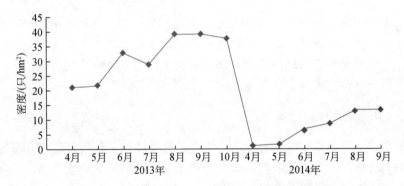

图 6-82　人工草地周边区域高原鼠兔种群数量变化

在鼠兔数量较高、草地退化严重的区域，建立人工草地后，在周边区域采用 D 型肉毒素防治高原鼠兔，并辅以鹰架进行害鼠数量控制，不仅可有效降低周边区域鼠兔数量，而且防止了鼠兔对人工草地的破坏入侵，有效保护了人工草地植物群落的生长。

（3）D 型肉毒素+退化草地修复。草地退化后，植物群落平均高度降低，有利于高原鼠兔入侵和种群数量增长，同时植物群落杂类草比例上升，食物资源谱扩大，有利于高原鼠兔的越冬和生存，因此草地的退化往往伴随着高原鼠兔种群数量的增加。采用 D 型肉毒素进行防治，可有效降低高原鼠兔种群数量（表 6-35）。同时，对退化草地进行封育+施肥，恢复植物群落，增加群落的高度和盖度，营造不利于高原鼠兔种群增长的栖息地环境，抑制高原鼠兔种群数量的增长。

表 6-35　退化草地修复区高原鼠兔灭效统计表

年份	瓦日尕示范区	灭鼠前有效洞数/个	灭鼠后有效洞数/个	灭洞率/%	鼠兔数量/（只/hm²）
2013	退化草地修复区	926.67±56.62	86.33±11.50	90.68	25
2014	退化草地修复区	342.67±37.17	3.33±3.06	99.03	1

退化草地修复区采用 D 型肉毒素防治后，高原鼠兔种群数量呈增加趋势（图 6-83），特别是 2013 年 6 月以后，种群数量增长较快，至 9 月达到了 47 只/hm²，大大超过危害阈数量水平。鼠兔主要来源为残留鼠繁殖和防治区以外高原鼠兔的迁入。

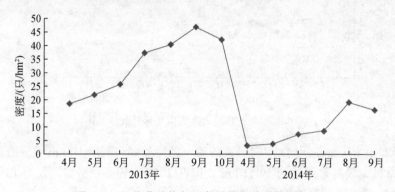

图 6-83　退化草地修复区高原鼠兔种群数量变化

在利用 D 型肉毒素防治后，对退化草地采取修复措施，使退化草地植物群落快速恢复，营造不利于高原鼠兔种群增长的栖息地环境，恢复草地生态系统原有正常的功能和能量流动，不仅符合生态治理的原则，而且有利于草地畜牧业的发展。因此，确定草地高原鼠兔防治应以该模式为主要模式。

6.2.4.3　高原鼠兔防治对策

高原鼠兔是高寒草甸生态系统的主要小型哺乳动物，不仅具有适应高寒地区的生理特征，而且具有较强的生态适应性，广泛分布于高寒草甸地区，成为高寒草甸的主要害鼠之一，根据实地观测研究提出如下对策。

（1）不论采用何种模式，一次性防治可以有效降低其种群数量，但残留鼠的超补偿增殖可在 1~2 年内使种群数量恢复到防治前的密度水平，因此连续防治才有可能控制其种群维持在较低的密度水平。

（2）高原鼠兔种群以类似于家庭结构为单位，小范围的防治，仅能在短时间内降低种群数量，周围高原鼠兔在繁殖期前迁入，会形成新的家庭，繁殖期后亚成体的迁入则会在第二年参与繁殖，快速增加种群数量，导致防治效果降低。

（3）高原鼠兔喜植被低矮、稀疏的栖息地环境，仅防治而忽略栖息地环境的改造，很难抑制其种群数量的继续增长。因此，在采取防治措施的同时，有必要对草地生态系统进行修复，采取诸如禁牧封育、施肥、补播等手段，使草地植物群落得以恢复，提高群落的盖度和高度，以营造不利于高原鼠兔的栖息地环境。

（4）目前，高原鼠兔的防治是一种政府行为，没有调动周边农牧民的积极性。政府在短期内采取防治措施后，虽然防治效果很好，但长期的鼠兔防治必须与当地农牧民结合，开展低密度增长阶段有效控制。因此，要开展大面积的农牧民灭鼠工作的宣传和培训，使农牧民了解鼠兔对草地的危害，掌握一定的防治技术，在高原鼠兔种群数量处于低密度时得到控制。

6.2.4.4　高原鼢鼠种群数量控制技术

选择典型高原鼢鼠发生地区祁连县默勒镇瓦日尕和门源县风匣口药草梁地区，开展鼠种群数量控制技术集成研究。瓦日尕示范区高原鼢鼠种群数量较低，呈零星分布，而药草梁示范区高原鼢鼠种群数量较高，呈集中分布。高原鼢鼠主要在地下生活，因此确定的高原鼢鼠防治技术包括物理防治（利用鼢鼠箭人工捕杀）、化学防治（如嗅敌隆）和生物防治（如 C 或 D 型生物肉毒素、雷公藤颗粒甲素剂）等。

采用生物防治方法，使用模拟洞道投饵机，在鼠洞内采用投饵机在草皮层创建洞道，并投放 D 型生物肉毒素，经过 2 年的试验，测定实验区的高原鼢鼠新土丘数量和种群密度，如表 6-36 所示。

表 6-36　模拟洞道投饵机高原鼢鼠防治效果

年份	药草梁试验区	灭鼠前土丘数/（个/hm²）*	灭鼠后新土丘数/（个/hm²）	防治效果/%	防治后鼢鼠数量/（只/hm²）
2013	鼢鼠防治试验区	389（17）	74	69.24	6
2014	鼢鼠防治试验区	—	122	42.24	10

*括号内数字为高原鼢鼠种群密度，只/hm²。表 6-37 同。

利用模拟洞道投饵机投放生物饵料防治高原鼢鼠，防治效果仅为 69.24%，效果较差。分析其原因主要有两个方面。一是由于示范区为多年以前的弃耕地，土壤疏松，洞道成形条件较差，创建的洞道不连续，多处又被土壤掩埋，影响高原鼢鼠的侵入；由此可见，模拟洞道投饵机的优点是快速高效，缺点是受到土壤结构的限制，土壤过于疏松，形成的模拟洞道不连续，高原鼢鼠侵入概率降低；同时，生物毒素在土壤湿度较高时容易降解，失去药效，影响防治效果。二是土壤草皮层过于紧密，牵引车受动力限制，难以行进，降低效率。这两个原因导致洞道投饵机发明后没有得到应用推广。

高原鼢鼠营地下生活，其挖掘洞道在地表形成大量土丘，覆盖了原有植被层，同时取食植物地下根茎，引起植物枯黄或死亡，对草地植物群落生长危害较大，是高寒草场主要害鼠之一。采用生物防治方法即插洞投饵法进行人工投放饵料——D 型生物肉毒素颗粒，经过 2 年的试验对人工草地及周边地区、退化草地修复区和天然草地高原鼢鼠防治效果进行测定，测定结果如表 6-37 所示。

表 6-37　瓦日尕示范区高原鼢鼠防治效果

瓦日尕示范区	年份	灭鼠前土丘数/（个/hm²）*	灭鼠后新土丘数/（个/hm²）	防治效果/%	防治后鼢鼠数量/（只/hm²）
天然草地	2013	148（7）	21（2）	74	1
	2014	43（2）	7（1）	92	

续表

瓦日尕示范区	年份	灭鼠前土丘数/(个/hm²)*	灭鼠后新土丘数/(个/hm²)	防治效果/%	防治后鼢鼠数量/(只/hm²)
人工草地	2013	82（4）	11（1）	76	1
	2014	63（3）	4（1）	91	
人工草地周边区域	2013	136（6）	24（2）	68	1
	2014	65（3）	8（1）	89	
退化草地修复区	2013	63（3）	15（1）	58	1
	2014	16（1）	7（1）	80	

试验区高原鼢鼠种群数量较低，最高数量出现在天然草地，为 7 只/hm²。在进行防治后，种群数量最高仅为 2 只/hm²，且呈零散分布，极大影响了其种群的繁殖，从而有效降低了高原鼢鼠的种群数量。

对于高原鼢鼠的防治通常是在高密度水平时进行，而在低密度时由于其危害不严重而忽略。从防治模式来看，高密度防治常难以达到种群数量控制要求，而在密度较低时进行防治，则有利于有效降低其种群数量，且能够使其种群在低密度水平维持较长的时间。因此，高原鼢鼠的防治最佳时间为高原鼢鼠低密度时，采用人工投饵或人工放置鼢鼠箭的技术进行防治。

6.3　毒杂草草地综合防控技术集成

选择狼毒危害较重且牧草和狼毒分布较为均匀的海北藏族自治州祁连县野牛沟乡边麻村天然草地为试验地（海拔 2887m，38°10′N，100°14′E），本区域草地类型为高寒草甸，主要优势种有垂穗披碱草、紫花针茅（Stipa purpurea）等，物种组成为 34 个物种，分属 15 科 30 属，如表 6-38 所示。试验采用高原鼠兔+生长季禁牧+狼毒净的天然草地狼毒杂草综合防控技术。在狼毒盛花期的 7 月中旬，人工喷施由青海省畜牧兽医科学院草原所研制的"狼毒净"，该狼毒净主要有效成分为苯氧基羧酸类、3，5，6-三氯-2-吡啶氧基乙酸、增效剂和其他辅助剂，为乳状油，也是一种内吸传导型防除狼毒新制剂。

表 6-38　试验区草地植被物种组成

种类	拉丁名	科	属
冷地早熟禾	Poa crymophila	禾本科	早熟禾属
溚草	Koeleria cristata	禾本科	溚草属
梭罗草	Roegneria thoroldiana	禾本科	以礼草属
矮生嵩草	Kobresia humilis	莎草科	嵩草属
马先蒿	Pedicularis kansuensis	玄参科	马先蒿属
蒲公英	Taraxacum mongolicum	菊科	蒲公英属

续表

种类	拉丁名	科	属
雪白委陵菜	*Potentilla nivea*	蔷薇科	委陵菜属
狼毒	*Stellera chamaejasme*	瑞香科	狼毒属
黄花棘豆	*Oxytropis ochrocephala*	豆科	棘豆属
毛果扁蓿豆	*Melilotoides pubescens*	豆科	扁蓿豆属
线叶蒿	*Artemisia subulata*	菊科	蒿属
多裂委陵菜	*Potentilla multifida*	蔷薇科	委陵菜属
兔耳草	*Lagotis brachystachya*	玄参科	兔耳草属
露蕊乌头	*Aconitum gymnandrum*	毛茛科	乌头属
垂穗披碱草	*Elymus nutans*	禾本科	披碱草属
阿尔泰狗娃花	*Heteropappus altaicus*	菊科	狗娃花属
白花枝子花	*Dracocephalum heterophyllum*	唇形科	青兰属
细叶亚菊	*Ajania tenuifolia*	菊科	亚菊属
猪毛蒿	*Artemisia scoparia*	菊科	蒿属
糙喙薹草	*Carex scabrirostris*	莎草科	薹草属
小白藜	*Chenopodium iljinii*	藜科	藜属
中亚猪殃殃	*Galium rivule*	茜草科	拉拉藤属
刺芒龙胆	*Gentiana aristata*	龙胆科	龙胆属
柳兰	*Epilobium angustifolium*	柳叶菜科	柳叶菜属
圆穗蓼	*Polygonum macrophyllum*	蓼科	蓼属
紫花针茅	*Stipa purpurea*	禾本科	针茅属
直梗高山唐松草	*Thalictrum alpinum*	毛茛科	唐松草属
牛尾蒿	*Artemisia dubia*	菊科	蒿属
大籽蒿	*Artemisia sieversiana*	菊科	蒿属
矮火绒草	*Leontopodium nanum*	菊科	火绒草属
车前	*Plantago asiatica*	车前科	车前属
高原毛茛	*Ranunculus tanguticus*	毛茛科	毛茛属
婆婆纳	*Veronica didyma*	玄参科	婆婆纳属
肉果草	*Lancea tibetica*	玄参科	肉果草属

狼毒净使用后的两年,分别对各试验区草地植被进行样方调查。采用 Henderson-Tilton 公式计算防治效果。

$$防效 = \left(1 - \frac{T_1}{T_b} \cdot \frac{C_b}{C_a}\right) \times 100\% \tag{6-31}$$

式中,T_a 为处理区防治后存活的个体数量;T_b 为处理区防治前存活的个体数量;C_a 为对照区防治后存活的个体数量；C_b 为对照区防治前存活的个体数量。

$$增产效果=（处理区产量－对照区产量/对照区产量）×100\%$$

6.3.1 草地植被物种多样性

由表 6-39 可见，施药当年该地区对照与不同处理地的植物种基本没有差异。C1、C2、C3 的优势种均为冷地早熟禾，优势度基本一致。C2、C3 的次优势种均为垂穗披碱草，而 C1 的次优势种为狼毒，而对照区的优势种为狼毒，冷地早熟禾为次优势种。对照和 3 个处理群落的多样性指数、均匀度指数、生态优势度指数基本一致。由此可见，这三种浓度的"狼毒净"对该地区群落的组成有一定的影响，主要体现在其优势种和次优势种的变化上，其中 750 mL/hm^2 浓度的"狼毒净"可降低狼毒在群落中的优势地位。900 mL/hm^2 和 1050 mL/hm^2 的"狼毒净"对狼毒抑制效果更为明显，可直接使狼毒在群落中失去优势地位，群落中的优势种与次优势种均为禾本科牧草。在施药第 2 年，3 个处理下狼毒均在群落中不占有优势地位，第 2 年群落的生态优势度指数均高于第 1 年。

表 6-39　不同处理间物种多样性

处理	年份	优势种	优势度	次优势种	优势度	多样性指数	均匀度指数	生态优势度指数
对照	2013	狼毒	25.32	冷地早熟禾	11.69	2.43	0.84	0.88
	2014	冷地早熟禾	24.35	狼毒	17.55	2.66	0.81	0.89
C1	2013	冷地早熟禾	22.45	狼毒	9.70	2.65	0.84	0.89
	2014	垂穗披碱草	20.38	冷地早熟禾	14.74	2.84	0.86	0.91
C2	2013	冷地早熟禾	25.24	垂穗披碱草	15.11	2.41	0.83	0.87
	2014	甘肃马先蒿	13.74	冷地早熟禾	11.14	2.89	0.89	0.93
C3	2013	冷地早熟禾	24.23	垂穗披碱草	11.39	2.49	0.80	0.88
	2014	紫花针茅	16.67	垂穗披碱草	11.46	2.79	0.86	0.92

6.3.2 不同浓度狼毒净对狼毒生长状况的影响

从表 6-40 可知：C1 与对照之间无显著差异（$p>0.05$），C2 与 C3 之间无显著差异（$p>0.05$）。C2、C3、对照地和 C1 之间差异均显著（$p<0.05$），表明浓度在 750 mL/hm^2 或低于该浓度时，对狼毒的当年株高抑制不明显，浓度为 900 mL/hm^2、1050 mL/hm^2 时对狼毒株高有显著的抑制作用。由表 6-40 可知在施药第二年不同处理均对狼毒株高有显著的抑制作用（$p<0.05$），其中 C1、C3 抑制效果显著（$p<0.05$）高于 C2。

施药当年，三个处理与对照之间存在显著差异（$p<0.05$），不同处理间差异不显著（$p>0.05$）。由此可知：3 个处理可以有效地降低狼毒在草地上的盖度，抑制狼毒的生长，从而导致狼毒茎秆和花冠萎缩变小、生长受到抑制、盖度降低。第二年 3 种处理均对狼毒盖度有显著的抑制作用（$p<0.05$），C1、C2 之间差异不显著（$p>0.05$），C3 抑制效果最显著（$p<0.0$），如表 6-40 所示。

表 6-40　施"狼毒净"对狼毒生长状况的影响

处理	株高		盖度		密度	
	2013 年	2014 年	2013 年	2014 年	2013 年	2014 年
对照	22.70±0.73a	23.8±0.57a	33.30±8.82a	29.33±0.67a	10.43±1.37a	10.33±0.30a
C1	21.60±0.76a	16.25±0.97c	10.30±2.03b	5.33±1.45b	7.08±1.61a	0.92±0.08b
C2	19.40±0.84b	19.10±0.77b	14.30±2.33b	5.67±0.88b	7.93±0.65a	1.00±0.15b
C3	18.00±0.85b	16.40±0.73c	3.30±0.67b	2.00±0.00c	6.50±0.72a	0.33±0.08c

注：不同小写字母代表不同处理的显著性差异（$p<0.05$），表 6-41～表 6-43 同。

施药当年不同处理对狼毒植株的密度没有显著性差异，不同处理中狼毒植株密度也没有显著降低（表 6-40）。施药后的第二年，3 种处理均对狼毒密度有显著的抑制作用（$p<0.05$），C1、C2 之间差异不显著（$p>0.05$），并且 C3 对狼毒的抑制效果最显著（$p<0.05$），如表 6-40 所示。施药后的狼毒植株中有部分萎缩枯黄，这使其营养物质无法积累，对第二年植株的返青有着抑制作用，从而在第二年施药对狼毒植株密度作用显著降低（$p<0.05$）。

喷施"狼毒净"的当年，三个不同浓度处理 C1、C2、C3 均降低了狼毒的地上鲜植物量，且与对照之间差异显著（表 6-41）。由表 6-41 所示，3 种处理均对狼毒地上鲜植物量有显著的抑制作用（$p<0.05$）；C1、C3 之间差异不显著（$p>0.05$），但二者均显著高于 C2（$p<0.05$）。三种不同浓度的"狼毒净"对狼毒的枝叶抑制效果很明显，使狼毒茎秆萎缩、叶子变小发黄、植株无法开花，从而大幅度降低了狼毒地上鲜植物量。

由表 6-41 可知，C1、C2、C3 与对照组之间存在显著差异（$p<0.05$），可知三个处理均明显地降低了狼毒当年的地上干植物量，抑制效果显著（$p<0.05$）。3 种处理均对狼毒地上干植物量有显著的抑制作用（$p<0.05$），C1、C3 之间差异不显著（$p>0.05$），它们的抑制效果均显著高于 C2（$p<0.05$）。

表 6-41　施"狼毒净"对狼毒植物量的影响

处理	鲜重		干重	
	2013 年	2014 年	2013 年	2014 年
对照	325.26±87.00a	258.67±11.39a	100.83±26.96a	80.20±3.52a
C1	93.85±26.29b	38.67±4.81c	29.09±8.14b	12.00±1.49c
C2	138.70±54.95b	68.00±10.58b	42.99±17.03b	21.07±3.26b
C3	70.94±14.25b	13.33±2.67c	21.99±4.42b	4.13±0.83c

6.3.3　狼毒净对狼毒的防治效果分析

由表 6-42 可知，施药第 2 年，3 种浓度的处理均对狼毒具有较好的防效作用，防效均达到 85%以上。其中，750 mL/hm² 、900 mL/hm² 浓度处理之间差异不显著（$p>0.05$），1050 mL/hm² 处理的防治效果最高，达到 94.92%，均高于浓度为 750 mL/hm² 、900 mL/hm² 处理的防治效果。

表 6-42　"狼毒净"对狼毒的防治效果

处理	施药前存活株数/（株/m²）	施药后第二年存活株数/（株/m²）	平均防效/%
对照	10.43±1.37	10.33±0.30	—
C1	7.08±1.61	0.92±0.08	87.17±1.16b
C2	7.93±0.65	1.00±0.15	87.49±1.80b
C3	6.50±0.72	0.33±0.08	94.92±1.27a

从表 6-43 可知，使用狼毒净防除狼毒后，当年对牧草增产效果不明显。各处理间单子叶牧草平均产量差异不显著。但三种处理的单子叶植物比对照区产量均有所提高，分别增产 20.61%、48.74%、33.46%。在各处理的双子叶植物中，C1、C2、C3 中的双子叶植物比对照区均有所降低，差异均显著（$p < 0.05$），C3 与 C2 之间差异显著（$p < 0.05$）。可见施用狼毒净后第一年对双子叶植物的产量有所影响，试验第二年对单子叶植物、双子叶植物产量影响不明显。

表 6-43　施药后"狼毒净"对牧草的增产效果

处理	单子叶牧草平均产量/（g/m²）		增产/%		双子叶植物平均产量/（g/m²）		增产/%	
	2013 年	2014 年	2013 年	2014 年	2013 年	2014 年	2013 年	2014 年
对照	85.99±9.82a	194.56±9.24a	—	—	94.41±7.47a	120.33±5.21a	—	—
C1	103.71±19.82a	103.40±5.19c	20.61	—	46.36±8.91bc	58.87±7.82b	—	—
C2	127.89±18.13a	59.23±4.17d	48.74	—	63.13±4.28b	110.98±3.00a	—	—
C3	114.76±3.54a	132.33±12.55b	33.46	—	28.33±8.82c	57.30±3.52b	—	—

6.4　天然草地合理利用技术集成模式

6.4.1　不同利用强度下草地植被与土壤特征

草地相对集中的地区牧户家畜数量及草地利用状况如表 6-44 所示。

表 6-44　示范牧户草地利用状况

牧户名	人口数	草地面积/hm²	家畜数量		利用强度
			牛/头	羊/只	
万德加	3	66	100	400	极重度
闹日央宗	4	88	150	90	重度
闹日刚吉	4	88	110	200	中度
土旦	1	20（流转）	—	—	轻度
旦木真	6	132	70	130	轻度
多德	5	110	160	200	重度

续表

| 牧户名 | 人口数 | 草地面积/hm² | 家畜数量 | | 利用强度 |
			牛/头	羊/只	
亚飞	3	66	100	80	中度
阿尕玛	4	88	150	120	重度
左扎	4	88	130	120	中度
格保	3	66	110	80	重度
多勒	6	132	80	160	轻度

试验地位于北纬 37°56′，东经 100°13′，海拔 3650 m，草地植被主要以高寒草原和高寒草甸为主，分布在海拔 3400 m 以上的滩地和阳坡，主要优势种为垂穗披碱草、紫花针茅等，土壤主要以高寒草甸土为主。区内高山嵩草草甸分为未退化、轻度退化、中度退化和重度退化、极度退化草地五个等级，如表 6-45 所示。2012 年 11 月利用 D 型生物肉毒素控制害鼠。

表 6-45　研究区退化草地分类

项目	植被盖度/%	产草量比例/%	可食牧草比例/%	可食牧草高度变化/cm
未退化	80～90	100	70	25
轻度退化	70～85	50～75	50～70	下降 3～5
中度退化	50～70	30～50	30～50	下降 5～10
重度退化	30～50	15～30	15～30	下降 10～15
极度退化	<30	<15	几乎为零	—

6.4.2　退化草甸植被群落多样性指数的变化

植物群落重要值测度如下。

$$\text{重要值 IV}=(RC+RH+RB)/3 \tag{6-32}$$

式中，RC 为相对盖度；RH 为相对高度；RB 为相对生物量。

植物多样性测定如下。

Margalef 丰富度指数：

$$R_1=(S-1)/\ln N \tag{6-33}$$

植物α多样性测定如下。

Shannon-Wiener 指数：

$$H'=-\sum_{i=1}^{S} P_i \ln P_i \tag{6-34}$$

Simpson 指数：

$$D=1-\sum_{i=1}^{S} P_i^2 \tag{6-35}$$

Pielou 均匀度指数：

$$J=(-\sum_{i=1}^{S} P_i \ln P_i)/\ln S \tag{6-36}$$

式中，P_i 为种 i 的相对重要值；S 为种 i 所在样方的物种数；N 为样方所有物种重要值之和。

土壤理化性质计算如下。

土壤含水量：

$$Q = \frac{W_1 - W_2}{W_1 - W_0} \times 100\%$$ （6-37）

式中，Q 为土壤含水量（%）；W_0 为烘干空铝盒质量（g）；W_1 为烘干前鲜土及铝盒质量（g）；W_2 为烘干后干土及铝盒质量（g）。

土壤容重：

$$d_i = \frac{(W_1 - W_0) - (1 - W\%)}{V}$$ （6-38）

式中，d_i 为土壤容重（g/cm^3）；W_0 为环刀质量（g）；W_1 为环刀与自然结构土壤的总质量（g）；$W\%$ 为以鲜土为基础的土壤含水量；V 为环刀容积（cm^3），该试验中环刀容积为 100 cm^3。

样地调查表明，该试验区植物种类共计 25 科 53 属 73 种植物，其中单子叶植物 4 科 9 属 14 种，双子叶植物 21 科 44 属 59 种（表 6-46）。

表 6-46 样地植被物种组成

类群	科	属	种
单子叶植物	禾本科 Gramineae	披碱草属 Elymus	垂穗披碱草（Elymus nutans）
		早熟禾属 Poa	冷地早熟禾（Poa crymophila）
			草地早熟禾（Poa pratensis）
			纤弱早熟禾（Poa malaca）
		羊茅属 Festuca	西北羊茅（Festuca kryloviana）
			中华羊茅（Festuca sinensis）
		针茅属 Stipa	紫花针茅（Stipa purpurea）
		溚草属 Koeleria	溚草（Koeleria cristata）
	莎草科 Cyperaceae	嵩草属 Kobresia	高山嵩草（Kobresia pygmaea）
			矮生嵩草（Kobresia humilis）
		薹草属 Carex Linn.	糙喙薹草（Carex scabrirostris Kukenth）
	百合科 Liliaceae	葱属 Allium	天蓝韭（Allium cyaneum）
	鸢尾科 Iridaceae	鸢尾属 Iris	鸢尾（Iris tectorum）
			卷鞘鸢尾（Iris potaninii）
双子叶植物	菊科 Compositae	风毛菊属 Saussurea	沙生风毛菊（Saussurea arenaria）
			美丽风毛菊（Saussurea pulchra）
			牛耳风毛菊（Saussurea woodiana）
		蒿属 Artemisia	南山蒿（Artemisia nanschanica）
			细裂叶莲蒿（Artemisia gmelinii）

续表

类群	科	属	种
双子叶植物	菊科 Compositae	火绒草属 Leontopodium	矮火绒草（Leontopodium nanum）
		紫菀属 Aster	柔软紫菀（Aster flaccidus）
		蒲公英属 Taraxacum	蒲公英（Taraxacum mongolicum）
		香青属 Anaphalis	乳白香青（Anaphalis lactea）
		狗娃花属 Heteropappus	狗娃花（Heteropappus hispidus）
		亚菊属 Ajania	细叶亚菊（Ajania tenuifolia）
		黄鹌菜属 Youngia	无茎黄鹌菜（Youngia simulatrix）
	豆科 Leguminosae	棘豆属 Oxytropis	黄花棘豆（Oxytropis ochrocephala）
			甘肃棘豆（Oxytropis kansuensis）
		黄耆属 Astragalus	西北黄耆（Astragalus fenzelianus）
			多枝黄耆（Astragalus polycladus）
		羽扇豆属 Lupinus	羽扇豆（Lupinus micranthus）
	蔷薇科 Rosaceae	委陵菜属 Potentilla	多裂委陵菜（Potentilla multifida）
			二裂委陵菜（Potentilla bifurca）
			雪白委陵菜（Potentilla nivea）
			鹅绒委陵菜（Potentilla anserina）
		山莓草属 Sibbaldia	山莓草（Sibbaldia procumbens）
		草莓属 Fragaria	东方草莓（Fragaria orientalis）
	玄参科 Scrophulariaceae	马先蒿属 Pedicularis	甘肃马先蒿（Pedicularis kansuensis）
			长花马先蒿（Pedicularis longiflora）
			阿拉善马先蒿（Pedicularis alaschanica）
		婆婆纳属 Veronica	长果婆婆纳（Veronica didyma）
		肉果草属 Lancea	肉果草（Lancea tibetica）
	毛茛科 Ranunculaceae	毛茛属 Ranunculus	毛茛（Ranunculus japonicus）
			云生毛茛（Ranunculus longicaulis）
		唐松草属 Thalictrum	直梗高山唐松草（Thalictrum alpinum）
		翠雀属 Delphinium	翠雀（Delphinium grandiflorum）
		乌头属 Aconitum	露蕊乌头（Aconitum gymnandrum）
	龙胆科 Gentianaceae	龙胆属 Gentiana	南山龙胆（Gentiana grumii）
			矮假龙胆（Gentianella pygmaea）
		喉毛花属 Comastoma	长萼喉毛花（Comastoma pedunculatum）
			喉毛花（Comastoma pulmonarium）
			镰萼喉毛花（Comastoma falcatum）

续表

类群	科	属	种
双子叶植物	龙胆科 Gentianaceae	肋柱花属 Lomatogonium	肋柱花（Lomatogonium carinthiacum）
		扁蕾属 Gentianopsis	湿生扁蕾（Gentianopsis paludosa）
		獐牙菜属 Swertia	獐牙菜（Swertia bimaculata）
	报春花科 Primulaceae	羽叶点地梅属 Pomatosace	羽叶点地梅（Pomatosace filicula）
		点地梅属 Androsace	小点地梅（Androsace gmelinii）
	大戟科 Euphorbiaceae	大戟属 Euphorbia	大戟（Euphorbia pekinensis）
			甘青大戟（Euphorbia micractina）
	罂粟科 Papaveraceae	角茴香属 Hypecoum	细果角茴香（Hypecoum leptocarpum）
		紫堇属 Corydalis	紫堇（Corydalis edulis）
	十字花科 Cruciferae	葶苈属 Draba	北方葶苈（Draba borealis）
	茄科 Solanaceae	马尿泡属 Przewalskia	马尿泡（Przewalskia tangutica）
	虎耳草科 Saxifragaceae	虎耳草属 Saxifraga	虎耳草（Saxifraga stolonifera）
	唇形科 Labiatae	筋骨草属 Ajuga	白苞筋骨草（Ajuga lupulina）
	茜草科 Rubiaceae	拉拉藤属 Galium	蓬子菜（Galium verum）
	堇菜科 Violaceae	堇菜属 Viola	紫花地丁（Viola philippica）
	石竹科 Caryophyllaceae	蝇子草属 Silene	蝇子草（Silene gallica）
	伞形科 Umbelliferae	棱子芹属 Pleurospermum	棱子芹（Pleurospermum camtschaticum Hoffm）
	忍冬科 Caprifoliaceae	忍冬属 Lonicera	忍冬（Lonicera japonica）
	紫草科 Boraginaceae	微孔草属 Microula	西藏微孔草（Microula tibetica）
	藜科 Polygonaceae	藜属 Chenopodium	藜（Chenopodium album）
	麻黄科 Ephedraceae	麻黄属 Ephedra	单子麻黄（Ephedra monosperma）
合计	25	53	73

未退化草地植物组成有 16 科 30 属 33 种植物，植物群落以高山嵩草为优势种，优势度为 50.53%；次优势种为垂穗披碱草、矮生嵩草和冷地早熟禾，优势度为 16.02%。主要伴生种有虎耳草、紫花针茅、薹草、黄花棘豆等。重要值顺序为莎草科（58.58）＞禾本科（17.88）＞菊科（5.14）＞豆科（3.93）＞蔷薇科（3.02），其余 11 科植物重要值为 11.45（表 6-47）。

表 6-47　不同退化程度高山嵩草草甸群落物种组成及重要值　　（单位：%）

植物种	未退化	轻度退化	中度退化	重度退化	极度退化
高山嵩草（Kobresia pygmaea）	50.53	23.82	11.78	7.40	0.53
垂穗披碱草（Elymus nutans）	5.57	11.74	6.98	2.95	—
冷地早熟禾（Poa crymophila）	5.47	5.77	6.60	2.81	3.55
矮生嵩草（Kobresia humilis）	4.98	7.64	4.64	5.8	0.74

续表

植物种	未退化	轻度退化	中度退化	重度退化	极度退化
虎耳草（*Saxifraga stolonifera*）	3.97	—	—	—	—
紫花针茅（*Stipa purpurea*）	3.29	0.43	—	1.84	—
黄花棘豆（*Oxytropis ochrocephala*）	3.21	1.09	5.88	9.08	3.14
薹草（*Carex.*spp.）	3.07	0.47	—	0.95	—
雪白委陵菜（*Potentilla nivea*）	2.85	2.79	0.89	1.03	—
肋柱花（*Lomatogonium carinthiacum*）	2.59	2.84	1.65	0.09	0.29
美丽风毛菊（*Saussurea pulchra*）	1.96	6.19	2.32	0.26	0.38
西北羊茅（*Festuca kryloviana*）	1.89	0.61	0.87	7.28	—
溚草（*Koeleria cristata*）	1.66	0.5	9.78	5.88	2.55
肉果草（*Lancea tibetica*）	1.52	1.72	4.53	5.07	1.30
无茎黄鹌菜（*Youngia simulatrix*）	1.02	0.65	0.99	0.78	0.50
卷鞘鸢尾（*Iris potaninii*）	0.84	—	—	—	—
西北黄耆（*Astragalus fenzelianus*）	0.72	0.44	—	—	—
长果婆婆纳（*Veronica didyma*）	0.71	3.17	1.08	1.50	2.91
矮火绒草（*Leontopodium nanum*）	0.61	9.05	7.13	11.76	6.18
乳白香青（*Anaphalis lactea*）	0.46	0.34	—	—	—
忍冬（*Lonicera japonica*）	0.44	2.53	—	1.20	—
马尿泡（*Przewalskia tangutica*）	0.42	—	—	0.36	1.27
牛耳风毛菊（*Saussurea woodiana*）	0.42	—	—	—	—
蒲公英（*Taraxacum mongolicum*）	0.40	—	—	0.18	—
天蓝韭（*Allium cyaneum*）	0.31	0.33	—	0.40	—
柔软紫菀（*Aster flaccidus*）	0.27	3.31	—	2.08	—
毛茛（*Ranunculus japonicus*）	0.25	0.78	0.84	—	—
单子麻黄（*Ephedra monosperma*）	0.25	—	—	—	—
南山龙胆（*Gentiana grumii*）	0.24	—	0.44	0.14	—
多裂委陵菜（*Potentilla multifida*）	0.13	2.04	2.18	4.11	3.07
紫花地丁（*Viola philippica*）	0.12	0.26	—	—	—
蝇子草（*Silene gallica*）	0.08	—	0.80	—	—
山莓草（*Sibbaldia procumbens*）	0.06	—	0.49	0.28	0.33
草地早熟禾（*Poa pratensis*）	—	0.91	0.43	—	—
直梗高山唐松草（*Thalictrum alpinum*）	—	1.47	1.90	2.92	4.46
中华羊茅（*Festuca sinensis*）	—	0.63	—	—	—
沙生风毛菊（*Saussurea arenaria*）	—	0.44	3.79	—	8.20
甘肃棘豆（*Oxytropis kansuensis*）	—	4.17	14.11	—	—

续表

植物种	未退化	轻度退化	中度退化	重度退化	极度退化
蓬子菜（*Galium verum*）	—	0.18	—	—	—
北方葶苈（*Draba borealis*）	—	0.68	0.21	1.84	4.33
长萼喉毛花（*Comastoma pedunculatum*）	—	0.39			
獐牙菜（*Swertia bimaculata*）	—	0.55	—	—	—
云生毛茛（*Ranunculus longicaulis*）	—	0.90			
甘肃马先蒿（*Pedicularis kansuensis*）	—	1.02	1.79	—	1.49
长花马先蒿（*Pedicularis longiflora*）	—	0.34			
纤弱早熟禾（*Poa malaca*）	—	—	0.44	2.96	—
湿生扁蕾（*Gentianopsis paludosa*）	—		0.60		
细叶亚菊（*Ajania tenuifolia*）	—		1.46	14.67	39.55
阿拉善马先蒿（*Pedicularis alaschanica*）	—		0.93		
二裂委陵菜（*Potentilla bifurca*）	—		0.20	0.93	7.13
鹅绒委陵菜（*Potentilla anserina*）	—		1.07		
矮假龙胆（*Gentianella pygmaea*）	—		0.51	0.07	—
紫堇（*Corydalis edulis*）	—		0.22		
喉毛花（*Comastoma pulmonarium*）	—		1.00		
镰萼喉毛花（*Comastoma falcatum*）	—		0.98	0.36	
白苞筋骨草（*Ajuga lupulina*）	—		0.86	0.64	0.37
东方草莓（*Fragaria orientalis*）	—		0.13		
狗娃花（*Heteropappus hispidus*）	—		0.02	—	—
翠雀（*Delphinium grandiflorum*）	—		0.02		
大戟（*Euphorbia pekinensis*）	—		0.01		
鸢尾（*Iris tectorum*）	—		0.01		
羽叶点地梅（*Pomatosace filicula*）	—		0.02	0.06	1.12
西藏微孔草（*Microula tibetica*）	—		0.11	—	0.15
多枝黄耆（*Astragalus polycladus*）	—		0.72		
羽扇豆（*Lupinus micranthus*）	—		—	0.15	—
露蕊乌头（*Aconitum gymnandrum*）	—			0.45	2.18
棱子芹（*Pleurospermum camtschaticum* Hoffm）	—			0.37	—
糙喙薹草（*Carex pseudofoetida*）	—			1.34	0.79
细果角茴香（*Hypecoum leptocarpum*）	—		—	—	0.45
藜（*Chenopodium album*）	—				0.13
小点地梅（*Androsace gmelinii*）	—				0.23
甘青大戟（*Euphorbia micractina*）	—				0.70

植物种	未退化	轻度退化	中度退化	重度退化	极度退化
南山蒿（*Artemisia nanschanica*）	—	—	—	—	1.28
细裂叶莲蒿（*Artemisia gmelinii*）	—	—	—	—	0.73
科	16	13	16	15	16
属	30	28	32	31	27
种	33	36	44	37	31

轻度退化草地中有 13 科 28 属 36 种植物,群落优势种为高山嵩草,优势度为 23.82%。次优势种为矮生嵩草、垂穗披碱草和矮火绒草,优势度为 28.84%。主要伴生种为美丽风毛菊、冷地早熟禾、甘肃棘豆等。重要值顺序为莎草科（31.93%）>禾本科（20.59%）>菊科（19.98%）>豆科（5.70%）>蔷薇科（4.83%）,其余 8 科植物重要值为 16.97%。

中度退化草地中有 16 科 32 属 44 种植物,群落优势种为甘肃棘豆,优势度为 14.11%。次优势种为高山嵩草、溚草、冷地早熟禾、矮火绒草、垂穗披碱草等,优势度为 42.27%。主要伴生种有矮生嵩草、黄花棘豆、肉果草、沙生风毛菊等。重要值顺序为禾本科（25.10%）>豆科（20.71%）>莎草科（16.42%）>菊科（15.71%）>龙胆科（5.18%）>蔷薇科（4.96%）,其余 10 科植物重要值为 11.92%。

重度退化草地有 15 科 31 属 37 种植物,群落优势种为细叶亚菊,其优势度为 14.67%,次优势种为矮火绒草、黄花棘豆、高山嵩草、西北羊茅等,优势度为 35.52%。主要伴生种为矮生嵩草、溚草、肉果草、多裂委陵菜等。重要值顺序为菊科（29.73%）>禾本科（23.72%）>莎草科（15.49%）>豆科（9.23%）>蔷薇科（6.35%）,其余 10 科植物重要值为 15.48%。

极度退化草地中有 16 科 27 属 31 种植物,群落优势种为细叶亚菊,其优势度为 39.55%。次优势种为沙生风毛菊、二裂委陵菜、矮火绒草等,优势度为 21.51%。主要伴生种有北方獐牙菜、直梗高山唐松草、多裂委陵菜、冷地早熟禾等。重要值顺序为菊科（56.82%）>蔷薇科（10.53%）>毛茛科（6.64%）>禾本科（6.10%）>十字花科（4.33%）,其余 11 科植物重要值为 15.58%。

植被退化演替过程中,优良牧草的重要值呈现下降趋势（表 6-48）,优良牧草由未退化草地的 76.46%下降到极度退化的 8.16%,下降了 89%,未退化草地与其他退化草地有显著差异（$p<0.05$）。可食杂类草的重要值由未退化草地的 20.08%提高到极度退化草地的 83.54%,增加了 316%,重要度顺序为极度>重度>中度>轻度>未退化草地。毒草重要值在中度退化草地达到最大为 12.85%,相比未退化草地的 5.55%,增加了 132%。高寒草甸在退化演替的开始阶段主要表现为优良牧草禾草和莎草的退化。过度放牧情况下,优良牧草表现出退化趋势。群落优势植物的大量减少为一些可食杂类草的生长提供了有利条件,使得在受放牧干扰相对影响较小的情况下,杂类草大量繁殖,逐渐成为群落优势植物。毒草在退化过程中也随着杂类草的增加而不断增加,由于种类稀少和环境影响较大,随着退化程度的不断加剧,植被减少,大量裸地出现,毒草的生长也受到严重影响。

表 6-48　不同退化程度高山嵩草草甸各功能群的重要值　（单位：%）

功能群	样地	相对盖度%	相对高度%	相对生物量%	重要值/%
优良牧草	ND	75.89±12.71a	68.39±20.22a	82.92±15.31a	74.46±15.06a
	LD	51.76±10.20b	42.76±10.84b	61.67±22.11b	52.57±8.66b
	MD	38.75±16.29b	41.63±9.33b	44.49±24.53b	41.52±18.80b
	HD	39.86±11.36b	42.07±17.67b	36.67±14.69b	39.21±11.45b
	OD	6.04±13.74c	9.89±24.05c	8.54±18.79c	8.16±16.62c
可食杂草	ND	19.94±8.39c	28.19±8.18b	12.11±2.26c	20.08±8.95c
	LD	41.94±12.76ab	46.16±10.90ab	35.65±13.29ab	40.58±11.08ab
	MD	50.65±13.28ab	44.01±6.14ab	44.32±17.72ab	46.99±10.25ab
	HD	49.62±10.36ab	50.04±5.06ab	52.12±13.93ab	50.26±11.11ab
	OD	83.13±16.16a	81.31±9.61a	84.69±21.10a	83.54±17.49a
毒草	ND	6.49±3.44a	4.14±2.26b	6.03±2.01ab	5.55±2.57b
	LD	6.27±3.73a	11.37±3.27ab	3.65±1.20b	7.10±3.50ab
	MD	11.59±8.76a	14.36±5.85a	12.6±5.07a	12.85±5.54a
	HD	11.68±5.22a	8.75±2.17ab	11.33±5.35ab	10.59±4.01ab
	OD	10.87±6.20a	9.29±4.74ab	7.78±3.86ab	9.31±3.09ab

注：ND、LD、MD、HD、OD 分别表示未退化、轻度退化、中度退化、重度退化及极度退化草地；同一列不同小写字母表示在 $p<0.05$ 水平上差异显著表 6-49 同。

高山嵩草草甸在未退化、轻度、中度、重度和极度退化演替阶段的植被盖度分别为97.13%、85.24%、70.37%、47.41%、35.49%（表 6-49），在退化的各个阶段草地总盖度均有显著变化（$p<0.05$）。从未退化草地的 97.13%退化演替到极度退化的黑土滩草地的35.49%，草地总盖度下降了 63.5%。

表 6-49　不同退化程度高山嵩草草甸植被盖度　（单位：%）

样地	总盖度	优良牧草	可食杂草	毒草
ND	97.13±1.97a	88.67±10.73a	28.71±17.17b	7.80±5.85ab
LD	85.24±6.76b	60.56±11.73b	50.48±21.62a	4.51±2.24b
MD	70.37±8.65c	51.05±19.02b	42.85±10.37ab	13.43±6.18a
HD	47.41±7.87d	29.73±10.84c	41.98±16.83ab	8.44±3.26ab
OD	35.49±7.42e	15.17±8.52c	28.73±11.25b	3.85±1.29b

在草地退化过程中，优良牧草（禾草与莎草）盖度呈下降趋势，未退化草地与其他退化草地有显著差异（$p<0.05$）。在家畜采食和鼠类动物活动的不断干扰下，优良牧草盖度不断减少，从未退化草地群落的 88.67%下降到极度退化阶段的 15.17%，极度退化的黑土滩阶段相对于未退化草地下降了 73.50%。可食性杂草盖度呈现轻度＞中度＞重度＞极度＞未退化草地，可食杂草盖度从未退化草地到轻度退化草地显著上升（$p<0.05$）。

未退化草地到轻度退化草地过程中由于优良牧草被不断地干扰，茎叶被家畜采食，生长发育受到一定的影响，致使一些适口性较差的可食性杂草在资源竞争中逐渐占据优势。在轻度退化阶段以后，优良牧草的急剧减少使得一些可食性杂草成为家畜的采食对

象，随着干扰的不断进行，植被盖度不断减小。毒草的分布呈现不均状态，顺序为中度
＞重度＞未退化＞轻度＞极度退化草地。毒草盖度从未退化草地到轻度退化有所降低，
但在中度退化阶段急剧上升达到最大的 13.43%，此后随退化程度加剧不断降低，总体呈
现低-高-低的变化趋势。

　　高寒草甸优势植物主要以嵩草和和禾草为主，随着放牧等因素干扰，植被群落中的
物种数目也随干扰强度加剧而增多。Margalef丰富度指数、Shannon-Wiener指数和Simpson
指数在未退化草地经轻度到中度退化草地呈现增加趋势，在中度退化草地达到最大值（图
6-84）。中度退化草地的物种较退化前丰富，出现了大量的杂类草植物，如菊科植物。适
当的放牧等因素干扰，很大程度上使群落中优势种群的竞争能力降低，为其他物种的入
侵和扩张创造了更多的机会，使原来竞争弱势物种的侵入和定居成为可能，群落内物种
的丰富度出现一定程度的增加。因此，适当的放牧干扰可以降低群落优势种在群落中的
优势地位，降低对其他物种的排斥能力，从而使群落水平上的物种多样性提高。到退化
后期草地逐渐变成黑土滩群落，物种数目减少，Margalef 丰富度指数、Shannon-Wiener
指数和 Simpson 指数都降低达到最小值（$p<0.05$），群落中植物种趋于单一，群落优势种
以菊科植物为主。

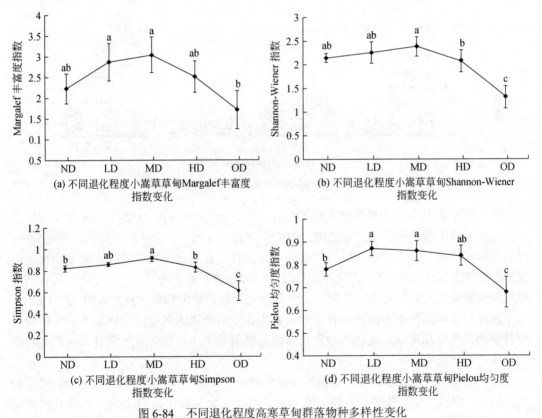

图 6-84　不同退化程度高寒草甸群落物种多样性变化

不同小写字母表示不同退化程度样地间均值的差异在 0.05 水平上显著异，图 6-85～图 6-92 同

随着退化程度的加剧，Pielou 均匀度指数顺序为轻度＞中度＞重度＞未退化＞极度退化（$p<0.05$）。草地退化演替初期，高寒草甸中嵩草的优势突出，群落中植物种分布较为单一，当优势植物在放牧等干扰下逐渐失去优势地位时，其他杂类草的入侵使得群落物种多样性增加，各物种间对资源的竞争相对均等。到了退化演替的后期，优良牧草和部分可食性杂草被放牧家畜不断采食，一些不被采食的杂草和毒草的优势开始显现，整个群落植被又趋于单一化，Pielou 均匀度指数不断降低。

6.4.3　退化草甸植被群落生物量变化

高山草甸退化演替过程中，群落总生物量呈下降趋势，重度、极度退化阶段地上总生物量显著降低（$p<0.05$），由 194.75 g/m² 下降到 58.92 g/m²，群落地上植被生物量下降了 70%（图 6-85）。地上生物量变化规律和群落地上植被总盖度的变化趋势相同，主要是过度放牧等因素的干扰导致草地优良牧草大量损失。

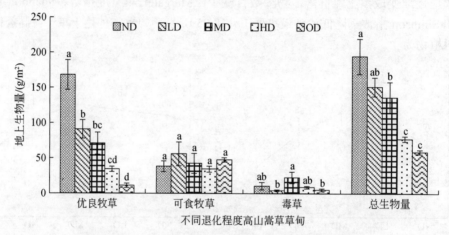

图 6-85　不同退化程度高山嵩草草甸地上生物量变化

优良牧草地上生物量随着退化程度的加剧也呈下降趋势（$p<0.05$），从未退化草地的原生植被到极度退化的黑土滩草地地上生物量减少了 93%。高山草甸在退化演替过程中，优良牧草极度退化后生产能力降低到最小，可食牧草在退化演替中地上生物量变化不显著，呈现增加-降低-增加的变化趋势。极度退化可食牧草的生物量增加了 24%（图 6-85）；毒草生物量变化趋势与可食牧草相反，中度退化草地毒草生物量达到最大的 22.79 g/m²。禾草和莎草等优质牧草不断被家畜采食，其生长受到严重影响，取而代之的是一些受影响较小的杂类草和毒草，这些毒杂草逐渐成为群落的主体，使得草地演替为生产利用能力下降、放牧能力低下的退化草地。

嵩草草甸在各退化阶段中，植被地下总生物量（30 cm 土层）呈现降低-升高-降低的变化趋势，到极度退化草地总生物量降低了 87%（表 6-50）。地下生物量在垂直高度上空间分布格局明显，表层 0~30 cm 随深度加深地下生物量呈递减趋势，主要集中于 0~10 cm 土层中。10~20 cm、20~30 cm 生物量与 0~10 cm 的生物量达到显著差异（$p<0.05$）。

草地未退化到中度退化、极度退化 0～10 cm 层生物量分别降低了 80%、90%、98%。

表 6-50 不同退化程度高山嵩草草甸地下生物量变化

样地	总生物量/（g/m²）	地下生物量/（g/m²）		
		0～10 cm	10～20 cm	20～30 cm
ND	8780.89±619.21a	4737.75±422.70aA	2326.28±210.92aB	1716.86±256.40aB
LD	2771.88±444.10b	2273.86±360.41bA	386.62±73.85bB	111.4±17.34bB
MD	3224.03±345.19b	2706.35±357.54bA	452.15±19.66bB	68.84±6.55bB
HD	2162.46±178.38bc	1900.34±261.38bcA	196.58±70.88bB	65.23±17.34bB
OD	1159.86±257.82c	956.72±190.37cA	170.37±69.34bB	32.76±13.11bB

注：同一列的不同小写字母表示差异显著（$p<0.05$）；同一行的不同大写字母表示差异显著（$p<0.05$），表 6-51 同。

6.4.4 退化草甸土壤理化性质的变化

各退化草地中，土壤含水量随着草甸退化程度加剧呈逐渐减小趋势（图 6-86），随退化程度加重，植被盖度降低，土壤蒸发量增大，含水量减小。土壤含水量的顺序为未退化＞轻度退化＞中度退化＞重度退化＞极度退化。0～10 cm 土层中未退化与其他退化草地含水量均达到显著差异（$p<0.05$），轻度、中度退化草地与重度和极度退化草地达到显著差异（$p<0.05$）。土壤水分变化与不同植物物种类别和土壤理化性质有关。

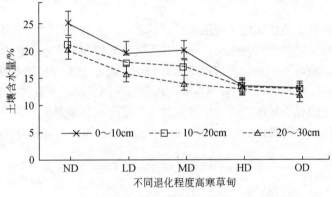

图 6-86 不同退化程度高寒草甸土壤含水量变化

随着退化程度的加剧，土壤容重有所变化（表 6-51）。不同退化阶段各土层间的土壤容重出现一定差异，主要是由于不同退化程度草甸其植被组成及地下根系分布的不同造成了土壤持水量、紧实度及土壤质地结构等性状的不同而产生的。随着草甸退化程度的增加，同一样地中不同土层的土壤有机质含量随土层深度增加而降低（图 6-87）。各退化草甸中 0～10 cm 土层土壤有机质含量均显著高于 10～20 cm 和 20～30 cm 土层有机质含量（$p<0.05$）。水平方向上看，不同退化草甸的相同深度土壤有机质含量从未退化草甸到极度退化草甸依次降低（$p<0.05$）。土壤退化比地上植被的退化相对缓慢，而且随着土层深度的增加退化速度逐渐降低。

表 6-51　不同退化程度高山嵩草草甸土壤容重变化

样地	土壤容重/（g/cm³）		
	0～10 cm	10～20 cm	20～30 cm
ND	0.97±0.04bB	1.16±0.20bAB	1.31±0.16aA
LD	1.20±0.08abA	1.33±0.07abA	1.34±0.04aA
MD	1.29±0.07aA	1.34±0.34abA	1.36±0.26aA
HD	1.42±0.34aA	1.27±0.21abA	1.51±0.40aA
OD	1.52±0.27aA	1.57±0.13aA	1.63±0.08aA

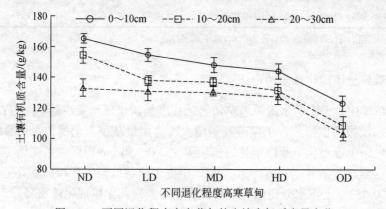

图 6-87　不同退化程度高寒草甸的土壤有机质含量变化

土壤 pH 是反映土壤状况的重要的化学指标之一。土壤的酸碱状况直接影响土壤中微生物、土壤动物的活动和植被的生长，同时对土壤养分的存在状态和养分对于植物生长的有效性也有很大影响。不同退化程度的高寒草甸中，随着土壤深度的不断增加，土壤 pH 呈逐渐增大的趋势（图 6-88）。随着草地退化程度的增加，同一土层的土壤 pH 逐渐增大，即 pH 顺序为极度退化＞重度退化＞中度退化＞轻度退化＞未退化。同一土层深度中未退化、轻度退化草地与中度退化、重度退化、极度退化草地间有显著差异（$p<0.05$）。

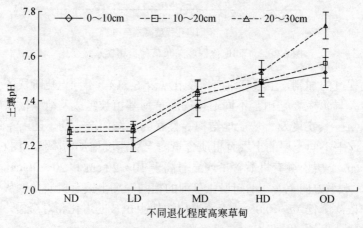

图 6-88　不同退化程度高寒草甸土壤 pH 变化

由于草甸退化过程中放牧强度的不断增加，土壤中家畜的排泄物增加，家畜对草地的践踏作用也随之增强，导致土壤压实，土壤容重增加，渗透能力和蓄水能力减弱。加之地表裸露面积加大，太阳直接辐射增强，土壤水分蒸发量加大，从而导致了土壤 pH 增加。

　　不同退化程度的草甸中，土壤全氮含量随着土层深度的增加而逐渐降低（图 6-89）。同一深度的土壤全氮含量随着草甸退化程度的增加呈现"降低-升高-降低"的变化规律，中度退化草甸全氮达到最大值，极度退化草甸最低。土壤全氮含量顺序为中度或重度退化＞未退化＞轻度退化＞极度退化。各土层土壤全氮含量表现为未退化、轻度退化、中度退化和重度退化草甸变化显著高于极度退化草地的变化（$p<0.05$）。这种结果可能是在草甸退化过程中，随着放牧强度的不断增加，家畜数量不断增多，导致重度或者极度退化草甸中家畜粪便大量堆积，使土壤全氮含量升高。

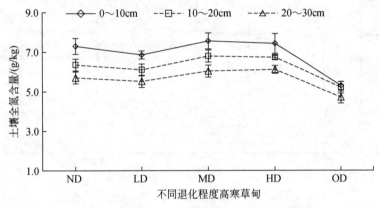

图 6-89　不同退化程度高寒草甸土壤全氮含量变化

　　随着土壤深度增加，高寒草甸土壤全磷含量呈下降趋势（图 6-90）。0～10 cm、10～20 cm、20～30 cm 土层中全磷含量的顺序为未退化＞轻度退化＞中度退化＞重度退化＞极度退化，未退化草甸的全磷含量均显著高于其他退化草甸（$p<0.05$）。由于放牧强度的增加，家畜采食使草甸系统中的磷素输出量增加，导致土壤全磷含量随着草甸退化程度增加或者随放牧强度的增加而降低。

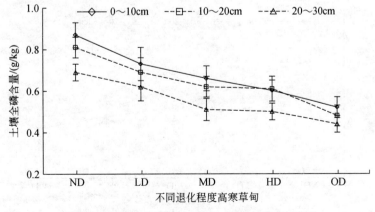

图 6-90　不同退化程度高寒草甸土壤全磷含量变化

从图 6-91 可以看出，不同退化程度草甸随着土壤深度的增加，土壤速效氮含量呈下降趋势，与全氮变化趋势相同。在相同土层深度中随着草甸退化程度的加剧，土壤速效氮含量呈现"降低-升高-降低"的变化趋势。土壤速效氮含量在重度退化草甸中达到最高，极度退化草地最低，即土壤速效氮含量的顺序为重度退化＞中度退化＞未退化＞轻度退化＞极度退化。各土层中极度退化草甸速效氮含量变差均显著低于其他退化草甸（$p < 0.05$）。放牧强度的增加导致植被盖度减小、土壤裸露面积增大，从而引起接受太阳辐射强度增加，温度变化剧烈，土壤中有机质氮矿化作用加快，最终导致速效氮含量升高。此外，随着放牧强度的增大，退化草甸中家畜粪便的不断积累，也可能是土壤速效氮含量增加的原因。

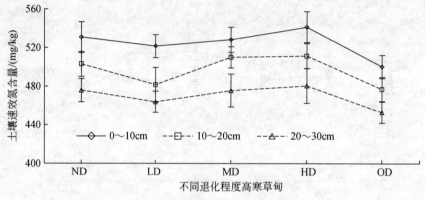

图 6-91　不同退化程度高寒草甸土壤速效氮含量变化

土壤速效磷是土壤肥力的重要指标之一，其对牧草生长发育有着重要作用。从图 6-92 可以看出，0～30 cm 土层中土壤速效磷含量随着土层深度的增加而逐渐降低，各土层土壤速效磷的含量随着草甸退化强度增加而呈下降趋势。土壤速效磷含量的顺序为未退化＞轻度退化＞中度退化＞重度退化＞极度退化。0～10 cm 土层，未退化草甸土壤速效磷含量与重度退化和极度退化草甸间差异显著（$p < 0.05$）。放牧对草甸速效磷含量影响较大，家畜的活动对植被的大量采食是土壤速效磷含量降低的主要原因。

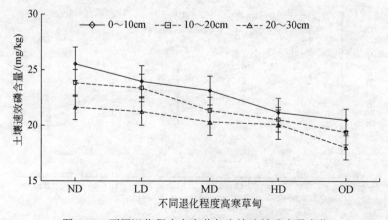

图 6-92　不同退化程度高寒草甸土壤速效磷含量变化

6.5　退化草地修复技术集成模式

高寒退化草地生产能力极低、生态功能基本丧失，称"黑土滩"，本草地的优势种为细叶亚菊，生长季盖度不足 30%。退化程度较轻的草地植被主要以垂穗披碱草、高山嵩草、高原嵩草为建群种，植被盖度在 60%左右，土壤主要以高寒草甸土为主。不同草种纯净度、发芽率及播种量见表 6-52。

表 6-52　不同草种纯净度、发芽率及播种量

草种代号	草种名称	纯净度/%	发芽率/%	播种量/（kg/hm²）		磷酸二铵用量/（kg/hm²）
				理论播种量	实际播种量	
A	青海草地早熟禾	94	88	7.5	9.1	150
B	青海冷地早熟禾	94	84	9	11.4	150
C	青海扁茎早熟禾	92	87	7.5	9.3	150
D	同德短芒披碱草	83	95	22.5	28.5	150
E	青牧 1 号老芒麦	96	96	22.5	24.4	150
F	同德老芒麦	73	87	22.5	35.3	150
G	青海中华羊茅	88	87	15	19.5	150
H	疏花针茅	96	55	15	28.5	150
I	溚草	98	66	7.5	11.7	150
J	梭罗草	92	33	22.5	75.1	150
K	麦宾草	95	78	30	40.6	150
L	垂穗披碱草	95	85	22.5	27.9	150
M	同德小花碱茅	98	52	7.5	14.7	150
N	川草 2 号老芒麦	86	70	22.5	37.4	150
O	阿坝垂穗披碱草	95	100	22.5	23.7	150
P	藨草	96	82	22.5	22.5	150

牧草种植后的当年牧草以营养生长为主，于 9 月中旬停止生长处于拔节期。安全越冬是衡量牧草抗寒性的主要指标。种植的 16 个牧草品种中第 2 年越冬率在 90%以上的有青海草地早熟禾、青海冷地早熟禾、青海扁茎早熟禾、同德短芒披碱草、青牧 1 号老芒麦、青海中华羊茅、疏花针茅、梭罗草、麦宾草、垂穗披碱草、同德小花碱茅、阿坝垂穗披碱草；越冬率在 70%～90%的有溚草和川草 2 号老芒麦；藨草在该地区不能越冬，藨草主要分布于北美、北欧和亚洲等温带地区，喜湿，常生长在河漫滩、湖边、低洼地、沼泽地，与芦苇混生。而青海祁连山地区属高寒区，昼夜温差极大，冬天温度极低，降水量很少，可见在该地区温度、水分成为藨草能否生存的主要因素；同德老芒麦由于草种质量问题出苗较差，只有个别植株存在。在第三年，中华羊茅、梭罗草、阿坝垂穗披碱草的越冬率较第二年降低，在 70%～90%。3 种早熟禾属从播种到齐苗需要 26～27 天，第二年、

第三年生长周期如表 6-53 所示。同德短芒披碱草、麦宾草、垂穗披碱草、阿坝垂穗披碱草完成生育期的时间在 121～129 天，第三年生育期为 164～167 天；其他草地生长周期如表 6-53 所示。䅟草属的䅟草从播种到齐苗需 22 天，不能在青海祁连山地区越冬。

表 6-53　供试草种生育期

| 牧草代号 | 年份 | 越冬率/% | 物候期（月/日） | | | | | | | 生育天数/天 |
			出苗/返青	拔节期	抽穗期	开花期	乳熟期	蜡熟期	完熟期	
A	2012	—	6/23	—	—	—	—	—	—	—
	2013	92	5/16	3/7	7/16	8/13	8/20	9/16	9/20	128
	2014	98	4/16	6/20	12/7	11/8	8/23	9/9	9/18	156
B	2012	—	6/22	—	—	—	—	—	—	—
	2013	94	5/14	5/14	7/14	12/8	8/19	9/9	9/15	125
	2014	99	4/17	5/7	2/8	8/13	8/21	7/9	9/16	153
C	2012	—	6/22	—	—	—	—	—	—	—
	2013	94	5/18	2/7	7/17	11/8	8/29	8/9	9/17	123
	2014	98	4/16	1/7	7/21	12/8	3/9	9/15	9/21	159
D	2012	—	6/20	—	—	—	—	—	—	—
	2013	90	5/16	7/17	4/8	8/18	8/24	6/9	9/19	127
	2014	93	4/15	7/15	3/8	8/23	9/16	9/20	9/27	164
E	2012	—	6/20	—	—	—	—	—	—	—
	2013	91	5/18	7/17	8/20	—	—	—	—	—
	2014	92	4/14	7/16	7/9	—	—	—	—	—
F	2012	—	6/20	—	—	—	—	—	—	—
	2013	90	5/24	6/17	9/8	8/27	—	—	—	—
	2014	90	4/20	10/7	1/8	4/9	—	—	—	—
G	2012	—	6/21	—	—	—	—	—	—	—
	2013	95	5/15	7/14	7/26	8/13	8/28	9/17	9/26	135
	2014	91	4/19	8/7	7/31	8/20	9/16	9/20	9/27	159
H	2012	—	6/19	—	—	—	—	—	—	—
	2013	90	12/5	7/27	—	—	—	—	—	—
	2014	94	4/21	10/7	12/8	8/30	9/18	9/25	9/30	163
I	2012	—	6/17	—	—	—	—	—	—	—
	2013	79	5/23	3/7	7/26	8/8	8/23	3/9	9/13	107
	2014	77	4/21	10/7	7/25	1/9	9/14	9/20	9/25	158
J	2012	—	6/19	—	—	—	—	—	—	—
	2013	92	5/13	6/21	8/7	7/23	7/8	12/8	8/16	96
	2014	83	4/15	6/18	7/7	7/18	2/8	8/14	1/9	140

续表

牧草代号	年份	越冬率/%	物候期（月/日）							生育天数/天
			出苗/返青	拔节期	抽穗期	开花期	乳熟期	蜡熟期	完熟期	
K	2012	—	6/20	—	—	—	—	—	—	—
	2013	92	5/13	7/7	7/28	8/8	8/18	2/9	10/9	121
	2014	90	4/14	7/19	10/8	8/22	3/9	9/18	9/27	167
L	2012	—	6/20	—	—	—	—	—	—	—
	2013	95	5/14	4/7	7/28	9/8	8/18	6/9	9/17	127
	2014	91	4/15	9/7	2/8	8/21	2/9	9/17	9/26	165
M	2012	—	6/17	—	—	—	—	—	—	—
	2013	97	5/13	1/7	7/17	10/8	8/20	1/9	9/9	120
	2014	98	4/15	1/7	7/16	9/8	8/21	2/9	9/14	153
N	2012	—	6/20	—	—	—	—	—	—	—
	2013	82	5/21	6/30	12/8	8/28				
	2014	84	4/17	7/13	9/8					
O	2012	—	6/20	—	—	—	—	—	—	—
	2013	99	5/14	7/14	4/8	10/8	8/19	8/9	9/19	129
	2014	80	4/15	7/16	7/8	8/18	9/9	9/19	9/27	166
P	2012	—	6/18	—	—	—	—	—	—	—
	2013	0	—	—	—	—	—	—	—	—
	2014	0	—	—	—	—	—	—	—	—

注：A～P 依次分别代表牧草青海草地早熟禾、青海冷地早熟禾、青海扁茎早熟禾、同德短芒披碱草、青牧 1 号老芒麦、同德老芒麦、青海中华羊茅、疏花针茅、洽草、梭罗草、麦宾草、垂穗披碱草、同德小花碱茅、川草 2 号老芒麦、阿坝垂穗披碱草、蔺草。表 6-54～表 6-63 同。

6.5.1　参试牧草基本生长特征

6.5.1.1　参试牧草盖度变化

由表 6-54 可以看出在，牧草栽培当年盖度较小，除披碱草属的 7 种牧草盖度较高之外，其余牧草盖度与第 2 年相比较，第 1 年的盖度只近似第 2 年盖度的一半。种植当年牧草处于营养生长，只达到拔节期，这对盖度的大小有一定的影响。在种植第 2 年阿坝垂穗披碱草的盖度最大，为 95.0%，其次为青海中华羊茅，盖度为 92.0%，而疏花针茅的盖度最小，为 46.5%。其余草种的盖度均在 65%～90%。阿坝垂穗披碱草叶片数多，植株高大，长势茂盛，而疏花针茅只处于营养生长，植株矮小，属针形叶，而且紧凑树立生长，导致其盖度较小。种植第 3 年时，盖度最大的是青海扁茎早熟禾，为 94.33%，其次是青牧 1 号老芒麦，为 88.67%，而麦宾草盖度最小，为 56%。

表 6-54　牧草盖度变化特征

牧草代号	盖度/%			牧草代号	盖度/%		
	2012 年	2013 年	2014 年		2012 年	2013 年	2014 年
A	36.5±3.75cde	71.5±3.01ef	84.67±1.45bc	I	36.5±3.75cde	78.3±2.84de	68.67±1.86f
B	32.5±1.44de	80.8±5.02cde	81.00±0.58cd	J	45.0±2.89c	71.0±4.36ef	67.67±1.45f
C	41.0±0.58cd	89.3±1.49abc	94.33±2.03a	K	55.0±0b	65.0±3.54f	56.00±3.06g
D	61.5±0.75ab	77.0±1.22de	72.33±1.45ef	L	58.5±4.91ab	86.5±1.50abcd	83.33±1.67bcd
E	66.3±3.61a	89.8±4.96abc	88.67±0.88ab	M	45.0±2.89c	67.0±2.86f	81.00±2.08cd
F	—	—	—	N	67.5±1.44a	82.3±1.93bcd	83.33±1.67bcd
G	37.5±4.33cde	92.0±1.22ab	84.33±2.33bcd	O	60.0±0ab	95.0±1.78a	77.67±4.33de
H	31.0±3.46e	46.5±3.95g	67.00±1.15f	P	58.5±0.87ab	—	—

注：表中数据为平均值±标准误，同一列中不同字母表示处理达到显著性差异（$p<0.05$），表 6-55、表 6-56、表 6-58~表 6-61 同。

6.5.1.2　参试牧草密度观测

试验牧草种植后 2 年时，青海冷地早熟禾的密度最大，为 3036.00 株/m²，梭罗草的密度最小，为 1518.00 株/m²，其余草种的密度均在 1500~3000 株/m²；第 3 年时，青海扁茎早熟禾密度最大，为 4750.33 株/m²，其次为青海草地早熟禾，为 4154.67 株/m²，这两种牧草均为根茎型牧草，随着生长年限的推移，其扩繁能力较强，是较为理想的生态草种。其余牧草密度差异不明显（表 6-55）。

表 6-55　参试牧草密度

牧草代号	密度/（株/m²）		牧草代号	密度/（株/m²）	
	2013 年	2014 年		2013 年	2014 年
A	2539.63±166.04bc	4154.67±60.94b	I	2796.75±273.90bcd	2286.00±35.64e
B	3036.00±107.25a	3046.00±41.80c	J	1518.00±54.45h	1446.67±41.00i
C	2649.63±195.10bcd	4750.33±92.67a	K	2030.88±180.23efg	1998.67±7.31f
D	1586.75±148.23h	1543.67±38.83hi	L	2112.00±70.51defg	2178.00±89.97e
E	1897.50±162.06fgh	1833.67±61.36g	M	2411.75±148.52cdef	2468.67±29.81d
F	—		N	1611.50±23.16gh	1626.00±31.32h
G	2763.75±113.19ab	3221.33±26.40e	O	2118.88±260.88def	1994.33±9.94f
H	2475.00±69.04bcde	2555.67±37.05d	P	—	

6.5.1.3　参试牧草高度观测

牧草种植后当年高度变化中,潴草高度最低,为 7.45 cm,川草 2 号老芒麦最高,为 28.58 cm。此外,青牧 1 号老芒麦、藡草高度均达到 20 cm 以上,其他牧草的高度均在 10～20 cm。可见种植 1 年牧草处于营养生长状态,其高度均较低。第 2 年牧草高度最高的为同德短芒披碱草,最低的仍为疏花针茅。相比第 2 年牧草高度,第 3 年牧草生长统一较低(表 6-56)。

表 6-56　参试牧草高度　　　　　　　　(单位: cm)

牧草代号	2012 年	2013 年	2014 年
A	12.40±0.60fg	65.4±1.12d	44.7±0.21c
B	12.58±0.68fg	50.8±1.04f	38.4±2.13d
C	13.78±0.53ef	71.6±0.43bcd	44.1±1.44c
D	17.58±1.46c	69.5±2.00cd	37.3±1.31d
E	22.15±0.59b	64.5±4.57d	49.6±1.70ab
F	14.2±0.96def	53.5±1.60ef	50.7±0.74a
G	11.88±0.64fg	77.3±1.53ab	47.9±0.49abc
H	10.05±0.18gh	20.7±0.26h	24.8±0.28g
I	7.45±0.61h	57.7±1.96e	33.4±0.88e
J	12.78±0.75fg	41.6±1.89g	36.1±0.74de
K	16.70±0.93cde	65.9±3.25d	44.3±1.94c
L	17.95±1.53c	75.3±1.73abc	50.6±1.89a
M	16.4±1.24cde	57.8±2.02e	34.8±0.83de
N	28.58±1.46a	68.6±2.56d	46.7±0.90bc
O	16.98±0.99cd	78.4±2.09a	28.5±0.86f
P	24.03±1.26b	—	—

种植牧草的高度 5 月、6 月增长较低,7～8 月中下旬增长较快,而疏花针茅只在 7 月中上旬期间高度增加较快(图 6-93);8 月底到 9 月初大部分牧草高度基本不再增加,牧草的高度变化均遵守 Logistic 的"S"形生长曲线,即前期缓慢,中期加快,后期趋于稳定(图 6-93)。所有牧草中疏花针茅的高度最低,只有 20 cm 左右;最高的牧草为阿坝垂穗披碱草,高度为 78.5 cm,其次为青海中华羊茅和青海扁茎早熟禾,分别为 77.5 cm 和 71.7cm。

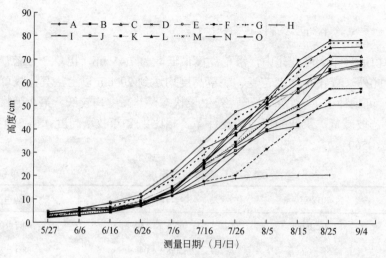

图 6-93　2013 年牧草生长高度动态

A～P 分别代表牧草青海草地早熟禾、青海冷地早熟禾、青海扁茎早熟禾、同德短芒披碱草、青牧 1 号老芒麦、同德老芒麦、青海中华羊茅、疏花针茅、洽草、梭罗草、麦宾草、垂穗披碱草、同德小花碱草、川草 2 号老芒麦、阿坝垂穗披碱草、藕草，

图 6-94～图 6-100 同

6.5.1.4　参试牧草生长速度

从图 6-94 可知，5、6 月由于降水较少而且气温较低，土壤含水量较低，所有牧草的生长速度均较为缓慢，6 月下旬到 8 月中下旬大部分牧草生长速度较快，达到了生长高峰。8 月中下旬到 9 月初，草种生长速度迅速降低；而疏花针茅只在 7 月中旬生长较快，最快速度是 0.49 cm/d，其余时间牧草基本不再增长；同德老芒麦只在 8 月快速生长，其余时间由于温度、水分等不足而生长非常缓慢；从 8 月底到 9 月初大部分牧草基本生长缓慢，而梭罗草快速生长期在 7 月中旬，到 8 月中旬就完全停止生长，完成生育期，其生长最快速度为 1.03 cm/d；川草 2 号老芒麦在所有种植草种（品种）中生长速度最快，为 1.79 cm/d。干旱季节，如 2013 年 8 月上旬的 10d 时间内，由于该地区没有降雨，部分草种（青牧 1 号老芒麦、同德老芒麦、青海中华羊茅、洽草、阿坝垂穗披碱草、川草 2 号老芒麦）生长速度急剧降低，可见该草地对水分的响应极为敏感，水分成为草种生长的关键性影响因子。

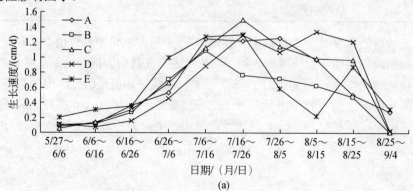

(a)

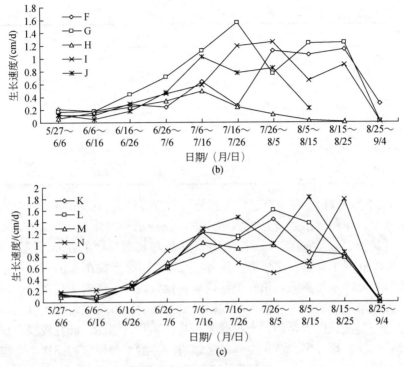

图 6-94　种植牧草生长速度

6.5.2　参试牧草形态学特征

阿坝垂穗披碱草的叶片数为 6，个数最多，同德短芒披碱草的叶长最长，平均值可达 11.6 cm，其次是为青海中华羊茅、阿坝垂穗披碱草，平均值都为 9.6 cm。其中麦宾草的叶宽最宽，均值为 7.9 mm，而同德小花碱茅的最窄，均值是 1.4 mm。梭罗草的茎秆直径最大，为 1.90 mm，其次是阿坝垂穗披碱草，茎秆直径为 1.80 mm，而同德小花碱茅的茎秆最细为 0.44 mm（图 6-94）。几种披碱草属的植株穗子比较大，其他牧草的相对较小。牧草的长势好坏、产量高低，株高是主要标志[62]。阿坝垂穗披碱草的植株最高，平均高达 69.8 cm。同德小花碱茅的穗子较长，属于小粒种子，因此相对种子穗粒数最高。植株的形态学特征除了与该草种（品种）自身遗传因素有关之外，还与它们所生长的环境具有重大的关联。在不同生长环境下的相同草种其形态学特征是有所区别的。

表 6-57　种植草种形态学特征

牧草代号	株高/cm	叶片数/个	叶长/cm	叶宽/mm	茎秆直径/mm	穗长/cm	穗质量/ (g/个)	穗粒数/个
A	60.4	3	5.2	3.5	1.28	8.26	0.09	91
B	46.1	3	2.8	2.0	0.70	4.18	0.01	30
C	61.9	4	4.9	3.8	1.44	7.18	0.11	108
D	57.4	4	11.6	7.4	1.66	11.28	0.30	30
G	64.8	4	9.6	5.7	1.51	21.08	0.24	49

续表

牧草代号	株高/cm	叶片数/个	叶长/cm	叶宽/mm	茎秆直径/mm	穗长/cm	穗质量/（g/个）	穗粒数/个
I	48.7	3	4.4	4.4	1.31	6.64	0.09	60
J	41.6	3	4.8	3.4	1.90	3.61	0.25	41
K	57.6	3	6.3	7.9	1.74	8.24	0.18	29
L	67.6	4	5.3	5.6	1.81	11.56	0.39	32
M	50.0	4	3.2	1.4	0.44	14.06	0.10	115
O	69.8	6	9.6	5.8	1.80	14.22	0.20	34

基于表 6-57 数据对 11 种牧草进行聚类分析，分类结果如图 6-95 所示。距离系数等距分为 5 个水平，在距离系数接近 0.25 水平时，出现第一次分类，青海冷地早熟禾因植株矮小、叶片稀少、且茎秆柔韧细弱、穗子短小被与其他草种单独分开划为一类；距离系数在 0.15~0.20 时出现第二次分类，分为三大类；距离系数在 0.10 时，可以分为四大类，第 I 类是青海冷地早熟禾；第 II 类是阿坝垂穗披碱草、青海中华羊茅、同德短芒披碱草、垂穗披碱草、麦宾草，它们茎秆较粗，穗子较大，叶片数较多，且植株统一较为高大，故分为一类；第 III 类是同德小花碱茅，其虽然茎秆细弱，叶片较少，植株较矮，但其穗子较大，穗粒数较多，这是将它单独划为一类的主要原因；第 IV 类是梭罗草、溚草、青海草地早熟禾、青海扁茎早熟禾，这些草种在所有 11 种种植草种中普遍株高、茎宽、穗粒数、穗重等基本处于中间水平，因此将其单独归为一类。

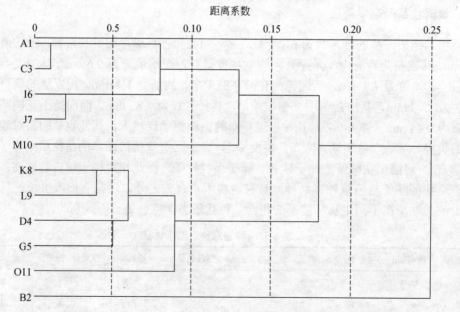

图 6-95　种植草种形态学特征树状图

依据上述形态学分析，将草种做出如下简单排序归类。第一种为高大型牧草：阿坝垂穗披碱草、青海中华羊茅、同德短芒披碱草、垂穗披碱草、麦宾草；第二种为中间型牧草：梭罗草、溚草、青海草地早熟禾、青海扁茎早熟禾；第三种为纤弱型牧草：青海冷地早熟禾、同德小花碱茅。这种聚类分析的目的是将不同牧草单从外在形态学的角度进行简单分类，为不同草种的综合分类提供一项参考依据。

6.5.3　参试牧草生产性能及评价

6.5.3.1　参试牧草植物量

不同牧草种植后，抽穗期测量地上植物量如表 6-58 所示。牧草种植当年，鲜地上植物量最高的是青牧 1 号老芒麦，高达 2516.25 g/m^2，鲜植物量最低的是同德短芒披碱草，仅有 185.0 g/m^2，其余鲜植物量均在 500～2500 g/m^2。高植株有高相对产量潜力[62-65]；第 2 年鲜植物量最高的是青海中华羊茅，高达 1700.0 g/m^2，其显著高于除了垂穗披碱草、阿坝垂穗披碱草之外的所有牧草的植物量；在第 2 年，鲜植物量最低的是疏花针茅为 248.25 g/m^2，其植物量低于其他牧草。2013 年干植物量最高的是青海中华羊茅，高达 612.0 g/m^2，其显著高于除青牧 1 号老芒麦与垂穗披碱草之外所有牧草的干植物量。同样疏花针茅干植物量最低，只有 111.71 g/m^2，它除了与梭罗草差异不显著外，与其他牧草均差异显著（$p<0.05$）。打草型草地需采用植株高大的优良牧草进行建植[66]，所选牧草中包括青牧 1 号老芒麦和川草 2 号老芒麦在内的披碱草属牧草植株相对较为高大而且叶量较高，均可用于打草型草地的建植，但因为它们在该地区无法完成生育期，从而无法达成人工草地的自我更新，所以它们只适宜于小面积的饲草料种植。青海冷地早熟禾、同德小花碱茅、溚草等第 2 年植物量较低，植株相对矮小，但茎叶柔嫩，适于放牧。第 3 年地上植物量最高的是青牧 1 号老芒麦，为 500.94 g/m^2，最低的是梭罗草，为 170.57 g/m^2。2014 年该地区气候异常、降雨量较大、平均气温较低，导致牧草地上植物量较低。

表 6-58　不同牧草地上植物量

牧草代号	鲜植物量/（g/m^2）		干植物量/（g/m^2）	
	2012 年	2013 年	2013 年	2014 年
A	770.00±127.02de	1079.00±108.03bcd	453.18±45.37bcd	383.18±7.70b
B	577.50±79.39e	807.70±91.69def	331.14±37.59def	349.81±17.94bc
C	1113.75±7.94d	1123.30±85.64bcd	415.63±34.62cde	408.13±37.17b
D	185.00±95.26bc	1186.25±138.58bc	438.91±51.28bcd	375.17±29.00b
E	2516.25±7.94a	1359.50±128.89b	503.02±47.69abc	500.94±70.50a
F	—	—	—	—
G	577.50±63.51e	1700.00±185.38a	612.00±66.74a	387.36±47.62b
H	467.50±0.00e	248.25±27.64g	111.71±12.44h	336.38±31.82bc
I	591.25±31.43e	920.33±68.79cde	386.54±28.89cde	184.04±21.94d
J	811.25±55.57de	562.28±55.89f	179.93±17.88gh	170.57±17.77d
K	2227.50±15.88ab	852.67±36.34cdef	306.96±13.08ef	262.72±18.78cd
L	1663.75±531.88c	1409.75±126.50ab	535.71±48.07ab	319.46±9.94bc

续表

牧草代号	鲜植物量/（g/m²）		干植物量/（g/m²）	
	2012 年	2013 年	2013 年	2014 年
M	907.50±190.53de	682.25±74.06ef	252.43±27.40fg	215.85±14.79d
N	2461.25±119.08a	1009.00±67.12cde	393.51±26.18cde	395.31±32.65b
O	1801.25±7.94bc	1396.00±127.81ab	460.68±42.18bc	339.76±29.00bc
P	2131.25±39.69abc	—	—	—

鲜干比是单位面积内牧草鲜草与干草重的比值[67]。它的大小反映了牧草中水分含量的高低，鲜干比越大牧草中水分含量越高[68]。据表 6-58 可发现，这几种牧草的鲜干比均在 2.0～3.2，由于都是禾本科草种，生长环境条件一致，鲜干比之间差异不大。其中，梭罗草、阿坝垂穗披碱草的鲜干比相对较高，营养价值较低。

6.5.3.2 参试牧草地下植物量

植物的各部分是一个统一的整体，地下部分对地上部分的生长有着重要的影响，是地上部分生长发育的来源，地上部分依靠地下部分吸收生长所需要的水分和营养物质，因此地下植物量直接影响地上植物量的变化[69]。由表 6-59 可知，地下 0～10 cm 土层中，同德小花碱茅的植物量最高，青海中华羊茅和溚草的植物量显著低于其他牧草；地下 10～20 cm 土层之间植物量最高的是垂穗披碱草，为 319.5 g/m²，最低的是溚草，为 42.0 g/m²；垂穗披碱草除了与梭罗草之间植物量差异不显著（$p>0.05$），与其他牧草均呈现差异显著（$p<0.05$）；而 20～30 cm 土层之间植物量最高的也是垂穗披碱草，为 70.8 g/m²，最低的是青海中华羊茅和麦宾草，均为 27.5 g/m²；地下总植物量，同德小花碱茅的显著高于其他牧草的地下植物量，为 1812.5 g/m²，最低的是青海中华羊茅，为 644.8 g/m²，显著低于除溚草之外的所有牧草。

表 6-59 不同牧草地下植物量

牧草代号	地下植物量/（g/m²）			总地下植物量/（g/m²）
	0～10 cm	10～20 cm	20～30 cm	
A	1171.66±50.2a	129.75±20.4efg	35.4±0.0ab	1336.79±69.9b
B	1285.7±85.3a	220.2±33.6bcd	39.3±10.4ab	1545.2±47.7ab
C	1277.8±142.9a	153.3±6.8defg	51.1±19.7ab	1482.3±163.5ab
D	1281.7±221.8a	161.2±74.7cdefg	39.3±3.9ab	1482.3±296.4ab
G	538.6±28.4b	78.6±10.4gh	27.5±3.9b	644.8±30.7c
H	1136.3±99.2a	114.0±23.9fgh	39.3±10.4ab	1482.3±98.3b
I	566.2±35.4b	42.0±3.5h	51.1±21.9ab	659.3±54.8c
J	1026.2±109.6a	247.7±6.8abc	59.0±6.8ab	1332.9±102.8b
K	1207.0±140.6a	196.6±10.4bcdef	27.5±10.4b	1431.2±130.0ab
L	1328.9±203.4a	319.5±13.7a	70.8±20.4a	1719.2±182.5ab

　　　　　　　　　　　　　　　　　　　　　　　　　　　　　　　　　　　　续表

牧草代号	地下植物量/（g/m²）			总地下植物量/（g/m²）
	0～10 cm	10～20 cm	20～30 cm	
M	1545.2±348.4a	204.5±10.4bcde	62.9±10.4ab	1812.5±10.4d
O	1466.5±69.6a	275.2±21.9ab	43.2±10.4ab	1785.0±72.8a

　　图 6-96 表达是种植牧草的地下植物量垂直分布规律。地下植物量的 75%以上主要集中于 0～10 cm 土层之中，10%左右的地下植物量分布在 10～20 cm 土层中，其余一小部分分布于 20～30 cm 土层之中。以上草种均为禾本科草种，相对根系分布较浅，而梭罗草具下伸或横走根茎、垂穗披碱草是多年生疏丛草本植物，具有强大的根系，它们在 10～30 cm 土层的地下植物量分布相对较多，有着较深的根系分布。

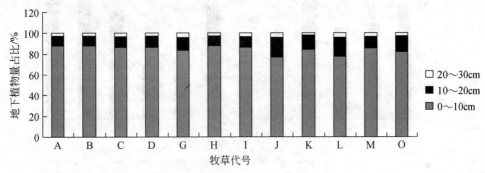

图 6-96　种植牧草不同土层地下植物量占比

6.5.3.3　参试牧草种子产量

　　种植的 16 种牧草在第 2 年中，种子产量阿坝垂穗披碱草最高，高达 152.95 g/m²，麦宾草种子产量最低，仅有 37.38 g/m²（图 6-97、图 6-98）。阿坝垂穗披碱草的种子产量显

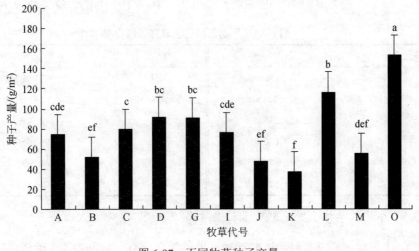

图 6-97　不同牧草种子产量

著高于其他牧草的，而麦宾草的种子产量显著（$p<0.05$）低于其他所有牧草，青海冷地早熟禾、梭罗草、麦宾草、同德小花碱茅之间种子产量差异不显著（$p>0.05$）。

由图 6-98 可知，所种植的 16 种牧草在第 3 年有 12 个产草籽，疏花针茅可以在第 3 年完成生育期。如图 6-99 所示牧草的种子产量中，潜草的种子产量最高，高达 44.17 g/m²，疏花针茅种子产量最低，仅有 15.33 g/m²，潜草和同德短芒披碱草的种子产量显著高于（$p<0.05$）除同德小花碱茅之外的其他牧草，而麦宾草、疏花针茅、梭罗草的种子产量显著低于（$p<0.05$）其他所有牧草。因为温度过低，积温不足使得第 3 年牧草种子产量急剧下降。

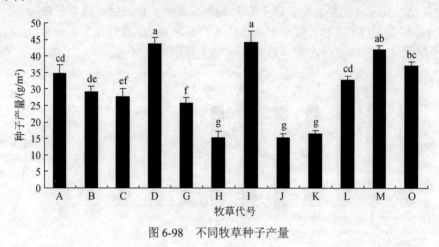

图 6-98　不同牧草种子产量

6.5.3.4　参试牧草种子结实率

由表 6-60 可知，早熟禾属的三种牧草中，青海冷地早熟禾的结实率最高，为 87.82%，而青海草地早熟禾、青海扁茎早熟禾结实率未达到 80%。披碱草属的 4 种牧草结实率在 60%～80%，相对较低。碱茅属的同德小花碱茅是所有栽培草种中结实率最高的草种，高达 96.70%。潜草、梭罗草结实率也达到 80% 以上，青海中华羊茅的结实率为 76.50%。

表 6-60　早熟禾属的牧草种子结实率

牧草代号	种子结实率/%	牧草代号	种子结实率/%
A	78.56±0.88cd	J	83.10±2.70bc
B	87.82±4.37b	K	78.60±1.80cd
C	72.92±2.36de	L	66.80±2.96e
D	78.40±4.50cd	M	96.70±1.63a
G	76.50±0.72cd	O	68.00±2.00e
I	89.90±2.74ab		

6.5.3.5　参试牧草种子发芽率及千粒重对比

由表 6-61 可知，不同草种种植前后种子发芽率之间有一定的差别。除潜草、梭罗草、同德小花碱茅较栽培之前的发芽率有所增加之外，其余牧草种子的发芽率急剧降低，典型的如同德短芒披碱草。而种子的千粒重也具有一定的变化。例如，青海草地早熟禾、青海冷地早熟禾、同德短芒披碱草、青海中华羊茅、溚草、梭罗草、麦宾草、同德小花碱茅，在引进到祁连地区后种子的千粒重均有所减少，其中溚草降低幅度最大，降低了34.6%；而相反，垂穗披碱草种子的千粒重较种植之前增加了 4.2%，其余牧草在祁连地区无法结籽。

表 6-61　种植前后种子发芽率、千粒重

牧草代号	种植前发芽率/%	2013 年收获后发芽率/%	种植前千粒重/（g/1000 个）	2013 年收获后千粒重/（g/1000 个）	增长/降低百分比/%
A	88±1.53bc	54.67±4.41b	0.23±0.01i	0.21±0.01g	-8.7
B	84±2.65c	46.67±5.78b	0.2±0.00i	0.18±0.02gh	-10.0
C	87±1.73bc	60.67±3.18b	0.28±0.01i	0.28±0.02f	0.0
D	95±2.08ab	15.67±2.96c	5.67±0.04c	4.12±0.01c	-27.3
E	96±1.53ab	—	3.99±0.01e	—	—
F	87±2.00bc	—	4.19±0.04e	—	—
G	87±1.15bc	18.67±3.84c	1.05±0.00h	0.91±0.02e	-13.3
H	55±5.86f	—	1.55±0.04g	—	—
I	66±4.16e	75.67±2.19a	0.26±0.02i	0.17±0.01gh	-34.6
J	33±3.51g	59±2.00b	6.49±0.01b	4.29±0.02a	-33.9
K	78±3.79cd	60.33±7.84b	3.49±0.06f	2.53±0.02d	-27.5
L	85±2.52c	56.33±3.53b	4.09±0.08e	4.17±0.01bc	4.2
M	52±3.51f	54.67±1.86b	0.17±0.00i	0.14±0.02h	-17.6
N	70±3.61de	—	6.86±0.19a	—	—
O	100±0a	48±8.19b	5.11±0.45d	4.19±0.05b	-18.0
P	82±3.613.61c	—	3.50±0.12f	—	—

6.5.4　参试牧草品质

6.5.4.1　茎叶比

叶片是植物合成有机物的主要器官，牧草的叶片越多，光合作用制造的养分越多，同时叶片所含养分也多，消化率大，牧草的利用价值较大，由此可见茎叶比是度量牧草草质和生产性能的重要标志[70]，它的高低关系着牧草营养价值的高低和牧草品质的好坏[71]。茎叶比越大，粗蛋白含量越高，粗纤维含量越低，营养价值越高[72]。茎叶比受环境条件、灌水、施肥等因素的影响[72-74]。种植牧草的茎叶比及叶含量占比见表 6-62和图 6-99。把茎看作单位 1，以叶的含量占比进行比较，梭罗草的叶含量最高，其茎叶比为 1∶0.85，而阿坝垂穗披碱草的叶含量最低，为 1∶0.37。其余牧草的叶含量均在（1∶0.4）～（1∶0.62），数据之间差异不大。

表 6-62　种植牧草的茎叶比

牧草代号	茎/g	叶/g	茎叶比
A	86.67	52	1：0.6
B	99.67	59.33	1：0.6
C	136	73.67	1：0.54
D	113.67	50.67	1：0.45
G	99	61.35	1：0.62
I	110.33	58.67	1：0.53
J	70.76	60	1：0.85
K	136	82.82	1：0.61
L	122.34	66	1：0.54
M	113	61.71	1：0.55
O	143.2	53	1：0.37

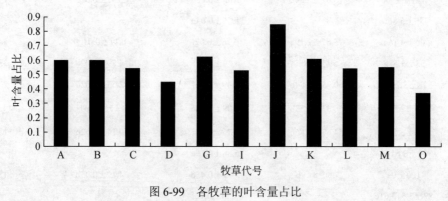

图 6-99　各牧草的叶含量占比

6.5.4.2　营养成分

　　营养成分是评定牧草饲用价值的重要标准之一。牧草的营养成分含量见表 6-63，可以看出梭罗草的粗蛋白、磷含量均高于其他草种，分别高达 15.12%，0.24%，具有较高的营养价值。青海草地早熟禾在该地区的粗蛋白含量最低，只有 6.46%，此外疏花针茅的粗蛋白含量也较高，为 12.73%，其余牧草的粗蛋白含量相差不大。青牧 1 号老芒麦、川草 2 号老芒麦的无氮浸出物含量较高，从而易于被牛羊吸收，可以考虑将该牧草用来生产青干草饲料。在所选牧草中垂穗披碱草与青海草地早熟禾的水分含量较多；疏花针茅的粗灰分含量较高，溚草与梭罗草的粗脂肪含量高于其他牧草；青牧 1 号老芒麦、疏花针茅、梭罗草、川草 2 号老芒麦这几种牧草的粗纤维含量较低，从而有助于家畜对饲料的营养吸收。

表 6-63　种植牧草营养成分含量

牧草代号	水分/%	粗灰分/%	粗脂肪/%	粗纤维/%	无氮浸出物/%	粗蛋白/%	干物质/%	pH	P/%	Ca /（g/kg）
A	7.77	4.89	1.47	33.80	45.61	6.46	92.23	5.94	0.14	1.81
B	6.48	5.01	1.49	35.33	43.15	8.54	93.52	5.87	0.19	2.34
C	6.61	5.35	1.61	31.43	47.93	7.07	93.39	5.72	0.16	2.12
D	5.96	5.07	1.82	31.58	47.32	8.25	94.04	6.01	0.19	1.36
E	6.61	5.55	1.72	26.71	53.12	6.92	93.39	5.90	0.15	2.26
G	6.00	5.47	1.12	36.82	41.53	9.06	94.03	6.14	0.17	1.64
H	4.67	8.30	1.70	27.70	44.90	12.73	95.33	6.13	0.14	3.50
I	5.68	6.01	2.26	36.92	41.76	7.37	94.32	6.00	0.17	1.43
J	6.14	7.42	2.25	26.03	43.04	15.12	93.86	5.83	0.24	3.86
K	6.91	6.37	1.14	35.58	42.6	7.40	93.55	5.78	0.20	1.91
L	8.01	4.75	1.39	34.30	43.61	7.94	92.00	5.75	0.17	1.89
M	6.24	5.12	1.75	31.30	46.42	9.17	93.76	5.55	0.18	2.06
N	6.41	5.70	1.82	28.29	50.34	7.44	93.59	5.82	0.15	2.94
O	6.04	4.49	1.94	32.50	47.09	7.94	93.96	5.85	0.21	1.58

对种植牧草的水分、粗灰分、粗脂肪、粗纤维、粗蛋白、无氮浸出物 6 个指标采用聚类分析方法综合评价牧草营养成分（表 6-63、图 6-100）。以种植牧草为实体，以营养成分为属性，通过描述各实体属性间的相似性对牧草分类。结合牧草营养成分表和聚合分类生成树状图，在距离系数 0.15～0.25 水平上不同草种（品种）可以分为两大类。在距离系数为 0.10 时，不同草种（品种）可以分为四大类。第Ⅰ类：高粗灰分+高粗蛋白型，包括梭罗草与疏花针茅。第Ⅱ类：高粗脂肪+高粗纤维+低无氮浸出物型，这一类是溚草。第Ⅲ类：低粗脂肪+高粗纤维+低无氮浸出物型，包括青海草地早熟禾、青海冷地早熟禾、青海中华

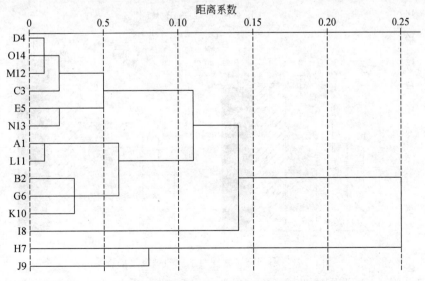

图 6-100　种植牧草营养成分聚合分类生成树状图

羊茅、麦宾草。第Ⅳ类：高无氮浸出物+高粗纤维型，包括同德短芒披碱草、阿坝垂穗披碱草、同德小花碱茅、青海扁茎早熟禾、青牧1号老芒麦、川草2号老芒麦，以披碱草属的为主。聚合分类是所有属性综合作用的结果，易受突出属性变量的影响，突出属性变量就会起主导作用。从营养价值角度分析可以发现，梭罗草、疏花针茅含有较高的粗蛋白，相对营养价值较高。第Ⅳ类草种（品种）具有较高的无氮浸出物，易于动物吸收，从而提高了牧草的营养价值。总体而言这些牧草之间营养成分差异不大，各有优劣。

6.6　轻度退化草地改良施肥技术集成模式

轻度退化草地的恢复重建，最迫切的任务是提高退化草地的土壤肥力，加速牧草繁衍能力并改善牧草的种群结构，而草地施肥可直接供给牧草营养需要，大幅度提高牧草产量，恢复草地生态功能[75, 76]。国内外大量研究表明，特别是施氮，是在各种气候和土壤带改良和提高草地生产力，实现草地永续利用的经济而有效的重要措施之一。草地施肥虽然在青海西北地区[56, 77, 78]和南部地区研究较多[56, 79-81]，而在青海祁连山地区的施肥报道并不多见。本书在祁连山高寒草甸进行一系列的天然草地施肥试验，旨在提出最合适的氮肥施用量并通过改善土壤养分状况，达到恢复高寒草甸天然草地退化植被的目的。施肥处理为 F1=150.0 kg/hm^2，F2=300.0 kg/hm^2，F3=450.0 kg/hm^2，F4=600.0 kg/hm^2，并设空白对照。

6.6.1　不同施氮量对草地植被高度的影响

由图 6-101 可知，在施肥当年处理 F3 的植被平均值最高，为 12.18 cm，对照地（CK）高度最低，为 5.21 cm；表明施肥量为 F1 时，施肥对植株平均高度没有明显的影响，施肥量为 F2、F3、F4 时，均对草地植被平均高度有明显的影响。

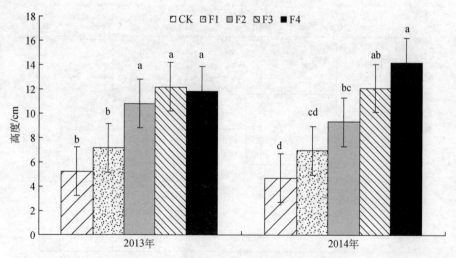

图 6-101　不同施氮处理对草地植被高度的影响

不同小写字母表示不同处理下均值的差异在 0.05 水平上显著，图 6-102～图 6-106、图 6-108～图 6-111 同

在施肥第 2 年，处理 F4 的植被高度最高，为 14.20 cm，CK 高度最低，为 4.69 cm。处理 F4 显著高于处理 F2、F1、CK（$p<0.05$）。经过两年观测，施肥处理 F2、F3、F4 均对草地植被高度有显著提高。

6.6.2　不同施氮量对草地各功能群高度的影响

由表 6-64 可知，禾草高度平均最高的是处理 F3，最低的是 CK，处理 F2、F3、F4 与 CK、F1 之间均差异显著（$p<0.05$），处理 F1 对禾草的高度增高没有明显影响（$p>0.05$）。不同施肥处理对莎草科植物有一定的影响。处理 F4 莎草高度显著高于 CK、处理 F1 的高度（$p<0.05$），而不同梯度的施肥均对杂类草高度有显著提高作用（$p<0.05$），豆科牧草各处理之间差异均不显著（$p>0.05$）。可见禾草、杂类草对施用氮肥响应较为敏感。

表 6-64　不同施肥条件下群落平均高度

处理	时间	施肥量/（kg/hm^2）	禾草高度/cm	莎草高度/cm	杂类草高度/cm	豆科高度/cm
CK	第 1 年	0.0	13.39±1.98b	4.37±0.19b	2.85±0.47b	2.89±1.30a
	第 2 年	0.0	9.81±1.03c	3.42±0.42c	3.64±1.03c	2.83±1.17c
F1	第 1 年	150.0	14.48±3.9b	4.98±0.79b	4.10±0.15a	2.58±0.37a
	第 2 年	150.0	11.08±0.79c	5.83±0.88ab	4.50±1.13bc	6.00±0.58b
F2	第 1 年	300.0	29.56±4.88a	5.44±0.45ab	4.34±0.30a	4.00±0.99a
	第 2 年	300.0	22.25±2.27b	4.92±0.36abc	4.27±0.61bc	4.17±0.44bc
F3	第 1 年	450.0	35.46±0.94a	5.86±027ab	3.95±0.32a	5.04±0.56a
	第 2 年	450.0	29.67±1.58a	4.50±0.29bc	6.59±0.48ab	6.00±0.58b
F4	第 1 年	600.0	32.77±2.60a	8.30±1.76a	4.09±0.26a	3.78±0.60a
	第 2 年	600.0	28.89±0.82a	6.25±0.28a	8.45±0.48a	13.67±0.88a

注：不同小写字母表示不同处理下均值的差异在 0.05 水平上显著，表 6-65、表 6-66、表 6-68、表 6-71、表 6-75 同。

在第 2 年，禾草最高的仍是处理 F3，最低的是 CK，处理 F2、F3、F4 与 CK、F1 之间均差异显著（$p<0.05$），处理 F1 对禾草的高度增高没有明显影响（$p>0.05$）。处理 F4 对莎草科植物高度影响最显著（$p<0.05$）。处理 F3、F4 能显著提高杂类草高度（$p<0.05$），处理 F1、F3、F4 能显著提高豆科牧草高度。

6.6.3　不同施氮量对草地多样性及生物量的影响

由表 6-65 可知，不同处理区优势种基本一致，除处理 F2 是细叶亚菊之外其余均为垂穗披碱草。可见，各优势种的优势度随着施肥量的增加而逐渐增加。CK 的次优势种为高山嵩草，次优势度为 14.00，处理 F2 的次优势种为垂穗披碱草，处理 F1、F3、F4 的次优势种均为细叶亚菊。此外，从表 6-65 中可知，随着施肥梯度的增加，不同样地的草地植被优势种的优势度逐渐提高，可见施肥可以提高植被优势种的优势度。在施肥第 2 年，CK 的优势种为高山嵩草，而处理 F1、F2、F3、F4 的优势种均为禾草，可见禾草对氮素较为敏感。处理 F1 的次优势种为细叶亚菊，处理 F2 为矮生嵩草，处理 F3、F4 均为冷地早熟禾,可见随着施氮量的增加,禾草在群落中的比例明显提高。

表 6-65　不同处理区的植物组成

处理	优势种		优势度		次优势种		次优势度	
	第 1 年	第 2 年	第 1 年	第 2 年	第 1 年	第 2 年	第 1 年	第 2 年
CK	垂穗披碱草	高山嵩草	16.07	15.41	高山嵩草	垂穗披碱草	14.00	13.97
F1	垂穗披碱草	垂穗披碱草	17.09	19.06	细叶亚菊	细叶亚菊	16.21	11.51
F2	细叶亚菊	垂穗披碱草	18.72	25.16	垂穗披碱草	矮生嵩草	15.72	13.24
F3	垂穗披碱草	中华羊茅	20.25	18.08	细叶亚菊	冷地早熟禾	11.07	13.65
F4	垂穗披碱草	垂穗披碱草	24.68	31.26	细叶亚菊	冷地早熟禾	12.06	9.28

由表 6-66 可知,各处理之间的物种丰富度指数均差异不大,处理 F4 的均匀度指数最小;为 0.7819,CK 的均匀度指数最高,为 0.8392;在所有处理中,CK 的盖度最小,为 66.67%,处理 F4 的盖度最大,为 84.00%,不同施肥处理的植被盖度显著高于 CK 的植被均盖度($p<0.05$),而处理 F4 的盖度显著高于处理 F1、F2 的盖度($p<0.05$),其余之间盖度差异不显著($p>0.05$)。地上植被的物种多样性指数基本随着施肥梯度的增加而减少,最高的为 CK,最低的为处理 F4。第 2 年不同处理的均匀度指数均高于第 1 年,群落盖度在逐步随着施肥梯度提高而增加,且均显著高于 CK($p<0.05$)。

表 6-66　不同处理区草地物种多样性指数

处理	丰富度指数		均匀度指数		盖度/%		多样性指数	
	第 1 年	第 2 年	第 1 年	第 2 年	第 1 年	第 2 年	第 1 年	第 2 年
CK	26	24	0.8392	0.8827	66.67±1.67c	61.67±4.41d	2.7342	2.7678
F1	26	18	0.8354	0.9033	74.00±2.00b	75.00±0.00c	2.7200	2.6109
F2	28	19	0.8037	0.8274	76.00±1.00b	83.33±1.67b	2.6779	2.4362
F3	28	24	0.8130	0.8678	77.00±1.00ab	89.00±2.08ab	2.7092	2.7578
F4	25	21	0.7819	0.8230	84.00±4.00a	95.00±1.73a	2.5167	2.5057

6.6.4　不同施氮量对草地植被植物量的影响

由图 6-102 可知,不同施肥处理对禾草地上植物量有明显的影响。经 F1、F2、F3、F4 处理的禾草地上植物量显著高于 CK($p<0.05$),除处理 F3、F4 之间差异不显著($p>0.05$)之外,其余差异均显著($p<0.05$)。莎草科植物中,处理 F4 的地上植物量显著高于 CK($p<0.05$)。从地上植物总量而言,处理 F1、F2、F3、F4 均使植被地上植物量有明显的提高($p<0.05$),其中处理 F2、F3、F4 均显著高于处理 F1,处理 F2、F3 之间差异不显著($p>0.05$)。由此可见施肥可使草地植被地上植物量有明显的提高。

由图 6-103 可知,在施肥第 2 年,不同施肥处理对禾草的地上植物量均有影响($p<0.05$),其中处理 F4 地上植物量最高,为 367.07 g/m^2,显著高于 CK、F1、F2、F3 处理($p<0.05$),处理 F3 地上植物量显著高于 CK、F1、F2 处理($p<0.05$)。不同施肥处理均对莎草、豆科牧草的地上植物量没有明显的影响($p>0.05$)。不同施肥处理对地上植物总量均有显著影响，处理 F4 显著高于其他处理，处理 F1、F2 之间差异不显著，但均显著高于 CK。

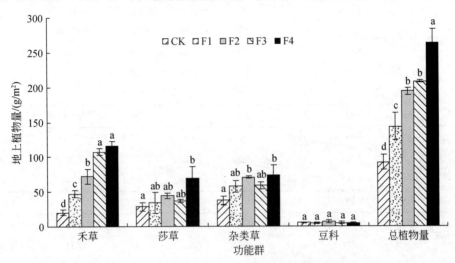

图 6-102　不同施肥条件下当年功能群地上植物量与总植物量的变化

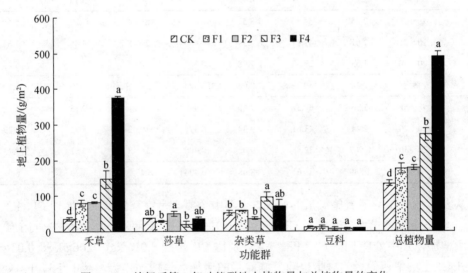

图 6-103　施氮后第 2 年功能群地上植物量与总植物量的变化

6.6.5　不同施氮量对土壤养分的影响

由表 6-67 可知，在施肥当年，同样土壤中的全氮含量施肥处理的均略低于 CK，而土壤有机质之间的含量差异无特定变化。该区土壤富钾，土壤中速效钾的含量较高，随着施肥梯度的增加，不同施肥处理土壤中的速效钾含量均低于 CK 的含量，在施肥处理中，只施氮肥可以促进植物的生长，从而大量吸收土壤中的钾，因此其土壤中速效钾的含量均有所降低。施用尿素在短期内能引起土壤 pH 的急剧上升[82]，在该试验中施用不同梯度的氮肥后，土壤的 pH 与 CK 相比均有所提高。

表 6-67　不同处理区土壤的养分变化

处理	土层/cm	全氮含量/（g/kg）	有机质含量/（g/kg）	全钾含量/（g/kg）	全磷含量/（g/kg）	速效钾含量/（mg/kg）	速效磷含量/（mg/kg）	pH
CK	0～10	3.17	67.89	8.73	0.378	347	7.81	6.81
	10～20	2.11	45.12	8.24	0.199	537.8	5.1	6.34
	20～30	1.84	23.52	8.07	0.478	174.2	5.05	6.39
	平均	2.37	45.51	8.35	0.35	353	5.99	6.51
F1	0～10	1.96	59.27	12.08	0.663	323.4	7.12	6.34
	10～20	2.46	44.38	9.26	0.523	172.7	5.36	6.38
	20～30	1.56	60.44	8.50	0.519	172.4	4.34	7.87
	平均	1.99	54.70	9.95	0.57	222.83	5.61	6.86
F2	0～10	2.96	36..00	8.85	0.609	367.4	7.14	6.16
	10～20	1.97	40.74	9.22	0.529	184.6	4.11	6.38
	20～30	1.92	24.67	8.62	0.175	173.2	4.14	7.16
	平均	2.28	32.71	8.90	0.44	241.73	5.13	6.57
F3	0～10	2.65	54.34	8.51	0.434	399.4	7.29	6.60
	10～20	2.61	41.21	7.59	0.469	208.8	4.85	7.64
	20～30	1.63	27.33	7.98	0.367	183.1	3.77	6.43
	平均	2.30	40.96	8.03	0.423	263.77	5.30	6.89
F4	0～10	2.26	60.36	7.69	0.440	380.1	9.73	6.28
	10～20	2.44	43.61	9.34	0.371	195.2	5.74	6.29
	20～30	0.967	32.86	9.02	0.408	161.8	5.51	7.43
	平均	1.889	45.61	8.68	0.406	245.7	6.99	6.67

从表 6-68 可知，随着施氮量的增加，土壤中全氮含量在逐渐增加，处理 F1、F2、F3、F4 下土壤中全氮含量均显著高于 CK（$p<0.05$）；随着施氮量的增加，土壤中的全磷含量均有所增加，其中处理 F1、F2、F3、F4 分别比 CK 增加 0.01g/kg、0.06g/kg、0.03g/kg、0.04g/kg；土壤中速效氮的含量也随着施氮量的增加而呈增加趋势，其中 F3、F4 处理下的速效氮含量显著高于 CK、F1、F2 处理；在第二年，随着施氮量增加，土壤的 pH 呈减小趋势，且其中 F3、F4 处理下的 pH 显著低于 CK、F1、F2 处理。多数研究表明[83-88]，随着施氮量的增加，土壤 pH 有降低的趋势，表明施氮对土壤有一定的酸化作用；土壤中有机质含量也呈增加趋势，其中处理 F1、F2、F3 的有机质含量高于 CK。总体而言，施氮肥对天然草地土壤养分有一定的改善作用。

表 6-68　不同施氮处理下第二年土壤养分变化

处理	全氮含量/（g/kg）	全磷含量/（g/kg）	速效氮含量/（mg/kg）	速效磷含量/（mg/kg）	pH	有机质含量/（g/kg）
CK	5.66±0.16b	0.50±0.02a	29.21±3.75b	7.40±0.47a	6.86±0.05a	54.57±1.95b
F1	6.69±0.45a	0.51±0.00a	37.57±1.83b	9.01±1.43a	6.55±0.18a	57.04±1.56ab

续表

处理	全氮含量/（g/kg）	全磷含量/（g/kg）	速效氮含量/（mg/kg）	速效磷含量/（mg/kg）	pH	有机质含量/（g/kg）
F2	7.15±0.35a	0.56±0.01a	37.16±4.84b	8.34±1.07a	6.57±0.18a	57.36±0.98ab
F3	7.53±0.39a	0.53±0.03a	53.90±4.00a	8.48±1.01a	6.23±0.06b	57.31±1.22ab
F4	7.61±0.14a	0.54±0.02a	55.52±0.60a	7.03±0.75a	6.22±0.09b	61.41±2.38a

从地上植物量角度考虑，处理 F4 是最佳应用方案；从经济角度考虑，尿素按 1.6 kg/hm²、干草按 0.5 元/kg 计算，施肥量方案 F2（300 kg/hm²）可以取得最佳的经济效益。

6.7　中度退化草地免耕补播技术

草地补播是在对原生植被不破坏或少有破坏[89]的前提下，播种适应性强的优良牧草，增加草层的植物种类、草地总盖度，提高草产量和牧草品质。补播是退化草地恢复治理的有效途径之一，补播对退化草地植被恢复具有显著作用，能大幅度提高草地生产力[61, 90-93]。补播和建立人工草地是国内外对极度退化草地进行恢复和治理的主要方法，在青藏高原其他地区特别是三江源地区应用研究得多，但在祁连山地区研究较少。祁连山由于纬度较高，气候条件等与青藏高原其他地区有较大差异。研究建立人工草地和补播对祁连山退化高寒草甸的影响，以及对祁连山退化高寒草甸植被恢复和生态环境保护有非常重要的作用。

6.7.1　补播对草地植物的影响

重要值是表示植物种群在群落中优势地位的指标。植物种群的重要值越大，说明其在群落中地位越高，反之则越低。由表 6-69 可知，退化后的天然草地的优势种是细叶亚菊，白花甘肃马先蒿是次优势种；补播后，草地中的草地早熟成为绝对的优势种，而垂穗披碱草成为次优势种。

表 6-69　不同处理的草地植物优势度变化

处理	优势种	优势度	次优势种	次优势度
补播	草地早熟禾	0.2297	垂穗披碱草	0.1819
CK	细叶亚菊	0.2574	白花甘肃马先蒿	0.1919

对退化的天然草地进行恢复措施后，草地中植物群落物种的 Shannon-Wiener 指数、Simpson 指数和 Pielou 指数都发生了一定的变化。由表 6-70 可知，补播后的草地物种的 Shannon-Wiener 指数最高，Simpson 指数也有同样的变化规律；而对于 Pielou 指数，CK＞补播。说明补播能够增加草地的物种多样性。

表 6-70　不同处理的草地植物群落物种多样性变化

处理	Shannon-Wiener 指数 H'	Simpson 指数 D	Pielou 指数 J
补播	2.491	0.872	0.784
CK	2.217	0.857	0.840

由表 6-71 可知，补播能显著提高草地植物的盖度、高度，并且补播对草地植物盖度、高度的影响之间存在显著差异。

表 6-71　不同处理的草地植物盖度、高度变化

处理	盖度/%	高度/cm
补播	88.60±1.86a	8.89±0.87a
CK	39.20±4.91b	1.62±0.14b

6.7.2　补播对草地植物量、土壤容重和水分的影响

由图 6-104 可知，补播能显著提高草地中的优良牧草量和地上植物量。

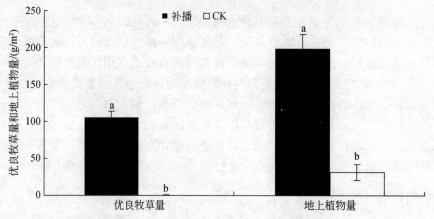

图 6-104　草地植物群落优良牧草量和地上植物量的变化

由图 6-105 可知，补播对土壤各层的容重没有显著影响，但对于表层土壤（0~10 cm）来说，对照地土壤容重大于补播地，说明建立补播对草地表层土壤结构有一定的改善。可能是调查年限较短，补播对草地深层土壤结构的影响很小。

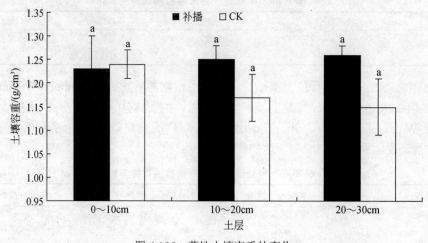

图 6-105　草地土壤容重的变化

由图 6-106 可知，补播对土壤各层的土壤含水量没有显著影响，但是补播使退化草地表层（0～10 cm）土壤的含水量有一定提高。

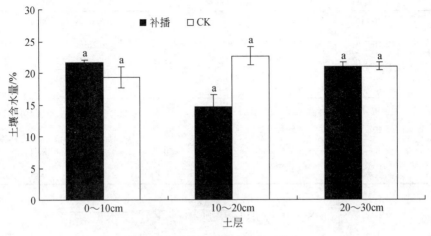

图 6-106　草地土壤含水量的变化

由图 6-107 可知，补播对土壤各层的地下植物量没有显著影响，但是对土壤各层的地下植物量和地下植物总量都有一定的提高作用。

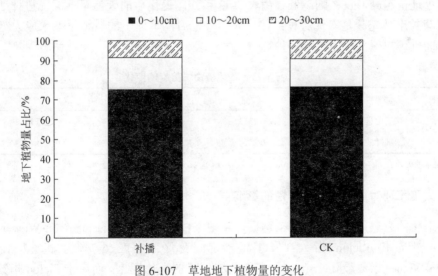

图 6-107　草地地下植物量的变化

6.7.3　补播对草地土壤化学性质的影响

由表 6-72 可知，补播后土壤中的全氮和速效氮含量都有所增大，补播后土壤中的速效磷含量有所增加，但补播后土壤中的有机质含量有所降低。补播后土壤中的速效磷和速效氮含量都有所增加，补播对土壤中的全磷含量和 pH 影响不大。

表 6-72　不同处理的土壤化学性质

处理	土层/cm	全氮含量/（g/kg）	全磷含量/（g/kg）	速效氮含量/（mg/kg）	速效磷含量/（mg/kg）	pH	有机质含量/（g/kg）
对照地	0~10	4.95	0.61	21.16	15.93	8.27	37.78
	10~20	3.92	0.58	13.47	6.26	8.61	36.88
	20~30	3.60	0.57	27.19	6.01	7.96	39.45
	0~30	4.16	0.58	20.61	9.40	8.28	38.04
补播	0~10	5.30	0.64	38.90	24.33	8.55	30.98
	10~20	4.89	0.58	31.21	8.19	7.84	32.33
	20~30	3.57	0.59	50.19	3.40	8.04	21.15
	0~30	4.59	0.60	40.10	11.97	8.14	28.15

6.8　重度退化草地植被重建技术

6.8.1　人工草地对草地植物优势度的影响

重要值是表示植物种群在群落中优势地位的指标。植物种群的重要值越大，说明其在群落中地位越高，反之则越低。由表 3-73 可知，退化后的天然草地的优势种是细叶亚菊，白花甘肃马先蒿是次优势种；建立人工草地后，草地中的草地早熟禾成为绝对的优势种，而垂穗披碱草成为次优势种。

表 6-73　草地植物优势度的变化

不同处理	优势种	优势度	次优势种	次优势度
人工草地	草地早熟禾	0.4313	垂穗披碱草	0.1683
对照地*	细叶亚菊	0.2574	白花甘肃马先蒿	0.1919

*人工草地处理方法：磷酸二铵（150 kg/hm²）+草地早熟禾（7.5 kg/hm²）。

6.8.2　人工草地对草地群落多样性的影响

对退化的天然草地进行恢复措施后，草地中植物群落物种的 Shannon-Wiener 指数、Simpson 指数和 Pielou 指数都发生了一定的变化。由表 6-74 可知，人工草地的 Shannon-Wiener 指数最高；Simpson 指数也有同样的变化规律；而对于 Pielou 指数，对照＞建立的人工草地。说明建立人工草地的初期（第二年）会破坏草地的物种多样性。

表 6-74　草地植物群落物种多样性的变化

不同处理	Shannon-Wiener 指数 H'	Simpson 指数 D	Pielou 指数 J
人工草地	1.967	0.765	0.656
对照地	1.823	0.679	0.738

由表 6-75 可知，建立人工草地能显著提高草地植物的盖度、高度。

表 6-75　草地植物盖度、高度的变化

不同处理	盖度/%	平均高度/cm
人工草地	86.20±3.32a	11.39±1.28a
对照地	39.20±4.91b	1.62±0.14b

由图 6-108 可知，建立人工草地能显著提高草地中的优良牧草量和地上植物量。

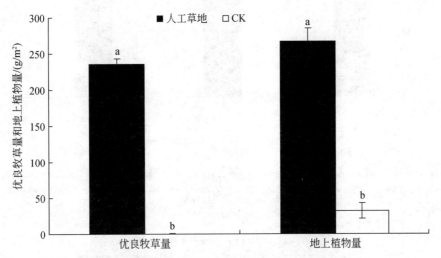

图 6-108　草地植物群落优良牧草量和地上植物量的变化

由图 6-109 可知，建立人工草地对土壤各层的容重没有显著影响，但对于表层来说，土壤容重对照地＞人工草地，说明建立人工草地对草地表层土壤结构有一定的改善。可能是调查年限较短，建立人工草地对草地深层土壤结构的影响很小。

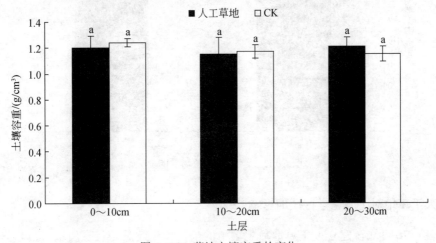

图 6-109　草地土壤容重的变化

由图 6-110 可知建立人工草地对土壤各层的土壤含水量没有显著影响,建立人工草地使退化草地土壤表层（0～10 cm）的含水量有一定的减少。

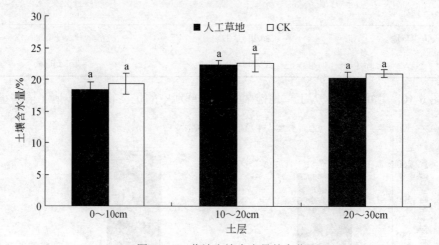

图 6-110　草地土壤含水量的变化

由图 6-111 可知，建立人工草地对土壤各层的地下植物量没有显著影响，但是对土壤各层的地下植物量和地下植物总量都有一定的提高作用，而且建立人工草地后的地下植物量最大。

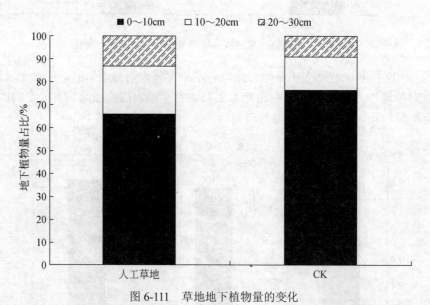

图 6-111　草地地下植物量的变化

6.8.3　人工草地对土壤化学性质的影响

由表 6-76 可知，建立人工草地后土壤中的全氮和速效氮含量有所增大，建立人工草地对土壤中的全磷含量和 pH 影响不大。

表 6-76　不同处理土壤化学性质

处理	土层/cm	全氮含量/（g/kg）	全磷含量/（g/kg）	速效氮含量/（mg/kg）	速效磷含量/（mg/kg）	pH	有机质含量/（g/kg）
对照地	0~10	4.95	0.61	21.16	15.93	8.27	37.78
	10~20	3.92	0.58	13.47	6.26	8.61	36.88
	20~30	3.60	0.57	27.19	6.01	7.96	39.45
	0~30	4.16	0.58	20.61	9.40	8.28	38.04
人工草地	0~10	5.38	0.61	25.39	13.66	8.37	39.43
	10~20	6.11	0.58	26.87	7.89	8.31	37.02
	20~30	5.24	0.55	31.32	7.23	8.40	36.94
	0~30	5.58	0.58	27.86	9.59	8.36	37.80

6.9　祁连山退化草地恢复技术效应

通过采用草地鼠害防治、草地施肥、退化草地免耕补播及人工植被重建等技术的试验示范和推广，示范户三年经济收入增加了 41% 以上，最高达 90.48%（表 6-77）。

表 6-77　实施不同措施后试验示范户经济收入比较分析

示范地	示范户	试验内容	收入/万元 2011 年	2014 年	增收/%
祁连县默勒镇（1）	示范户 11	天然草地保护，退化草地修复	2.94	5.60	90.48
	示范户 12		3.92	6.80	73.47
	示范户 13		3.75	6.30	68.00
	示范户 14		6.00	9.68	61.33
	示范户 15		5.94	9.60	61.62
	示范户 16		4.75	6.95	46.32
	示范户 17		2.83	4.73	67.14
	示范户 18		4.00	6.10	52.50
	示范户 19		3.88	6.21	60.05
	示范户 10		2.91	4.11	41.24
祁连县野牛沟乡（2）	示范户 21	天然草地保护，退化草地植被重建	16.00	30.10	88.13
门源县青石嘴镇（3）	示范户 31	高原鼢鼠防治、退化草地植被重建	8.12	14.76	81.77

6.9.1　祁连山地区草地综合防控技术集成

天然草地鼠害综合防控技术集成。建立了利用 D 型肉毒素冬季防治高原鼠兔+设置鹰架控制高原鼠兔数量的技术模式,该模式不仅可有效降低周边区域鼠兔数量,同时可以提高高寒草甸莎草及禾草在群落中的优势地位,显著增加草地植被的盖度($p<0.05$)。

建立了利用模拟投饵器投放 D 型肉毒素防治高原鼢鼠的模式。在高原鼢鼠密度较高时防治常难以达到种群数量控制要求,而在密度较低时进行防治,则有利于有效降低其种群数量,且能够使其种群在低密度水平维持较长的时间。因此,高原鼢鼠的防治最佳模式为在高原鼢鼠低密度时,采用人工投饵或人工放置鼢鼠箭的技术进行防治。

毒杂草草地综合防控技术集成。毒杂草草地采用冬季鼠害防治技术+施用"狼毒净"灭除狼毒+生长季禁牧的技术模式,可使狼毒在群落中失去优势地位,施用 1050 mL/hm^2 浓度的"狼毒净"对狼毒具有最好的防效,防效为 94.92%。

天然草地合理利用技术集成。天然草地采用冬季鼠害防治+施肥+合理利用(牧草利用率 45%)的技术集成模式,可使天然草地维持较高的生产力和生态系统平衡。

退化草地修复草种筛选。通过 3 年的引种栽培试验,对 16 个草种(品种)在祁连山大通河上游的适应性和生产性能等进行了系统的研究,通过多项指标的综合性评价确定了垂穗披碱草、同德短芒披碱草、青海草地早熟禾、青海冷地早熟禾、青海中华羊茅、同德小花碱茅 6 个首选适生牧草品种,可作为生态和饲草品种进行大面积推广。

轻度退化草地改良技术集成。轻度退化草地采用冬季灭鼠+生长季禁牧+施肥技术集成模式可以显著提高草地植被盖度和禾草的高度($p<0.05$)。短期施氮肥对土壤的化学性质具有一定的影响,可以适当提高土壤的 pH。在只施氮肥的情况下,可以促进植物对其他养分的吸收。施肥第二年随着施氮量增加,0~20 cm 土层土壤的全氮含量、全磷含量、速效氮含量、有机质含量呈逐渐增加趋势,而速效磷呈先增加后减小趋势,pH 呈逐渐减小趋势。综合经济效益分析,300 kg/hm^2 为最佳选择施肥量。

中度退化草地免耕补播技术集成。中度退化草地采用冬季灭鼠+生长季禁牧+施肥+免耕补播技术集成模式可显著提高草地植物的盖度、高度、优良牧草量和地上植物量,并提高优良牧草所占比例,降低草地表层土壤容重,提高地下植物量和地下植物总量,补播后土壤中的全氮和速效氮含量都有所增加;补播是恢复祁连山退化天然草地的有效途径。

重度退化草地植被重建技术集成。重度退化草地采用冬季灭鼠+生长季禁牧+施肥+植被重建技术集成模式能显著提高草地植物的盖度、高度、优良牧草量和地上植物量,提高优良牧草所占比例,降低草地表层土壤容重;建立人工草地是恢复祁连山重度退化天然草地的有效途径。

6.9.2　祁连山区退化草地恢复技术

草地补播是对原生植被不破坏或少有破坏的前提下,播种适应性强的优良牧草,增加草层的植物种类、草地总盖度,提高草产量和牧草品质。同时,研究人工草地和补播对祁连山退化高寒草甸的影响,对祁连山退化植被恢复和生态环境保护有重要作用。

(1)人工草地改建模式:适于坡度小于 7°的重度"黑土滩"退化草地。

(2)半人工草地补播模式:适于坡度小于 7°的中、轻度退化草地和坡度在 7°~25°的中度和重度退化草地。

（3）封育自然恢复模式：适于坡度在 7°～25°的轻度退化草地和坡度大于 25°的所有类型退化草地。

（4）施肥：适于坡度小于 7°的中、轻度退化草地。

轻度退化草地采用冬季灭鼠+生长季禁牧+施肥技术集成模式可以显著提高草地植被盖度和禾草的高度。中度退化草地采用冬季灭鼠+生长季禁牧+施肥+免耕补播技术集成模式可显著提高草地植物的盖度、高度、优良牧草量和地上植物量，提高优良牧草所占比例，降低草地表层土壤容重，提高地下植物量和地下植物总量，补播后土壤中的全氮和速效氮含量都有所增加；补播是恢复祁连山退化天然草地的有效途径。重度退化草地采用冬季灭鼠+生长季禁牧+施肥+植被重建技术集成模式能显著提高草地植物的盖度、高度、优良牧草量和地上植物量，提高优良牧草所占比例，降低草地表层土壤容重；建立人工草地是恢复祁连山重度退化天然草地的有效途径。

害鼠种群数量控制模式。试验初期，实验区草地退化严重，特别是在重度退化草地，大部分草皮层已被剥离，次生裸地呈斑块状，有利于高原鼠兔的栖息，因而高原鼠兔有效洞口和密度较高，最高达 2886.67 个/hm^2 和 606.20 只/hm^2。

高原属兔防治模式：C 型肉毒素灭鼠+鹰架、鹰架+D 型肉毒素+人工草地、D 型肉毒素+退化草地修复。

C 型肉毒素灭鼠+鹰架。建立鹰架和使用 C 型肉毒素灭鼠后，高原鼠兔种群数量快速下降。但进入繁殖期后，随着时间的推移，高原鼠兔种群数量逐月上升，尽管采用 C 型肉毒素灭鼠后，种群数量快速下降，4～5 月种群数量在危害阈水平以下，但至 9 月，鼠兔密度仍然高于危害阈（35 只/hm^2）。因此，虽然采用鹰架和 C 型肉毒素控制草原害鼠是目前较为常用的技术手段，但从结果看，效果并非十分理想。

鹰架+D 型肉毒素灭鼠+人工草地。针对高原鼠兔种群数量较高，草地退化严重，并有大面积次生裸地存在的区域，由于栖息地植被低矮，比较适宜高原鼠兔生存，高原鼠兔种群数量可长期维持在高密度水平，采取建立人工草地，同时设置鹰架，并利用 D 型肉毒素对人工草地周边区域进行灭鼠，可迅速降低鼠兔种群数量。同时防止了鼠兔对人工草地的破坏入侵，有效保护了人工草地植物群落的生长。

D 型肉毒素+退化草地修复。草地的退化往往伴随着高原鼠兔种群数量的增加。采用 D 型肉毒素进行防治，可有效降低高原鼠兔种群数量。同时，对退化草地进行封育+施肥，恢复植物群落，增加群落的高度和盖度，营造不利于高原鼠兔种群增长的栖息地环境，抑制高原鼠兔种群数量的增长。该模式可恢复草地生态系统原有正常的功能和能量流动，不仅符合生态治理的原则，而且有利于草地畜牧业的发展，草地高原鼠兔防治应以该模式为主要模式。

高原鼢鼠营地下生活，仅在每年的 4～6 月繁殖期和 9 月分窝时偶尔在地面能够观察到，其余时间均在地下洞道内活动，因此，高原鼢鼠的防治技术主要包括物理防治——利用鼢鼠箭人工捕杀、化学防治和生物防治，如果所投饵料为化学药品，则为化学防治，如嗅敌隆；饵料为生物药品则为生物防治，如 C 或 D 型生物毒素、雷公藤甲素颗粒。

生物防治——模拟洞道投饵机模式：利用模拟洞道投饵机投放生物饵料防治高原鼢

鼠，防治效果为 69.24%，效果较差。生物防治——人工投放饵料模式：高原鼢鼠的防治最佳模式为在高原鼢鼠低密度时，采用人工投饵或人工放置鼢鼠箭的技术进行防治。

6.9.3　鼠害防治技术要点

据统计，鼠类破坏草原原生植被面积达 80%以上，使植被稀疏，群落结构简单化。本书选择植被覆盖度和地上植物量均低于 20%的区域，进行害鼠密度、危害等级及植被盖度、植物量的调查，并确定治理区域。

以围栏封育为主，同时结合生物防治、化学防治、物理防治、补播、施肥、灌溉、管护和合理利用等措施进行综合治理。对害鼠密度达到防治指标的区域，尽可能协调地运用适当的技术和方法，使害鼠种群保持在经济危害允许水平以下。

主要技术和方法有：生物防治主要方法是天敌控制、生物农药治理；化学防治时严禁使用有二次中毒和可能造成严重环境污染的杀鼠剂。物理防治利用器械灭鼠，包括夹捕法地面鼠、地下鼠、鼠笼法、弓箭法和地箭法。夹捕法地面鼠：在洞口前放置放上诱饵的木板夹、铁板夹或弓形踩夹捕杀。地下鼠：探找并切开洞道（暴露口越小越好），用小铁铲挖一略低于洞道底部且大小与踩夹相似的小坑，放置踩夹，并在踩板上撒上虚土，最后将暴露口用草皮或松土封盖，不使透风。鼠笼法：放置关闭式铁丝编制的捕鼠笼捕杀地面鼠。弓箭法和地箭法：利用鼢鼠封堵暴露洞口的习性，安置弓箭或地箭进行捕杀。探找并掘开洞道，在靠近洞口处将洞顶上部土层削薄，插入粗铁丝制成的利箭，设置触发机关，待鼢鼠封堵暴露洞口时，触动触发机关将利箭射中身体而捕杀。不育控制利用化学不育剂防治技术控制害鼠种群的繁殖率，减缓害鼠种群数量增加。

植被恢复与重建在采取上述方法灭治害鼠的同时，通过播种、补播、施肥、灌溉、合理利用等综合技术，恢复草原植被，使鼠密度长期维持在经济阈值允许水平以下。地表处理按照不破坏或少破坏原生植被原则，采取浅翻、回填土等措施疏松表土，耙平土丘，填平鼠洞，清除地表石块、废料等杂物。播前施肥根据土壤肥力状况施入适量肥料，以长效、缓效或农家肥作基肥。

总之，重度退化草地采用草地鼠害防治，草地施肥，退化草地免耕补播以人工植被重建等技术；轻度退化草地采用冬季灭鼠+生长季禁牧+施肥技术集成模式；中度退化草地采用冬季灭鼠+生长季禁牧+施肥+免耕补播技术集成模式+建立人工草地恢复重度退化天然草地。

参 考 文 献

[1] 蒋定生. 黄土高原水土流失与治理模式[M]. 北京: 中国水利水电出版社, 1997.

[2] 王忠科. 植被盖度及地面坡度影响降雨入渗过程的试验研究[J]. 河北水利水电技术, 1994(4): 63-64.

[3] 苏玉波, 张福平, 冯起, 等. 祁连山典型小流域高寒草地生物量估算及空间分布特征[J]. 陕西师范大学学报(自然科学版), 2015, 43(2): 79-84.

[4] 金晓媚, 万力, 胡光成. 黑河上游山区植被的空间分布特征及其影响因素[J]. 干旱区资源与环境 2008, 22(6)140-144.

[5] 李岩瑛. 祁连山地区降水气候特征及其成因分析研究[D]. 兰州: 兰州大学, 2008.

[6] 李卫东, 李保国, 石元春. 区域农田土壤质地剖面的随机模拟模型[J]. 土壤学报 1999, 36(3): 289-301.

[7] 邵明安, 王全九, 黄明斌. 土壤物理学[M]. 北京: 高等教育出版社, 2006.

[8] 李永涛, 王文科, 梁煦枫, 等. 砂性漏斗法测定土壤水分特征曲线[J]. 地下水, 2006, 28(5): 53-54.

[9] 王孟本, 柴宝峰, 李洪建, 等. 黄土区人工林的土壤持水力与有效水状况[J]. 林业科学, 1999, 35(2): 7-14.

[10] 徐良富, 李洪建, 刘太维. 晋西北砖窑沟流域几种主要土壤的持水特性[J]. 土壤通报, 1994, 25(5): 199-200.

[11] 张强, 孙向阳, 黄利江, 等. 毛乌素沙地土壤水分特征曲线和入渗性能的研究[J]. 林业科学研究. 2004, 17(S1): 9-14.

[12] GARDNER W R, HILLEL D, BENYAMINI Y. Post irrigation movement of soil water:1. Redistribution[J]. Water Resources Research, 1970, 6: 851-861.

[13] BROOKS R H, COREY A T. Hydraulic properties of porous media[J]. Hydrology, 1964, 3: 27-40.

[14] MUALEM Y. A new model for predicting the hydraulic conductivity of unsaturated porous media[J]. Water Resources Research, 1976, 12: 593-622.

[15] VAN GENUEHTEN M T H. A closed 2 form equation for predicting the hydraulic conductivity of unsaturated soils[J]. Soil Science Society of America Journal, 1980, 44: 892-898.

[16] CAMPELL G S. A simple method for determining unsaturated conductivity from moisture retention data[J]. Soil Science, 1974, 117: 311-314.

[17] KOSUGI K. Lognormal distribution model for unsaturated soil hydraulic properties[J]. Water Resources Research, 1996, 32: 2697-2703.

[18] 庄季屏, 王伟. 土壤低吸力段持水性能及其早期土壤干旱的研究[J]. 土壤学报, 1986, 23(4): 309-312.

[19] 李小刚. 影响土壤水分特征曲线的因素[J]. 甘肃农业大学学报, 1994, 29(3): 273-278.

[20] 程云, 陈宗伟, 张洪江, 等. 重庆缙云山不同植被类型林地土壤水分特征曲线模拟[J]. 水土保持研究, 2006, 13(5): 80-83.

[21] 陈丽华, 鲁绍伟, 张学培, 等. 晋西黄土区主要造林树种林地土壤水分生态条件分析[J]. 水土保持研究, 2007, 14(4): 394-397.

[22] TYLER S W, WHEATCRAFT S W. Application of fractal mathematics to soil water retention estimation[J]. Soil Science Society of American Journal, 1989, 53: 987-996.

[23] TURCOTTE D L. Fractal fragmentation [J]. Journal of Geographysical Research, 1986, 91 (12): 1921-1926.

[24] MANDELBROT B B. The fractal geometry of nature[J].American Journal of Physics, 1983, 51(3): 286-287.

[25] TYLER S W, WHEATCRAFT S W. Fractal scaling of soil particle-size distribution: Analysis and limitations[J]. Soil Science Society of American Journal, 1992, 56: 362-369.

[26] 杨培岭, 罗元培, 石元春. 用粒径的重量分布表征的土壤分形特征[J]. 科学通报, 1993, 38(20): 1896-1899.

[27] MARTEN M A, MONTERO E. Laser diffraction and multifractal analysis for the characterization of dry soil volume-size distributions[J]. Soil and Tillage Research, 2002, 64: 113-123.

[28] 王国梁, 周生路, 赵其国. 土壤颗粒的体积分形维数及其在土地利用中的应用[J]. 土壤学报, 2005, 42(4): 545-550.

[29] 魏茂宏, 林慧龙. 江河源区高寒草甸退化序列土壤粒径分布及其分形维数[J]. 应用生态学报, 2014, 25(3): 679-686.

[30] 齐登红, 甄习春, 王继华, 等. 降水入渗补给地下水系统分析[M]. 郑州: 黄河水利出版社, 2007.

[31] 耿鸿江. 工程水文基础[M]. 北京: 中国水利水电出版社, 2003.

[32] 廖松, 王燕生, 王路. 工程水文学[M]. 北京: 清华大学出版社, 1991.

[33] 林岚. 对环境变化条件下松嫩盆地降水入渗补给量变化研究[D]. 长春: 吉林大学, 2008.

[34] 崔凤铃. 降雨入渗若干影响因素研究进展综述[J]. 西部探矿工程, 2007, 6: 84-85.

[35] 于玲. 砂姜黑土平原区降水入渗补给地下水规律分析[J]. 地下水, 2001, 23(4): 188-189.

[36] 周金龙, 董新光, 王斌. 新疆平原区降水入渗补给地下水研究[J]. 西北水资源与水工程, 2002, 13(4): 10-14.

[37] PHILIP J R. The theory of infiltration: 5. the influence of the initial moisture content[J]. Soil science, 1957, 84(4): 329-339.

[38] 贾志军, 王贵平, 李俊义, 等. 土壤含水量对坡耕地产流入渗影响的研究[J]. 中国水土保持, 1987, (9): 25-27.

[39] 王全九, 叶海燕, 史晓南, 等. 土壤初始含水量对微咸水入渗特征影响[J]. 水土保持学报, 2004, 18(1): 51-53.

[40] 陈洪松, 邵明安, 王克林. 土壤初始含水率对坡面降雨入渗及土壤水分再分布的影响[J]. 农业工程学报, 2006, 22(1): 44-47.

[41] 余蔚青, 王玉杰, 胡海波, 等. 长三角丘陵地不同植被林下土壤入渗特征分析[J]. 土壤通报, 2014, 45(2): 345-351.

[42] 刘金涛, 李晓鹏, 陈喜, 等. 间歇降雨中土壤含水量分布及其对入渗的影响[J]. 水土保持学报, 2009, 23(5): 96-100.

[43] 曹辰, 王全九, 樊军. 初始含水率对土壤垂直线源入渗特征的影响[J]. 农业工程学报, 2010, 26(1): 24-30.

[44] 刘汗, 雷廷武, 赵军. 土壤初始含水率和降雨强度对黏黄土入渗性能的影响[J]. 中国水土保持科学, 2009, 7(2): 1-6.

[45] 解文艳, 樊贵盛. 土壤含水量对土壤入渗能力的影响[J]. 太原理工大学学报, 2004, 35(3): 272-275.

[46] 余新晓, 赵玉涛, 张志强, 等. 长江上游亚高山暗针叶林土壤水分入渗特征研究[J]. 应用生态学报, 2003, 14(1): 15-19.

[47] 王国梁, 刘国彬. 黄土一丘陵沟壑区小流域植被恢复的土壤水稳性团聚体效应[J]. 水土保持学报, 2002, 16(1): 48-50.

[48] 吴发启, 赵西宁, 余雕. 坡耕地土壤水分入渗影响因素分析[J]. 水土保持通报, 2003, 23(1): 16-18, 78.

[49] 单秀枝, 魏由庆, 刘继芳, 等. 土壤有机质含量对土壤水动力学参数的影响[J]. 土壤学报, 1998, 35(1): 1-9.

[50] 李雪转, 樊贵盛. 土壤有机质含量对土壤入渗能力及参数影响的试验研究[J]. 农业工程学报, 2006, 22(3): 188-190.

[51] 赵西宁, 吴发启, 王万中, 等. 黄土高原沟壑区坡耕地上壤入渗规律研究[J]. 干旱区资源与环境, 2004, 18(4): 109-112.

[52] 解文艳, 樊贵盛. 土壤质地对土壤入渗能力的影响[J]. 太原理工大学学报, 2004, 35(5): 537-540.

[53] 田积莹. 黄土地区土壤的物理性质与黄土成因的关系[J]. 中国科学院西北水保集刊, 1987, (5): 1-2.

[54] 余树木, 苏增建. 沱江上游深丘地区不同立地土壤抗蚀性、渗透性及其影响因素[J]. 防护林科技, 2003, (1): 1-4.

[55] 李卓, 吴普特, 冯浩, 等. 不同粘粒含量土壤水分入渗能力模拟试验研究[J]. 干旱地区农业研究, 2009, 27(3): 71-77.

[56] 赵西宁, 吴发启. 土壤水分入渗的研究进展和评述[J]. 西北林学院学报, 2004, 19(1): 42-45.

[57] 刘贤赵, 康绍忠. 黄土高原沟壑区小流域土壤入渗分布规律的研究[J]. 吉林林学院学报, 1997, 13(4): 203-208.

[58] 程艳涛. 冻土高寒草甸草地土壤水分入渗过程及影响因素的试验研究[D]. 兰州: 兰州大学, 2008.

[59] 刘继龙, 马孝义, 张振华. 土壤入渗特性的空间变异性及土壤转换函数[J]. 水科学进展, 2010, 21(2): 214-221.

[60] 武世亮, 聂卫波, 马孝义. 土壤特性与 Philip 入渗公式标定因子的空间变异性关系[J]. 排灌机械工程学报, 2014, 32(8): 730-736.

[61] 贾宏伟, 康绍忠, 张富仓. 石羊河流域平原区土壤入渗特性空间变异的研究[J]. 水科学进展, 2006, 17(4): 471-476.

[62] 王伟, 张洪江, 杜士才, 等. 重庆市四面山人工林土壤持水与入渗特性[J]. 水土保持通报, 2009, 29(3): 113-117.

[63] 胡秀娟, 程积民, 万惠娥. 子午岭林区辽东栎、油松、柴松群落特征及其枯枝落叶层水文效应研究[J]. 水土保持通报, 2010, 30(4): 46-50.

[64] JIMENEZ C C, TEJEDOR M, MORILLAS G, et al. Infiltration rate in andisols: Effect of changes in vegetation cover (Tenerife, Spain)[J]. Journal of Soil and Water Conservation, 2006, 61(3): 153-158.

[65] 张保华, 何毓蓉, 周红艺, 等. 长江上游亚高山针叶林土壤水入渗性能及影响因素[J]. 四川林业科技, 2003, 24(1): 61-64.

[66] 陈守义. 考虑入渗和蒸发影响的土坡稳定性分析方法[J]. 岩土力学, 1997, 6(2): 8-12.

[67] 姚海林, 郑少河, 李文斌, 等. 降雨入渗对非饱和膨胀土边坡稳定性影响的参数研究[J]. 岩石力学与工程学报, 2002, 21(7): 1034-1039.

[68] CHO S E, LEE S R. Instability of unsaturated soil slopes due to infiltration [J]. Computers and Geotechnics. 2001, 28(3): 185-208.

[69] 赵慧丽, 窦慧娟, 张永满. 雨后边坡土体瞬态含水率分布规律[J]. 铁道建筑, 2004 (10): 46-48.

[70] 蒋世泽, 王棣, 史敏华, 等. 不同植被类型土壤入渗和侵蚀量的研究[J]. 山西林业科技 1990(4): 1-4.

[71] 申震洲, 姚文艺, 李勉. 不同立地条件下坡面入渗与侵蚀关系试验研究[J]. 水土保持学报, 2008, 22(5): 43-46.

[72] 王玉杰, 王云琦. 重庆缙云山典型林分林地土壤入渗特性研究[J]. 水土保持研究, 2006, 13(2): 191-195.

[73] 郭忠升, 吴钦孝, 任锁堂. 森林植被对土壤入渗速率的影响[J]. 陕西林业科技, 1996(3): 27-31.

[74] PEFECT E, MCHAUGHLIN N B, KAYB D, et al. An improved fractal equation for the soil water retention curve[J]. Water Resour Research, 1996, 32: 281-288.

[75] 闫东锋, 杨喜田. 豫南山区典型林地土壤入渗特征及影响因素分析[J]. 中国水土保持科学, 2011, 9(6): 43-50.

[76] 郝春红, 潘英华, 陈曦, 等. 坡度、雨强对塿土入渗特征的影响研究[J]. 土壤通报, 2011, 42(5): 1040-1044.

[77] 王玉杰, 王云琦, 齐实, 等. 重庆缙云山典型林地土壤分形特征对水分入渗影响[J]. 北京林业大学学报, 2006, 28(2): 72-76.

[78] 杨海龙, 朱金兆, 毕利东. 三峡库区森林流域生态系统土壤渗透性能的研究[J]. 水土保持学报, 2003, 17(3): 54-57.

[79] 戴智慧, 蒋太明, 刘洪斌. 土壤水分入渗研究进展[J]. 贵州农业科学, 2008, 36(5): 77-80.

[80] 王月玲, 蒋齐, 蔡进军, 等. 半干旱黄土丘陵区土壤水分入渗速率的空间变异性[J]. 水土保持通报, 2008, 28(4): 52-55.

[81] 吴发启, 赵西宁, 崔卫芳. 坡耕地土壤水分入渗测试方法对比研究[J]. 水土保持通报, 2003, 23(3): 39-41.

[82] 黄锡荃. 水文学[M]. 北京: 高等教育出版社, 1985.

[83] KOSTIAKOV A N. On the dynamics of the coeffient of water percolation in soils and on the necessity of studying it from dynamic point of view for purposes of amelioration[J].Transactions of 6th Committee International Society of Soil Science, 1932, 97(1): 17-21.

[84] HORTON R E. An approach toward a physical interpretation of infiltration-capacity[J]. Soil Science Society of America Journal, 1940, 5(3): 399-417.

[85] PHILIP J R. The theory of infiltration about sorptivity and algebraic infiltration equations[J]. Soil Science, 1957, 84(4): 257-264.

[86] SMITH R E. The infiltration envelope results from a theoretical infiltrometer[J]. Journal of Hydrology, 1972, 17(1): 1-21.

[87] 朱祖祥. 土壤水分的能量概念及其意义[J]. 土壤学进展, 1979(1): 1-2.

[88] 杨诗秀, 雷志栋, 段新杰, 等. 应用土壤水动力学原理研究沙区土壤水分动态特征[M]. 兰州: 甘肃科学技术出版社, 1993.

[89] 刘元波, 杨诗秀. 积水条件下沙地入渗湿润锋速度变化规律[M]. 兰州: 甘肃科学技术出版社, 1994.

[90] 方正三. 黄河中游黄土高原梯田的调查研究[M]. 北京: 科学出版社, 1958: 53-59.

[91] 蒋定生, 黄国俊. 黄土高原土壤入渗速率的研究[J]. 土壤学报, 1986, 23(4): 299-304.

[92] 王全九, 来剑斌, 李毅. Green-Ampt 模型与 Philip 入渗模型的对比分析[J]. 农业工程学报, 2002, 18(2): 13-16.

[93] 杨培岭, 孟凡奇, 任树梅, 等. 考虑多因素影响的土壤水分入渗模型的构建与模拟[R]. 中国农业工程学会 2005 年学术年会论文集, 北京: 中国农业工程学会, 2005.

第7章 祁连山山前脆弱带生态修复与水土保持技术

7.1 研 究 进 展

生态系统退化是当今世界所面临的重大环境问题之一，因此如何恢复与重建退化生态系统成为社会各界广泛关注的重大科学问题[1]。近些年来，世界各国对退化生态与环境修复技术进行了大量的研究和实践，涉及草场恢复，矿山、水体和水土流失等环境恢复和治理工程[2-4]。在我国，生态系统的恢复与重建工作开始于退化坡地的整治与改良利用。从 20 世纪 50 年代末开始，华南地区退化坡地开展植被恢复技术与机理研究和长期的定位观测试验[5]。80 年代末以后，典型生态脆弱区生态恢复技术与模式成为研究重点，我国在黄河三角洲湿地区[6]、半干旱黄土丘陵区[7]、干旱荒漠区[8, 9]、干热河谷区[10]、三江源区[11]、荒漠绿洲区[12]、工业废弃地[13] 等退化或脆弱的生态环境中，进行了生态系统恢复重建方面的大量工作，将这方面的研究推向了一个新阶段。

祁连山地区草场过度放牧和毁林毁草开荒种植，造成水土流失面积增大，大量泥沙及漂砾随洪水而下，淤积河床、水库及渠道等问题在以西部大开发、退耕还林还草的政策下，已取得了显著的成效。但是随着人口增加，畜种数量扩大，人畜活动频繁，对天然林和人工林，特别是灌木林践踏破坏严重。致使灌木林变成草场，草场退还成裸地。从 2000 年开始，相关学者和政府相继在祁连山地开展了毒杂草型退化草地治理技术研究，在石羊河上游建立了退化草地生态恢复与重建试验示范基地，经过多年研究，在天然草地退化生态修复领域取得了一些进展，为山前脆弱生态修复和水土保持奠定了坚实的理论基础。

不同类型不同程度的退化生态系统，其恢复技术也不同[14]。就退化森林生态系统而言，植补造林是恢复与重建退化森林生态系统基本的技术之一，在生态恢复实践中，同一项目可能会应用多种技术[15, 16]。西部地区是我国生态环境的脆弱区，也是经济与生态环境协调发展的矛盾突出区，这使得该地区生态恢复与重建备受关注[17, 18]。针对山区造林成活率低的特点，陈超[19] 提出了应以云杉、落叶松等为主要造林树种，造林时间应以春季为宜，适当地深栽以提高造林成活率的技术；针对江河源区退化高寒草甸生态系统，马玉寿等[20] 提出了通过禁牧封育、毒杂草防除和草地施肥的措施进行轻度和中度退化草地的恢复技术；针对干旱丘陵山区，白玉峰等[21]、田志强等[22] 分别研究了树种选择、细致整地、良种壮苗、合理结构、精细种植、抚育管理等一整套适应丘陵山区造林的技术措施。

在祁连山区，特别是浅山区介于林区与农区之间，由于历史的原因，长期人为活动频繁，过度放牧，草场退化，林区遭受蚕食，水土流失加剧；加之该区水热关系不协调，造林难度大，植被恢复速度慢，生态环境脆弱，是祁连山水源涵养林营造和植被恢复与重建的重点和难点地区。20 世纪 80 年代中期，李永碌等[23] 就开展了祁连山东段北坡干旱浅山区造林试验；刘建泉等[24] 开展了祁连山青海云杉林抚育更新研究，提出更新迹地的管护是人工造林更新的关键环节，封山育林是促进天然更新和造林更新的重要手段和措施；孟好军等[25]开展了利用覆盖地膜草皮提高造林成活率的研究；高松[26]研究了祁连山区灌木造林技术；张晓平等[27]对祁连山东端造林技术进行了全面总结。针对祁连山区水热条件复杂，造林难度大的特点，张宏林等[28]对祁连山东段水源涵养林区造林树种选择试验研究；刘红梅等[29]开展了祁连山浅山区造林技术试验。从 2009 年开始，在多年荒漠绿洲生态恢复研究与试验示范基础上，提出了荒漠绿洲水分稳定技术、荒漠绿洲结构稳定技术、胡杨复壮更新技术、荒漠绿洲边缘造林补植技术和荒漠绿洲草地改良与生态经济型草库仑建设技术，构建了荒漠绿洲生态恢复与重建模式[12]。

退耕还林（草）工程，是国家为改善西部地区生态环境而采取的一项战略举措，是我国实现可持续发展战略的一项基本策略。杨正礼[30]通过对国外相关实践进行的借鉴性分析，提出了西北地区退耕地植被恢复的思路和"以封山育林为主，辅之以人工措施"的基本途径，并提出不同景观立地条件下的 56 种植被恢复模式；朱芬萌[31]提出了西北地区退耕还林还草的技术支撑体系，即技术研发→实用技术产品→技术培训→技术应用→管护技术指导→技术信息采集→技术研发；在半干旱黄土丘陵区，在寒冷高原黄土丘陵浅山区，贾志清等[32]构建了优质、高产的豆科与禾本科混交的人工草地栽培模式、经济林与粮食作物间种的林农（草）复合种植模式、柏木+黄耆（当归）、柏木+西洋参、乔灌林+黄耆（大黄）的林药栽培模式等；姬兴洲等[33]通过对河西走廊北部沙荒地退耕还林的效益调查，提出了沙荒地退耕还林的科学模式和技术对策；董立国等[34]提出了半干旱黄土丘陵区退化生态系统 4 种恢复模式及与之相对应的技术体系。

在祁连山退耕还林（草）地区，丁国民等[35]对退耕还林区植物群落组建技术进行了探讨，提出应积极推广容器苗造林，裸根苗造林前采用生根粉、保水剂蘸根，阔叶树苗木截干等措施，并采用地膜覆盖、集水造林、"干水"应用等抗旱造林新技术；马金宝等[36]集成运用封育保护、抚育促优、灌丛改造、退耕还林、退牧还草、造林营林、流域治理等生物、工程与农业技术措施，开展了祁连山东端石羊河上游水源涵养型流域植被恢复重建试验示范研究；贾志清等[37]研究了祁连山南麓大通县退耕地抗旱造林技术，提出了适合寒冷高原黄土丘陵浅山区的汇集径流整地，地膜、枝条、秸秆覆盖及 GGR 蘸根等综合造林技术；冯建华等[38]研究了祁连山东端冷龙岭东麓华隆林区农林牧交错区退耕还林还草存在的问题。

浅山区荒漠草原生态系统自然条件严酷、草场生产力低、生态系统脆弱。刘国强等[39, 40]在祁连山支脉达坂山南麓的大通县进行退耕还林（草）生态示范小区建设，依据不同的立地类型，进行了林草配置模式的研究，得出可行的退耕还林（草）栽培模式，分别是栽培纯林、林药间作、林间作、栽培混交林。

人工林草复合种植模式是林草植被恢复不可或缺的部分，在一些地区农村经济发展及生态环境建设中都发挥着重要的作用[41]，是我国干旱与半干旱地区陡坡农林复合的主要模式之一[42]。在林草复合系统中，林分通过对诸多气象要素的调节，为牧草和牲畜的生长发育提供了良好的气象条件；同时牧草通过增加空气湿度、减小土壤和空气温度的变化幅度，可对林木（特别是幼树）起到一定保护作用[43]。Feldhake[44]在美国西弗吉尼亚州对刺槐（*Robinia pseudoacacia*）-牧草复合系统的研究表明，树冠的遮阴作用，可以减小草地光合有效辐射和表层土温在一日之中的急剧变化。由于林木组分的存在，牧草会做出一系列生理生态反应，以适应特定的林地小环境。阿根廷的研究发现，遮阴条件下 C4 型草本植物假罗德草（*Trichloris crinita*）的叶绿素含量随光照的减少而显著地增加，其生长习性也由直立状生长变为倒伏状，以捕获更多的太阳辐射[45]。McGraw 等[46]研究指出，在行距为 12.2 m 的美国黑核桃（*Juglans nigra*）林地上间作紫花苜蓿，牧草的成熟期与单作相比有所推迟。Guevara-Escobar[47]指出，一种情况是，新西兰山区的杨树（*Populus* spp.）-牧草复合系统，与开阔草地相比，幼林下的牧草产量相当，但在成熟林下牧草产量不足开阔草地的 40%，这是因为成熟林木具有较强的遮阴作用，应采用适当的措施限制其树冠规模，以降低遮阴作用对牧草生产的不利影响；另外一种情况是，林分的存在不会对牧草产量产生影响。Bartolome 等[48]指出，将蓝栎（*Quercus douglasii*）从其生长的草场中移除，3 年后牧草的覆盖度从原来的 24.3%提高到 32.6%。

祁连山地区林草结构、林草交错带、林草复合流域的研究从不同方面展开。唐振兴等[49]对祁连山中段林草交错带土壤水热特征进行了研究；王金叶等[50, 51]对祁连山林草复合流域土壤水分状况和降水规律进行了研究；金铭等[52]对祁连山林草复合流域灌木林土壤水文效应进行了研究。

植被建设具有涵蓄降水、控制水土流失等功能，是区域生态环境建设的重要内容。植被措施对水土流失的影响已有大量研究[53-58]，不同植被对土壤水分的影响也有较多报道[59-67]。

本节退耕还林地试验研究区位于张掖山前平原区，植被覆盖度仅为 8.67%，属典型生态脆弱带。苗木繁育基地位于红沙窝，属中温带干旱荒漠大陆性气候区研究区，采样图见图 7-1。

　　　　　　　　　(a)　　　　　　　　　　　　　　　　　(b)

图 7-1　研究区采样图（见彩图）

7.2　植被和土壤特征

7.2.1　植物群落特征

大黄山植被群落以金露梅-银露梅-爬地柏-高山绣线菊-青海云杉为主，草本以薹草和禾草为主（图 7-2）。调查结果表明，平均高度最高的灌木为银露梅，总冠幅最大的为爬地柏，主要生长在半阴坡，其中青海云杉主要采用人工栽植。如图 7-3～图 7-5 所示，花寨乡退耕还林地人工恢复植被群落主要以沙棘+冰草+芨芨草为主，植被盖度在 40%左右。花寨乡退耕还林地天然恢复植被群落主要以小叶锦鸡儿+醉马草+针茅为主，植被盖度在 50%左右。

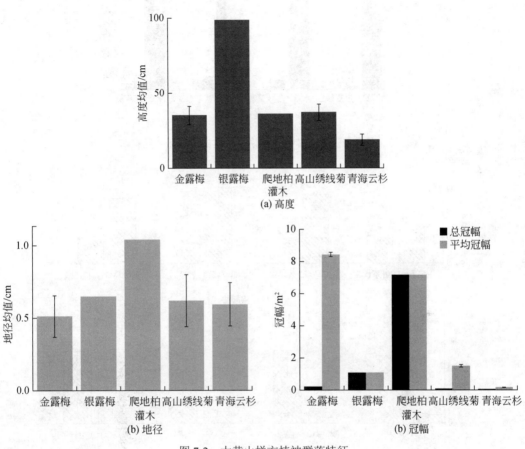

图 7-2　大黄山样方植被群落特征

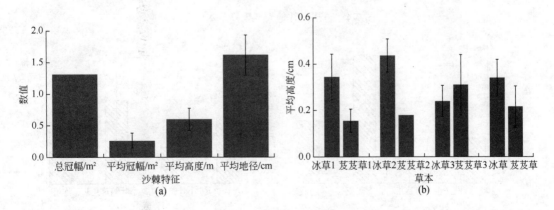

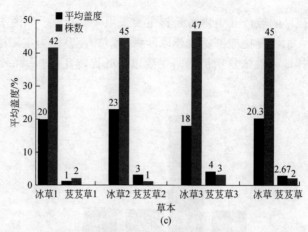

图 7-3　花寨乡退耕还林地人工恢复植被群落特征（见彩图）

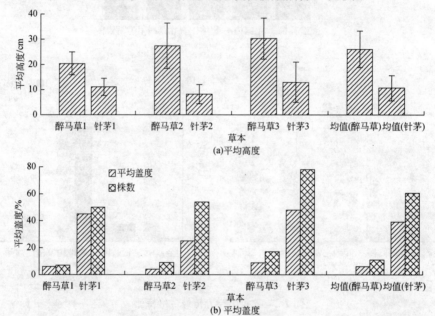

图 7-4　退耕还林地天然恢复草本特征

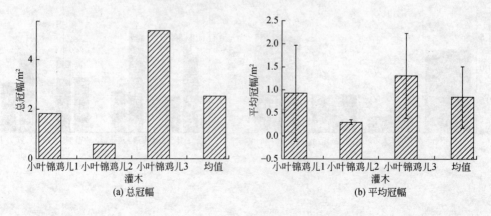

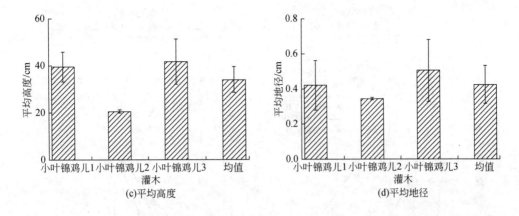

(c)平均高度

(d)平均地径

图 7-5 退耕还林地天然恢复灌木特征

7.2.2 土壤含水量及容重变化特征

大黄山造林地土壤含水量高于花寨乡退耕地土壤含水量，且大黄山阴坡含水量高于半阴坡，祁连山阴坡土壤含水量约为 35%，而半阴坡土壤含水量 17%；花寨乡退耕地中，人工恢复退耕还林地土壤含水量为 12%左右，高于天然恢复退耕地的土壤含水量（图 7-6）；通过比较不同土壤深度的土壤含水量变化发现，大黄山地区土壤含水量最大的深度为 20~40 cm，其次为 40~60 cm，表层含水量最小。而花寨乡退耕还林地土壤含水量随深度的增加而增加。如图 7-7、图 7-8 所示，容重变化关系表明：大黄山土壤容重阴坡大于半阴坡，花寨乡人工恢复退耕地土壤容重大于天然恢复退耕地土壤容重。

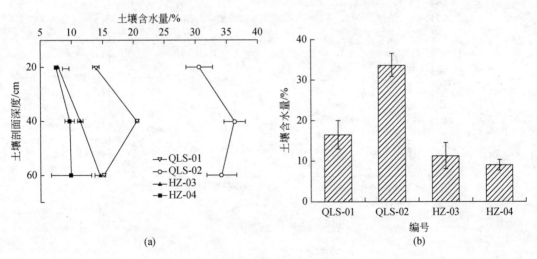

(a)

(b)

图 7-6 土壤含水量变化

QLS-01：大黄山造林地半阴坡；QLS-02：大黄山造林地阴坡；HZ-03：花寨乡人工退耕还林地；HZ-04：花寨乡天然退耕还草地。图 7-7~图 7-12 同

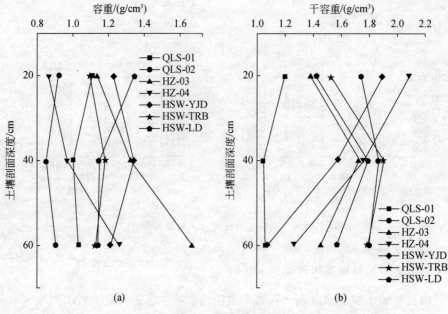

图 7-7 土壤容重变化

HSW-YJD：红沙窝育苗盐碱地；HSW-TRB：红沙窝育苗地兔儿坝；HSW-LD：红沙窝育苗地林地。图 7-8～图 7-12 同

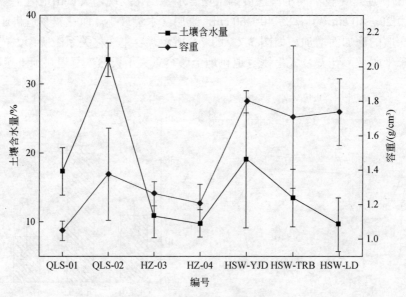

图 7-8 土壤含水量和容重变化比较

7.2.3 土壤盐分特征

大黄山造林地土壤水化学类型为：Ca^{2+}-SO_4^{2-}、Mg^{2+}-Cl^-，花寨乡退耕地土壤水化学类型为：Na^+-SO_4^{2-}、Mg^{2+}-SO_4^{2-}，红沙窝育苗地土壤水化学类均为 Na^+-SO_4^{2-}；土壤可溶性

固体及硬度方面，红沙窝育苗地＞花寨乡退耕地＞大黄山浅山区土壤；土壤电导率大小与土壤可溶性固体关系一致（图 7-9～图 7-10）。

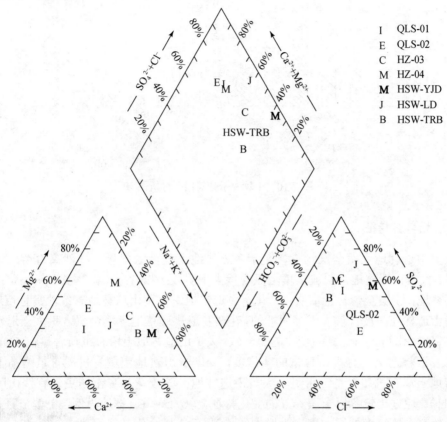

图 7-9 研究区土壤化学 Piper 三线图

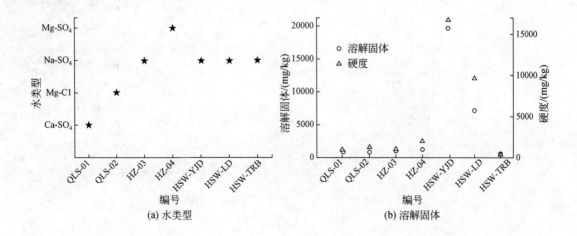

(a) 水类型　　　　　　　　(b) 溶解固体

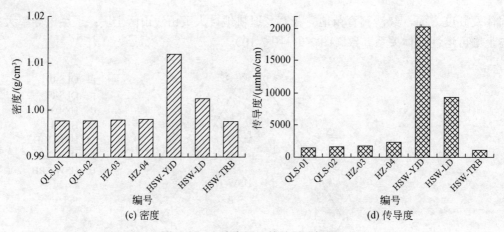

图 7-10　土壤离子计算结果分析图

7.2.4　土壤养分特征

　　大黄山造林地土壤全氮含量＞花寨乡退耕地土壤全氮含量＞红沙窝育苗地土壤全氮含量。大黄山造林地半阴坡土壤全氮含量大于阴坡土壤含量，花寨乡退耕还草地大于退耕还林地；土壤全磷含量依次为：花寨乡退耕地＞大黄山造林地＞红沙窝育苗地，且在大黄山造林地阴坡含量大于半阴坡的，花寨乡退耕还草地土壤全氮含量大于退耕还林地；全钾的变化趋势与全氮的变化趋势一致；大黄山造林地土壤有机质含量在 5%～6%，是花寨乡退耕地土壤有机质含量的 4 倍多，花寨乡退耕地土壤有机质含量略高于红沙窝育苗地土壤有机质含量。可见，大黄山造林地土壤较花寨乡土壤更适宜浅山区造林（图 7-11）。通过比较各层土壤养分的变化特征，以大黄山造林地为例，土壤全氮、全磷的含量随着土壤深度的增加表现为增加的趋势，而土壤全钾的含量则为 20～40 cm＞0～20 cm＞40～60 cm；土壤有机质含量也随着深度的增加而呈现增加的趋势（图 7-12）。

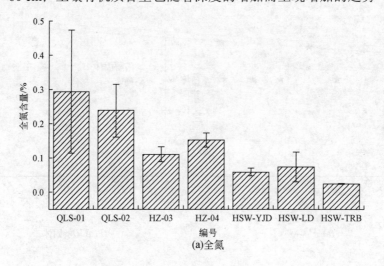

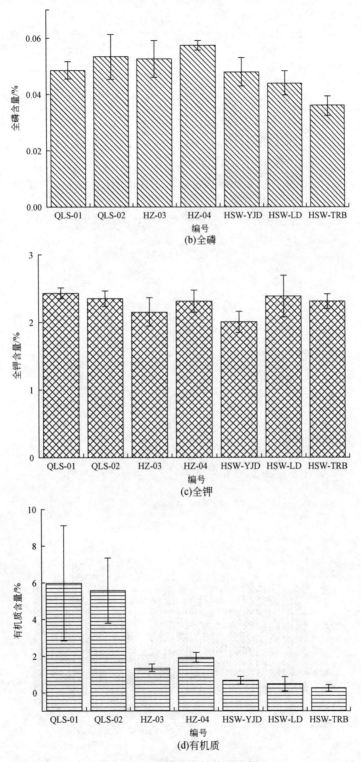

图 7-11　试验点土壤养分变化

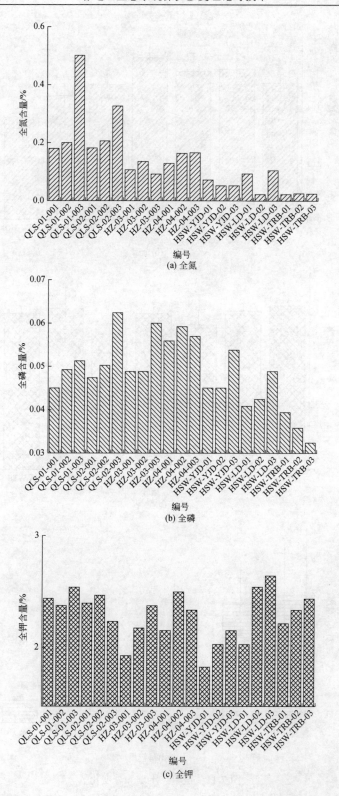

(a) 全氮

(b) 全磷

(c) 全钾

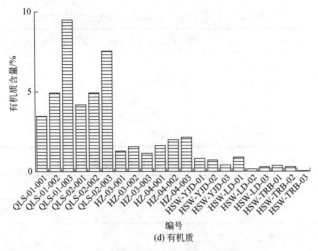

图 7-12 试验点不同深度土层土壤养分变化

001、002 和 003 分别表示土壤深度为 0~20 cm、20~40 cm 和 40~60 cm

退耕还林（草）地土壤总的有机质含量低，全氮、全磷含量最低，略显碱性，全盐含量较高，并有表聚现象；大黄山土壤全盐含量低，有机质含量较高。大黄山地区这种土壤特性与其地表植被有密切的关系，该区属于灰褐草甸土，植被生长旺盛，主要植被有青海云杉、小叶金露梅、高山绣线菊，上覆其他植被较多，0~60 cm 土层，土壤根系发达，这些植被的存在为该区土壤提供了可持续的肥力，因此该区土壤较肥沃。

7.3 乡土物种种子培育与繁殖技术

在红沙窝、龙渠及大黄山地区开展了优良乡土乔木、灌木种子采集、培育及繁殖试验，优选了云杉、圆柏、沙地柏、小叶锦鸡儿、金（银）露梅并开展繁育试验，归纳总结出适宜于研究区生物气候条件下的群落种子繁育的技术措施和生境要求，以及促进根、枝萌蘗的措施。

建立良种基地，通过对比试验分析不同试验方法下的种苗成活率及保存率，通过固定样方，调查植被的生理指标，同时监测土壤理化性质变化，并采用统计学方法，分析不同试验方案下浅山区乡土物种培育与繁殖的适宜条件和方法。

7.3.1 种子采集及育苗试验

青海云杉采种种子的净度一般在 50%~70%，千粒重在 3.5~5.5 g，种子的含水量一般在 10%左右，15~25 ℃为青海云杉种子发芽的最适合温度。

由表 7-1~表 7-3 可以看出，祁连圆柏繁育不同种子催芽方法中以冰冻层积、变温层积、硫酸浸泡效果较好，分别比对照高 118.6%、87.5%、92.1%，能显著降低育苗成本，提高经济效益 50%以上；以菌根土和羊粪混合作基质播种，单位面积株数最多，并且平均苗高较高。

表 7-1　不同催芽方法对祁连圆柏出苗率的影响

项目	混沙堆积	变温层积	冰冻	95%硫酸浸泡 15 min	50%高锰酸钾浸泡 15 min	对照（干藏）
播种数/粒	400	400	400	400	400	400
出苗数/株	126	210	245	215	188	122
出苗率/%	31.5	52.5	61.2	53.8	47	28
高出对照/%	12.5	87.5	118.6	92.1	67.8	0

表 7-2　催芽处理经济效益分析

处理方法	处理费用 /（元/亩）	播种量 /（kg/亩）	单价 /（元/kg）	种子费用 /（元/亩）	出苗年限 /年	催芽处理后	
						管理费用减少/%	苗圃地收入增加/%
未处理	—	75～90	4	300～360	5	20	25
冰冻层积	10	30～40	4	120～160	4		

表 7-3　不同播种基质育苗效果比较

播种基质		单位面积株数/（株/m²）	平均苗高/cm	平均地径/cm	出苗情况	生长情况
基质	底肥					
原床土	杂肥（农家肥）	276	22.25	0.53	较整齐	良好
原床土	尿素	156	22.15	0.45	较整齐	中
原床土	过磷酸钙	182	21.27	0.64	较整齐	中
原床土	尿素+羊粪	282	30.01	0.58	整齐	良好
菌根土	—	366	26.7	0.46	整齐	中
菌根土	羊粪	424	27.49	0.53	整齐	良好
细沙	—	118	18.04	0.50	不整齐	差

　　金（银）露梅为大黄山林区的优良乡土灌木树种，适应性较强，种源丰富，生长迅速，金（银）露梅播种育苗后，出苗整齐均匀，当年苗高达 15～20 cm，长势较好。翌年苗高 30～60 cm，至第三年时达 60～110 cm，开花展叶，可出圃造林。金（银）露梅播种育苗易繁殖，幼苗完全出土后不再进行遮阴。种子粒小，播种覆土不可过厚，幼苗期间洒水时注意控制水量，以保护幼苗。

　　小叶锦鸡儿当年苗高达 5～10 cm，长势较好。翌年苗高 10～15 cm，至第三年时达 15～20 cm，可出圃造林；小叶锦鸡儿播种育苗覆土不可过厚，幼苗期间应注意间除弱苗、小苗，保持苗木正常生长。

7.3.2　扦插育苗试验

　　祁连圆柏扦插育苗技术试验表明（表 7-4～表 7-7），5 月采条扦插的苗木根率、主根长、侧根数分别比 6 月扦插的苗木提高 9.9%～11.0%、43.7%～55.7%和 66.7%～75%，用 100 mol/L ABF$_{-1}$ 生根粉处理后，在细沙+菌根土混合基质上扦插，其成活率可达 95%，分别要较菌根土、细沙基质扦插提高 9.96%和 26.7%。

表 7-4　祁连圆柏不同时间扦插效果比较

扦插时间	主根长/cm	侧根数/条	生根率/%	抽梢率/%	药品浓度/（mol/L）
5 月 17 日	12.3	7	81	92	100
6 月 10～12 日	7.9	4	73	76	100
高出百分数/%	55.7	75	11.0	21	—
5 月 15～17 日	10.2	5	78	87	200
6 月 10～12 日	7.1	3	71	69	200
高出百分数/%	43.7	66.7	9.9	26.1	—

表 7-5　不同浓度处理扦插效果比较

项目	主根长/cm	侧根数/条	生根率/%	抽梢率/%	扦插时间
药品浓度 100 mol/L	12.6	9	85	96	5 月 15～17 日
药品浓度 200 mol/L	10.5	6	79	90	5 月 15～17 日
提高百分数/%	20.0	50.0	7.6	6.7	—
药品浓度 100 mol/L	8.9	5	77	82	6 月 10～12 日
药品浓度 200 mol/L	7.8	4	72	79	6 月 10～12 日
提高百分数/%	14.1	25.0	6.9	3.8	—

表 7-6　不同基质扦插效果对照表

扦插基质	主根长/cm	侧根数/条	生根率/%	抽梢率/%	药品及浓度
细沙＋菌根土	8.9	5	77	82	ABF$_{-1}$100 mol/L
菌根土	7.9	4	73	76	ABF$_{-1}$100 mol/L
原床土	0	0	0	0	对照

注：扦插时间为 6 月 10～12 日。

表 7-7　不同基质扦插苗生长情况对照表

扦插基质	成活率/%	3 年存苗率/%	3 年生平均苗高/cm	3 年生平均地/cm	药品及浓度
菌根土＋细沙	95.0	90.0	36.40	0.74	ABF$_{-1}$100 mol/L
菌根土	86.4	81.8	28.31	0.40	ABF$_{-1}$100 mol/L
细沙	75.0	55.0	20.93	0.44	ABF$_{-1}$100 mol/L

试验表明（表 7-8），插穗单株生根数量的变化与生根成活率的变化一致，生根最多的为 100 mol/L 的 ABT7 处理 2h。总之，沙地柏扦插生根容易，采用激素处理后，可以明显提高插穗的生根率。ABT7 处理提高了根的生长水平，尤其对根的伸长生长作用明显（图 7-13）。剪取枝条的梢部、中部 2 种插穗分别进行扦插，其结果显示（表 7-9），梢部生根率最低，而中部生根率高，为 70%。因此生产中应以选择中部的穗条扦插为宜。

表 7-8   各种激素处理情况及对插穗生根的影响

处理编号	激素种类	浓度/（mol/L）	处理时间/h	生根率/%	平均主根数/条	平均侧根数/条	平均主根长/cm	平均主根粗/cm
1	ABT1	50	2	51	1.05	0.60	1.23	0.14
2	ABT1	100	2	75	2.83	19.2	5.81	0.12
3	ABT1	150	2	60	1.04	0	0.46	0.10
4	ABT1	50	6	46	2.53	4.75	3.38	0.10
5	ABT1	100	6	45	1.67	0	1.58	0.09
6	ABT1	150	6	62	3.84	0.25	1.61	0.10
7	ABT6	50	2	30	1.67	0.67	2.77	0.10
8	ABT6	100	2	41	1.67	0.33	1.34	0.11
9	ABT6	150	2	32	2.04	0	0.48	0.11
10	ABT6	50	6	55	2.53	8.75	3.72	0.09
11	ABT6	100	6	66	3.03	0.51	0.9	0.10
12	ABT6	150	6	80	3.01	2.02	2.18	0.10
13	ABT7	50	2	57	2.01	4.03	1.83	0
14	ABT7	100	2	89	4.03	48.02	8.39	0.09
15	ABT7	150	2	77	3.82	7.43	2.91	0.12
16	ABT7	50	6	53	1.25	0	1.12	0.09
17	ABT7	100	6	69	2.83	1.67	1.25	0.13
18	ABT7	150	6	57	2.25	1.54	1.27	0.21
CK	清水	—	—	50	2.33	8.67	4.17	0.11

注：生根率、平均主根数、平均侧根数、平均主根长、平均主根粗为三次重复的平均值。

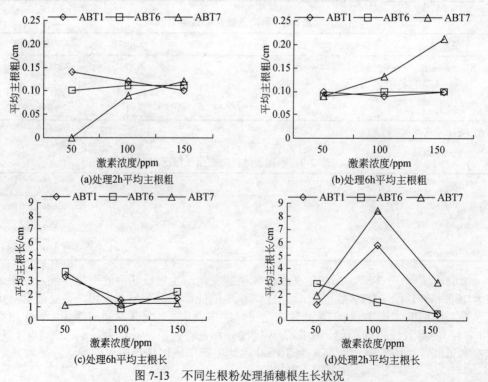

(a)处理2h平均主根粗
(b)处理6h平均主根粗
(c)处理6h平均主根长
(d)处理2h平均主根长

图 7-13   不同生根粉处理插穗根生长状况

表 7-9　不同采穗部位的插穗生根能力比较

枝条部位	生根率/%	主根数/条	侧根数/条	平均主根长/cm	平均主根粗/cm
梢部	48.9	2.4	1.43	1.61	0.111
中部	70	3.09	11.65	3.89	0.108

7.4　农田退耕地生态恢复技术

植被恢复过程中的土地衰退问题是困扰生态恢复的一大难题，也间接反映了植被恢复过程中土壤有机碳流失问题的严重性。在过去半个世纪，祁连山是放牧规模较大地区之一。由于人类干扰，祁连山的生态系统有显著改变。将祁连山浅山区草甸转换为农业土壤造成的土壤水分和温度的不同变化导致了土壤有机碳浓度变化。自 20 世纪 90 年代以来，政府实行退耕还林、还草政策，其中有一部分农田弃耕后处于植被自然恢复状态，选择 5 个具有相同的管理历史与土壤条件退耕地作为实验站点，对其土壤有机碳氮含量的变化做了相应的跟踪研究。本书采用空间序列代替时间序列的方法，研究退耕还林（草）地植被自然演替序列、物种多样性及土壤水分变化，以期探讨退化生态系统自然恢复过程中群落类型、物种多样性演替及土壤水分变化规律，为构建退耕还林（草）的保护模式提供数据支持。

7.4.1　退耕地土壤物理性质的变化

在退耕初期的 1～2 年，植被主要为白黎、冰草，5 年后，醉马草、针茅、委陵菜、珠芽蓼、金（银）露梅等完全恢复，在退耕期间地上生物量无显著差异，然而根密度增加，凋落物层的厚度也在逐年增加（表 7-10）。耕地土壤在退耕后，第 1 到第 5 年的水稳性团聚体的含量呈下降趋势，之后含量大大增加，土壤容重在退耕初期的 1～4 年表现出逐渐增加的趋势，随后大幅度减少。土壤孔隙度、含水能力及土壤有机碳在退耕初期 1～5 年呈现下降趋势，随后明显增加；并且土壤有机碳含量和土壤全氮含量的比例呈指数函数变化（图 7-14，图 7-15）。

表 7-10　不同退耕年限植被生长的变化

退耕年限/年	主要植物种	地上生物量/(g/cm²)	根系生物量/(g/cm²)	枯落物厚度/cm
1	白黎、冰草	246.3±21.5	15.2±3.1	0
2	白黎、冰草	243.2±24.6	26.9±3.9	0.1±0.1
3	白黎、冰草、醉马草	233.1±32.1	106.5±14.5	0.1±0.2
4	白黎、冰草、醉马草、委陵菜	213.7±22.8	112.3±17.9	0.2±0.3
5	白黎、冰草、醉马草、委陵菜、珠芽蓼	207.4±24.5	114.1±15.3	0.3±0.3
6	冰草、醉马草、委陵菜、珠芽蓼、针茅	212.9±26.2	120.8±16.4	0.4±0.3
7	冰草、醉马草、委陵菜、珠芽蓼、针茅、金露梅	213.6±23.9	126.4±21.3	0.5±0.2
9	冰草、醉马草、委陵菜、珠芽蓼、针茅、金露梅	221.6±32.1	129.7±22.8	0.6±0.2

续表

退耕年限/年	主要植物种	地上生物量/（g/cm²）	根系生物量/（g/cm²）	枯落物厚度/cm
10	冰草、醉马草、委陵菜、珠芽蓼、针茅、金露梅	232.4±25.3	132.6±19.8	0.6±0.3
11	冰草、醉马草、委陵菜、珠芽蓼、针茅、金露梅、银露梅	241.5±22.3	137.8±23.6	0.7±0.4
13	冰草、醉马草、委陵菜、珠芽蓼、针茅、金露梅、银露梅	245.6±33.1	139.2±22.8	0.9±0.3
15	冰草、醉马草、委陵菜、珠芽蓼、针茅、金露梅、银露梅	251.3±27.4	142.7±31.6	1.1±0.2
17	冰草、醉马草、委陵菜、珠芽蓼、针茅、金露梅、银露梅	258.4±31.8	143.8±23.8	1.3±0.3
18	冰草、醉马草、委陵菜、珠芽蓼、针茅、金露梅、银露梅	265.6±28.1	145.6±23.9	1.4±0.3
19	冰草、醉马草、委陵菜、珠芽蓼、针茅、金露梅、银露梅	264.3±25.9	146.3±32.3	1.4±0.4
对照	冰草、醉马草、委陵菜、珠芽蓼、针茅、金露梅、银露梅	259.4±33.7	157.2±36.5	1.6±0.3

注：第12、14、16年未作调查，因此无数据。

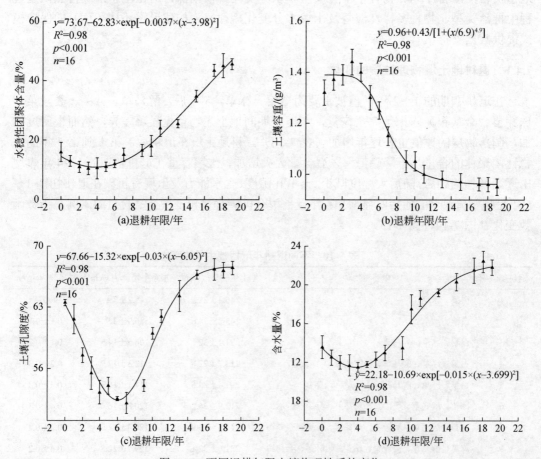

图 7-14　不同退耕年限土壤物理性质的变化

在退耕的最初 5 年，有机碳含量从 12.17 g/kg 下降到 11.77 g/kg，从第 6 年到第 19 年，退耕地土壤有机碳从 12.02 g/kg 增加到 15.74 g/kg，变化曲线遵从指数方程形式（图 7-15）。总有机碳氮随退耕年限的增加也呈现增加的趋势。

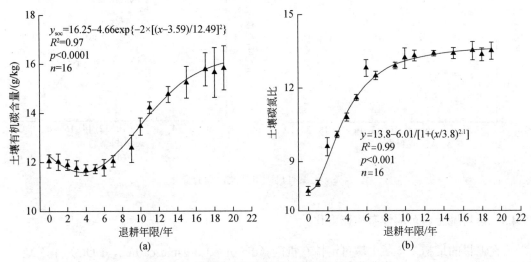

图 7-15　退耕地土壤有机碳和碳氮比的变化曲线

7.4.2　土壤有机碳组分的变化

在退耕的最初 1~5 年，退耕地土壤轻组有机碳（light fraction organic carbon，LFOC）和重组有机碳（high fraction organic carbon，HFOC）浓度和土壤有机碳含量都呈减小的趋势，然后再迅速增加 [图 7-16（a）和（b）]。在退耕的最初 5 年，LFOC 和 HFOC 浓度分别从 1.93 g/kg 降低到 1.32 g/kg 和从 17.04 g/kg 降低到 10.45 g/kg，然后在退耕后 6~19 年，从 1.59 g/kg 增加到 5.9 g/kg 和 10.46 g/kg 增加到 16.44 g/kg。

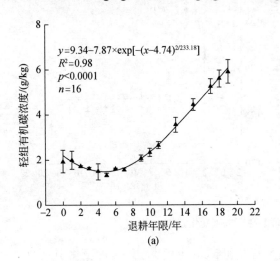
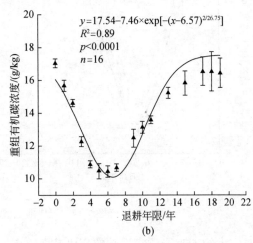

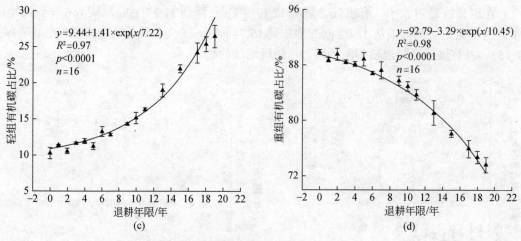

图 7-16　土壤有机碳组分及含量的变化

7.4.3　退耕地土壤可溶性有机碳变化

在退耕的最初 7 年，土壤可溶性有机碳（dissolved organic carbon，DOC）呈现减少的趋势，在第 8～19 年，可溶性有机碳又呈增加的趋势 [图 7-17（a）]。在退耕后的第 7 年，可溶性有机碳浓度下降到 33.05 mg/kg，然后到退耕后的第 19 年增加到 53.62 mg/kg。并且可溶性有机碳浓度和总有机碳的比值在最初的 1～5 年呈增加趋势，在退耕后第 6～19 年，又逐渐减小，整个变化趋势呈指数方程形式变化。 [图 7-17（b）]。

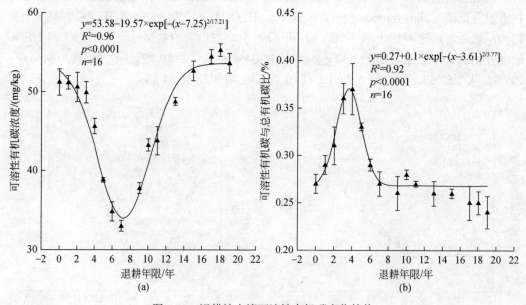

图 7-17　退耕地土壤可溶性有机碳变化趋势

大约 65%土壤有机碳的变化是由植物根系密度和 5 cm 土壤表层温度的变化引起的；根系生物量是退耕地影响碳浓度的关键因素，土壤温度则通过间接影响土壤微生物活性来影响碳浓度。

在祁连山浅山区退耕地，土壤碳库的再生在第 5 年之后变得相当迅速，而在第 10 年之后，增加则变得相对缓慢。

7.5　浅山区造林技术模式

在试验区选择乔木树种青海云杉、灌木树种沙棘、柠条进行浅山区造林试验。采用对照试验的方法，通过抗旱保墒整地技术、集水补充灌溉技术开展造林试验示范，分析不同造林技术配置模式对青海云杉、柠条、沙棘成活率的影响。

整地方式采用山地水平阶整地每个水平阶长 150 cm、宽 40 cm、深 30 cm，在水平阶外围下方加垄（埂）聚水，垄（埂）高 20 cm。每亩开挖水平阶 60 个，水平阶列与列的间距为 3 m，行距 4 m；鱼鳞坑整地：挖近似半月形的坑穴，坑穴呈品字形排列，一般坑宽（横）0.6～1 m，坑长（纵）0.6 m，坑距 2 m，坑下沿用生土围成高 20～25 cm 的半环状土梗，在坑的上方左右两角斜开一道小沟，以便引蓄更多的雨水。

7.5.1　栽植方法对苗木成活率的影响

对表 7-11 数据按反正弦转换后，进行差异显著性检验，F_A=46.29>$F_{0.01}$=5.95，表明各水平之间差异极显著。同时对 A 因素各水平用 q 检验法做多重比较，A_1 与 A_2、A_3、A_4，A_2 与 A_3、A_4 有极显著差异，A_3 与 A_4 无显著差异。试验结果证明：干旱区造林时不同的栽植方法直接影响着造林的成活率，预整地和开挖植树穴后采用放入苗木→回填土壤（深度至苗木主根下部三分之一处）→浇水→5 min 后回填土壤（填满）→踏实的栽植方法造林效果最好，成活率达到 93%。

表 7-11　造林不同栽植程序对成活率的影响

栽植程序号（因素 A）	各重复造林成活率（区组）/%				
	I	II	III	IV	平均
A_1	92	96	90	93	93
A_2	82	84	86	82	84
A_3	71	73	67	74	71
A_4	73	76	72	69	73

7.5.2　座根水量对造林成活率的影响

对表 7-12 数据进行反正弦转换，用双因素方差分析法检验：F_B=10.57>$F_{0.01}$=5.64，F_C=1.93<$F_{0.05}$=3.10，因素 B 各水平之间差异极显著，而因素 C 各水平之间无显著差异。结果证明：不同的浇水量直接影响造林成活率，浇水量在 0.5 L 以上时，多浇水对提高造林成活率影响不大，而当浇水量低于 0.5 L 时，造林成活率极低；在浇一定量座根水的情况下，宜林荒山荒坡、撂荒地、坡耕地之间造林成活率没有明显差异。

表 7-12　不同座根水量对造林成活率影响

座根水量/L（因素 B）	不同造林地类型（因素 C）成活率/%		
	宜林荒山荒坡（C_3）	摺荒地（C_3）	坡耕地（C_3）
0.00（B_1）	39	44	62
0.25（B_2）	61	64	78
0.50（B_3）	90	91	94
0.75（B_4）	92	92	95
0.10（B_5）	93	94	97
1.25（B_6）	93	95	97

7.5.3　土壤含水量对苗木成活率的影响

对表 7-13 数据进行反正弦转换，用双因素方差分析法检验：F_D=7.49＞$F_{0.01}$=3.22，F_B=7.82＞$F_{0.01}$=2.67，因素 D 各水平之间和因素 B 各水平之间均为极显著差异。试验说明，在不浇座根水的情况下，当造林地土壤含水量在 25% 以上时，成活率达到 86% 以上，造林时可以不浇座根水；而当土壤含水量低于 15% 时，必须浇 0.5 L 以上的座根水，造林成活率才能达到 85% 以上。同时造林时可以根据造林地的土壤含水量合理确定座根水浇水量，减少水资源的浪费。

表 7-13　不同土壤含水量对造林成活率的影响

土壤含水量/%（因素 D）	不同座根水量（因素 B）造林成活率/%				
	0 L（B_1）	0.25 L（B_2）	0.5 L（B_3）	0.75 L（B_4）	1 L（B_5）
5～10（D_1）	38	56	86	89	92
10～15（D_2）	46	61	89	92	93
15～20（D_3）	64	78	89	92	92
20～25（D_4）	75	86	90	91	94
25～30（D_5）	86	92	94	93
30～35（D_6）	87	93	92	92	94
35～40（D_7）	89	93	96	94	96

7.6　水土保持技术试验研究

选择具有典型代表性的小流域为试验示范区，建立水土流失径流场，通过不同林-草配置类型，通过人工降雨试验，探讨浅山区水土流失量，提出不同林草结构及比例的水土保持技术，建立山前脆弱生态系统水土保持综合防御体系（图 7-18）。

图 7-18　水土流失径流场及人工降水观测（见彩图）

7.6.1　径流场植被特征分析

通过分析不同径流场的植被特征（图 7-19、图 7-20）：阴坡径流场的植被主要以灌木+草本的类型为主，植被群落为小叶锦鸡儿+醉马草+针茅，阳坡径流场植被的主要类型为草本，以针茅为主。通过比较两类径流场的植被盖度可知，阴坡径流场植被盖度明显大于阳坡径流场（图 7-21）。

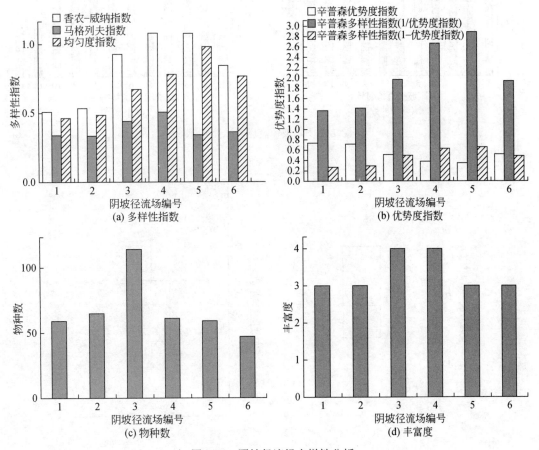

图 7-19　阴坡径流场多样性分析

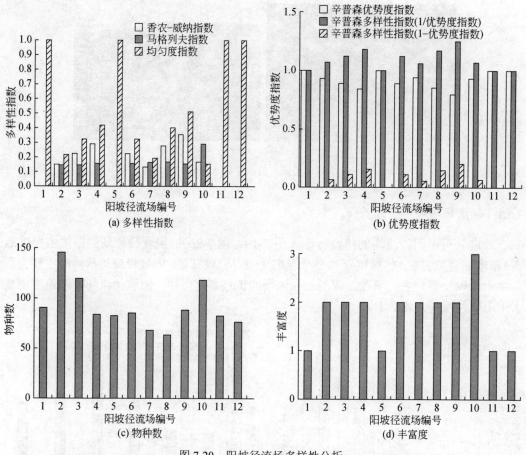

图 7-20 阳坡径流场多样性分析

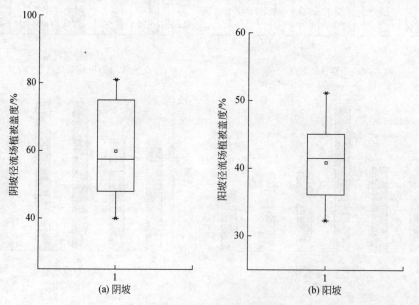

图 7-21 径流场盖度统计分析

7.6.2　不同植被盖度对产、汇流的影响

　　研究表明：径流场植被盖度与产、汇流起始时间呈正相关关系，即植被盖度越大，单位雨强的产、汇流开始时间越晚；同时植被盖度变化与产流中的泥沙含量呈负相关关系，表明植被盖度的增加对水土保持的作用也越大；同时植被盖度与单位强度产流量也呈现负相关关系，表明植被盖度越大，对降水的反应越滞后，也越不敏感（图7-22）。

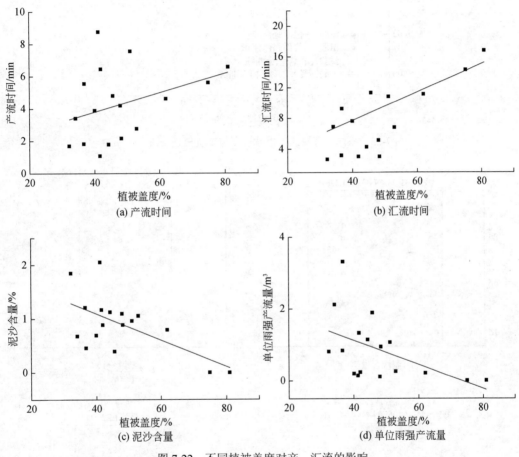

图 7-22　不同植被盖度对产、汇流的影响

　　通过对比试验，灌木和草本结合，总盖度 75%以上，灌木盖度大于 25%，降水强度不超过 50 mm/h，降水历时 10 min 以内，可保证坡度为 23°的区域不产生地表径流。说明灌草结合的浅山区植被恢复模式可有效防止山前地区的水土流失（图7-23）。

7.6.3　水土流失泥沙含量的影响因素分析

　　研究表明：泥沙含量与径流场坡度之间呈现正相关关系，即坡度越大，水土流失越严重；同时比较泥沙含量与土壤初始含水量的变化关系，发现初始含水量越大，泥沙含量相应也越大；降水强度及产流量与泥沙含量的相关关系不显著（图7-24）。

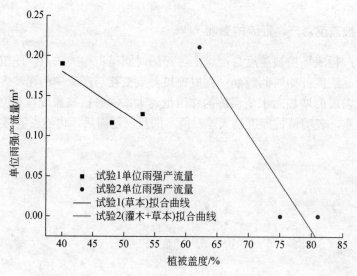

图 7-23　不同配置模式下植被盖度与单位雨强产流量关系

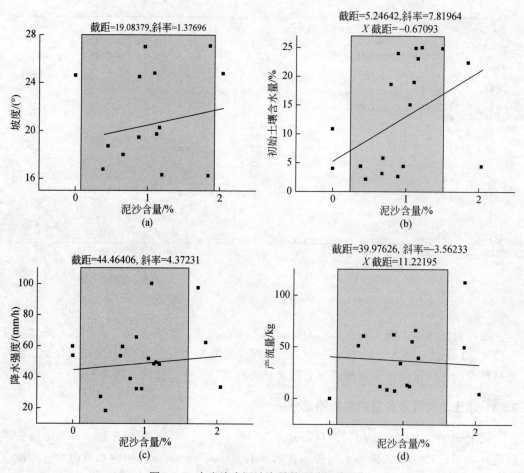

图 7-24　水土流失泥沙含量的影响因素分析

7.7　祁连山水土保持技术集成

通过开展研究区本底水土资源调查、优良种苗的繁育与引种技术研究，进行浅山区造林技术、退耕还林草技术试验研究，提出山前脆弱生态系统恢复模式；通过开展浅山区水土保持技术的初步试验，确定了水土流失的主要影响因素，为减轻水土流失危害，山前脆弱生态系统保护提供技术支撑。优良种苗繁育、引种技术及浅山区造林及退耕还林地保护技术较为成熟，可通过组装在类似的山前脆弱生态系统地区开展推广应用试验。

退耕初期的 1～2 年，植被是主要为白黎、冰草，5 年后，醉马草、针茅、委陵菜、珠芽蓼、金（银）露梅等完全恢复，在退耕期间地上生物量无显著差异，然而根密度却大大增加，凋落物层的厚度也在逐年增加；耕地土壤在退耕后，第 1～5 年其水稳性团聚体的含量呈下降趋势，退耕 6～19 年的水稳性团聚体含量大大增加，土壤容重在退耕初期的 1～5 年间表现出逐渐增加的趋势，从 1.37 g/cm³ 增加到 1.4 g/cm³，随后便大幅减少，在退耕后第 6 和第 19 年土壤容重分别下降至 1.3 g/cm³ 和 0.95 g/cm³。土壤孔隙度和含水能力在退耕初期 1～5 年也呈现下降趋势，随后明显增加；在退耕初期第 1～5 年，土壤有机碳含量从 12.17 g/kg 下降至 11.77 g/kg，在第 6～19 年，从 12.02 g/kg 增加到 15.74 g/kg，并且土壤有机碳含量和土壤全氮含量的比例呈指数函数变化。

利用乡土灌木树种进行人工辅助植被恢复，其平均成活率可达 85%以上，栽植穴内覆盖草皮能较未覆盖草皮提高移植灌木苗成活率 6%～9%；白榆截杆、蘸泥浆的植被恢复技术，成活率可达 94.4%；青海云杉地膜覆盖以 50 cm×50 cm 规格的效果最好，植被恢复区成活率平均达到了 74.6%，比对照区提高了 24.2%。山前生态脆弱系统通过生态恢复可以增加和促进物种多样性的良性发展，同时可以极大地提高林地生产力。

人工辅助生态恢复营造的青海云杉+华北落叶松+灌木混交林，恢复至 16 年时，乔木层的青海云杉、华北落叶松平均高度分别达 180 cm 和 300 cm，灌木层的平均盖度由恢复前的 35%提高到了 85%，提高了 50%，高度由恢复前的 45 cm 提高到了 150 cm，提高了 105 cm，草本生物量较恢复前提高了 39.6%；土壤有机质较恢复前提高了 51.4%；疏灌坡封育 5 年，灌木的平均高度为 1.5 m，较对照提高了 32.4%，东西向坡在封育与半封育条件下草本平均生物产量分别是对照的 2.22 倍和 2.14 倍；植被生态恢复后区内林草植被盖度＞40%、30%～40%、20%～30%的地块面积分别由原来的 12.2%、6.7%和 7.1%提高到14.3%、8.4%和 10.8%，通过封山、育林、造林等植被生态恢复措施，林草植被覆盖度低的地块经植被恢复后其覆盖度有显著的提高；不同立地条件类型的区域，植被生态恢复后的植物群落总盖度均比修复前明显提高，提高幅度以干旱石砾河滩沙棘生态经济林区的最大，盖度提高了 81.8%，弃耕地次之，干旱荒坡最小，但弃耕地、荒地、荒山和干旱荒坡的盖度也分别提高了 75.3%、48.8%、15.6%和 12.2%。表明人工辅助植被生态恢复是提高植被覆盖度最有效的措施。

该区域水土保持的整地方式采用山地水平阶整地每个水平阶长 150 cm、宽 40 cm、深 30 cm，在水平阶外围下方加垄（埂）聚水，垄（埂）高 20 cm。每亩开挖水平阶 60 个，水平阶列与列的间距为 3 m，行距 4 m；鱼鳞坑整地：挖近似半月形的坑穴，坑穴间呈品字形排列，一般坑宽 0.6～1 m，坑长 0.6 m，坑距 2 m，坑下沿用生土围成高 20～25 cm 的半环状土埂，在坑的上方左右两角斜开一道小沟，以便引蓄更多的雨水；造林主要采用干旱山区节水保墒造林法造林，同时在栽植过程中采用 ABT 生根粉对苗木进行处理，提高苗木成活率。确定沙棘纯林每公顷栽植沙棘 11 株，云杉纯林每公顷栽植云杉 10 株，柠条每公顷 11 株，混交林云杉每公顷 5 株+柠条（沙棘）每公顷 5 株。其中青海云杉纯林成活率为 90%、沙棘纯林成活率为 70%、柠条成活率 75%、混交林成活率 75%以上。

参 考 文 献

[1] SER. The SER International Primer on Ecological Restoration [M]. Tucson: Society for Ecological Restoration & Policy Working Group, 2004.

[2] BARBOUR M G, BURK J H, PITTS W D. Terrestrial Plant Ecology[M]. Menlo park, California: Benjamin/Cummings Publishing Company, Inc., 1980.

[3] ARONSON J, FLORET C, LE FLOC'H E, et al. Restoration and rehabilitation of degraded ecosystems in arid and semi-arid lands. I.a view from the south[J]. Restoration Ecology, 1993, 1(1): 8-17.

[4] JACKSON L L, LOPOUKINE D, HILLYARD D. Ecological restoration: a definition and comments [J]. Restoration Ecology, 1995, 3(2): 71-75.

[5] 余作岳, 彭少麟. 热带亚热带退化生态系统植被恢复生态学研究[M]. 广州: 广东科技出版社, 1996.

[6] 陆兆华, 马克明, 杨玉珍, 等. 黄河三角洲退化湿地生态恢复: 理论、方法与实践[M]. 北京: 科学出版社, 2013.

[7] 李生宝, 蒋齐, 赵世伟, 等. 半干旱黄土丘陵区退化生态系统恢复技术与模式[M]. 北京: 科学出版社, 2011.

[8] 周志宇, 朱宗元, 刘钟龄, 等. 干旱荒漠区受损生态系统的恢复重建与可持续发展[M]. 北京: 科学出版社, 2010.

[9] 陈亚宁, 等. 干旱荒漠区生态保育恢复技术与模式[M]. 北京: 科学出版社, 2010.

[10] 包维楷, 庞学勇, 李芳兰, 等. 干旱河谷生态恢复与持续管理的科学基础[M]. 北京: 科学出版社, 2012.

[11] 赵新全. 三江源区退化草地生态系统恢复与可持续管理[M]. 北京: 科学出版社, 2011.

[12] 冯起, 司建华, 席海洋. 荒漠绿洲水热过程与生态恢复技术[M]. 北京: 科学出版社, 2009.

[13] 赵方莹, 孙保平. 矿山生态植被恢复技术[M]. 北京: 中国林业出版社, 2009.

[14] 刘庄, 谢志仁, 沈渭寿. 祁连山自然保护区主要生态问题及生态恢复研究[C]. "土地变化科学与生态建设" 学术研讨会论文集, 北京: 中国地理学会, 2004.

[15] 任海, 彭少麟, 陆宏芳. 退化生态系统恢复与恢复生态学[J].生态学报, 2004, 24(8): 1756-1764.

[16] 陈灵芝, 陈伟烈.中国退化生态系统研究[M].北京: 中国科学技术出版社, 1995.

[17] 刘国华, 傅伯杰, 陈利顶, 等. 中国生态退化的主要类型、特征和分布[J]. 生态学报, 2000, 20(1): 13- 19.

[18] 程国栋, 张志强, 李锐. 西部地区生态环境建设的若干问题与政策建议[J]. 地理科学, 2000, 20(6): 503-510.

[19] 陈超. 高寒山区造林技术探讨[J]. 绿色科技, 2011, (6): 72-73.

[20] 马玉寿, 郎百宁, 李青云, 等. 江河源区高寒草甸退化草地恢复与重建技术研究[J]. 草业科学, 2002, 19(9): 1-5.

[21] 白玉峰, 赵玉珍. 干旱丘陵山区造林技术[J]. 中国水土保持, 2000, (5): 23-24.

[22] 田志强, 张静. 宁夏南部干旱山区造林技术[J]. 现代农业科技, 2011, (20): 215-216.

[23] 李永碌, 雷成云, 刘家庆. 祁连山东段北坡干旱浅山区造林试验[J].甘肃农业大学学报, 1984, (3): 104-113.

[24] 刘建泉, 宋秉明, 郝玉福. 祁连山青海云杉林抚育更新研究[J]. 江西农业大学学报, 1998, 20(1): 82-85.

[25] 孟好军, 董晓丽, 常宗强. 覆盖地膜草皮在祁连山浅山区造林中的应用[J]. 林业科技开发, 2004, 18(4): 62-63.

[26] 高松. 祁连山区灌木造林技术研究[J]. 甘肃林业科技, 2006, 31(3): 36-39.

[27] 张晓平, 董莺. 祁连山东端主要造林技术[J]. 中国林业, 2008, (5A): 50.

[28] 张宏林, 达光文, 王吉金, 等. 祁连山东段水源涵养林区造林树种选择试验研究[J]. 安徽农业科学, 2010, 38(3): 1543 -1545.

[29] 刘红梅, 刘宏军. 祁连山浅山区造林技术试验[J]. 防护林科技, 2010, (1): 26-28.

[30] 杨正礼. 我国西北地区退耕地植被恢复基本途径与模式探讨[J]. 中国人口资源与环境, 2004, 24(5): 37-41.

[31] 朱芬萌. 西北地区退耕还林还草的支撑体系研究[J]. 杨凌: 西北农林科技大学, 2004.

[32] 贾志清, 卢琦, 张鹏. 寒冷高原黄土丘陵浅山区退耕还林模式及造林技术[J]. 水土保持通报, 2004, 24(2): 63-67.

[33] 姬兴洲, 李永胜, 王发东. 河西走廊沙荒地退耕还林效益与技术[J]. 绿色中国, 2004, (Z1): 58-59.

[34] 董立国, 李生宝, 潘占兵, 等. 半干旱黄土丘陵区退化生态系统恢复模式与技术体系的探讨[J]. 中国农业科技导报, 2008, 10(6): 35- 41.

[35] 丁国民. 祁连山退耕还林区植物群落组建技术初探[J]. 防护林科技, 2003, (4): 57-58.

[36] 马金宝, 罗永寿, 王英成, 等. 石羊河上游水源涵养型流域植被恢复重建试验示范[J]. 林业科技, 2009, (5): 21-24.

[37] 贾志清, 卢琦, 贺永元. 青海省大通县退耕地抗旱造林技术研究[J]. 水土保持通报, 2008, 28(3): 85-88.

[38] 冯建华, 祁有海. 华隆林区农林牧交错区退耕还林还草成效巩固对策分析及建议[J]. 甘肃科技, 2013, 29(2): 135-137.

[39] 刘国强. 大通县退耕还林立地分类的研究[J]. 青海农林科技, 2003, 1: 18-22.

[40] 刘国强, 李瀚, 左雪梅, 等. 退耕还林(草)林草配置模式研究[J]. 青海农林科技, 2003, 增刊: 51-53.

[41] 武卫国, 胡庭兴, 周朝彬, 等. 不同密度巨桉林草复合模式初期土壤特征研究[J]. 四川农业大学学报, 2007, 25(1): 76-81.

[42] 宋兆民, 孟平. 中国农林业的结构与模式[J]. 世界林业研究, 1993(5): 77-81.

[43] 秦树高, 吴斌, 张宇清. 林草复合系统地上部分种间互作关系研究进展[J]. 生态学报, 2010, 30(13): 3616-3627.

[44] FELDHAKE C M. Microclimate of a natural pasture under planted Robinia pseudoacacia in central Appalachia, West Virginia [J]. Agroforestry Systems, 2001, 53(3): 297-303.

[45] CAVAGNARO J B, TRIONE S O. Physiologica morphological and biochemical responses to shade of Trichloris crinita, a forage grass from the arid zone of Argentina [J]. Journal of Arid Environments, 2007, 68(3): 337-347.

[46] MCGRAW R L, STAMPS W T, HOUX J H, et al. Maturation, and forage quality of alfalfa in a black walnut alley-cropping practice [J]. Agroforestry Systems, 2008, 74(2): 155-161.

[47] GUEVARA-ESCOBAR A, KEMP P D, MACKAY A D, et al. Pasture production and composition under poplar in a hill environment in New Zealand [J]. Agroforest Systems, 2007, 69(3): 199-213.

[48] BARTOLOME J M, ALLEN-DIAZ B H, TIETJE W D. The effect of Quercus douglasii removal on understory yield and composition [J]. Journal of Range Management, 1984, 47(2): 151-154.

[49] 唐振兴, 何志斌, 刘鹄. 祁连山中段林草交错带土壤水热特征及其对气象要素的响应[J]. 生态学报, 2012, 32(4): 1056-1065.

[50] 王金叶, 田大伦, 王彦辉, 等. 祁连山林草复合流域土壤水分状况研究[J]. 中南林学院学报, 2006, 26(1): 1-5.

[51] 王金叶, 王彦辉, 王顺利, 等. 祁连山林草复合流域降水规律的研究[J]. 林业科学研究, 2006, 19(4): 416-422.

[52] 金铭, 张学龙, 刘贤德, 等. 祁连山林草复合流域灌木林土壤水文效应研究[J]. 水土保持学报, 2009, 23(1): 169-173.

[53] 彭文英, 张科利, 江忠善, 等. 黄土高原坡耕地退耕还草的水沙变化特征[J]. 地理科学, 2002, 22(4): 397-402.

[54] 郑粉莉, 贺秀斌. 黄土高原植被破坏与恢复对土壤侵蚀演变的影响[J]. 中国水土保持, 2002, (7): 21.

[55] 张少良, 张兴义, 刘晓冰, 等. 典型黑土侵蚀区自然植被恢复措施水土保持功效研究[J]. 水土保持学报, 2010, 24(1):

73-81.

[56] 和继军, 蔡强国, 路炳军, 等. 密云水库上游石匣小流域水土流失综合治理措施研究[J]. 自然资源学报, 2008, 23(3): 376-382.

[57] 蔡新广. 石匣小流域水土保持措施蓄水保土效益试验研究[J]. 资源科学, 2004, 26(Z1): 144-150.

[58] 李丽辉, 龙岳林. 不同植被类型水土保持功能研究进展[J]. 湖南农业科学, 2007, (5): 90-92.

[59] 张笑培, 杨改河, 胡江波, 等. 不同植被恢复模式对黄土高原丘陵沟壑区土壤水分生态效应的影响[J]. 自然资源学报, 2008, 23(4): 635-642.

[60] 贾志清. 晋西北黄土丘陵沟壑区典型灌草植被土壤水分动态变化规律研究[J]. 水土保持通报, 2006, 26(1): 10-15.

[61] 尹忠东, 朱清科, 毕华兴, 等. 黄土高原植被耗水特征研究进展[J]. 人民黄河, 2005, 27(6): 35-37.

[62] 蔡燕, 王会肖. 黄土高原丘陵沟壑区不同植被类型土壤水分动态[J]. 水土保持研究, 2006, 13(6): 79-81.

[63] 杜娟, 赵景波. 黄土高原南部人工植被作用下的土壤水分研究[J]. 土壤, 2010, 42(2): 262-267.

[64] 陈洪松, 邵明安, 王克林. 黄土区深层土壤干燥化与土壤水分循环特征[J]. 生态学报, 2005, 25(10): 2491-2498.

[65] 王青宁, 王晗生, 周景斌, 等. 植被作用下的土壤干化及其发生机制探讨[J]. 干旱地区农业研究, 2004, 22(4): 163-167.

[66] 王志强, 刘宝元, 海春兴, 等. 晋西北黄土丘陵区不同植被类型土壤水分分析[J]. 干旱区资源与环境, 2002, 16(4): 53-58.

[67] 徐炳成, 山仑, 陈云明. 黄土高原半干旱区植被建设的土壤水分效应及其影响因素[J]. 中国水土保持科学, 2003, 1(4): 32-35.

第8章　集成技术纲要

针对祁连山绿色屏障建设和山地生态系统保护中急需开展科技攻关，本书在水源涵养林生态系统保护技术、草地生态系统恢复技术、前山脆弱带生态系统修复与水土保持技术集成和研发等方面开展研发和示范工作。研究成果对同类地区的生态系统保护与修复、遏制生态环境退化、实现区域可持续发展具有广泛的理论与实践指导意义。

本书以应用技术开发为重点，全面提高区域内生态系统的自我修复能力，有效维持生态系统的稳定，遏制生态环境退化，为内陆河上游生态环境综合治理工程建设服务。技术模式全面推广应用后，可以促进河流上游山地生态健康发展、提高自然生态系统的生产能力、改善区域生态环境质量。

1. 祁连山区水源涵养功能监测与增贮潜力评估

建立了多尺度水源涵养功能监测与评估指标体系。常规气象监测指标：气温和土壤温度、降水量即降水过程、小气候，具体指标按照《地面气象观测规范》执行。生态系统尺度水源涵养相关指标：林冠及树干截留量、苔藓及枯落物截留量、冰雪及融水量、冻土冻融厚度、土壤水热动态、土壤蒸发。小流域及流域尺度：径流量及径流过程、植被盖度、土地覆盖格局、蒸散、土壤水、总产水和地表径流。区域尺度：土地覆盖、植被盖度、净初级生产力和生物量、蒸散。上述各个尺度上的指标既相对独立，又彼此紧密关联，从而保障了地面观测、遥感监测和模型模拟的有机结合。

开发了水源涵养功能综合监测与评估。从生态系统和小流域尺度水源涵养功能的地面观测体系构建、水源涵养过程机理分析、大尺度水源涵养参量遥感动态监测与反演及技术开发、流域水源涵养时空变化综合模拟与驱动力分析等方面开展了系统阐述，为高寒地区生态系统和水源涵养功能的动态管理提供了理论。

研发的区域尺度遥感与地面观测相融合的水源涵养评估技术，实现了蒸散、土壤水等水源涵养参量的动态评估，上述技术均达到了误差＜20%的要求。对 SWAT 模型进行了校验和参数本地化率定，优化了其参数集，实现了流域水平上产水、蒸散、河川径流和土壤水的动态模拟，综合模拟结果达到了误差＜20%的精度要求。

2. 祁连山山区木本植物群落分类及空间分布

以黑河上游高寒区乔木群落和灌木群落为研究对象，对不同类型植物群落进行分类，比较了不同植物群落林下植被物种组成和多样性的差异，确定了影响植物群落物种组成和丰富度变异的解释变量，基于生态位理论和中性理论比较了不同类型植物群落在群落构建过程中的差异，旨在阐明研究区不同植物群落空间分布格局的驱动机制，为高寒地区生态保护与恢复提供技术支撑。

3. 植物功能性状和群落结构对坡向的响应

以黑河上游祁连山为例，通过生态化学计量学方法，研究氮、磷等主要元素的生物地球化学循环和生态学过程，探讨高寒山区南-北坡的生境（光照、水分、温度）梯度，分析植物适应不同环境的性状和生存策略差异性，认识坡向梯度下植物群落结构及叶片功能性状特征，为合理运用生态规律控制、改造、保护植物群落和恢复山区生态环境服务。

4. 内陆河高寒水源涵养林生态系统保育技术

针对祁连山山区水源涵养林生态退化、涵养水源功能降低等问题，对山区水源涵养林群落组成与结构、植被分布类型及特征、退化修复现状及特征、水源涵养林群落多样性等进行了调查研究；开展了林缘区退化水源涵养林生态修复技术，乔木型、乔灌混交型、灌木型水源涵养林植被空间配置与结构优化技术，水源涵养林林缘区退耕地植被修复技术，退化水源涵养林封育及人工修复技术的试验，并成功地进行了生态保育技术示范。

针对水源涵养林区造林单一，主要组成树种青海云杉、祁连圆柏等实生苗木形态差异较大，生长速度慢且不整齐，繁育技术成熟度低等问题，开展水源涵养林适宜树种引种驯化与繁育技术试验研究。引进了青海云杉、祁连圆柏良种，成功地开展了生态适应性、扦插和组培等快速繁育技术研究。提出了山区圆柏容器育苗及造林技术、沙棘无灌溉造林技术、水源涵养林保育技术三项技术规程。

5. 祁连山天然草地生态系统修复与保护技术

建立了利用 D 型肉毒素冬季防治高原鼠兔+设置鹰架控制高原鼠兔数量的技术模式，该模式不仅可有效降低周边区域鼠兔数量，同时可以提高高寒草甸莎草及禾草在群落中的优势地位，显著增加草地植被的盖度（$p < 0.05$）。建立了利用模拟投饵器投放 D 型肉毒素防治高原鼢鼠的模式。在高原鼢鼠密度较高时防治常难以达到种群数量控制要求，而在密度较低时进行防治，则有利于有效降低其种群数量，且能够使其种群在低密度水平维持较长的时间。因此，高原鼢鼠的防治最佳模式为在高原鼢鼠低密度时，采用人工投饵或人工放置鼢鼠箭的技术进行防治。

毒杂草草地采用冬季鼠害防治技术+施用"狼毒净"灭除狼毒+生长季禁牧的技术模式，可使狼毒在群落中失去优势地位，施用 1050 mL/hm^2 浓度的"狼毒净"对狼毒具有最好的防效，防效率为 94.92%。天然草地采用"冬季鼠害防治+施肥+合理利用（牧草利用率 50%）"的技术集成模式，可使天然草地维持较高的生产力和生态系统平衡。

对 16 个草（品）种的适应性和生产性能等进行了系统的研究，通过多项指标的综合性评价确定了垂穗披碱草、同德短芒披碱草、青海草地早熟禾、青海冷地早熟禾、青海中华羊茅、同德小花碱茅 6 个首选适生牧草品种，可作为生态和饲草品种进行大面积推广。

开展了不同退化草地改良技术集成，轻度退化草地采用冬季灭鼠+生长季禁牧+施肥技术集成模式可以显著提高草地植被盖度和禾草的高度；中度退化草地采用冬季灭鼠+生长季禁牧+施肥+免耕补播技术集成模式，可显著提高草地植物的盖度、高度、优良牧草量和地上植物量，提高优良牧草所占比例，降低草地表层土壤容重，提高地下植物量和地下植物总量，补播后土壤中的全氮和速效氮含量都有所增加；重度退化草地采用冬季灭鼠+生长季禁牧+施肥+植被重建技术集成模式能显著提高草地植物的盖度、高度、优良牧草量和地上植物量，提高优良牧草所占比例，降低草地表层土壤容重，建立人工草地是恢复祁连山重度退化天然草地的有效途径。

6. 山前脆弱生态系统恢复与水土保持技术

（1）内陆河浅山区造林技术。遵循"适地适树"的原则，选择优质高效的乡土树种，采用造林树种选择技术、抗旱保墒整地技术、集水补充灌溉技术等浅山区造林技术，从整地、树种选择与配置、抗旱技术应用、树种栽植等方面，研发浅山区造林技术，其主要难点在于确定造林树种水分营养面积和造林密度，以维持林地水分平衡。

（2）退耕还林（草）地保护技术。针对不同地貌条件下退耕还林（草）地，采用林草植被建造技术、封山育林（草）技术，开展林草植被配置与快速绿化技术试验，提出祁连山退耕还林（草）的关键技术，构建退耕还林（草）地保护模式，促进退耕还林地区植被恢复，解决了低山丘陵退耕区造林种草成活率和保存率低的问题。

针对浅山区荒漠草原生态环境和农林牧业生产现状，开展草地资源配置和优化种植、合理放牧利用、林草结构优化技术、饲草料加工、牛羊舍饲圈养技术及家畜集约化育肥技术为主的浅山区林草结构优化模式研究，林草结构优化及其高效利用技术模式解决了满足浅山区植被恢复和涵养水源的带密度宽林带林草间作优化配置技术，实现浅山区林草结构优化配置及其高效利用。

彩　图

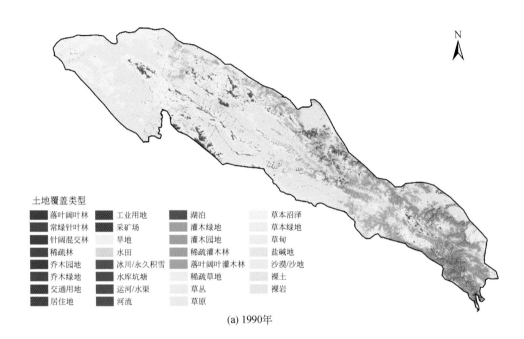

土地覆盖类型

■ 落叶阔叶林	■ 工业用地	■ 湖泊	□ 草本沼泽
■ 常绿针叶林	■ 采矿场	■ 灌木绿地	□ 草本绿地
■ 针阔混交林	□ 旱地	■ 灌木园地	□ 草甸
■ 稀疏林	□ 水田	■ 稀疏灌木林	□ 盐碱地
■ 乔木园地	■ 冰川/永久积雪	■ 落叶阔叶灌木林	□ 沙漠/沙地
■ 乔木绿地	■ 水库坑塘	□ 稀疏草地	□ 裸土
■ 交通用地	■ 运河/水渠	□ 草丛	□ 裸岩
■ 居住地	■ 河流	□ 草原	

(a) 1990年

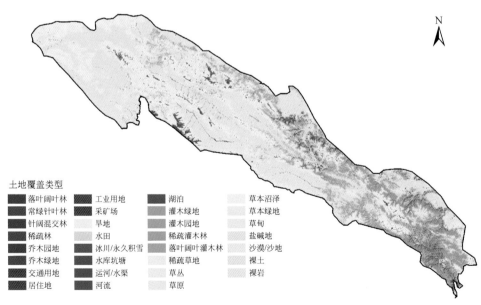

土地覆盖类型

■ 落叶阔叶林	■ 工业用地	■ 湖泊	□ 草本沼泽
■ 常绿针叶林	■ 采矿场	■ 灌木绿地	□ 草本绿地
■ 针阔混交林	□ 旱地	■ 灌木园地	□ 草甸
■ 稀疏林	□ 水田	■ 稀疏灌木林	□ 盐碱地
■ 乔木园地	■ 冰川/永久积雪	■ 落叶阔叶灌木林	□ 沙漠/沙地
■ 乔木绿地	■ 水库坑塘	□ 稀疏草地	□ 裸土
■ 交通用地	■ 运河/水渠	□ 草丛	□ 裸岩
■ 居住地	■ 河流	□ 草原	

(b) 2000年

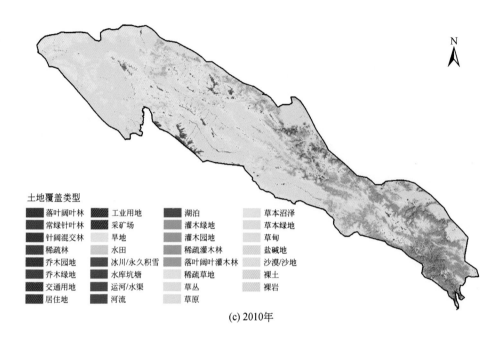

土地覆盖类型

落叶阔叶林	工业用地	湖泊	草本沼泽
常绿针叶林	采矿场	灌木绿地	草本绿地
针阔混交林	旱地	灌木园地	草甸
稀疏林	水田	稀疏灌木林	盐碱地
乔木园地	冰川/永久积雪	落叶阔叶灌木林	沙漠/沙地
乔木绿地	水库坑塘	稀疏草地	裸土
交通用地	运河/水渠	草丛	裸岩
居住地	河流	草原	

(c) 2010年

图 2-20　祁连山土地覆盖图

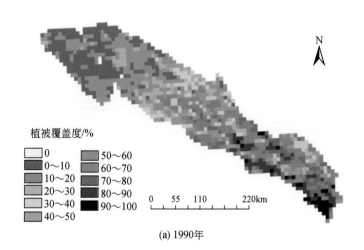

植被覆盖度/%

0	50~60
0~10	60~70
10~20	70~80
20~30	80~90
30~40	90~100
40~50	

0　55　110　　220km

(a) 1990年

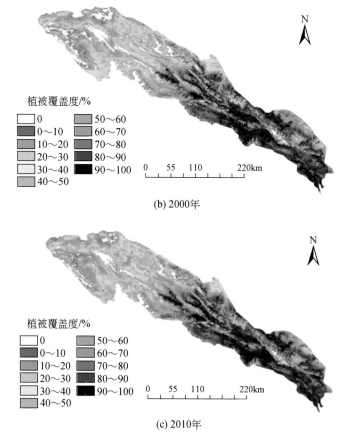

(b) 2000年

(c) 2010年

图 2-21　祁连山重要生态功能区 1990 年、2000 年和 2010 年植被覆盖度分布

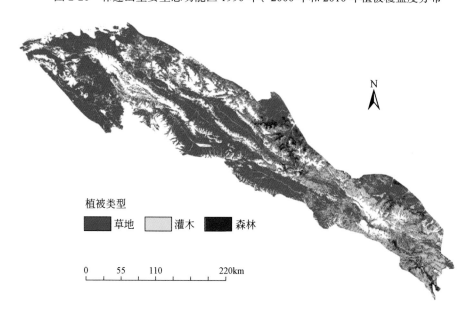

图 2-22　祁连山森林、草地、灌木空间分布

斜率值

- ■ −11.27～−4.61
- ■ −4.61～−2.69
- ■ −2.69～−1.84
- ■ −1.84～−1.20
- □ −1.20～−0.71
- ■ −0.71～0
- □ 0
- ■ 0～0.43
- ■ 0.43～0.92
- ■ 0.92～1.56
- ■ 1.56～6.81

0 45 90   180km

图 2-25 祁连山 2000 ～ 2010 年植被覆盖度年际变化

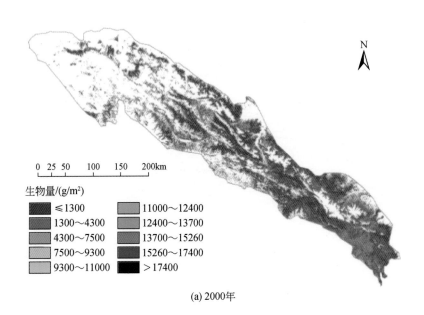

0 25 50 100 150 200km

生物量/(g/m²)

- ■ ≤1300
- ■ 1300～4300
- ■ 4300～7500
- ■ 7500～9300
- □ 9300～11000
- ■ 11000～12400
- ■ 12400～13700
- ■ 13700～15260
- ■ 15260～17400
- ■ >17400

(a) 2000年

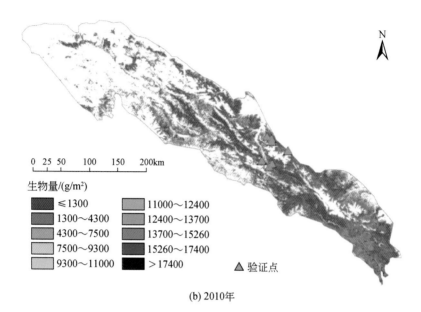

图 2-28　2000 年、2010 年地上生物量分布

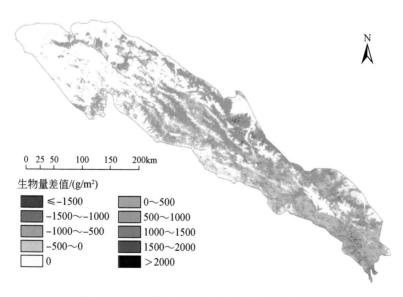

图 2-29　2010 年与 2000 年地上生物量差值分布

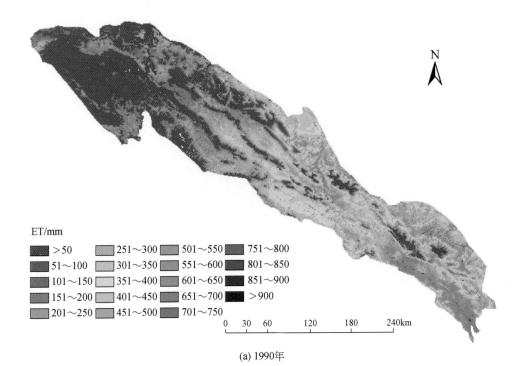

ET/mm

>50	251～300	501～550	751～800
51～100	301～350	551～600	801～850
101～150	351～400	601～650	851～900
151～200	401～450	651～700	>900
201～250	451～500	701～750	

```
0   30  60      120     180     240km
```

(a) 1990年

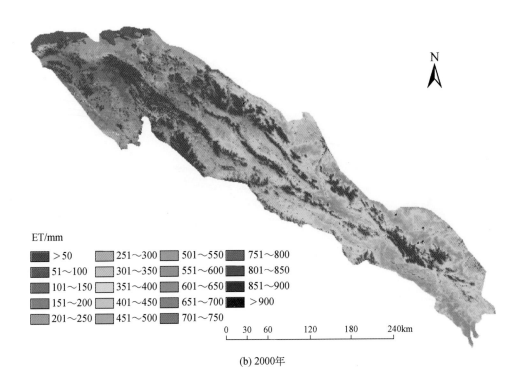

ET/mm

>50	251～300	501～550	751～800
51～100	301～350	551～600	801～850
101～150	351～400	601～650	851～900
151～200	401～450	651～700	>900
201～250	451～500	701～750	

```
0   30  60      120     180     240km
```

(b) 2000年

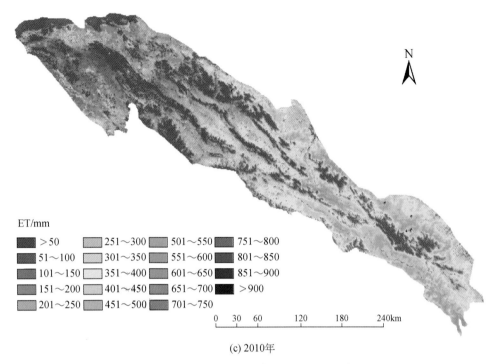

ET/mm

>50	251~300	501~550	751~800
51~100	301~350	551~600	801~850
101~150	351~400	601~650	851~900
151~200	401~450	651~700	>900
201~250	451~500	701~750	

0 30 60   120   180   240km

(c) 2010年

图 2-30 1990 年、2000 年和 2010 年蒸散量遥感监测结果

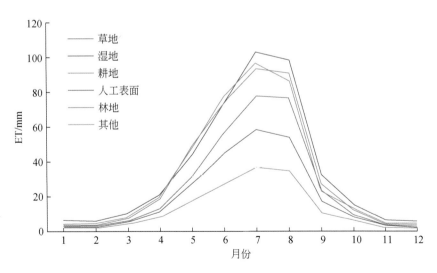

图 2-32 1990 ~ 2010 年逐月多年平均 ET 变化过程线

ET变化斜率
■ <−20
■ −20～−15
■ −15～−10
■ −10～−5
■ −5～−1
■ −1～0
■ 0～3
■ 3～5
■ 5～10
■ 10～15
■ >15

0 30 60   120   180   240km

图 2-33   1990～2010 年 ET 变化斜率分布图

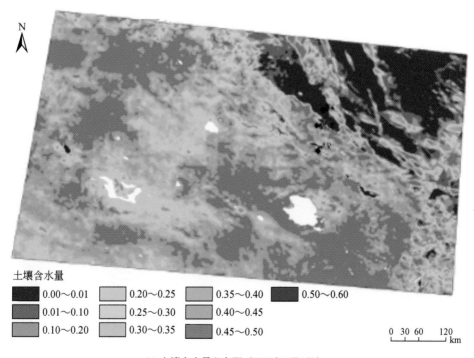

土壤含水量
■ 0.00～0.01   ■ 0.20～0.25   ■ 0.35～0.40   ■ 0.50～0.60
■ 0.01～0.10   ■ 0.25～0.30   ■ 0.40～0.45
■ 0.10～0.20   ■ 0.30～0.35   ■ 0.45～0.50

0 30 60   120
└────────┘ km

(a) 土壤含水量分布图（2010年6月1日）

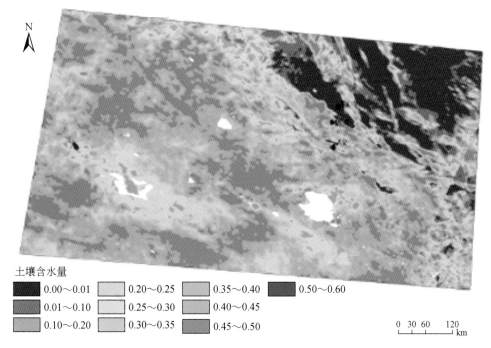

土壤含水量

■	0.00～0.01		0.20～0.25		0.35～0.40		0.50～0.60
	0.01～0.10		0.25～0.30		0.40～0.45		
	0.10～0.20		0.30～0.35		0.45～0.50		

0 30 60   120
                km

(b) 土壤含水量分布图（2010年6月5日）

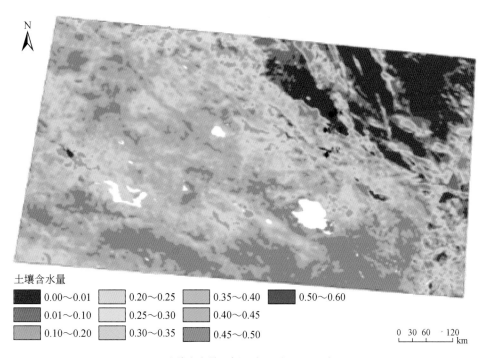

土壤含水量

■	0.00～0.01		0.20～0.25		0.35～0.40		0.50～0.60
	0.01～0.10		0.25～0.30		0.40～0.45		
	0.10～0.20		0.30～0.35		0.45～0.50		

0 30 60   120
                km

(c) 土壤含水量分布图（2010年6月10日）

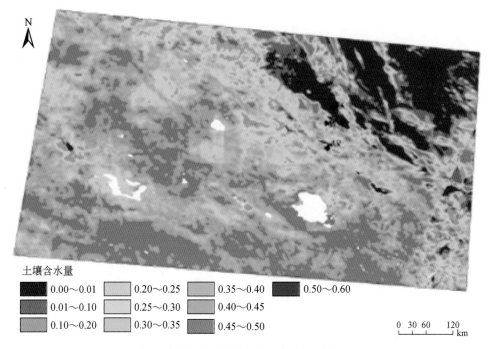

土壤含水量

■ 0.00～0.01	0.20～0.25	0.35～0.40	■ 0.50～0.60
0.01～0.10	0.25～0.30	0.40～0.45	
0.10～0.20	0.30～0.35	0.45～0.50	

0 30 60   120
km

(d) 土壤含水量分布图（2010年6月15日）

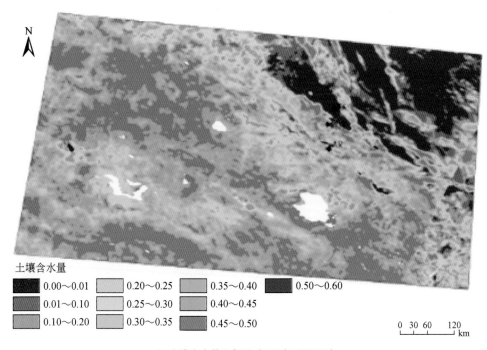

土壤含水量

■ 0.00～0.01	0.20～0.25	0.35～0.40	■ 0.50～0.60
0.01～0.10	0.25～0.30	0.40～0.45	
0.10～0.20	0.30～0.35	0.45～0.50	

0 30 60   120
km

(e) 土壤含水量分布图（2010年6月20日）

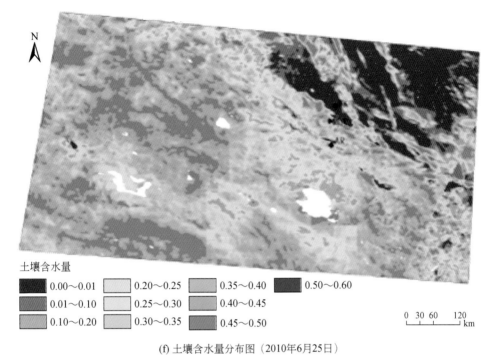

土壤含水量

■ 0.00～0.01　□ 0.20～0.25　▨ 0.35～0.40　▨ 0.50～0.60

▨ 0.01～0.10　▨ 0.25～0.30　▨ 0.40～0.45

▨ 0.10～0.20　▨ 0.30～0.35　▨ 0.45～0.50

0　30　60　　120
　　　　　　　　km

(f) 土壤含水量分布图（2010年6月25日）

图 2-35　2010 年 6 月多源遥感数据反演的中尺度表层土壤水分

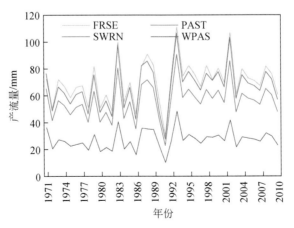

图 2-41　不同土地利用类型的产流量年尺度计算结果

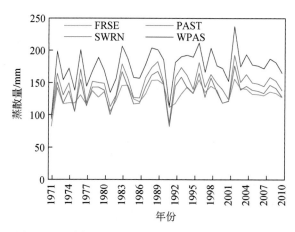

图 2-42　不同土地利用类型的蒸散量年尺度计算结果

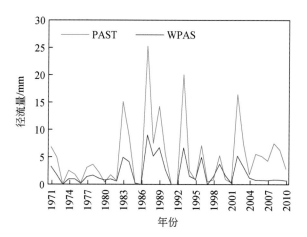

图 2-43　不同土地利用类型的径流量年尺度计算结果

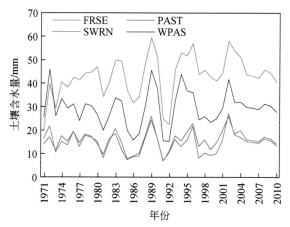

图 2-44　不同土地利用类型的土壤水含量年尺度计算结果

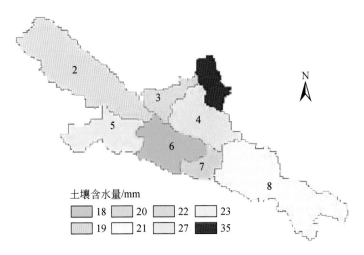

土壤含水量/mm

| | 18 | | 20 | | 22 | | 23 |
| | 19 | | 21 | | 27 | | 35 |

图 2-45　土壤水含量年尺度的空间分布（1971～2010 年）

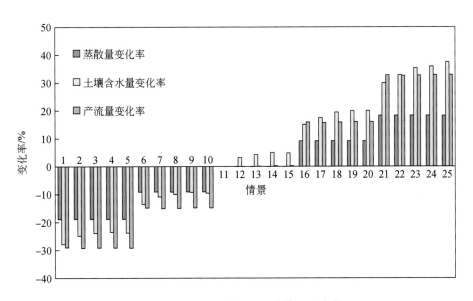

图 2-46　不同气候情景下的水资源量变化

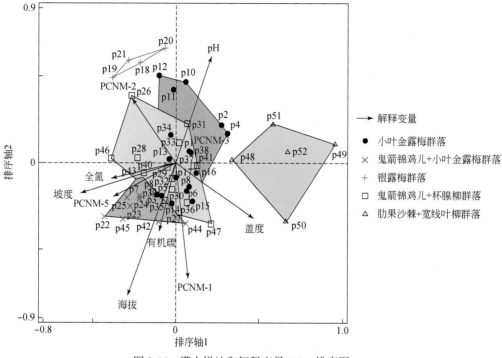

图 3-14 灌木样地和解释变量 CCA 排序图

图中图例：

→ 解释变量
● 小叶金露梅群落
× 鬼箭锦鸡儿+小叶金露梅群落
+ 银露梅群落
□ 鬼箭锦鸡儿+杯腺柳群落
△ 肋果沙棘+宽线叶柳群落

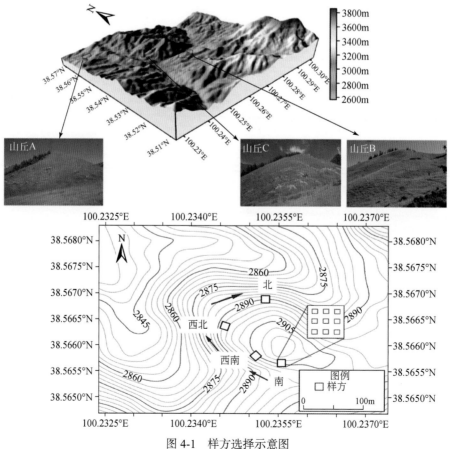

图 4-1 样方选择示意图

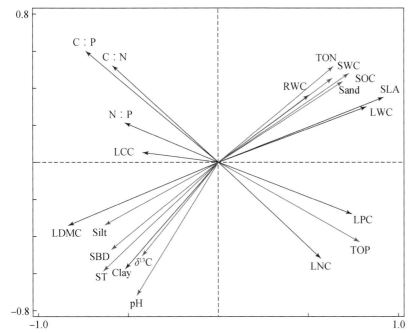

图 4-8 植物功能性状与环境因子 RDA 排序图

$\delta^{13}C$ 表示稳定碳同位素；LWC 表示叶片含水量；RWC 表示叶片相对含水量；LDMC 表示叶片干物质含量；SLA 表示比叶面积；LCC 表示叶片碳含量；LNC 表示叶片氮含量；LPC 表示叶片磷含量；N：P 表示氮磷比；C：P 表示碳磷比；C：N 表示碳氮比；SWC 表示土壤含水量；pH 表示土壤酸碱度；SOC 表示土壤有机碳含量；TOP 表示土壤全磷含量；TON 表示土壤全氮含量；Sand 表示土壤砂粒；SBD 表示土壤容重；Clay 表示土壤黏粒；Silt 表示土壤粉粒

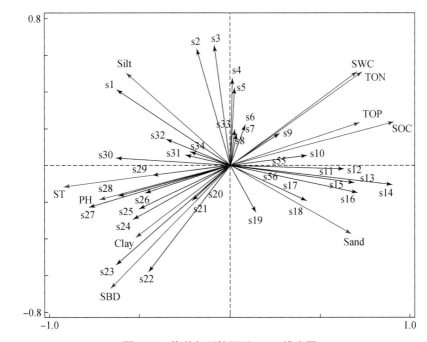

图 4-18 物种与环境因子 RDA 排序图

s1. 密生薹草 *Carex crebra*；s2. 狼毒 *Euphorbia fischeriana* steud；s3. 矮生嵩草 *Kobresia humilis*；s4. 火绒草 *Leontopodium leontopodioides*；s5. 蒙古蒿 *Artemisia mongolica* Fisch；s6. 珠芽蓼 *Polygonum viviparum*；s7. 乳白香青 *Anaphalis lactea* Maxim；s8. 龙胆 *Gentianae scabra* Bunge；s9. 菊叶委陵菜 *Potentilla tanacetiflolia* Willd；s10. 秦艽 *Gentiana macrophylla* Pall；s11. 唐松草 *Thalictrum aquilegifolium*；s12. 黄帚橐吾 *Ligularia virgaurea*；s13. 圆穗蓼 *Polygonum macrophyllum*；s14. 青海云杉 *Picea crassifolia*；s15. 薹草属 *Carex* sp.；s16. 马先蒿 *Pedicularis muscicola*；s17. 苦菜 *Ixeris denticulata*；s18. 酸模 *Rumex acetosa* Linn.；s19. 风毛菊 *Saussurea japonica* DC.；s20. 冰草 *Agropyron cristatum*；s21. 多裂委陵菜 *Potentilla multifida*；s22. 鹅绒委陵菜 *Potentilla anserina*；s23. 草地早熟禾 *Poa pratensis*；s24. 阿尔泰狗娃花 *Heteropappus hispidus* Less.；s25. 艾草 *Artemisia argyi*；s26. 二裂委陵菜 *Potentilla bifurca*；s27. 干生薹草 *Carex aridula.*；s28. 野韭菜 *Potentilla anserine*；s29. 线叶嵩草 *Kobresia filifolia*；s30. 针茅 *Stipa capillata* Linn.；s31. 芨芨草 *Achnatherum splendens*；s32. 稗草 *Echinochloa crusgalli*；s33. 垂穗披碱草 *Elymus nutans*；s34. 甘肃棘豆 *Oxytropis kansuensis* Bunge；s35.sp9.；s36.sp10.。ST 表示土壤温度；SWC 表示土壤水分；pH 表示土壤酸碱度；SOC 表示土壤有机碳；TOP 表示土壤全磷；TON 表示全氮；Sand 表示土壤砂粒；SBD 表示土壤容重；Clay 表示土壤黏粒；Silt 表示土壤粉粒

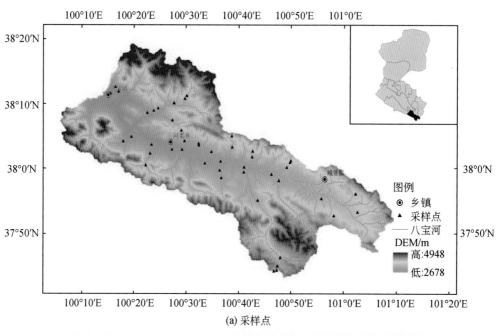

(a) 采样点

(b) 样方

图 6-1 采样点及样方

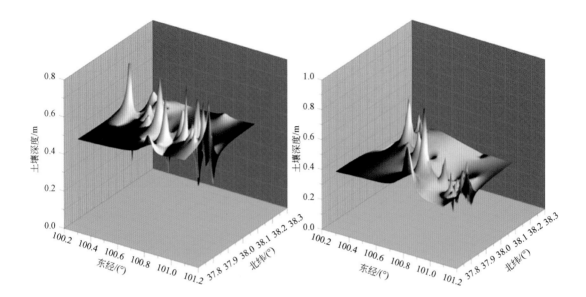

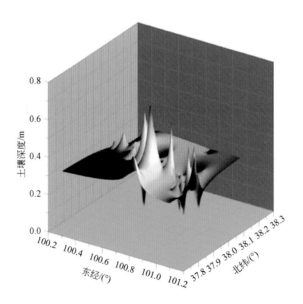

图 6-16 不同深度土壤含水量分布

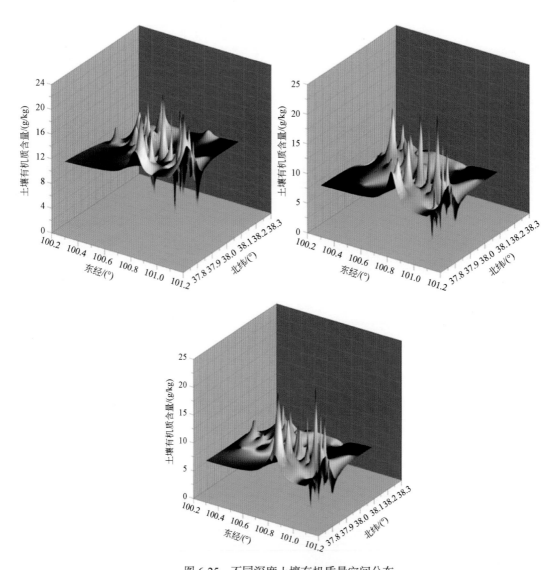

图 6-25　不同深度土壤有机质量空间分布

(a) 鹰架

(b) 鹰巢

图 6-79　鹰架和鹰巢

(a)

(b)

图 7-1　研究区采样图

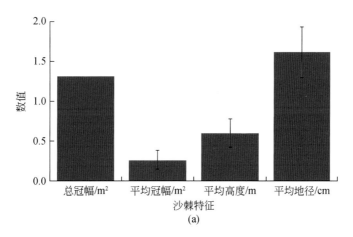

(a)

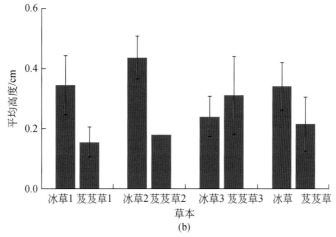

(b)

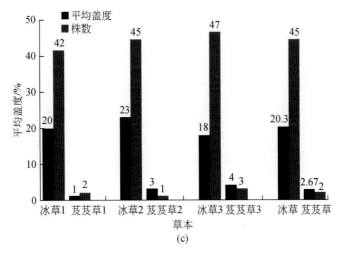

图 7-3　花寨乡退耕还林地人工恢复植被群落特征

图 7-18　水土流失径流场及人工降水观测